U0191417

计算机类专业
系统能力培养系列教材

Digital Logic and
Computer Organization

数字逻辑与计算机组成

袁春风 主编　武港山 吴海军 余子濠 编著

机械工业出版社
CHINA MACHINE PRESS

图书在版编目（CIP）数据

数字逻辑与计算机组成 / 袁春风主编；武港山，吴海军，余子濠编著 . —北京：机械工业出版社，2020.9（2025.3 重印）
（计算机类专业系统能力培养系列教材）

ISBN 978-7-111-66555-7

I. 数… II.① 袁… ② 武… ③ 吴… ④ 余… III.① 数字逻辑 – 高等学校 – 教材 ② 计算机组成原理 – 高等学校 – 教材 IV.① TP302.2 ② TP301

中国版本图书馆 CIP 数据核字（2020）第 178538 号

本书主要介绍数字逻辑、计算机组成和指令集体系结构（ISA）涉及的相关概念、理论和技术内容，以新兴开放指令集架构 RISC-V 为模型机，着重介绍数字逻辑电路设计、ISA 设计和微体系结构设计等相关内容。本书共分 10 章：第 1 章对计算机系统及信息的二进制编码进行概述性介绍，第 2～4 章主要介绍数字逻辑电路，第 5～6 章介绍硬件描述语言和功能部件设计，第 7 章介绍指令集体系结构，第 8～10 章主要介绍处理器、存储器和输入 / 输出三个主要组成部分的微体系结构设计。

本书内容详尽，概念清楚，通俗易懂，并提供大量典型习题以供读者练习。本书既可以作为高等院校计算机专业本科生数字逻辑电路、计算机组成原理和计算机系统结构等相关课程的教材，也可以作为有关专业研究生或计算机技术人员的参考书。

出版发行：机械工业出版社（北京市西城区百万庄大街 22 号　邮政编码：100037）
责任编辑：曲　熠　　　　　　　　　　　　　责任校对：李秋荣
印　　刷：中煤（北京）印务有限公司　　　　版　　次：2025 年 3 月第 1 版第 8 次印刷
开　　本：186mm×240mm　1/16　　　　　　印　　张：23.5
书　　号：ISBN 978-7-111-66555-7　　　　　　定　　价：79.00 元

客服电话：(010) 88361066　68326294

丛书序言

人工智能、大数据、云计算、物联网、移动互联网以及区块链等新一代信息技术及其融合发展是当代智能科技的主要体现，并形成智能时代在当前以及未来一个时期的鲜明技术特征。智能时代来临之际，面对全球范围内以智能科技为代表的新技术革命，高等教育也处于重要的变革时期。目前，全世界高等教育的改革正呈现出结构的多样化、课程内容的综合化、教育模式的学研产一体化、教育协作的国际化以及教育的终身化等趋势。在这些背景下，计算机专业教育面临着重要的挑战与变化，以新型计算技术为核心并快速发展的智能科技正在引发我国计算机专业教育的变革。

计算机专业教育既要凝练计算技术发展中的"不变要素"，也要更好地体现时代变化引发的教育内容的更新；既要突出计算机科学与技术专业的核心地位与基础作用，也需兼顾新设专业对专业知识结构所带来的影响。适应智能时代需求的计算机类高素质人才，除了应具备科学思维、创新素养、敏锐感知、协同意识、终身学习和持续发展等综合素养与能力外，还应具有深厚的数理理论基础、扎实的计算思维与系统思维、新型计算系统创新设计以及智能应用系统综合研发等专业素养和能力。

智能时代计算机类专业教育计算机类专业系统能力培养 2.0 研究组在分析计算机科学技术及其应用发展特征、创新人才素养与能力需求的基础上，重构和优化了计算机类专业在数理基础、计算平台、算法与软件以及应用共性各层面的知识结构，形成了计算与系统思维、新型系统设计创新实践等能力体系，并将所提出的智能时代计算机类人才专业素养及综合能力培养融于专业教育的各个环节之中，构建了适应时代的计算机类专业教育主流模式。

自 2008 年开始，教育部计算机类专业教学指导委员会就组织专家组开展计算机系统能力培养的研究、实践和推广，以注重计算系统硬件与软件有机融合、强化系统设计与优化能力为主体，取得了很好的成效。2018 年以来，为了适应智能时代计算机教育的重要变化，计算机类专业教学指导委员会及时扩充了专家组成员，继续实施和深化智能时代计算机类专业教育的研究与实践工作，并基于这些工作形成计算机类专业系统能力培养 2.0。

本系列教材就是依据智能时代计算机类专业教育研究结果而组织编写并出版的。其中的教材在智能时代计算机专业教育研究组起草的指导大纲框架下，形成不同风格，各有重点与侧重。其中多数将在已有优秀教材的基础上，依据智能时代计算机类专业教育改革与发展需求，优化结构、重组知识，既注重不变要素凝练，又体现内容适时更新；有的对现有计算机专业知识结构依据智能时代发展需求进行有机组合与重新构建；有的打破已有教材内容格局，支持更为科学合理的知识单元与知识点群，方便在有效教学时间范围内实施高效的教学；有的依据新型计算理论与技术或新型领域应用发展而新编，注重新型计算模型的变化，体现新型系统结构，强化新型软件开发方法，反映新型应用形态。

本系列教材在编写与出版过程中，十分关注计算机专业教育与新一代信息技术应用的深度融合，将实施教材出版与 MOOC 模式的深度结合、教学内容与新型试验平台的有机结合，以及教学效果评价与智能教育发展的紧密结合。

本系列教材的出版，将支撑和服务智能时代我国计算机类专业教育，期望得到广大计算机教育界同人的关注与支持，恳请提出建议与意见。期望我国广大计算机教育界同人同心协力，努力培养适应智能时代的高素质创新人才，以推动我国智能科技的发展以及相关领域的综合应用，为实现教育强国和国家发展目标做出贡献。

前　言

在计算机系统层次结构中，从应用问题到机器语言程序之间的每次转换所涉及的概念都属于软件范畴，在机器语言程序所运行的计算机硬件和上层软件之间需要一座"桥梁"，这座架在软件和硬件交界面上的"桥梁"就是指令集体系结构（Instruction Set Architecture，ISA），它是软件和硬件之间接口的完整定义。实现 ISA 的具体逻辑结构称为计算机组成（computer organization）或微体系结构（micro architecture），简称微架构。一个特定的微架构包括运算器、通用寄存器组和存储器、输入 / 输出等功能部件的组织及其互连结构，功能部件层也称为寄存器传送级（Register Transfer Level，RTL）层。功能部件由数字逻辑电路（digital logic circuit）构成，而每个基本的逻辑门电路则由特定的器件技术实现。

本教材的内容主要涵盖计算机系统层次结构中从数字逻辑电路到 ISA 之间的抽象层，自底向上依次为数字逻辑电路层、功能部件 /RTL 层、微体系结构层和 ISA 层。因此，本教材主要介绍数字逻辑电路、计算机组成和 ISA 涉及的相关概念、理论和技术内容。本教材将以新兴开放指令集体系结构 RISC-V 为模型机，着重介绍数字逻辑电路、整数和浮点数运算、指令系统、中央处理器、存储器和输入 / 输出等方面的设计思路和具体结构。

1. 为什么要将"数字逻辑电路"和"计算机组成原理"合并

传统课程体系中，"数字逻辑电路"和"计算机组成原理"是两门密切相关但独立开设的课程，通常，"数字逻辑电路"是"计算机组成原理"的先导课。实际上，这两门课程涉及的内容在计算机系统层次结构中关联的抽象层是交叉重叠的，它们之间重复的知识点比较多，例如，两门课程都包含信息的二进制表示、各类功能部件的设计、基本存储元件和存储器模块等内容。将两门课程合并成一门课程，并将有些内容整合到"计算机系统基础"等相关课程中，除了可以用更短的学时达到更高的学习目标外，还特别有利于将数字逻辑电路和计算机组成相关的知识融会贯通，从而更加有利于深刻理解计算机系统的硬件设计与实现原理。

2. 为什么采用 RISC-V 指令集体系结构作为模型机

涉及计算机组成的教材都需要针对特定的指令集体系结构进行叙述。经过几十年的发展，先后出现了几十种不同的指令集体系结构，但真正被广泛使用的不多，知名的有 Intel x86、Sun 公司的 SPARC、MIPS、ARM、IBM 公司的 Power 等，其中，Intel x86 系列处理器在 PC 和服务器市场占有主导地位，而 ARM 架构在移动手持设备与嵌入式领域占绝对优势。但是，这两种架构比较复杂，不太适合用作处理器设计相关教材的模型机。有些教材将复杂架构简化后用作模型机，例如，计算机系统方面的著名教材《深入理解计算机系统》（*Computer Systems*: *A Programmer's Perspective*，Randal E. Bryant 和 David R. O'Hallaron 合著）将 Intel x86 简化为规整、简洁的 Y86，作为处理器设计的模型机。目前国内外与计算机组成相关的教材多采用优雅的 MIPS 架构作为模型机。不过，两位计算机体系结构宗师、图灵奖得主 David A. Patterson 和 John L. Hennessy 合著的教材《计算机组成与设计：硬件 / 软件接口》（*Computer Organization and Design*: *The Hardware/Software Interface*）除了有 MIPS 架构版本外，也有 ARM 架构和 RISC-V 架构版本。

本教材将会介绍指令系统和中央处理器等的设计思路和具体结构，因而也必须以一个具体的指令集架构为模型机来讲解。选择 RISC-V 作为本教材的模型机，主要从以下几个方面来考虑。

首先，RISC-V 作为一个新兴的开放指令集架构，以开放共赢为基本原则，不属于某一家商业公司独有，而是由一个统一的非营利组织作为主导者和核心规则制定者，任何公司和个人都可以永久免费使用其架构，无须向商业公司支付高昂的授权费，也不存在受制于人和无法自主可控的隐忧。

其次，RISC-V 遵循"大道至简"的设计哲学，通过模块化和可扩展的方式，既保持基础指令集的稳定，也保证扩展指令集的灵活配置，因此，RISC-V 指令集具有模块化的特点和非常好的稳定性与可扩展性，在简洁性、实现成本、功耗、性能和程序代码量等各方面都有较显著的优势。从最简单的小面积、低功耗的嵌入式微控制器，到功能强大的服务器都可以基于 RISC-V 指令集架构进行开发，同时，也非常容易在 RISC-V 通用架构基础上实现专用领域加速器，这也是 RISC-V 架构相比 ARM 和 x86 等主流商业架构的最大优点之一。

RISC-V 所具有的开放、简单、易扩展等特性，加上 RISC-V 的设计者——加州大学伯克利分校团队配套推出的开源芯片及芯片敏捷开发方式，使得基于 RISC-V 架构的芯片开发门槛大大降低，吸引了越来越多的个人和企业加入 RISC-V 生态系统的开发队伍，业界也非常需要一些具备 RISC-V 基础的从业者。

虽然从原理上来说采用 MIPS 和 RISC-V 作为模型机没有多少区别，但是，RISC-V 的基本指令集的小型浓缩化、功能指令集的模块化、代码长度的可缩性、访存指令的简洁与灵活性、过程调用的简洁性、特权模式的可组合性、异常 / 中断处理的简洁和灵活性以及无分支延迟槽等很多特性，都使得采用 RISC-V 架构进行教学更适合清晰阐述上层软件与指令集架构之间、指令集架构与底层微架构之间的密切关系。同时，目前国内出版的计算机组成与系统结构相关教材中，基于 RISC-V 架构编写的教材比较少，因此从指令集架构的多样性，以及方便读者针对不同架构进行相互参考和对比学习的角度来说，也非常有必要编写基于 RISC-V 架构的计算机组成方面的教材。

特别是我们从国外一流大学计算机组成与系统结构相关课程网站了解到，加州大学伯克利分校、麻省理工学院和卡内基·梅隆大学等名校从 2019 年春季学期开始，都采用 RISC-V架构作为模型机进行教学或 CPU 设计实验，这从另一个方面说明了 RISC-V 指令集架构作为教学模型机的优越性。

3. 写作思路和内容组织

本教材结合相应课程在计算机系统能力培养目标中的定位以及课程内容在整个计算机系统层次结构中的位置，在内容组织方面采用了以下写作思路：教材内容按"信息的二进制表示→数字逻辑电路→硬件描述语言→功能部件→指令集体系结构→微体系结构"的顺序进行组织。我们的想法是：通过冯·诺依曼结构的基本思想可以很自然地引入二进制编码表示；基于二进制编码和布尔代数就可展开对数字逻辑电路的介绍；有了组合逻辑电路和时序逻辑电路基础，就可很好地理解硬件描述语言（HDL）和 FPGA 设计；接下来，可以方便地利用HDL 进行加法器、乘法器、通用寄存器组等功能部件的设计。这些内容为理解 CPU、存储器和输入 / 输出三大微体系结构核心模块相关内容打下了坚实基础。同时，CPU 设计必须要有一个指令集体系结构为实现目标，因而在介绍 CPU 设计之前必须先介绍指令集体系结构。

4. 各章主要内容及教学建议

本书共有 10 章，各章主要内容如下。

第 1 章（二进制编码）主要介绍计算机系统抽象层以及相关抽象层之间的关系，从而给出本课程教学内容在整个计算机系统中的位置，同时从冯·诺依曼结构的基本思想入手，简要介绍通用计算机的基本组成和工作方式，进而展开对各类数据在计算机内部的二进制编码表示的介绍，包括无符号整数和带符号整数的表示、IEEE 754 浮点数标准、西文字符和汉字的编码表示、数据的宽度单位、大端 / 小端存放顺序等。

在本章教学过程的最开始，强化计算机系统抽象层及其与课程内容的关系，可以起到导学作用，有利于学生理解课程各知识单元之间的关联。对于各类数据的二进制编码表示，在"计算机系统基础"等课程中也有介绍。若本课程先于其他相关课程开设，则这部分内容应详细介绍；若在其他相关课程后开设本课程，则只要简要回顾一下相关内容即可。

第 2 章（数字逻辑基础）主要内容包括逻辑门和数字抽象、布尔代数、逻辑关系描述、逻辑函数的化简和变换。

这部分属于数字逻辑电路的基础内容，对学生认识和理解数字逻辑电路以及计算机系统硬件设计具有非常重要的作用，因此，对于这部分内容的讲解必不可少。由于这部分内容概念较多，概念之间容易混淆，教学过程中应引导学生正确理解基本概念而不是死记硬背。

第 3 章（组合逻辑电路）主要内容包括组合逻辑电路构成规则、逻辑表达式和逻辑电路图之间的对应关系、组合逻辑电路设计过程、译码器 / 编码器 / 多路选择器 / 多路分配器 / 半加器 / 全加器等常用组合逻辑模块的结构，以及组合逻辑电路时序分析。

组合逻辑电路属于后续 CPU 设计内容中提到的操作元件设计的基础，在后续的计算机组成部分，需要用到译码器、编码器、多路选择器和加法器等常用组合逻辑电路，可以在讲课时告知学生在后续课程的哪些地方需要用到相应的部件。此外，在 CPU 设计中需要确定时钟周期的宽度，以及解决信号的竞争冒险问题，因此，组合逻辑电路的时序分析应重点讲解。

第 4 章（时序逻辑电路）主要内容包括时序逻辑与有限状态机、时序逻辑电路的基本结构、锁存器和触发器、同步时序逻辑设计和典型时序逻辑部件设计等。

时序逻辑电路属于后续 CPU 设计内容中提到的存储元件设计的基础，在后续的计算机组成部分，需要用到寄存器、寄存器堆、移位寄存器等时序逻辑电路，可以在讲课时告知学生在后续课程的哪些地方需要用到相应的部件。此外，在后续的计算机组成部分，需要用到有限状态机设计，例如，多周期 CPU 的控制器就是一个有限状态机，因而关于有限状态机的设计应该重点讲解。

第 5 章（FPGA 设计和硬件描述语言）主要内容包括可编程逻辑器件和 FPGA 设计、存储器阵列、HDL 概述、基于 HDL 的数字电路设计流程、Verilog 语言建模，以及如何使用 Verilog 设计一些简单的数字电路。

对于可编程逻辑器件和 FPGA 设计部分的内容，由于后续的 CPU 控制器设计中需要用到 PLA，因此 PLA 结构需要重点讲解；存储器阵列部分的内容与后续的 SRAM 芯片和 DRAM 芯片的内容相关，也应重点讲解；对于 Verilog 语言部分，可通过具体例子进行介绍，并通过实验使学生掌握相关内容。

第 6 章（运算方法和运算部件）主要内容包括串行进位加法器、并行进位加法器、带标志加法器和算术逻辑部件（ALU）、定点数运算及其运算部件、浮点数运算及其运算部件。

这部分内容中，串行进位加法器、带标志加法器、算术逻辑部件、补码加减运算等是需要优先讲解的内容；并行进位加法器、原码乘法运算、补码乘法运算、原码除法运算、补码除法运算等内容在时间允许的情况下可以讲解；其他内容可以不讲，让学生自学。在讲解各类加法器和算术逻辑部件等基本运算部件时，可以给出对应的 Verilog 代码。

第 7 章（指令系统）主要内容包括指令格式、操作数及其寻址方式、操作类型和操作码编码、指令系统风格、异常和中断处理机制，以及指令系统实例 RISC-V 架构等。

RISC-V 指令集体系结构包含的内容较多，在时间有限的情况下，只要举例说明 RISC-V 的基本设计思想以及基础整数指令集 RV32I 中的常用指令格式和功能即可。

第 8 章（中央处理器）主要内容包括 CPU 的基本功能和基本组成、单周期 CPU 中数据通路和控制器的设计、多周期 CPU 设计、硬连线控制器设计、微程序控制器设计、指令流水线的工作原理、流水线数据通路的设计、指令流水线中各种冲突（冒险）现象及其处理，以及关于高级流水线技术的简要介绍。

单周期 CPU 设计和流水线 CPU 设计是重点内容，在单周期数据通路中加相应的流水段寄存器可以简单实现流水线数据通路，因而这两方面的内容关联较大，放在同一门课程中一起讲解较好；关于多周期 CPU 设计，重点内容是控制器如何控制每条指令执行过程中的状态转换，即有限状态机控制器设计，此外，对于带异常处理的 CPU 设计，如果通过分析多周期 CPU 的有限状态机来进行讲解，则学生比较容易理解；对于流水线冒险和高级流水线技术部分，在时间允许的情况下，可以介绍相关的基本概念和相应处理的基本思路，具体处理方法和实现电路放到后续的"计算机体系结构"课程中介绍，也可以选择完全不讲解，全部放到后续相关课程中介绍。

第 9 章（存储器层次结构）主要内容包括半导体随机存取存储器和磁盘存储器等不同类型存储器基本元件的存储和读写原理及其组织结构、SRAM 芯片和 DRAM 芯片的内部结构、如何由 DRAM 芯片构成内存条、高速缓存（cache）的基本原理和实现技术，以及虚拟存储器实现技术。

第 10 章（系统互连与输入 / 输出）主要介绍外设分类、常用外设的基本工作原理、系统互连以及用于系统互连的系统总线、I/O 接口的功能和结构、I/O 端口的编址，以及程序直接控制、中断控制和 DMA 控制三种 I/O 方式，并说明 I/O 软件和 I/O 硬件如何协调完成 I/O 请求。

第 9 章和第 10 章的内容与"计算机系统基础"等课程中的相关内容重复。若开设"计算机系统基础"课程，则建议这部分内容在"计算机系统基础"课程中讲解，这是因为"计算机系统基础"课程的定位和内容设置更易于学生理解这部分内容；若不开设"计算机系统基础"课程，则这部分内容可在本课程中讲解。

5. 关于使用本书的一些建议

本书可作为"数字逻辑电路""计算机组成原理"和"数字逻辑与计算机组成"等相关课程的教材。对于本书的使用，具体建议如下：

（1）课堂教学应以主干内容为主，力求完整给出知识框架体系，并着重讲清楚相关概念之间的联系。

（2）标注"*"的内容是可以跳过而不影响阅读连贯性的部分，主要有以下三类：简单易懂的基础性内容、具体实现方面的细节内容和在技术层面上更加深入的内容。这些内容有助于深入理解课程的整体核心内容。因此，在课时允许的情况下，可以选择其中的一部分进行课堂讲解；在课时不允许的情况下，可安排学生课后阅读。

（3）习题中列出的术语基本涵盖了相应章节的主要概念，可以让学生对照检查以判断是否全部清楚其含义；习题中列出的简答问题是相应章节重要的基本问题，可以让学生对照检查以判断自己的掌握程度。

（4）本书在 CPU 设计方面给出了比较具体的实现方案，相关内容可以作为基于 FPGA 和硬件描述语言进行 CPU 设计实验的参考资料。

6. 致谢

衷心感谢在本书的编写过程中给予我热情鼓励和中肯建议的各位专家、同事和学生，正是因为有他们的鞭策、鼓励和协助才能顺利完成本书的编写。

首先，非常感谢中科院计算所研究员、中国科学院大学包云岗教授，因为我是通过他和他的学生了解了 RISC-V 指令集架构的魅力，也是通过他分享的资料开始接触和学习 RISC-V 架构相关技术，从而能够编写这本基于 RISC-V 架构的计算机教材。

其次，非常感谢赛灵思（Xilinx）公司对教育部产学合作协同育人项目的大力支持，后续还将与他们同心协力开发配套实验平台和实验内容。同时，非常感谢江南大学柴志雷教授，从最初的提议、鼓励到相关资料的提供与写作时的建言献策，以及相关实验平台的配套支持，都得到了他的无私帮助。

本书基于作者在南京大学从事"数字逻辑电路""计算机组成与系统结构""计算机系统基础"课程教学所积累的部分讲稿编写而成。感谢南京大学各位同人和各届学生对讲稿内容和教学过程所提出的宝贵的反馈和改进意见，使得本教材的内容得以不断改进和完善。

7. 结束语

本书广泛参考了国内外相关的经典教材和教案，在内容上力求做到取材先进并反映技术发展现状，在内容的组织和描述上力求概念准确、语言通俗易懂、实例深入浅出，并尽量利用图示和实例来解释和说明问题。由于数字逻辑和计算机组成相关的基础理论和技术在不断发展，新的思想、概念、技术和方法不断涌现，加之作者水平有限，书中难免存在不当或遗漏之处，恳请广大读者对本书的不足之处给予指正，以便在后续的版本中予以改进。

作者于南京

2020 年 7 月

目　　录

第 1 章

二进制编码

从外部形式看，计算机可处理数值、文字、图像、声音、视频以及各种模拟信息，它们被称为感觉媒体信息，而计算机内部处理的所有这些信息都必须是"数字化编码"了的数据，也即用二进制的 0 和 1 进行编码表示。计算机内部采用二进制表示主要有三个原因。①二进制只有两种基本状态，使用有两个稳定状态的物理器件就可以表示二进制数的每一位，而制造有两个稳定状态的物理器件要比制造有多个稳定状态的物理器件容易得多。如用高、低两个电位，或脉冲的有无，或脉冲的正负极性等，都可以很方便、很可靠地表示 0 和 1。②二进制的编码、计数和运算规则都很简单，可用开关电路实现，简便易行。③两个符号"1"和"0"正好与逻辑命题的两个值"真"和"假"相对应，为计算机中的逻辑运算实现和程序中的逻辑判断提供了便利的条件，特别是能通过逻辑门电路方便地实现算术运算。

本章重点讨论各类数据在计算机内部的二进制编码表示。主要内容包括：计算机的工作方式、程序的表示和执行、计算机系统层次结构、计算机的外部信息与内部数据、二进制定点数的编码表示、无符号整数和带符号整数的表示、IEEE 754 浮点数表示标准、西文字符和汉字的编码表示、数据的宽度和存放顺序等。

1.1 计算机系统概述

1.1.1 冯·诺依曼结构计算机

1945 年，冯·诺依曼以"关于 EDVAC 的报告草案"为题，起草了长达 101 页的报告，发表了采用"存储程序"（stored-program）工作方式的通用电子计算机方案，宣告了冯·诺依曼结构思想的诞生。

"存储程序"方式的基本思想是：必须事先编好程序，并将程序和原始数据送入存储器后才能执行程序；一旦程序被启动执行，计算机能在不需操作人员干预的情况下自动从存储器中逐条取出指令并执行指令。

尽管计算机硬件技术经历了电子管、晶体管、集成电路和超大规模集成电路等发展阶段，计算机体系结构也取得了很大发展，但到目前为止绝大部分通用计算机仍然具有冯·诺依曼结构特征。

冯·诺依曼结构思想主要包括以下几个方面。

- 采用"存储程序"工作方式。
- 计算机由运算器、控制器、存储器、输入设备和输出设备 5 个基本部件组成。
- 存储器不仅能存放数据,也能存放指令,形式上数据和指令没有区别,但计算机应能区分它们;控制器应能自动控制指令的执行;运算器应能进行算术运算,也能进行逻辑运算;操作人员可以通过输入 / 输出设备使用计算机。
- 计算机内部以二进制形式表示指令和数据;每条指令由操作码和地址码两部分组成,操作码指出操作类型,地址码指出操作数的地址;由一串指令组成程序。

根据冯·诺依曼结构基本思想,可以给出一个模型计算机的硬件基本结构,如图 1.1 所示。

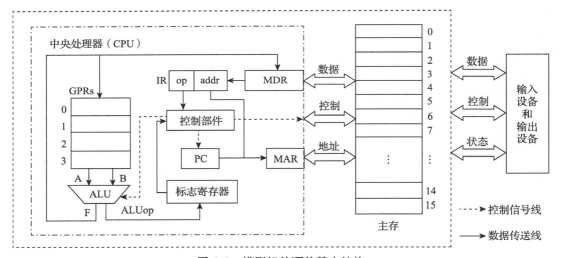

图 1.1　模型机的硬件基本结构

通常把控制部件、运算部件和各类寄存器互连组成的电路称为**中央处理器**（Central Processing Unit，CPU），简称处理器;把用来存放指令和数据的存储部件称为**主存储器**（Main Memory，MM），简称主存或内存。

1. 存储器

冯·诺依曼结构计算机采用"存储程序"的工作方式,在程序执行前,指令和数据都需事先输入存储器中。这里的存储器就是图 1.1 中的主存。主存中的每个单元需要编号,称为**主存地址**,如图 1.1 中的主存地址为 0，1，2，3，…，15。

CPU 为了从主存取指令和存取数据,需要通过传输介质和主存相连,通常把连接不同部件进行信息传输的介质称为总线,其中包含分别用于传输地址信息、数据信息和控制信息的地址线、数据线和控制线。CPU 访问主存时,需先将主存地址、读 / 写命令分别送到总线的地址线、控制线，然后通过数据线发送或接收数据。CPU 送到地址线的主存地址应先存放在**主存地址寄存器**（Memory Address Register，MAR）中，发送到数据线或从数据线取来的信息存放在**主存数据寄存器**（Memory Data Register，MDR）中。显然，MAR 的位数与地址线位数相同，MDR 的位数与数据线位数相同。

2. 运算器

在计算机中，最基本的运算器是用于算术运算和逻辑运算的部件，即图 1.1 中的**算术逻辑部件**（Arithmetic and Logic Unit，ALU）。为了向 ALU 提供操作数，以及临时存放从主存取来的数据或运算的结果，还需要若干通用寄存器，组成**通用寄存器组**（General Purpose Register set，GPRs）。CPU 需要从通用寄存器中取数据到 ALU 运算，或把 ALU 运算的结果保存到通用寄存器中，因此，需要给每个通用寄存器编号。通用寄存器和主存都属于存储部件，计算机中的存储部件从 0 开始编号。如图 1.1 所示，通用寄存器的编号为 0、1、2、3。

此外，ALU 运算的结果会产生标志信息，例如，结果是否为 0（零标志 ZF）、是否为负数（符号标志 SF）等，这些标志信息需要记录在专门的标志寄存器中。

3. 控制器

计算机能够自动逐条取出指令并执行，因此，需要有一个能够自动读取指令并对指令进行译码的部件，它就是图 1.1 中的**控制部件**（Control Unit，CU）。为了配合 CU 工作，还需要有**指令寄存器**（Instruction Register，IR）和**程序计数器**（Program Counter，PC）。IR 用于存放从主存取来的指令，PC 用于存放将要执行的下一条指令所在的主存地址。为了自动按序读取主存中的指令，在执行当前指令的过程中，将自动计算出下一条指令的主存地址，并送到 PC 中保存。

4. 输入 / 输出设备

输入 / 输出设备也称 I/O 设备，用来和用户进行交互。最早人们通过控制台按钮和开关等与计算机进行交互，后来又发明了卡片和纸带等穿孔机，将程序及数据通过穿孔卡片或纸带输入计算机中。而现代计算机系统则提供了键盘、鼠标、显示器、手写笔、触摸屏等常用 I/O 设备，使得人们可以非常方便地与计算机进行交互。

1.1.2　程序的表示与执行

机器指令（instruction）和计算机中的数据一样，都用 0 和 1 表示，用来指示 CPU 完成一个特定的原子操作。例如，**取数指令**（load）从主存单元中取出数据存放到通用寄存器中；**存数指令**（store）将通用寄存器的内容写入主存单元；**加法指令**（add）将两个通用寄存器的内容相加后送入结果所在的通用寄存器；**传送指令**（mov）将一个通用寄存器的内容送到另一个通用寄存器；等等。计算机采用"存储程序"工作方式，因而需要计算机完成的任何任务都应先表示为一个程序。

程序由指令组成，程序的执行就是周而复始执行一条条指令的过程。每条指令的执行过程包括：从主存取指令、对指令进行译码、PC 增量、取操作数并执行、将结果送到主存或寄存器保存。程序执行前，首先将程序的起始地址存放在 PC 中，取指令时，将 PC 的内容作为地址访问主存。每条指令的执行过程中，都需要计算下条将要执行指令的主存地址，并送到 PC 中。

程序员编写程序的语言可以分成机器级语言和高级编程语言。

1. 机器级语言

机器指令也称为机器语言，计算机能直接理解和执行用机器语言编写的程序，这种程序称为**机器代码**或**机器语言程序**。最早人们采用机器语言编写程序。不过，机器语言程序的可读性差，不易记忆。因此，人们引入了一种机器语言的符号表示语言，用简短的英文符号和机器指令建立对应关系，以方便程序员编写和阅读机器语言程序。这种语言称为**汇编语言**（assembly language），机器指令对应的符号表示称为**汇编指令**。例如，假设图 1.1 所示模型机中有一条机器指令"1110 0110"，其中，操作码 1110 表示取数（load）操作，0110 表示主存地址 6。取数指令的功能是将指定主存地址中的数据取到 0 号寄存器，那么，机器指令"1110 0110"对应的汇编指令可以写为"load r0, 6#"，指令 load 是操作码助记符，r0 表示 0 号寄存器，6# 表示主存地址 6。

显然，使用汇编指令编写程序比使用机器指令编写程序方便得多。但是，计算机无法直接理解和执行汇编指令，因而用汇编语言编写的汇编语言源程序必须先转换为机器语言程序，才能被计算机执行。每条汇编指令的功能与对应机器指令一样，汇编指令和机器指令都与特定机器结构相关，因此，汇编语言和机器语言都属于低级编程语言，统称为**机器级语言**，所编写的程序称为**机器级代码**程序。

2. 高级编程语言

使用机器级语言编写程序时，程序设计工作的效率很低，且同一程序不能在不同架构的机器上运行。为此，程序员大多采用面向算法描述的**高级程序设计语言**编写程序。高级程序设计语言简称**高级编程语言**，它与具体机器结构无关，比机器级语言可读性更好，描述能力更强，一条语句可以对应几条、几十条甚至几百条指令。

3. 翻译程序

由于计算机无法直接理解和执行高级编程语言编写的程序，因而需将高级语言程序转换成机器语言程序。这个转换过程可以由计算机自动完成，通常把进行程序编辑和转换的软件统称为"语言处理系统"，程序员借助语言处理系统来开发软件。在任何一个语言处理系统中，都包含相应的**翻译程序**（translator），它能把一种编程语言表示的程序转换为等价的另一种编程语言程序。被翻译的语言和程序分别称为**源语言**和**源程序**，翻译生成的语言和程序分别称为**目标语言**和**目标程序**。翻译程序有以下三类。

- **汇编程序**（assembler）：也称**汇编器**，用来将汇编语言源程序翻译成机器语言目标程序。
- **解释程序**（interpreter）：也称**解释器**，用来将源程序中的语句按其执行顺序逐条翻译成机器指令并立即执行。

- **编译程序**（compiler）：也称**编译器**，用来将高级语言源程序翻译成汇编语言或机器语言目标程序。

1.1.3 计算机系统抽象层

图 1.2 是计算机系统抽象层及其转换示意图，描述了从最终用户希望计算机完成的应用（问题）到电子工程师使用器件完成基本电路设计的整个转换过程。

图 1.2 计算机系统抽象层及其转换

希望计算机完成或解决的应用（问题）通常是用自然语言描述的，但是，计算机硬件只能理解机器语言。要将一个自然语言描述的应用问题转换为机器语言程序，需要经过应用问题描述、算法抽象、高级语言程序设计、将高级语言源程序转换为特定机器语言目标程序等多个抽象层的转换。

在进行高级语言程序设计时，需要相应的应用程序开发支撑环境。例如，需要一个程序编辑器，以方便源程序的编写；需要一套翻译转换软件，以处理各类源程序，包括预处理程序、编译器、汇编器、链接器等；还需要一个可以执行各类程序的用户界面，如 GUI 方式下的图形用户界面或CLI 方式下的命令行用户界面（如 shell 程序）。提供程序编辑器和各类翻译转换软件的工具包统称为**语言处理系统**，而具有人机交互功能的用户界面和底层系统调用服务例程则由操作系统提供。

所有语言处理系统都需要在操作系统提供的计算机环境中运行，**操作系统**是对计算机系统结构和计算机硬件的一种抽象，这种抽象构成了一台可以供程序员使用的**虚拟机**（virtual machine）。

从应用（问题）到机器语言程序的每次转换所涉及的概念都属于软件的范畴，而机器语言程序所运行的计算机硬件和软件之间需要一座"桥梁"，这座架在软件和硬件交界面上的"桥梁"就是**指令集体系结构**（Instruction Set Architecture，ISA），有些场合简称为**体系结构**或**系统结构**（architecture）或**指令系统**（instruction set），它是软件和硬件之间接口的完整定义。ISA 定义了一台计算机可以执行的所有指令的集合，每条指令规定了计算机执行什么操作，以及所处理的操作数存放的地址空间及操作数类型。机器语言程序就是一个 ISA 规定的指令的序列，因此，计算机硬件执行机器语言程序的过程就是让其执行一条条指令的过程。

实现 ISA 的具体逻辑结构称为**计算机组成**（computer organization）或**微体系结构**（micro architecture），简称**微架构**。ISA 和微体系结构是两个不同层面上的概念。例如，有没有乘法指令是 ISA 规定的内容，而乘法指令是采用加法器和移位器实现，还是采用专门的乘法器实现，则属于微体系结构层面的问题。一个特定的 ISA 可以采用不同的微架构实现，例如，Intel Core i7、Intel 80486、AMD Athlon 是 x86 体系结构三种不同的处理器微架构实现。

一个特定的微架构由运算器、通用寄存器组和存储器等功能部件构成，**功能部件层**也称为**寄存器传送级（Register Transfer Level，RTL）层**。

功能部件由**数字逻辑电路**（digital logic circuit）实现。当然，一个功能部件可以用不同的逻辑电路实现，不同的实现方式得到的性能、成本和功耗等都有差异。最终每个基本的逻辑门电路由特定的**器件技术**（device technology）实现。

本教材内容主要涵盖图 1.2 所示的计算机系统抽象层中从数字逻辑电路到指令集体系结构（ISA）之间的抽象层。其中，第 2～4 章主要介绍数字逻辑电路，第 5～6 章主要介绍硬件描述语言和功能部件设计，第 7 章主要介绍指令集体系结构，第 8～10 章主要介绍处理器、存储器和输入 / 输出三个主要组成部分的微体系结构设计。

冯·诺依曼结构计算机内部以二进制形式表示指令和数据，即计算机系统各抽象层的设计实现都基于信息的二进制编码，因此，本章下面的内容主要介绍信息的二进制编码。

1.2   二进制数的表示

1.2.1   计算机的外部信息和内部数据

现实世界中的感觉媒体信息（如声音、文字、静止图像、活动图像等）通常由输入设备转化为二进制编码表示，因此，输入设备通常具有"离散化"和"编码"两方面的功能。因为计算机中用来存储、加工和传输数据的部件都是位数有限的部件，所以，计算机中只能表示和处理离散的信息。**数字化编码**过程，就是指对感觉媒体信息进行定时采样，将现实世界中的连续信息转换为计算机中的离散的"样本"信息，然后对它们用"0"和"1"进行数字化编码的过程。

采用二进制编码将各种媒体信息转变成数字化信息后，可以在计算机内部进行存储、处理和传送。在高级语言程序中，可以用图、树、表和队列等进行算法描述，并能以数组、结构、指针和字符串等数据类型来说明处理对象，但将高级语言程序转换为机器语言程序后，每条指令的操作数就只是某种简单的基本数据类型。如图 1.3 虚线框中所示，指令所处理的基本数据类型分为两种：数值型数据和非数值型数据。**数值型数据**可用来表示数量的多少，可比较其大小，分为整数和实数，整数又分为无符号整数和带符号整数。在计算机内部，整数用定点数表示，实数用浮点数表示。**非数值型数据**没有大小之分，不表示数量的多少，主要包括字符和逻辑值。

日常生活中，常使用带正负号的十进制数表示数值型数据，例如 6.18、–127 等。计算机内部处理的所有数据都必须是"数字化编码"了的数据，也就是用二进制的 0 和 1 进行编码表示。

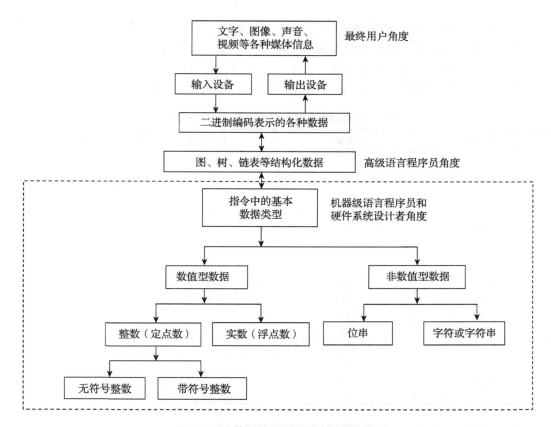

图 1.3 计算机的外部信息与内部数据

1.2.2 进位计数制

对于现实生活中所用的十进制数，每个数位用十个不同符号 0，1，2，…，9 表示，基为 10，每个符号处在十进制数中的不同位置时，所代表的数值不一样。例如，2585.62 代表的值是

$$(2585.62)_{10} = 2 \times 10^3 + 5 \times 10^2 + 8 \times 10^1 + 5 \times 10^0 + 6 \times 10^{-1} + 2 \times 10^{-2}$$

类似地，二进制数的基是 2，只使用两个不同的数字符号 0 和 1，运算时采用"逢二进一"的规则，第 i 位上的权是 2^i。例如，二进制数（100101.01）$_2$ 代表的值是

$$(100101.01)_2 = 1 \times 2^5 + 0 \times 2^4 + 0 \times 2^3 + 1 \times 2^2 + 0 \times 2^1 + 1 \times 2^0 + 0 \times 2^{-1} + 1 \times 2^{-2} = (37.25)_{10}$$

扩展到一般情况，在 R 进制数字系统中，应采用 R 个基本符号（0，1，2，…，$R{-}1$）表示各位上的数字，采用"逢 R 进一"的计数规则，对于每一个数位 i，该位上的权为 R^i。R 称为该数字系统的基。

在计算机系统中使用的常用进位计数制有下列几种。

● 二进制，R=2，基本符号为 0 和 1。

- 八进制，$R=8$，基本符号为 0，1，2，3，4，5，6，7。
- 十六进制，$R=16$，基本符号为 0，1，2，3，4，5，6，7，8，9，A，B，C，D，E，F。
- 十进制，$R=10$，基本符号为 0，1，2，3，4，5，6，7，8，9。

表 1.1 列出了二进制数与八、十、十六进制 3 种计数制数之间的对应关系。

表 1.1　二进制数与其他计数制数之间的对应关系

二进制数	八进制数	十进制数	十六进制数
0000	0	0	0
0001	1	1	1
0010	2	2	2
0011	3	3	3
0100	4	4	4
0101	5	5	5
0110	6	6	6
0111	7	7	7
1000	10	8	8
1001	11	9	9
1010	12	10	A
1011	13	11	B
1100	14	12	C
1101	15	13	D
1110	16	14	E
1111	17	15	F

从表 1.1 中可看出，十六进制的前 10 个数字与十进制的前 10 个数字相同，后 6 个基本符号 A，B，C，D，E，F 的值分别为十进制的 10，11，12，13，14，15。在书写时可使用后缀字母标识该数的进位计数制，一般用 B（Binary）表示二进制，用 O（Octal）表示八进制，用 D（Decimal）表示十进制（十进制数的后缀可以省略），而 H（Hexadecimal）则是十六进制数的后缀，有时也在十六进制数之前用 0x 作为前缀，例如二进制数 10011B，十进制数 56D或 56，十六进制数 308FH 或 0x308F 等。

1.2.3　二进制数与其他计数制数之间的转换

计算机内部所有信息采用二进制编码表示，但在计算机外部，为了书写和阅读的方便，大都采用十进制或十六进制表示形式。因此，计算机在数据输入后或输出前都必须实现这些进制数和二进制数之间的转换。以下介绍各进位计数制之间数据的转换方法。

1. R 进制数转换成十进制数

任何一个 R 进制数转换成十进制数时，只要"按权展开"即可。

例 1.1　将二进制数 10101.01B 转换成十进制数。

解　$10101.01B = 1 \times 2^4 + 0 \times 2^3 + 1 \times 2^2 + 0 \times 2^1 + 1 \times 2^0 + 0 \times 2^{-1} + 1 \times 2^{-2} = 21.25$

例 1.2　将十六进制数 3A.CH 转换成十进制数。

解　$3A.CH = 3 \times 16^1 + 10 \times 16^0 + 12 \times 16^{-1} = 58.75$ ■

2. 十进制数转换成 R 进制数

任何一个十进制数转换成 R 进制数时，要将整数和小数部分分别进行转换。

（1）整数部分的转换

整数部分的转换方法是"除基取余，上低下高"。也就是说，用要转换的十进制整数除以基数 R，将得到的余数作为结果数据中各位的数字，直到上商为 0 为止。上面的余数（先得到的余数）作为右边低位上的数位，下面的余数作为左边高位上的数位。

例 1.3　将十进制整数 135 分别转换成八进制数和二进制数。

解　将 135 分别除以 8 和 2，将每次的余数按从低位到高位的顺序排列如下：

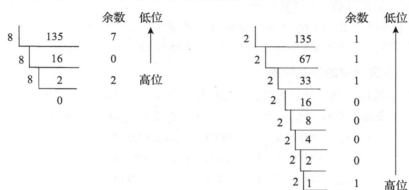

所以，135= 207O= 1000 0111B。

（2）小数部分的转换

小数部分的转换方法是"乘基取整，上高下低"。也就是说，用要转换的十进制小数乘以基数 R，将得到的乘积的整数部分作为结果中各位的数字，小数部分继续与基数 R 相乘。以此类推，直到某一步乘积的小数部分为 0 或已得到希望的位数为止。最后，将上面的整数部分（先得到的整数）作为左边高位上的数位，下面的整数部分作为右边低位上的数位。

例 1.4　将十进制小数 0.6875 分别转换成二进制数和八进制数。

解　$0.6875 \times 2 = 1.375$　　　整数部分 =1　　（高位）

　　$0.375 \times 2 = 0.75$　　　整数部分 =0　　↓

　　$0.75 \times 2 = 1.5$　　　整数部分 =1

　　$0.5 \times 2 = 1.0$　　　整数部分 =1　　（低位）

所以，0.6875 = 0.1011B。

　　$0.6875 \times 8 = 5.5$　　　整数部分 =5　　（高位）

　　$0.5 \times 8 = 4.0$　　　整数部分 =4　　（低位）

所以，0.6875 = 0.54O。 ■

在转换过程中，可能乘积的小数部分总得不到 0，即转换得到希望的位数后还有余数，这种情况下得到的是近似值。

例 1.5 将十进制小数 0.63 转换成二进制数。

解
$0.63 \times 2 = 1.26$	整数部分 =1　（高位）
$0.26 \times 2 = 0.52$	整数部分 =0
$0.52 \times 2 = 1.04$	整数部分 =1
$0.04 \times 2 = 0.08$	整数部分 =0　（低位）

所以，$0.63 = 0.1010\cdots B$。

（3）含整数、小数部分的数的转换

只需将整数部分和小数部分分别进行转换，得到转换后相应的整数和小数部分，然后再将这两部分组合起来得到一个完整的数。

例 1.6 将十进制数 135.6875 分别转换成二进制数和八进制数。

解 只需将例 1.3 和例 1.4 的结果合起来，即 $135.6875 = 10000111.1011B = 207.54O$。

3．二、十六进制数的相互转换

将十六进制数转换成二进制数时，只要把每一个十六进制数改写成等值的 4 位二进制数即可，且保持高低位的次序不变。十六进制数与二进制数的对应关系如下。

$$(0)_{16} = 0000 \quad (1)_{16} = 0001 \quad (2)_{16} = 0010 \quad (3)_{16} = 0011$$
$$(4)_{16} = 0100 \quad (5)_{16} = 0101 \quad (6)_{16} = 0110 \quad (7)_{16} = 0111$$
$$(8)_{16} = 1000 \quad (9)_{16} = 1001 \quad (A)_{16} = 1010 \quad (B)_{16} = 1011$$
$$(C)_{16} = 1100 \quad (D)_{16} = 1101 \quad (E)_{16} = 1110 \quad (F)_{16} = 1111$$

例 1.7 将十六进制数 2B.5EH 转换成二进制数。

解 $2B.5EH = 0010\ 1011 . 0101\ 1110\ B = 101011.0101111B$

将二进制数转换成十六进制数时，整数部分从低位向高位方向每 4 位用一个等值的十六进制数字来替换，最后不足 4 位时在高位补 0 凑满 4 位；小数部分从高位向低位方向每 4 位用一个等值的十六进制数字来替换，最后不足 4 位时在低位补 0 凑满 4 位。例如：

$$11001.11B = 0001\ 1001.1100B = 19.CH$$

4．十进制整数转换为二进制整数的简便方法

二进制数的权从小到大分别是 1（2^0）、2（2^1）、4（2^2）、8（2^3）、16（2^4）、32（2^5）、64（2^6）、128（2^7）、256（2^8）、512（2^9）、1024（2^{10}）、2048（2^{11}）、4096（2^{12}）、8192（2^{13}）、16384（2^{14}）、32768（2^{15}）、65536（2^{16}）……利用这些二进制数中第 n 位上的权，可以快速将一个十进制数转换为二进制数。

假设被转换的十进制数为 x，先确定最接近 x 的权 2^n。①若 x 大于等于 2^n，则按以下方式转换：求 x 和最接近权的差，再确定小于该差值并最接近该差值的权；再求差，再找小于该差值并最接近差值的权……一直到差为 0 为止。将这些权对应的数位置 1，其他位为 0，

得到的便是转换后的二进制数。②若 x 小于 2^n，则按以下方式转换：求 2^n-1 和 x 的差 d；然后按①中的方式确定 d 的二进制表示；最后将 2^n-1 减去 d，即可得到最终的二进制表示。

例 1.8　将十进制数 8261 转换成二进制数。

解　最靠近 8261 的权是 8192，8261−8192=69，69−64=5，5−4=1，1−1=0。因为 8192=2^{13}，64=2^6，4=2^2，1=2^0，故第 0、2、6、13 位为 1，其余位为 0，结果为 10 0000 0100 0101B。　　■

例 1.9　将十进制数 8161 转换成二进制数。

解　最靠近 8161 的权是 8192，d=8192−1−8161=30，30−16=14，14−8=6，6−4=2，2−2=0。d 对应的二进制数为 1 1110，故结果为 1 1111 1111 1111−1 1110 = 1 1111 1110 0001B。　　■

二进制数与十六进制数之间有简单、直观的对应关系，因此，如果要将十进制数转换为十六进制数，可以先按简便方法转换为二进制数，然后再将二进制数转换为十六进制数。这比将十进制数直接转换为十六进制数更简单。

二进制数太长，书写、阅读均不方便；十六进制数却像十进制数一样简练，易写易记。虽然计算机中只使用二进制一种计数制，但为了在开发和调试程序、查看机器代码时便于书写和阅读，人们经常使用十六进制来等价地表示二进制，所以必须熟练掌握十六进制数的表示及其与二进制数之间的转换。

1.3　数值型数据的编码表示

表示一个数值型数据要确定三个要素：进位计数制、定点 / 浮点表示和编码规则。任何给定的一个二进制 0/1 序列，在未确定它采用什么进位计数制、定点还是浮点以及编码方法之前，它所表示的值是无法确定的。日常生活中所使用的数有整数和实数之分，整数的小数点固定在数的最右边，可以省略不写，而实数的小数点则不固定。计算机内部数据中的每一位只能是 0 或 1，不可能出现小数点，因此，要使得计算机能够处理日常使用的数值型数据，必须要解决小数点的表示问题。这在计算机中通常通过约定小数点的位置来实现，小数点位置约定在固定位置的数称为**定点数**，小数点位置约定为可浮动的数称为**浮点数**。

因为任意一个浮点数都可以用一个定点小数和一个定点整数来表示，所以，只需要考虑定点数的编码表示。主要有 4 种定点数编码表示方法：原码、补码、反码和移码。

1.3.1　定点数的编码

因为计算机内部数据中的每一位只能是 0 或 1，所以正 / 负号也用 0 和 1 来表示。一般规定 0 表示正号，1 表示负号。数字化了的符号能否和数值部分一起参加运算呢？为了解决这个问题，就产生了把符号位和数值部分一起进行编码的各种方法。

通常将数值型数据在计算机内部编码表示后的数称为**机器数**，而机器数真正的值（即现实世界中带有正负号的数）称为机器数的**真值**。例如，–10（–1010B）用 8 位补码表示为 1111 0110，说明机器数 1111 0110B（F6H 或 0xF6）的真值是 –10，或者说，–10 的机器数是 1111 0110B。关于补码表示将在本节稍后介绍。根据定义可知，机器数一定是一个 0/1 序列，通常缩写成十六进制形式。

假设机器数 X 的真值 X_T 的二进制形式（即式中 $X'_i = 0$ 或 1，$0 \leq i \leq n-2$）如下：

$$X_T = \pm X'_{n-2} \cdots X'_1 X'_0 \qquad （当 X 为定点整数时）$$
$$X_T = \pm 0.X'_{n-2} \cdots X'_1 X'_0 \qquad （当 X 为定点小数时）$$

对 X_T 用 n 位二进制数编码后，机器数 X 表示为：

$$X = X_{n-1} X_{n-2} \cdots X_1 X_0$$

机器数 X 有 n 位，式中，$X_i = 0$ 或 1，$0 \leq i \leq n-1$。其中，第一位 X_{n-1} 是数的符号，后 $n-1$ 位 $X_{n-2} \cdots X_1 X_0$ 是数值部分。数值型数据在计算机内部的编码问题，实际上就是机器数 X 的各位 X_i 的取值与真值 X_T 的关系问题。

在上述对机器数 X 及其真值 X_T 的假设条件下，下面介绍各种带符号定点数的编码表示。

1. 原码表示法

一个数的原码表示由符号位后直接跟数值位构成，因此，也称"符号 – 数值"（sign and magnitude）表示法。原码表示法中，正数和负数仅符号位不同，数值部分完全相同。

原码编码规则如下：

① 当 X_T 为正数时，$X_{n-1}=0$，$X_i = X'_i$（$0 \leq i \leq n-2$）。

② 当 X_T 为负数时，$X_{n-1}=1$，$X_i = X'_i$（$0 \leq i \leq n-2$）。

原码 0 有两种表示形式：

$$[+0]_原 = 0\ 00 \cdots 0$$
$$[-0]_原 = 1\ 00 \cdots 0$$

根据原码定义可知，对于数 –10（–1010B），假定用 8 位原码表示，则 $n=8$，真值 $X_T =$ –000 1010，机器数 X 为 1000 1010B（8AH 或 0x8A）；对于数 –0.625（–0.101B），若用 8 位原码表示，则其机器数为 1101 0000B（D0H 或 0xD0）。

原码表示的优点是，与真值的对应关系直观、方便；其缺点是，0 的表示不唯一，给使用带来不便，并且原码运算中符号和数值部分必须分开处理。

2. 补码表示法

补码表示可以实现加减运算的统一，即用加法来实现减法运算。在计算机中，补码用来表示带符号整数。补码表示法也称"2-补码"（two's complement）表示法，由符号位后跟真值的模 2^n 补码构成，因此，在介绍补码概念之前，先讲一下有关模运算的概念。

（1）模运算

在**模运算**系统中，若 A、B、M 满足 $A=B+K \times M$（K 为整数），则记为 $A \equiv B$（mod M）。即

A、B 各除以 M 后的余数相同，故称 B 和 A 为**模 M 同余**。也就是说在模运算系统中，一个数与它除以"模"后得到的余数是等价的。

钟表是一个典型的模运算系统，其模数为 12。假定现在钟表时针指向 10 点，要将它拨向 6 点，则有以下两种拨法。

① 逆时针拨 4 格：$10-4=6$。

② 顺时针拨 8 格：$10+8=18 \equiv 6 \pmod{12}$。

所以在模 12 系统中，$10-4 \equiv 10+（12-4）\equiv 10+8 \pmod{12}$。即 $-4 \equiv 8 \pmod{12}$。

我们称 8 是 -4 对模 12 的补码。同样有 $-3 \equiv 9 \pmod{12}$ 和 $-5 \equiv 7 \pmod{12}$ 等。

由上述例子与同余的概念，可得出如下的结论：对于某一确定的模，某数 A 减去小于模的另一数 B，可以用 A 加上 $-B$ 的补码来代替。这就是补码可以借助加法运算来实现减法运算的原因。

例 1.10　假定在钟表上只能顺时针方向拨动时针，如何用顺拨的方式实现将 10 点倒拨 4 格？拨动后钟表上是几点？

解　钟表是一个模运算系统，其模为 12。根据上述结论，可得
$$10-4 \equiv 10+（12-4）\equiv 10+8 \equiv 6 \pmod{12}$$
因此，可从 10 点顺时针拨 8（-4 的补码）格来实现倒拨 4 格，拨动后钟表时针指向 6 点。■

例 1.11　假定算盘只有 4 档，且只能做加法，则如何用该算盘计算 $9828-1928$ 的结果？

解　这个算盘是一个"4 位十进制数"模运算系统，其模为 10^4。根据上述结论，可得
$$9828-1928 \equiv 9828+（10^4-1928）\equiv 9828+8072 \equiv 7900 \pmod{10^4}$$■
因此，可用 9828 加 8072（-1928 的补码）来实现 9828 减 1928 的功能。

显然，在只有 4 档的算盘上运算时，如果运算结果超过 4 位，则高位无法在算盘上表示，只能用低 4 位表示结果，留在算盘上的值相当于是除以模（10^4）后的余数。

推广到计算机内部，n 位运算部件就相当于只有 n 档的二进制算盘，其模就是 2^n。

计算机中的存储、运算和传送部件都只有有限位，相当于有限档数的算盘，因此计算机中所表示的机器数的位数也只有有限位。两个 n 位二进制数在进行运算的过程中，可能会产生一个多于 n 位的结果。此时，计算机和算盘一样，也只能舍弃高位而保留低 n 位，这样做可能会产生两种结果。

① 剩下的低 n 位数不能正确表示运算结果，即丢掉的高位是运算结果的一部分。例如，在两个同号数相加时，当相加得到的和超出了 n 位数可表示的范围时出现这种情况，我们称此时发生了**溢出**（overflow）现象。

② 剩下的低 n 位数能正确表示运算结果，即高位的舍去并不影响其运算结果。在两个同号数相减或两个异号数相加时，运算结果就是这种情况。舍去高位的操作相当于"将一个多于 n 位的数除以 2^n，保留其余数作为结果"的操作，也就是"模运算"操作。如例 1.11 中最后相加的结果为 17900，但因为算盘只有 4 档，最高位的 1 自然丢弃，得到正确的结果 7900。

（2）补码的定义

根据上述同余概念和数的互补关系，可引出补码的表示：正数的补码符号为 0，数值部分是它本身；负数的补码等于模与该负数的绝对值之差。因此，数 X_T 的补码可用如下公式表示：

① 当 X_T 为正数时，$[X_T]_{补} = X_T = M + X_T \pmod{M}$。

② 当 X_T 为负数时，$[X_T]_{补} = M - |X_T| = M + X_T \pmod{M}$。

综合①和②，得到以下结论：对于任意一个数 X_T，$[X_T]_{补} = M + X_T \pmod{M}$。

对于具有一位符号位和 $n-1$ 位数值位的 n 位二进制整数补码来说，其补码定义如下：

$$[X_T]_{补} = 2^n + X_T \quad (-2^{n-1} \leqslant X_T < 2^{n-1}, \ \bmod\ 2^n)$$

（3）特殊数据的补码表示

通过以下例子来说明几个特殊数据的补码表示。

例 1.12 分别求出补码位数为 n 和 $n+1$ 时 -2^{n-1} 的补码表示。

解 当补码的位数为 n 时，其模为 2^n，因此：

$$[-2^{n-1}]_{补} = 2^n - 2^{n-1} = 2^{n-1} \pmod{2^n} = 1\ 0\cdots0\ (n-1 个 0)$$

当补码的位数为 $n+1$ 位时，其模为 2^{n+1}，因此：

$$[-2^{n-1}]_{补} = 2^{n+1} - 2^{n-1} = 2^n + 2^{n-1} \pmod{2^{n+1}} = 1\ 10\cdots0\ (n-1 个 0)$$ ■

从该例可以看出，同一个真值在不同位数的补码表示中，其对应的机器数不同。因此，在给定编码表示时，一定要明确编码的位数。在机器内部，编码的位数就是机器中运算部件的位数。

例 1.13 设补码的位数为 n，求 -1 的补码表示。

解 对于整数补码有：

$$[-1]_{补} = 2^n - 1 = 11\cdots1\ (n 个 1)$$ ■

对于 n 位补码表示来说，2^{n-1} 的补码为多少呢？根据补码定义，有：

$$[2^{n-1}]_{补} = 2^n + 2^{n-1} \pmod{2^n} = 2^{n-1} = 1\ 0\cdots0\ (n-1 个 0)$$

最高位为 1，说明对应的真值是负数，而这与实际情况不符，显然 n 位补码无法表示 2^{n-1}。由此可知，为什么在 n 位二进制整数补码定义中，真值的取值范围包含了 -2^{n-1}，但不包含 2^{n-1}。

例 1.14 求 0 的补码表示。

解 根据补码的定义，有：

$$[+0]_{补} = [-0]_{补} = 2^n \pm 0 = 1\ 00\cdots0 \pmod{2^n} = 0\ 0\cdots0\ (n 个 0)$$ ■

从上述结果可知，补码 0 的表示是唯一的。这带来了以下两个方面的好处：

① 减少了 +0 和 -0 之间的转换。

② 少占用一个编码表示，使补码比原码能多表示一个最小负数。在 n 位原码表示的定点数中，$100\cdots0$ 用来表示 -0，但在 n 位补码表示中，-0 和 $+0$ 都用 $00\cdots0$ 表示，因此，正如例 1.12 所示，$100\cdots0$ 可用来表示最小负整数 -2^{n-1}。

（4）补码与真值之间的转换方法

原码与真值之间的对应关系简单，只要转换符号，数值部分不需改变。但对于补码来说，正数和负数的转换不同。根据定义，求一个正数的补码时，只要将正号"+"转换为 0，数值部分不需改变；求一个负数的补码时，需要做减法运算，因而不太方便和直观。

例 1.15　设补码的位数为 8，求 110 1100 和 –110 1100 的补码表示。

解　补码的位数为 8，说明补码数值部分有 7 位，根据补码的定义可知：

$[110\ 1100]_{补} = 2^8 + 110\ 1100 = 1\ 0000\ 0000 + 110\ 1100\ (\text{mod}\ 2^8) = 0110\ 1100$

$[-110\ 1100]_{补} = 2^8 - 110\ 1100 = 1\ 0000\ 0000 - 110\ 1100$

$\qquad\qquad = 1000\ 0000 + 1000\ 0000 - 110\ 1100$

$\qquad\qquad = 1000\ 0000 + (111\ 1111 - 110\ 1100) + 1$

$\qquad\qquad = 1000\ 0000 + 001\ 0011 + 1\ (\text{mod}\ 2^8) = 1001\ 0100$

本例中是两个绝对值相同、符号相反的数。其中，负数的补码计算过程中第一个 1000 0000 用于产生最后的符号 1，第二个 1000 0000 拆为 111 1111 + 1，而（111 1111 – 110 1100）实际是将数值部分 110 1100 各位取反。模仿这个计算过程，不难从补码的定义推导出负数补码计算的一般步骤：符号位为 1，数值部分"各位取反，末位加 1"。

因此，可以用以下简单方法求一个数的补码：对于正数，符号位取 0，其余同真值中相应各位；对于负数，符号位取 1，其余各位由数值部分"各位取反，末位加 1"得到。

例 1.16　假定补码位数为 8，用简便方法求 $X = -110\ 0011$ 的补码表示。

解　$[X]_{补} = 1\ 001\ 1100 + 0\ 000\ 0001 = 1\ 001\ 1101$

对于由负数补码求真值的简便方法，可以通过以上由真值求负数补码的计算方法得到。可以直接想到的方法是，对补码数值部分先减 1 然后再取反。也就是说，通过计算 111 1111 –（001 1101 – 1）得到，该计算可以变为（111 1111 – 001 1101）+ 1，亦即进行"取反加 1"操作。

因此，由补码求真值的简便方法为：若符号位为 0，则真值的符号为正，其数值部分不变；若符号位为 1，则真值的符号为负，其数值部分的各位由补码"各位取反，末位加 1"得到。

例 1.17　已知 $[X_T]_{补} = 1\ 011\ 0100$，求真值 X_T。

解　$X_T = -(100\ 1011 + 1) = -100\ 1100$

根据上述有关补码和真值转换的规则，不难发现，根据补码 $[X_T]_{补}$ 求 $[-X_T]_{补}$ 的方法是：对 $[X_T]_{补}$"各位取反，末位加 1"。这里要注意最小负数取负后会发生溢出。

例 1.18　已知 $[X_T]_{补} = 1\ 011\ 0100$，求 $[-X_T]_{补}$。

解　$[-X_T]_{补} = 0\ 100\ 1011 + 0\ 000\ 0001 = 0\ 100\ 1100$

例 1.19　已知 $[X_T]_{补} = 1\ 000\ 0000$，求 $[-X_T]_{补}$。

解　$[-X_T]_{补} = 0\ 111\ 1111 + 0\ 000\ 0001 = 1\ 000\ 0000$（结果溢出）

例 1.19 中出现了"两个正数相加，结果为负数"的情况，结果是一个错误的值，我们称结果"溢出"。该例中，8 位整数补码 1000 0000 对应的是最小负数 -2^7，对其取负后的值为 2^7（即 128）。因为 8 位整数补码能表示的最大正数为 $2^7-1=127$，显然，128 无法用 8 位补码表示，即结果溢出。

在结果溢出时，有的编译器不会做任何提示，因而可能会得到意想不到的结果。

（5）变形补码

为了便于判断运算结果是否溢出，某些计算机中还采用了一种双符号位的补码表示方式，称为变形补码，也称为"模 4- 补码"。在双符号位中，左符是真正的符号位，右符用来判断结果是否溢出。

假定变形补码的位数为 $n+1$（其中符号占 2 位，数值部分占 $n-1$ 位），则变形补码可如下表示：

$$[X_T]_{变补} = 2^{n+1} + X_T \quad (-2^{n-1} \leqslant X_T < 2^{n-1}, \; \mathrm{mod}\; 2^{n+1})$$

例 1.20 已知 $X_T = -1011$，分别求出变形补码取 6 位和 8 位时 $[X_T]_{变补}$ 的值。

解 $[X_T]_{变补} = 2^6 - 1011 = 100\ 0000 - 00\ 1011 = 11\ 0101$

$[X_T]_{变补} = 2^8 - 1011 = 1\ 0000\ 0000 - 0000\ 1011 = 1111\ 0101$

3. 反码表示法

负数的补码可采用"各位取反，末位加 1"的方法得到，如果仅各位取反而末位不加 1，那么就可得到负数的反码表示，因此负数反码的定义就是在相应的补码表示中再末位减 1。

反码表示存在以下几个方面的不足：0 的表示不唯一；表数范围比补码少一个最小负数；运算时必须考虑循环进位。因此，反码在计算机中很少被使用，有时用作数码变换的中间表示形式或用于数据校验。

4. 移码表示法

浮点数实际上是用两个定点数来表示的，用定点小数表示浮点数的**尾数**，用定点整数表示浮点数的**阶**（即**指数**）。一般情况下，浮点数的阶用一种称为"移码"的编码方式表示。通常，将阶的编码表示称为**阶码**。

为什么要用移码表示阶呢？因为阶可以是正数，也可以是负数，当进行浮点数的加减运算时，必须先"对阶"（即比较两个数的阶的大小并使之相等）。为简化比较操作，使操作过程不涉及阶的符号，可以对每个阶都加上一个正的常数，称为**偏置常数**（bias），使所有阶都转换为正整数，这样，在对浮点数的阶进行比较时，就是对两个正整数进行比较，因而可以直观地将两个数按位从左到右进行比对，从而简化**对阶操作**。

假设用来表示阶 E 的移码的位数为 n，则 $[E]_{移} =$ 偏置常数 $+E$，通常，偏置常数取 2^{n-1} 或 $2^{n-1}-1$。

1.3.2 整数的表示

整数的小数点隐含在数的最右边，故无须表示小数点，因而也被称为定点数。计算机中的整数分为**无符号整数**（unsigned integer）和**带符号整数**（signed integer）两种。

当一个编码的所有二进位都用来表示数值而没有符号位时，该编码表示的就是无符号整数。此时，默认数的符号为正，所以无符号整数就是正整数或非负整数。

一般在全部是正数且不出现负值结果的场合下，使用无符号整数。例如，可用无符号整数进行地址运算，或用来表示指针、下标等。通常把无符号整数简单地称为无符号数。

由于无符号整数省略了一位符号位，所以在位数相同的情况下，它能表示的最大数大于带符号整数所能表示的最大数，例如，8 位无符号整数的机器数为 0000 0000～1111 1111，对应的取值范围为 0～（2^8-1），即最大数为 255，而 8 位带符号整数的最大数是 127。

带符号整数也称为有符号整数，它必须用一个二进位表示符号，虽然前面介绍的原码、补码、反码和移码都可以用来表示带符号整数，但是，补码表示有其突出的优点，因而，现代计算机中带符号整数都用补码表示。n 位带符号整数的表示范围为 -2^{n-1}～（$2^{n-1}-1$），例如，8 位带符号整数的表示范围为 -128～$+127$。

C 语言中允许无符号整数和带符号整数之间的转换，转换前后的机器数不变，只是转换前后对其的解释发生了变化。例如，考虑以下 C 代码：

```
1   int x = -1;
2   unsigned u = 2147483648;
3
4   printf ("x = %u = %d\n", x, x);
5   printf ("u = %u = %d\n", u, u);
```

上述 C 代码中，x 为带符号整数，u 为无符号整数，初值为 2147483648（即 2^{31}）。在 32 位机器上运行上述代码时，其输出结果如下。

```
x = 4294967295 = -1
u = 2147483648 = -2147483648
```

x 的输出结果说明如下：因为整数 -1 的补码表示为 11…1，所以当这个数被解释为 32 位无符号整数（格式符为 %u）时，其值为 $2^{32}-1=4294967296-1=4294967295$。

u 的输出结果说明如下：2^{31} 的无符号数表示为 100…0，当这个数被解释为 32 位带符号整数（格式符为 %d）时，其值为最小负数 $-2^{32-1}=-2^{31}=-2147483648$。

在 C 语言中，如果执行一个运算时，同时有无符号整数和带符号整数参加，那么，C 语言标准规定按无符号整数进行运算，因而会造成一些意想不到的结果。

例如，对于 C 语言关系表达式 "$-2147483648 < 2147483647$"，因为 "<" 左边的字面量 2147483648 在 ISO C90 和 C99 中分别为无符号整型和带符号整型，而右边的 2147483647 在 C90 和 C99 中都属于带符号整型，所以，在 C90 和 C99 中，该关系表达式应分别按无符号整型和带符号整型比较。因为 "<" 左边的机器数为 1000 0000 0000 0000 0000 0000 0000 0000，右边的机器数为 0111 1111 1111 1111 1111 1111 1111 1111，显然，在 C90 中结果为 false，而在 C99 中结果为 true。

1.3.3 浮点数的表示

用定点数表示数值型数据时，其表示范围很小，运算结果很容易溢出，此外，用定点数也无法表示带有小数点的实数。因此，计算机中专门用浮点数来表示实数。

1. 浮点数的表示范围

任一浮点数可用两个定点数表示，一个定点小数表示浮点数的尾数，一个定点整数表示浮点数的阶。阶的编码称为阶码，为便于对阶，阶码通常采用移码形式。

因为表示浮点数的两个定点数的位数是有限的，因而，浮点数的表示范围是有限的。给定任何一种浮点数格式，其表示范围总是如图 1.4 所示，有一个可表示的正数范围和一个可表示的负数范围。不过，在可表示范围内的数值并不是连续的。

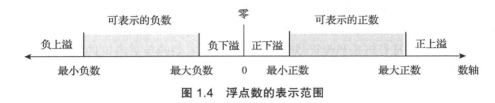

图 1.4 浮点数的表示范围

在图 1.4 中，数轴上有 4 个区间的数不能用浮点数表示。这些区间称为**溢出区**，接近 0 的区间为**下溢区**，向无穷大方向延伸的区间为**上溢区**。

根据浮点数的表示格式，只要尾数为 0，不管阶码是什么，其值都为 0，这样的数被称为**机器零**，因此机器零的表示不唯一。通常，用阶码和尾数同时为 0 来唯一表示机器零。即当结果出现尾数为 0 时，不管阶码是什么，都将阶码取为 0。机器零有 +0 和 −0 之分。

2. 浮点数的规格化

为了在浮点数运算过程中尽可能多地保留有效数字的位数，使有效数字尽量占满尾数数位，必须在运算过程中对浮点数进行"规格化"操作。规格化操作可以使浮点数的表示具有唯一性。

规格化数的标志是真值的尾数部分中最高位具有非零数字。规格化操作有两种："左规"和"右规"。当尾数的有效数位进到最高位前面时，需要进行右规。**右规**时，尾数每右移一位，阶码加 1，直到尾数变成规格化形式为止。右规时阶码会增加，因此阶码有可能上溢。当尾数出现形如 $\pm 0.0 \cdots 0bb \cdots b$ 的运算结果时，需要进行左规。**左规**时，尾数每左移一位，阶码减 1，直到尾数变成规格化形式为止。左规时阶码会减小，因此阶码有可能下溢。

3. IEEE 754 浮点数标准

直到 20 世纪 80 年代初，浮点数表示格式还没有统一标准，目前几乎所有计算机都采用 IEEE 754 标准表示浮点数。在这个标准中，提供了两种基本浮点数格式：32 位单精度和 64 位双精度格式，如图 1.5 所示。

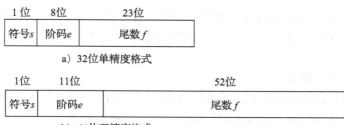

a) 32 位单精度格式

b) 64 位双精度格式

图 1.5　IEEE 754 浮点数格式

32 位单精度格式中包含 1 位符号 s、8 位阶码 e 和 23 位尾数 f，64 位双精度格式包含 1 位符号 s、11 位阶码 e 和 52 位尾数 f。其基数隐含为 2；尾数用原码表示，第一位总为 1，因而可在尾数中缺省第一位的 1，称为**隐藏位**。这使得单精度格式的 23 位尾数实际上表示了 24 位有效数字，双精度格式的 52 位尾数实际上表示了 53 位有效数字。IEEE 754 规定，小数点前面的 "1" 是隐藏位。

IEEE 754 标准中，阶码用移码形式，偏置常数是 $2^{n-1}-1$，因此，单精度和双精度浮点数的偏置常数分别为 127 和 1023。

对于 IEEE 754 标准格式的浮点数，一些特殊的位序列（如阶码为全 0 或全 1）有其特别的解释。表 1.2 给出了对各种形式的浮点数的解释。

表 1.2　IEEE 754 浮点数的解释

值的类型	单精度（32 位）				双精度（64 位）			
	符号	阶码	尾数	值	符号	阶码	尾数	值
正零	0	0	0	0	0	0	0	0
负零	1	0	0	−0	1	0	0	−0
正无穷大	0	255（全 1）	0	∞	0	2047（全 1）	0	∞
负无穷大	1	255（全 1）	0	$-\infty$	1	2047（全 1）	0	$-\infty$
无定义数（非数）	0 或 1	255（全 1）	$\neq 0$	NaN	0 或 1	2047（全 1）	$\neq 0$	NaN
规格化非零正数	0	$0<e<255$	f	$2^{e-127}(1.f)$	0	$0<e<2047$	f	$2^{e-1023}(1.f)$
规格化非零负数	1	$0<e<255$	f	$-2^{e-127}(1.f)$	1	$0<e<2047$	f	$-2^{e-1023}(1.f)$
非规格化正数	0	0	$f\neq 0$	$2^{-126}(0.f)$	0	0	$f\neq 0$	$2^{-1022}(0.f)$
非规格化负数	1	0	$f\neq 0$	$-2^{-126}(0.f)$	1	0	$f\neq 0$	$-2^{-1022}(0.f)$

在表 1.2 中，对 IEEE 754 中规定的浮点数进行了以下分类。

（1）全 0 阶码全 0 尾数：+0/−0

零有两种表示：+0 和 −0。零的符号取决于符号 s。一般情况下 +0 和 −0 是等效的。

（2）全 0 阶码非 0 尾数：非规格化数

非规格化数的特点是阶码为全 0，尾数高位有一个或几个连续的 0，但尾数不全为 0。因此，对于非规格化数，尾数的小数点前一位为 0，单精度和双精度浮点数的阶分别为 −126 和 −1022，故单精度和双精度非规格化浮点数的真值分别为 $(-1)^s \times 0.f \times 2^{-126}$ 和 $(-1)^s \times 0.f \times 2^{-1022}$。

（3）全 1 阶码全 0 尾数：$+\infty/-\infty$

$+\infty$ 在数值上大于所有有限数，$-\infty$ 则小于所有有限数，**无穷大数**既可作为操作数，也可能是运算的结果。当操作数为无穷大时，系统可以有两种处理方式。

① 产生不发信号的非数 NaN，如 $+\infty + (-\infty)$、$+\infty - (+\infty)$、∞/∞ 等。

② 产生明确的结果，如 $5 + (+\infty) = +\infty$、$(+\infty) + (+\infty) = +\infty$、$5 - (+\infty) = -\infty$，$(-\infty) - (+\infty) = -\infty$ 等。

（4）全 1 阶码非 0 尾数：NaN

NaN（Not a Number）表示一个没有定义的数，称为**非数**。分为不发信号（quiet）和发信号（signaling）两种非数。有的书中把它们分别称为"静止的 NaN"和"通知的 NaN"。表 1.3 给出了能产生不发信号（静止的）NaN 的计算操作。

表 1.3 产生不发信号 NaN 的计算操作

运算类型	产生不发信号 NaN 的计算操作
所有	对通知 NaN 的任何计算操作
加减	$(+\infty) + (-\infty)$、$(+\infty) - (+\infty)$ 等
乘	$0 \times \infty$
除	$0/0$ 或 ∞/∞
求余	$x \bmod 0$ 或 $\infty \bmod y$
平方根	$\sqrt{x}$ 且 $x < 0$

因为 NaN 的尾数是非 0 数，除了第一位有定义外其余的位没有定义，所以可用其余位来指定具体的异常条件。一些没有数学解释的计算（如 $0/0$、$0 \times \infty$ 等）也会产生一个非数 NaN。

（5）阶码非全 0 且非全 1：规格化非 0 数

阶码范围在 1～254（单精度）和 1～2046（双精度）的浮点数，是一个正常的**规格化非 0 数**。根据 IEEE 754 的定义，这种数的阶的范围应该是 −126～+127（单精度）和 −1022～+1023（双精度），其值的计算公式分别为：

$$(-1)^s \times 1.f \times 2^{e-127} \quad \text{和} \quad (-1)^s \times 1.f \times 2^{e-1023}$$

例 1.21 将十进制数 −0.75 转换为 IEEE 754 的单精度浮点数格式表示。

解 $(-0.75)_{10} = (-0.11)_2 = (-1.1)_2 \times 2^{-1} = (-1)^s \times 1.f \times 2^{e-127}$，所以 $s = 1$，$f = 0.100\cdots0$，$e = (127-1)_{10} = (126)_{10} = (0111\ 1110)_2$，表示为单精度格式的浮点数为 1 0111 1110 1000 0000⋯0000 000，用十六进制表示为 BF40 0000H。∎

例 1.22 IEEE 754 单精度浮点表示 C0A0 0000H 的真值是多少？

解 首先将 C0A0 0000H 展开为一个 32 位单精度浮点数：1 1000 0001 010 0000⋯0000。

据 IEEE 754 单精度浮点数格式可知，符号 $s=1$，$f=(0.01)_2=(0.25)_{10}$，阶码 $e=(1000\ 0001)_2=(129)_{10}$，所以，其值为 $(-1)^s\times1.f\times2^{e-127}=(-1)^1\times1.25\times2^{129-127}=-1.25\times2^2=-5.0$。∎

在不同数据类型之间转换时，往往隐藏着一些不容易被察觉的错误，这种错误有时会带来重大损失，因此，编程时要非常小心。

例 1.23 假定变量 i、f、d 的类型分别是 int、float 和 double，它们可以取除 $+\infty$、$-\infty$ 和 NaN 以外的任意值。请判断下列 7 个 C 语言关系表达式在 32 位机器上运行时是否永真。

① i = = (int) (float) i
② f = = (float) (int) f
③ i = = (int) (double) i
④ f = = (float) (double) f
⑤ d = = (float) d
⑥ f = = -(-f)
⑦ (d+f) - d = = f

解 ① 不是，int 有效位数比 float 多，i 从 int 型转换为 float 型时有效位数可能丢失。

② 不是，float 有小数部分，f 从 float 型转换为 int 型时小数部分可能会丢失。

③ 是，double 比 int 有更大的精度和范围，i 从 int 型转换为 double 型时数值不变。

④ 是，double 比 float 有更大的精度和范围，f 从 float 型转换为 double 型时数值不变。

⑤ 不是，double 比 float 有更大的精度和范围，d 从 double 型转换为 float 型时可能丢失有效数字或发生溢出。

⑥ 是，浮点数取负就是简单地将符号取反。

⑦ 不是，例如，当 $d=1.79\times10^{308}$、$f=1.0$ 时，左边为 0（因为 $d+f$ 时 f 需向 d 对阶，对阶后 f 的尾数有效数位被舍去而变为 0，故 $d+f$ 仍然等于 d，再减去 d 后结果为 0），而右边为 1。∎

1.3.4 十进制数的二进制编码表示

人们日常使用和熟悉的是十进制数，使用计算机来处理数据时，在计算机外部（如键盘输入、屏幕显示或打印输出）看到的数据基本上是十进制形式，因此，有时需要计算机内部能够表示和处理十进制数据，以方便直接进行十进制数的输入/输出或直接用十进制数进行计算。在计算机内部，可以采用数字 0～9 对应的 ASCII 码字符（参见表 1.4）来表示十进制数，也可以采用二进制编码的十进制数（Binary Coded Decimal，BCD）来表示。

用 ASCII 码字符串方式表示十进制数，可方便进行十进制数的输入/输出，但是，因为这种表示形式中含有非数值信息（高 4 位编码），所以对十进制数的运算很不方便，必须先转换为二进制数或用 BCD 码表示十进制数。

因为每位十进制数的取值可以是 0～9 这 10 个数之一，所以每一个十进制数位必须至少由 4 个二进位来表示。而 4 个二进位可以组合成 16 种状态，去掉 10 种状态后还有 6 种冗余状态。从 16 种状态中选取 10 种状态来表示 0～9 的方法很多，因而存在多种 **BCD 码**方案。

1. 有权 BCD 码

有权 BCD 码指表示十进制数位的 4 个二进位（称为基 2 码）都有一个确定的权。最常用的有权码就是 8421 码，它选取 4 位二进制数按计数顺序的前 10 个代码与十进制数字相对应，如表 1.1 中十进制数 0~9 对应的二进制数表示所示，每位的权从左到右分别为 8、4、2、1，因此称为 8421 码，也称**自然 BCD 码**，记为 NBCD 码。

2. 无权 BCD 码

无权 BCD 码是指表示每个十进制数位的 4 个基 2 码没有确定的权。在无权码方案中，用得较多的是余 3 码和格雷码。**余 3 码**是由 8421 码加上 0011 形成的一种无权码。余 3 码的特点是：当两个十进制数的和是 10 时，相应的二进制编码正好是 16，而且 0 和 9，1 和 8，…，5 和 4 的余 3 码互为反码。**格雷码**（Gray code）的特点是：任意两个相邻的编码只有一位二进位不同。格雷码有多种编码形式。

十进制数中每个数字对应 4 个二进位，两个数字占一个字节。符号可用 1 位二进制数表示（1 表示负数，0 表示正数），或用 4 位二进制数表示并放在数字串最后。例如，Pentium 处理器中的十进制数占 80 位，第一个字节中的最高位为符号位，后面的 9 个字节表示 18 位十进制数。

1.4 非数值型数据的编码表示

逻辑值、字符等数据都是非数值型数据，在机器内部用一个二进制位串表示。

1.4.1 逻辑值的表示

正常情况下，可将每个字或其他可寻址单位（字节、半字等）作为一个整体数据单元看待。但是，某些时候还需要将一个 n 位数据看成由 n 个一位数据组成，每个取值为 0 或 1。例如，有时需要存储一个布尔或二进制数据阵列，阵列中的每项只能取值为 1 或 0；有时可能需要提取一个数据项中的某位进行诸如"置 1"或"清 0"等操作。采用这种方式时，数据就被认为是逻辑数据。因此 n 位二进制数可表示 n 个逻辑值。逻辑数据只能参加逻辑运算，并且是按位进行的，如按位"与"、按位"或"、逻辑左移、逻辑右移等。

逻辑数据和数值型数据都是一串 0/1 序列，在形式上无任何差异，需要通过指令的操作码类型来识别它们。例如，逻辑运算指令处理的是逻辑数据，算术运算指令处理的是数值型数据。

1.4.2 西文字符的表示

计算机内部处理的西文字符包括拉丁字母、数字、标点符号及一些特殊符号。所有字符的集合构成**字符集**。字符集中的每一个字符都有一个代码（即二进制编码的 0/1 序列），构成了该字符集的代码表，简称**码表**。码表中的代码具有唯一性。

字符主要用于外部设备和计算机之间交换信息。一旦确定了所使用的字符集和编码方法后，计算机内部表示的字符代码和外部设备输入、打印和显示的字符之间就有唯一的对应关系。

目前计算机中使用最广泛的西文字符集及其编码是 ASCII 码，即美国标准信息交换码（American Standard Code for Information Interchange）。ASCII 字符编码见表 1.4。

表 1.4 ASCII 码表

	$b_6b_5b_4$ =000	$b_6b_5b_4$ =001	$b_6b_5b_4$ =010	$b_6b_5b_4$ =011	$b_6b_5b_4$ =100	$b_6b_5b_4$ =101	$b_6b_5b_4$ =110	$b_6b_5b_4$ =111
$b_3b_2b_1b_0$=0000	NUL	DLE	SP	0	@	P	`	p
$b_3b_2b_1b_0$=0001	SOH	DC1	!	1	A	Q	a	q
$b_3b_2b_1b_0$=0010	STX	DC2	"	2	B	R	b	r
$b_3b_2b_1b_0$=0011	ETX	DC3	#	3	C	S	c	s
$b_3b_2b_1b_0$=0100	EOT	DC4	$	4	D	T	d	t
$b_3b_2b_1b_0$=0101	ENQ	NAK	%	5	E	U	e	u
$b_3b_2b_1b_0$=0110	ACK	SYN	&	6	F	V	f	v
$b_3b_2b_1b_0$=0111	BEL	ETB	'	7	G	W	g	w
$b_3b_2b_1b_0$=1000	BS	CAN	(	8	H	X	h	x
$b_3b_2b_1b_0$=1001	HT	EM	)	9	I	Y	i	y
$b_3b_2b_1b_0$=1010	LF	SUB	*	:	J	Z	j	z
$b_3b_2b_1b_0$=1011	VT	ESC	+	;	K	[	k	{
$b_3b_2b_1b_0$=1100	FF	FS	,	<	L	\	l	|
$b_3b_2b_1b_0$=1101	CR	GS	-	=	M	]	m	}
$b_3b_2b_1b_0$=1110	SO	RS	.	>	N	^	n	~
$b_3b_2b_1b_0$=1111	SI	US	/	?	O		o	DEL

从表 1.4 中可看出每个字符都由 7 个二进位 $b_6b_5b_4b_3b_2b_1b_0$ 表示，其中 $b_6b_5b_4$ 是高位部分，$b_3b_2b_1b_0$ 是低位部分。一个字符在计算机中实际上是用 8 位表示的。一般情况下，最高一位 b_7 为 0。

字符 0～9 这 10 个数字字符的高三位编码为 011，低 4 位分别为 0000～1001，正好是 0～9 这 10 个数字的二进制表示。英文字母的编码值也满足正常的字母排序关系，且大小写字母编码之间的差别仅在 b_5 这一位上，使得大、小写字母之间的转换非常方便。

1.4.3 汉字的表示

中文信息的基本组成单位是汉字，汉字也是字符。为了适应汉字系统各组成部分对汉字信息处理的不同需要，汉字系统需要处理以下几种汉字代码：输入码、内码、字模码。

1. 汉字的输入码

键盘是面向西文设计的，一个或两个西文字符对应一个按键，因此使用键盘输入西文字符非常方便。而汉字必须用相应的按键进行编码，称为汉字的**输入码**，又称**外码**。

2. 字符集与汉字内码

汉字被输入计算机内部后，就按照一种称为**内码**的编码形式在系统中进行存储、查找、传送等处理。对于西文字符，它的常用内码就是 ASCII 码。

汉字码表由若干行和若干列组成，行号称为**区号**，列号称为**位号**。每个汉字或符号在码表中都有各自的位置，因此各有唯一的位置编码，用所在的区号及位号对应的二进制表示，区号在左、位号在右，称为汉字的**区位码**，汉字内码可以在区位码的基础上编码得到。

3. 汉字字模的点阵码和轮廓描述

经过计算机处理后的汉字，如果需要在屏幕上显示或用打印机打印，则必须把汉字内码转换成人们可以阅读的方块字形式。描述汉字字形的字模码早期采用点阵码，现在多用轮廓描述，将汉字笔画的轮廓用一组直线和曲线来勾画，记下每一条直线和曲线的数学描述公式。

1.5 数据的宽度和存储

1.5.1 数据的宽度和单位

一位 0 或 1 是组成二进制数的最小单位，称为一个**比特**（bit）或位元，简称位。每个西文字符用 8 个比特表示，而每个汉字至少需用 16 个比特才能表示。在计算机内部，二进制信息的计量单位是**字节**（Byte）或位组。一个字节等于 8 个比特。通常，用 b 表示比特，用 B 表示字节。

在考察计算机性能时，一个很重要的因素是**机器字长**。平时所说的"16 位或 32 位机器"中的 16、32 就是指字长。所谓字长，通常是指 CPU 内部定点运算数据通路的宽度。**数据通路**是指 CPU 执行指令过程中数据流经的路径以及路径上的部件，这些部件的宽度一致才能相互匹配。因此，**字长**等于 CPU 内部用于整数运算的运算器位数和通用寄存器的宽度。

字和字长的概念不同。字用来表示处理信息的单位。ISA 设计者必须考虑一台机器将提供哪些数据类型，每种数据类型有哪几种宽度，这时就要给出一个基本的字的宽度。例如，Intel x86 微处理器中把一个字定义为 16 位。所提供的数据类型中，就有单字宽度的无符号整数和带符号整数（16 位）、双字宽度的无符号整数和带符号整数（32 位）等。而字长表示进行数据运算、存储和传送的部件的宽度，它反映了计算机处理信息的一种能力。字和字长的宽度可以一样，也可不一样。例如，在 Intel 微处理器中，从 80386 开始就至少是 32 位字长，但其字的宽度都定义为 16 位，因此 32 位称为双字。

表示容量和总线带宽等信息时所用的单位通常比字节或字大得多，一般通过在字母 B（字节）或 b（位）之前加上前缀来表示单位，如 KB、MB、GB 等。这里的 K、M 和 G 等有两种度量方式，一种是传统的日常使用的按 10 的幂次度量的方式，另一种是计算机系统中使用的按 2 的幂次度量的方式。

1. 主存容量使用的单位

在描述主存容量时，通常用以下按 2 的幂次进行度量的单位。

- K（Kilo）：1KB= 2^{10} 字节 = 1 024 字节
- M（Mega）：1MB = 2^{20} 字节 = 1 048 576 字节
- G（Giga）：1GB = 2^{30} 字节 = 1 073 741 824 字节
- T（Tera）：1TB = 2^{40} 字节 = 1 099 511 627 776 字节
- P（Peta）：1PB = 2^{50} 字节 = 1 125 899 906 842 624 字节
- E（Exa）：1EB = 2^{60} 字节 = 1 152 921 504 606 846 976 字节
- Z（Zetta）：1ZB = 2^{70} 字节 = 1 180 591 620 717 411 303 424 字节
- Y（Yotta）：1YB = 2^{80} 字节 = 1 208 925 819 614 629 174 706 176 字节

2. 主频和带宽使用的单位

在描述主频、总线带宽或网络带宽时，通常用 10 的幂次表示。如网络带宽常使用的单位如下。

- 比特 / 秒（b/s），有时也写为 bps。
- 千比特 / 秒（kb/s），1kb/s = 10^3 b/s = 1000bps。
- 兆比特 / 秒（Mb/s），1Mb/s= 10^6 b/s = 1000kbps。
- 吉比特 / 秒（Gb/s），1Gb/s= 10^9 b/s = 1000Mbps。
- 太比特 / 秒（Tb/s），1Tb/s= 10^{12} b/s = 1000Gbps。

从上面的描述可以看出，1M 可能是 2^{20}，也可能是 10^6，具体的值是多少，要根据上下文描述的是主存容量还是主频或带宽来判断。

3. 硬盘和文件使用的单位

在计算硬盘容量或文件大小时，不同的硬盘制造商和操作系统用不同的度量方式，因而比较混乱。例如，所有版本的 Microsoft Windows 操作系统都使用二进制前缀（2 的幂次），在其文件属性对话框中，显示 2^{20} 字节的文件为 1MB 或 1024KB，显示 10^6 字节的文件为 976KB。而所有版本的苹果操作系统，2009 年之前在 Mac OS X10.6 版本上都使用十进制前缀（10 的幂次），因此报告 10^6 字节的文件大小为 1MB。显然，这种表示方式会导致混乱，历史上甚至引发过一些硬盘买家的诉讼，他们原本预计 1M 会有 2^{20}，1G 会有 2^{30}，但实际容量却远比自己预计的小。为了避免歧义，国际电工委员会（International Electrotechnical Commission，IEC）在 1998 年给出了表示 2 的幂次的二进制前缀字母定义，就是在原来的前缀字母后跟字母 i，如 KiB 为 2^{10} 字节，MiB 为 2^{20} 字节。

1.5.2　数据的存储和排列顺序

在计算机中，不同数据类型具有不同的宽度，存储数据时，数据从低到高位的排列可以从左到右，也可以从右到左。因此用最左位（leftmost）和最右位（rightmost）来表示数据中的数位时会发生歧义。一般用**最低有效位**（Least Significant Bit，LSB）和**最高有效位**（Most Significant Bit，MSB）分别表示最低位和最高位。对于带符号数，MSB 就是符号位。这样，不管从左到右排还是从右到左排，只要明确 MSB 和 LSB 的位置，就可明确符号和数值。

如果以字节为排列的基本单位，那么 LSB 表示**最低有效字节**（Least Significant Byte），MSB 表示**最高有效字节**（Most Significant Byte）。现代计算机基本上都采用字节编址方式，即对存储空间的存储单元进行编号时，每个地址编号中存放一个字节。计算机中许多数据类型由多个字节组成，程序中对每个数据只给定一个起始地址，数据存放在连续地址中。如 int 和 float 型数据占 4 字节，double 型数据占 8 字节。例如，在一个按字节编址的计算机中，若 int 型变量 i 的地址为 0800H，机器数为 01234567H，则该 4 个字节存放在存储单元 0800H～0803H 中。那么，这 4 个字节是从 LSB 开始存放还是从 MSB 开始存放呢？这就是字节排列顺序问题。

根据数据各字节在连续地址中排列顺序的不同，可有两种排列方式：大端（big endian）和小端（little endian），如图 1.6 所示。

		0800H	0801H	0802H	0803H	
大端方式	……	01H	23H	45H	67H	……

		0800H	0801H	0802H	0803H	
小端方式	……	67H	45H	23H	01H	……

图 1.6　大端方式和小端方式

大端方式从数据的最高有效字节（MSB）开始存放，即变量的地址是 MSB 所在的地址；**小端方式**从数据的最低有效字节（LSB）开始存放，即变量的地址是 LSB 所在的地址。

计算机系统内部的数据排列顺序是一致的，但在系统之间进行通信时可能会发生问题。在排列顺序不同的系统之间进行数据通信时，需要进行顺序转换。网络应用程序员必须遵守字节顺序的有关规则，以确保发送方机器将它的内部表示格式转换为网络标准，而接收方机器则将网络标准转换为自己的内部表示格式。

1.6 本章小结

冯·诺依曼结构计算机内部以二进制形式表示指令和数据，计算机系统各抽象层的设计实现都基于信息的二进制编码。不管计算机处理的信息是音频、视频、文字、图形或图像，都应转换成用二进制编码的数据，在机器级处理层面，最终都是以整数、浮点数等数值型数据，或者逻辑值、字符等非数值型数据形式在计算机中存储、传送和处理。程序被转换为机器代码后，数据总是由指令来处理，对指令来说数据就是一串 0/1 序列。

数据的宽度通常以字节（Byte）为基本单位，数据长度单位（如 MB、GB、TB 等）在表示主存容量、硬盘容量和带宽等不同对象时所代表的大小不同。数据的排列有大端和小端两种方式。

习题

1. 给出以下概念的解释说明。

真值	机器数	数值型数据	非数值型数据	无符号整数	带符号整数
定点数	原码	补码	变形补码	溢出	浮点数
尾数	阶（指数）	阶码	移码	阶码下溢	阶码上溢
规格化数	左规	右规	非规格化数	机器零	非数（NaN）
BCD 码	有权码	8421 码	无权码	余 3 码	格雷码
ASCII 码	汉字输入码	汉字内码	机器字长	大端方式	小端方式

2. 简单回答下列问题。

（1）为什么计算机内部采用二进制表示信息？既然计算机内部所有信息都用二进制表示，为什么还要用到十六进制数和十进制数？

（2）有哪几种常用的定点数编码方式？通常它们各自表示什么信息？

（3）为什么现代计算机中大多用补码表示带符号整数？

（4）在浮点数的基数和总位数一定的情况下，浮点数的表示范围和精度分别由什么决定？两者如何相互制约？

（5）为什么要对浮点数进行规格化？有哪两种规格化操作？

（6）为什么计算机处理汉字时会涉及不同的编码（如输入码、内码、字模码）？说明这些编码中哪些用二进制编码，哪些不用二进制编码，为什么？

3. 实现下列各数的转换。

（1）$(25.8125)_{10} = (?)_2 = (?)_8 = (?)_{16}$

（2）$(101101.011)_2 = (?)_{10} = (?)_8 = (?)_{16} = (?)_{8421}$

（3）$(0101\ 1001\ 0110.0011)_{8421} = (?)_{10} = (?)_2 = (?)_{16}$

（4）$(4E.C)_{16} = (?)_{10} = (?)_2$

4. 假定机器数为 8 位（1 位符号，7 位数值），写出下列各二进制数的原码表示。

$+0.1001,\ -0.1001,\ +1.0,\ -1.0,\ +0.010100,\ -0.010100,\ +0,\ -0$

5. 假定机器数为 8 位（1 位符号，7 位数值），写出下列各二进制数的补码和移码（偏置常数为 128）表示。

+1001，–1001，+1，–1，+10100，–10100，+0，–0

6. 已知下列 $[x]_补$，求 x。

（1）$[x]_补$=1110 0111　　（2）$[x]_补$=1000 0000　　（3）$[x]_补$=0101 0010　　（4）$[x]_补$=1101 0011

7. 某 32 位字长的机器中带符号整数用补码表示，浮点数用 IEEE 754 标准表示，寄存器 R1 和 R2 的内容分别为 0000 108BH 和 8080 108BH。不同指令对寄存器进行不同的操作，因而不同指令执行时寄存器内容对应的真值不同。假定执行下列运算指令时，操作数为寄存器 R1 和 R2 的内容，则 R1 和 R2 中操作数的真值分别为多少？

（1）无符号整数加法指令

（2）带符号整数乘法指令

（3）单精度浮点数减法指令

8. 在 32 位计算机中运行一个 C 语言程序，在该程序中出现了以下变量的初值，请写出它们对应的机器数（用十六进制表示）。

（1）int x=-32768　　（2）short y=522　　　　　（3）unsigned z=65530

（4）char c='@'　　　　（5）float a=-1.1　　　　（6）double b=10.5

9. 在 32 位计算机中运行一个 C 语言程序，在该程序中出现了一些变量，已知这些变量在某一时刻的机器数（用十六进制表示）如下，请写出它们对应的真值。

（1）int x: FFFF 0006H　　（2）short y: DFFCH　　　（3）unsigned z: FFFF FFFAH

（4）char c: 2AH　　　　　（5）float a: C448 0000H　　（6）double b: C024 8000 0000 0000H

10. 以下给出的是一些字符串变量的机器码，请根据 ASCII 码定义写出对应的字符串。

（1）char *mystring1: 68H 65H 6CH 6CH 6FH 2CH 77H 6FH 72H 6CH 64H 0AH 00H

（2）char *mystring2: 77H 65H 20H 61H 72H 65H 20H 68H 61H 70H 70H 79H 21H 00H

11. 以下给出的是一些字符串变量的初值，请写出对应的机器码。

（1）char *mystring1="./myfile"　　　　　　（2）char *mystring2="OK, good!"

12. 请写出下列几种情况所能表示的数的范围。

（1）16 位无符号整数

（2）16 位原码定点小数

（3）16 位移码定点整数

（4）16 位补码定点整数

（5）下述格式的浮点数（基数为 2，移码的偏置常数为 128）

符号 s	阶码 e	尾数 f
1 位	8 位移码	7 位原码数值部分

13. 以 IEEE 754 单精度浮点数格式表示下列十进制数。

+1.75，+19，–1/8，258

14. 设一个变量的值为 4098，要求分别用 32 位补码整数和 IEEE 754 单精度浮点格式表示该变量（结果用十六进制形式表示），并说明哪段二进制位序列在两种表示中完全相同，为什么会相同？

15. 设一个变量的值为 –2 147 483 647，要求分别用 32 位补码整数和 IEEE 754 单精度浮点格式表示该变量（结果用十六进制形式表示），并说明哪种表示完全精确，哪种表示是近似值（提示：

2 147 483 647 = $2^{31}-1$）。

16. 下表给出了 IEEE 754 浮点格式表示中一些重要的非负数的取值，表中已经有最大规格化数的相应内容，要求填入其他浮点数格式的相应内容。

项目	阶码	尾数	单精度		双精度	
			以 2 的幂次表示的值	以 10 的幂次表示的值	以 2 的幂次表示的值	以 10 的幂次表示的值
0 1 最大规格化数 最小规格化数 最大非规格化数 最小非规格化数 +∞ NaN	11111110	1…11	$(2-2^{-23}) \times 2^{127}$	3.4×10^{38}	$(2-2^{-52}) \times 2^{1023}$	1.8×10^{308}

17. 假定在一个程序中定义了变量 x、y 和 i，其中，x 和 y 是 float 型变量，i 是 16 位 short 型变量（用补码表示）。程序执行到某一时刻，$x= -0.125$、$y=7.5$、$i=100$，它们都被写到了主存（按字节编址），其地址分别是 100、108 和 112。请分别画出在大端机器和小端机器上变量 x、y 和 i 中每个字节在主存的存放位置。

第 2 章

数字逻辑基础

数字电路和布尔代数是构建数字系统的两个重要基础。数字电路是实现数字系统的物质基础,布尔代数则是分析和设计数字系统的理论基础,而逻辑门电路是最基础的数字电路。

本章重点介绍数字逻辑基础内容,主要包括:逻辑门和数字抽象、布尔代数、逻辑关系描述、逻辑函数化简。首先介绍逻辑门的功能以及利用 CMOS 晶体管实现逻辑门的原理,目的在于阐明数字电路的底层是通过模拟电路来实现的,在工程实现时需要考虑数字系统的电气特性;然后介绍布尔代数的公理、定理和定律,阐述数字系统中输入和输出之间的逻辑关系及其不同的表达方法。在数字系统实现的过程中,为了降低成本和提升性能,需要对逻辑表达式进行化简,本章将介绍两种不同的化简方法。

2.1 逻辑门和数字抽象

所有数字电路都是构建在模拟电路之上的,因此在实现数字系统时必须考虑具体使用场景的工程及电气特性约束。本节主要介绍逻辑门的功能以及用 CMOS 构建逻辑门电路的基本原理。

2.1.1 逻辑门

逻辑门(logic gate)是最基础的数字电路,具有允许或禁止信号传输的功能,也称为门电路。逻辑门处理一个或多个输入信号,产生一个输出信号,该输出信号表明输入信号之间的逻辑关系。每个逻辑门都有自己特有的图形符号[⊖],输入信号画在左边,输出信号画在右边,并使用标识符来命名输入和输出信号,如 X、Y、Z 等。输入信号和输出信号之间的逻辑关系使用真值表或者逻辑表达式来描述。

真值表是一个二维表,表头左侧是输入信号,右侧是输出信号;在输入信号的下面按照顺序列出所有可能的输入组合,每个输入组合对应一行,在输出信号的下面列出该输入组合对应的逻辑运算结果。输入信号的取值是 0 或 1,逻辑运算的结果也是 0 或 1。

⊖ ANSI/IEEE Std 91-1984 规定了特色形状符号和矩形符号两种逻辑符号表示方式,本书采用特色形状符号。

输入和输出信号在逻辑表达式中称为**逻辑变量**，**逻辑表达式**就是用逻辑运算符来连接逻辑变量。最基本的逻辑运算有与、或、非三种运算，对应的逻辑门分别称为与门、或门和非门，逻辑功能分别定义如下。

与门：当且仅当所有的输入信号为 1 时，输出信号才为 1。运算符用乘点号 "·" 表示，称为**与运算**或者**逻辑乘运算**。

或门：只要有一个输入信号为 1，输出信号就为 1。运算符用加号 "＋" 表示，称为**或运算**或者**逻辑加运算**。

非门：输出信号是输入信号的相反值，也称**反相器**。运算符用上横线 "ˉ" 表示，称为**非运算**或者**取反运算**。

它们的电路符号、逻辑表达式和真值表分别如图 2.1 所示。

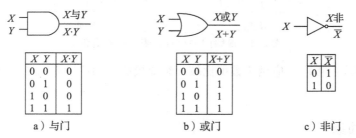

a）与门　　　　　　　　b）或门　　　　　　　　c）非门

图 2.1　基本逻辑门的电路符号、表达式和真值表

与门和或门的输入信号可以多于两个，图形符号、真值表和逻辑表达式都可扩展表示。在有些逻辑表达式中，逻辑变量的标识符用单字母来表示，有时为了方便会省略与运算的乘点符号 "·"。但如果不能有效区分逻辑变量的名称，则乘点符号不可省略。非门图形符号输出端的小圆圈称为反相圈，在逻辑门的符号中，表示 "反相" 特性，逻辑变量值取反。将反相圈和与门、或门输出端相结合，则得到另外两个常用的逻辑门：与非门和或非门。

与非门：只要有一个输入信号为 0，输出信号就为 1。逻辑表达式用与运算加上横线来表示。

或非门：当且仅当输入信号都为 0 时，输出信号才为 1。逻辑表达式用或运算加上横线来表示。

它们的电路符号、逻辑表达式和真值表分别如图 2.2 所示。

在现代集成电路技术中，实现与非门和或非门的 CMOS 结构比与门和或门更简单，速度也更快；并且与非门和或非门都可以独立实现任何逻辑表达式，因而应用更广泛。

在数字电路中还有两种常用的逻辑门：异或门和同或门。

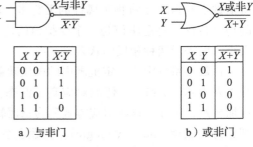

a）与非门　　　　　　b）或非门

图 2.2　逻辑门的符号、表达式和真值表

异或门：当两个输入信号值不相同时，输出信号为 1。运算符用"⊕"表示。

同或门：当两个输入信号值相同时，输出信号为 1，也称为**异或非门**或**等价关系门**。运算符用"⊙"表示。

它们的电路符号、逻辑表达式和真值表分别如图 2.3 所示。

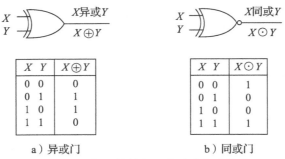

图 2.3 逻辑门的符号、表达式和真值表

异或门和同或门被广泛应用于数据比较、奇偶校验、加法运算以及计数等方面的数字电路中。

2.1.2 数字抽象

用来描述事物属性的数据，如温度、高度、速度、颜色和亮度等，在时间和数值上都是连续的。在模拟信号中，电子元器件的电压和电流等物理属性都可以在任意时刻、在一定范围内任意取值，而且实际的数值不但取决于电路中元件本身的电气特性，而且还受到实际负载、电源电压和自然环境等多个方面产生的噪声影响。为了克服这类数据易受干扰且很难精确描述的问题，常常采用数字信号的取值方法，通过对这些连续数据进行采样、量化和编码等处理，以转换成离散数值来表示。转换后这些数值在时间和数值上都是不连续的。

可以用 0 和 1 组成的二进制数值来表示离散值。0 和 1 可用物理现象中存在的两种稳定状态表示，如电平高与低、电路导通与截止、灯亮与灭等。为了可以明确定义和可靠检测出 0、1 状态，通常在 0 和 1 两个状态之间定义一个不确定状态区域，以降低噪声带来的影响。所谓**数字抽象**就是将物理属性的无穷多个取值映射到两个逻辑值 0 和 1，从而忽略属性本身的物理特性，将逻辑值与一个模拟值的范围关联起来。在逻辑运算中，0 和 1 不表示数值的大小，而表示两种相反的状态。

在数字系统中将一定范围内的电压映射到两个状态：**高态**（high）和**低态**（low），并用 0 和 1 来表示。0 和 1 可任意对应高、低态。若用 0 对应低态、1 对应高态，则逻辑对应关系更加自然，因此，这种对应方式称为**正逻辑**（positive logic）。反之，0 对应高态、1 对应低态，则称为**负逻辑**（negative logic）。在数字系统中，对电压的数字抽象是将一定范围内的电压解释为**逻辑 0**，而与其不重叠的另一个范围内的电压解释为**逻辑 1**。

典型的 CMOS 逻辑电路工作在 5V 或更低的电源电压下。为了降低能耗，便携式器件使用更低的工作电压。现假设 CMOS 逻辑电路工作在 5V 的电源电压下，那么 CMOS 逻辑电路可以将 0～1.5V 电压解释为低态 / 低电平，即逻辑 0；而将 3.5～5.0V 电压解释为高态 / 高电平，即逻辑 1。在这两种电平之间的范围（1.5～3.5V）一般只在信号转换时才出现，被认为处于**不确定状态**（即电路不能识别为 0，也不能识别为 1）。采用其他电源电压（如 3.3V 或 2.7V）的 CMOS 电路，也有类似的电压范围划分。

在数字电路中，逻辑门电路的输出电压受到负载及噪声的影响，导致输出电压不能保持稳定，但是该输出电压依然可以被其他逻辑门电路的输入端识别是逻辑 0 还是逻辑 1。对于非门，其典型的输入 – 输出传输特性如图 2.4 所示。图中 X 轴表示输入电压 V_{IN} 从 0 到 5V 变化，Y 轴则表示输出电压 V_{OUT} 的相应变化。

从图中可以看出，当输入电压小于 2.4V 时，输出电压大于 3.5V；当输入电压大于 2.6V 时，输出电压小于 1.5V。当输入电压在 2.4～2.6V 之间时，输出处于不确定（未定义）状态。实际电路测量时，随着电源电压、温度和输出负载条件的不同，输出曲线也会不同。典型的 CMOS 逻辑系列电路的高、低态电平范围如图 2.5 所示。

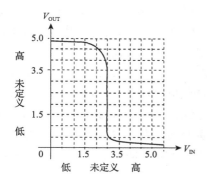

图 2.4 非门输入 – 输出传输特性

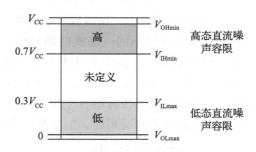

图 2.5 高、低态电平范围

高、低态电平范围的具体数值由 CMOS 制造商提供的数据手册说明，图 2.5 中各参数含义如下。

- V_{OHmin}：输出为高态时的最小输出电压值。
- V_{OLmax}：输出为低态时的最大输出电压值。
- V_{IHmin}：输入端能识别为高态时的最小输入电压值。
- V_{ILmax}：输入端能识别为低态时的最大输入电压值。

输入电压主要由晶体管的开关阈值电压决定，而**输出电压**则主要由晶体管导通时的电阻决定。

V_{CC} 称为**电源电压**，有时也标注为 V_{DD}，典型值为（5.0 ± 10%）V。它和地线 GND 一起称为**供电轨道**（power-supply rail）。一般来说，CMOS 电路的电平参数和供电轨道相关：

- V_{OHmin}：V_{CC}-0.1V，V_{CC} 最小值是 4.5V，减去 0.1V，得到 4.4V。

- V_{OLmax}：地线 GND（0V）+0.1V。
- V_{IHmin}：V_{CC} 的 70%，约为 3.15V。
- V_{ILmax}：V_{CC} 的 30%，约为 1.35V。

直流噪声容限（DC noise margin）是一种有效电平对噪声的承受程度的度量，表示多大的噪声会使输出电压极限值被破坏，使之成为不能被输入端识别的值。高态直流噪声容限 NM_H 表示输出为高态时的电压最小值与输入端识别为高态时的电压最小值之间的差值，低态直流噪声容限 NM_L 表示输入端识别为低态时的电压最大值与输出为低态时的电压最大值之间的差值。其计算表达式如下所示：

$$NM_H = V_{OHmin} - V_{IHmin} = 4.4V - 3.15V = 1.25V$$
$$NM_L = V_{ILmax} - V_{OLmax} = 1.35V - 0.1V = 1.25V$$

2.1.3　CMOS 晶体管

实现数字逻辑电路的方法有很多种。20 世纪 30 年代，贝尔实验室开发的第一个电控逻辑电路是基于继电器逻辑实现的，而 20 世纪 40 年代中期研制的第一台实用电子数字计算机（ENIAC）是基于**真空管**的逻辑电路。20 世纪 50 年代末期发明了半导体二极管和双极结型**晶体管**，20 世纪 60 年代发明了**集成电路**（Integrated Circuit，IC），将二极管、晶体管以及其他元件都制作在一块芯片上，使得数字电路朝着更小、更快、更强的方向飞速发展。

根据实现方法的不同，集成电路有以下两个主要类型：基于双极结型晶体管的 TTL（Transistor-Transistor Logic）和基于金属氧化物半导体场效应晶体管的 CMOS（Complementary Metal-Oxide Semiconductor）。20 世纪 80 年代中期之前，由于 CMOS 晶体管制造困难、速度慢，因此仅在某些特殊场合下应用。随着 CMOS 晶体管制作工艺的发展，极大提升了 CMOS 晶体管的性能和通用性，加之其具有的低功耗和高集成度的特点，现在 CMOS 集成电路占据了绝大部分应用场合。

MOS 晶体管可被看成一种 3 端子压控电阻器件。在数字系统中，MOS 晶体管绝大多数时候处于以下两种状态之一：晶体管导通状态（电阻很小）和晶体管截止状态（电阻很大）。晶体管的 3 个端子分别称为栅极（gate）、源极（source）和漏极（drain），通过改变栅极和源极之间的电压差值，可以控制源极和漏极之间的电阻 R_{ds} 的大小。

根据可控电阻端的半导体材料的不同，MOS 晶体管分为以下两种类型：**n 沟道晶体管**（n-channel MOS（NMOS）transistor）和 **p 沟道晶体管**（p-channel MOS（PMOS）transistor）。n 沟道和 p 沟道 MOS 晶体管的电路符号分别如图 2.6a 和 2.6b 所示。

如图 2.6a 所示，NMOS 晶体管栅极和源极之间的电压（V_{gs}）为 0 或负值时，源极和漏极之间的电阻 R_{ds} 会很大，至少有 1MΩ 或以上。随着 V_{gs} 的增加（通常增大栅极电压），电阻 R_{ds} 会降到很小，乃至 10Ω 以下。在实际应用中，V_{gs} 总是处于低和高两种状态之一，漏极和源极之间的连通特性好像一个逻辑控制开关：当 V_{gs} 为低时，则电阻 R_{ds} 很大，开关断开；当 V_{gs} 为高时，则电阻 R_{ds} 很小，开关导通。

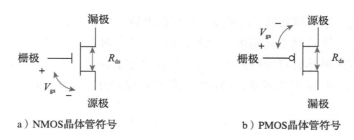

a）NMOS晶体管符号　　　　　b）PMOS晶体管符号

图 2.6　晶体管符号

p 沟道 MOS 晶体管的电路符号如图 2.6b 所示，如果 V_{gs} 为 0 或正值，则源极和漏极之间的电阻 R_{ds} 会很大。如果 V_{gs} 为负值（通常降低栅极电压），电阻 R_{ds} 会降到很小。在实际应用中，当 V_{gs} 为负值，栅极电压为低态时，则电阻很小，开关导通；当 V_{gs} 为 0，栅极电压为高态时，则电阻很大，开关断开。PMOS 晶体管符号中栅极上的反相圈就表示这种反相特性。**CMOS 晶体管**以互补的形式共用一对 NMOS 和 PMOS 晶体管，它们的栅极和漏极互连共用，分别连接到输入和输出端，NMOS 晶体管的源极连接地线 GND，PMOS 晶体管的源极连接电源电压 V_{DD}，通过改变栅极的输入电压值，从而改变漏极的输出电压值。

非门是最简单的 CMOS 电路，只需一对 NMOS 晶体管和 PMOS 晶体管就能实现，其原理如图 2.7a 所示，V_{DD} 表示电源电压（高态），GND 表示地线（低态）。V_{DD} 由 CMOS 逻辑系列决定，通常为 5V 或 3.3V。

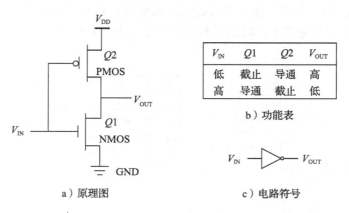

V_{IN}	$Q1$	$Q2$	V_{OUT}
低	截止	导通	高
高	导通	截止	低

b）功能表

a）原理图　　　　　c）电路符号

图 2.7　CMOS 反相器

如图 2.7a 所示，当栅极输入 V_{IN} 为低态时，NMOS 晶体管 $Q1$ 的栅极和源极之间的 V_{gs} 为 0，$Q1$ 的源极和漏极之间截止，$Q1$ 开关处于断开状态；而 PMOS 晶体管 $Q2$ 的栅极和源极之间的 V_{gs} 为负值，$Q2$ 的源极和漏极之间导通，$Q2$ 开关处于闭合状态，漏极输出 V_{OUT} 和 V_{DD} 相连，输出为高态。当栅极输入 V_{IN} 为高态时，NMOS 晶体管 $Q1$ 导通，PMOS 晶体管 $Q2$ 截止，输出和地线相连，输出为低态。由此得到功能表如图 2.7b 所示，显然该电路实现了非门的逻辑功能：输出值是输入值取反。非门的电路符号如图 2.7c 所示。

可使用开关状态来描述上述情形，如图 2.8 所示，当输入为低态时，NMOS 晶体管对应的开关断开，PMOS 晶体管对应的开关闭合，输出和 V_{DD} 相连，输出为高态。当输入为高态时，NMOS 晶体管对应的开关导通，PMOS 晶体管对应的开关断开，输出和地线相连，输出为低态。

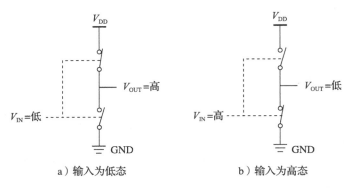

a）输入为低态   b）输入为高态

图 2.8 CMOS 非门的开关模型

与非门和或非门也可使用 CMOS 晶体管来实现。图 2.9a 所示为 2 输入与非门原理图，包含两对 CMOS 晶体管，其中 NMOS 晶体管串联，PMOS 晶体管并联。若任一输入为低态，则输出 F 通过相应 PMOS 晶体管导通与 V_{DD} 相连，而相应 NMOS 晶体管截止，切断了对地的通路，输出为高态。若两个输入都为高态，则输出 F 和 V_{DD} 的通路都被断开，而相应的 NMOS 晶体管都处于导通状态，输出 F 和地线连接，输出为低态。2 输入与非门的开关模型如图 2.10 所示。

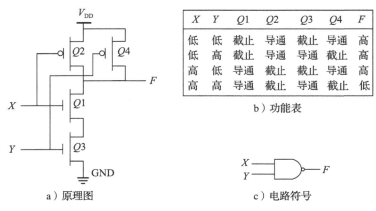

X	Y	$Q1$	$Q2$	$Q3$	$Q4$	F
低	低	截止	导通	截止	导通	高
低	高	截止	导通	导通	截止	高
高	低	导通	截止	截止	导通	高
高	高	导通	截止	导通	截止	低

b）功能表

a）原理图   c）电路符号

图 2.9 2 输入 CMOS 与非门

图 2.11a 所示为 2 输入或非门原理图，其中，NMOS 晶体管并联，PMOS 晶体管串联。若两个输入都为低态，则输出 F 通过 PMOS 晶体管导通与 V_{DD} 相连，而 NMOS 晶体管都截

止，输出为高态。若任一输入为高态，则相应的 PMOS 晶体管截止，输出 F 和 V_{DD} 的通路被断开，而相应的 NMOS 晶体管处于导通状态，输出 F 和地线连接，输出为低态。

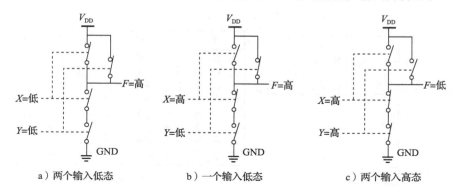

a) 两个输入低态   b) 一个输入低态   c) 两个输入高态

图 2.10   2 输入与非门的开关模型

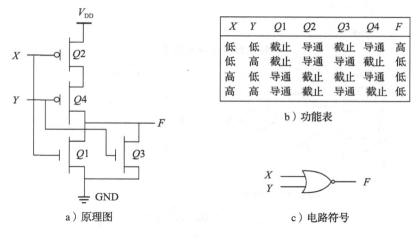

a) 原理图

X	Y	$Q1$	$Q2$	$Q3$	$Q4$	F
低	低	截止	导通	截止	导通	高
低	高	截止	导通	导通	截止	低
高	低	导通	截止	截止	导通	低
高	高	导通	截止	导通	截止	低

b) 功能表

c) 电路符号

图 2.11   2 输入 CMOS 或非门

通过扩展上述结构，可以使用 k 对 NMOS 和 PMOS 晶体管通过串 - 并联结构来构造一个 k 输入 CMOS 与非门和或非门。图 2.12 所示为 3 输入与非门的原理图。

由于受到扇入系数等电气特性的限制，输入端数目不能无限制增加（扇入系数将在 3.1.2 节介绍）。通常较多输入端的门电路可用较少输入端的门电路级联而构成，反而具有速度更快、体积更小的特性。一般来说，输入端数目不超过 8 个。一个等效的 8 输入与非门的内部结构图和电路符号如图 2.13 所示。

CMOS 非门、与非门以及或非门都采用较少的晶体管电路来构造，都具有逻辑反相的功能，统称为反相门。如果在这三种逻辑门的输出端再接一个非门，则可分别构成缓冲器、与门和或门。

缓冲器的功能是将一个"弱"逻辑信号转换为具有相同逻辑值的"强"逻辑信号的电路，

也就是说它的输入 X 和输出 F 具有相同逻辑值，仅在时序上不同。图 2.14a 所示是缓冲器的原理图。

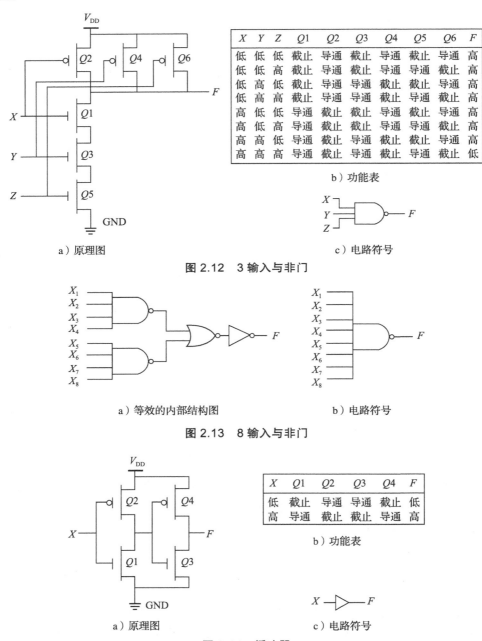

a）原理图

X	Y	Z	$Q1$	$Q2$	$Q3$	$Q4$	$Q5$	$Q6$	F
低	低	低	截止	导通	截止	导通	截止	导通	高
低	低	高	截止	导通	截止	导通	导通	截止	高
低	高	低	截止	导通	导通	截止	截止	导通	高
低	高	高	截止	导通	导通	截止	导通	截止	高
高	低	低	导通	截止	截止	导通	截止	导通	高
高	低	高	导通	截止	截止	导通	导通	截止	高
高	高	低	导通	截止	导通	截止	截止	导通	高
高	高	高	导通	截止	导通	截止	导通	截止	低

b）功能表

c）电路符号

图 2.12　3 输入与非门

a）等效的内部结构图

b）电路符号

图 2.13　8 输入与非门

a）原理图

X	$Q1$	$Q2$	$Q3$	$Q4$	F
低	截止	导通	导通	截止	低
高	导通	截止	截止	导通	高

b）功能表

c）电路符号

图 2.14　缓冲器

与门通过与非门接非门实现，图 2.15a 所示是其原理图。

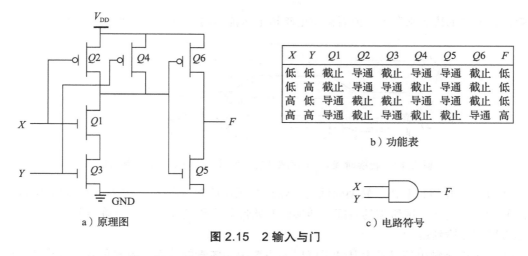

X	Y	$Q1$	$Q2$	$Q3$	$Q4$	$Q5$	$Q6$	F
低	低	截止	导通	截止	导通	导通	截止	低
低	高	截止	导通	导通	截止	导通	截止	低
高	低	导通	截止	截止	导通	导通	截止	低
高	高	导通	截止	导通	截止	截止	导通	高

b）功能表

a）原理图　　　　　　　　　　　c）电路符号

图 2.15　2 输入与门

另一个重要的 CMOS 电路结构是**传输门**（transmission gate）。传输门实际上就是一个逻辑控制开关，其功能是传输数字逻辑信号或阻断数字逻辑信号的传输。如图 2.16 所示，传输门由一对 CMOS 晶体管以及一对互补的控制信号构成。当控制信号 EN 为高态时，两个晶体管都导通，逻辑信号可以在 A、B 之间双向传输。当在 A 和 B 之间传输一个高态逻辑信号时，PMOS 晶体管导通；传输一个低态逻辑信号时，则 NMOS 晶体管导通。当控制信号 EN 为低态时，两个晶体管都断开，A、B 之间阻断。传输门可以应用在多路复用器、触发器以及其他逻辑器件中。

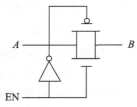

图 2.16　CMOS 传输门

2.1.4　CMOS 电路电气特性

数字系统设计不仅需要考虑功能正确，还需要考虑系统的延迟时间和功耗等设计规约。系统的延迟时间受到转换时间和传输延迟的影响，而 CMOS 电路的系统功耗主要取决于动态功耗。

1. 转换时间

转换时间（transition time）是指数字电路的输出信号从一种状态转换到另一种状态所需要的时间。图 2.17 所示是在不同状态下的转换时间时序图，图 2.17a 表示理想的输出状态转换，即**零时间转换**。但是，由于输出信号驱动线和其他部件上的寄生电容充放电都需要时间，所以不可能没有转换时间。理想状态多用于转换时间相对于其他时序来说可以忽略不计的情形。图 2.17b 表示近似的实际电路状态转换，输出从低态到高态的转换时间称为**上升时间** t_r（rise time），输出从高态到低态的转换时间称为**下降时间** t_f（fall time）。上升时间和下降时间很可能不相同。图 2.17c 表示实际的电路转换状态，输出电压的变化并不是瞬间改变的，而是在转换开始和结束时平滑变化。为避开边界点定义的不便，上升时间和下降时间通常以有效逻辑电平的边界来测量，或者以供电轨道电压范围内的 10% 和 90% 点来测量。

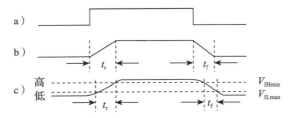

图 2.17　转换时间。a）理想状态，b）近似状态，c）实际状态

从图 2.17 中可以看出，转换时间表示输出电压在低态与高态之间转换时所经过的高、低态之间的"未定义"区所需的时间。转换的开始部分不包括在上升或下降时间中，这部分时间通常属于传输延迟。

CMOS 电路输出信号的上升和下降时间主要由晶体管的导通电阻和负载电容这两个因素决定。任何电路中都存在负载电容，转换时间约等于电容充、放电的时间常数（在数字电路中，时间常数等于电阻和电容的乘积）。

2. 传输延迟

传输延迟（propagation delay）是指从输入信号发生变化到输出信号产生变化所需的时间。数字电路中从一个输入信号到输出信号所经历的电气通路称为**信号通路**（signal path）。具有多个输入信号和输出信号的电路中，不同的信号通路通常有不同的传输延迟。对于同一个信号通路，由于输出信号变化的方向不同，传输延迟也可能不相同。

3. 功率损耗

数字电路在输出信号保持不变时的功率损耗称为**静态功耗**，通常 CMOS 电路的静态功耗很低，这也正是它们在现代数字系统中得到广泛应用的一个原因。

数字电路在输出信号高低状态转换时的功率损耗称为**动态功耗**，主要是由输出端上的负载电容（值为 C_L）充放电引起的。输出从低态到高态转换时，电流流过 PMOS 晶体管给负载电容充电；输出从高态到低态转换时，电流流过 NMOS 晶体管让负载电容放电。在这两种情况下，晶体管导通电阻都消耗功率。另一个来源是 CMOS 输出状态转换引起的电路内部功耗，可根据功耗电容值 C_{PD} 来计算，C_{PD} 的数值由器件制造商提供。

动态功耗 P_D 的计算公式如下：

$$P_D = (C_{PD} + C_L) \cdot V_{CC}^2 \cdot f$$

其中，f 为输出信号高低状态的转换频率，转换频率定义为每秒高低状态转换次数除以 2。

在大多数 CMOS 电路的应用中，功耗的来源主要是动态功耗 P_D，而降低工作电压 V_{CC} 可以有效降低动态功耗。

在设计和分析数字电路时，需要考虑上述电气特性，具体的数值和更多的特性，可查询器件生产厂商提供的器件说明书和数据表。

2.2　布尔代数

布尔代数是数字系统分析和设计的基础理论工具。1854 年英国数学家乔治·布尔发明了一种二值代数系统,称为**开关代数**或**布尔代数**。他"基于人类逻辑思考的本性",给出了利用符号语言进行推理的基本规则,并指出这些符号只需要两个值:真、假。布尔代数在代数学、逻辑演算和集合论等数学分支中均有应用。

1938 年美国科学家香农提出了利用布尔代数分析并描述继电器电路的特性,用 0 和 1 来表示继电器接触状况(打开或闭合),此举奠定了数字电路的理论基础。在现代逻辑技术中,0 和 1 这两个逻辑值可对应各种广泛的物理状态,如电压的高或低、灯光的开或关、电容器放电或充电、熔丝的断开或接通等。

在布尔代数中,常用字母或字符串(如 X、Y、Z 等)表示逻辑信号的名称,称为逻辑变量。逻辑变量只有两个可能的值:0 和 1。用逻辑 0 表示某一种状态,则逻辑 1 就表示另一种状态。0 和 1 单独出现时称为逻辑常量,不表示数值的大小,只表示完全相反的两种状态。在数字电路中通常采用正逻辑表示方法,即逻辑 0 表示低态,逻辑 1 表示高态。

布尔代数中,定义了与、或、非三种基本逻辑运算。运算优先顺序为非运算 > 与运算 > 或运算。利用逻辑运算符将逻辑变量和逻辑常量相互连接的代数式称为逻辑表达式,其运算结果是一个逻辑值。

2.2.1　公理系统

一个数学系统的公理是假定其值为真的基本定义的最小集,由此可推导出关于该系统的所有其他信息。

布尔代数的公理系统如下。

公理 1:(A1)如果 $X \neq 1$,则 $X=0$。　　(A1D)如果 $X \neq 0$,则 $X=1$。

公理 2:(A2)如果 $X=0$,则 $\bar{X}=1$。　　(A2D)如果 $X=1$,则 $\bar{X}=0$。

公理 3:(A3)$0 \cdot 0=0$　　　　　　　　(A3D)$1+1=1$

公理 4:(A4)$1 \cdot 1=1$　　　　　　　　(A4D)$0+0=0$

公理 5:(A5)$0 \cdot 1=1 \cdot 0=0$　　　　　(A5D)$1+0=0+1=1$

公理 1 表明逻辑变量 X 只能取 0 和 1 这两个值之一。公理 2 表明逻辑变量 X 非运算的结果。上横线表示非运算符,$\bar{X}$ 是逻辑表达式,逻辑运算的结果也只能是 0 和 1 之一。

公理 3~5 是逻辑常量运算公理,通过在各种可能的逻辑常量输入组合下,确定与运算和或运算的输出值,来阐述与运算和或运算的形式定义。

这些公理是成对出现的,两个表达式的区别只是与、或运算符号以及 0 和 1 的互换,这是所有布尔代数公理和定理的特征。

这五对公理完备地定义了布尔代数,所有其他的定理都能够以这些公理为出发点加以证明。

2.2.2　定理

布尔代数定理就是一些通过公理系统推导出来被认为正确的命题，被用来对逻辑表达式进行简化分析或设计，从而可以采用更高效的数字电路来实现。

多数布尔代数中的定理都可用完备归纳法证明。根据公理1可知，逻辑变量只能有0和1两个不同的值，要证明关于单变量 X 的定理正确，只需证明它对 $X=0$ 和 $X=1$ 都正确即可。

1. 单变量定理

单变量定理主要有以下5个。

一致性：（T1） $X+0=X$　　　　（T1D） $X \cdot 1=X$

空元素：（T2） $X+1=1$　　　　（T2D） $X \cdot 0=0$

同一律：（T3） $X+X=X$　　　　（T3D） $X \cdot X=X$

还原律：（T4） $\overline{\overline{X}}=X$

互补律：（T5） $X+\overline{X}=1$　　　（T5D） $X \cdot \overline{X}=0$

2. 二变量和三变量定理

二变量定理和三变量定理主要有以下几个。

交换律：（T6） $X+Y=Y+X$　　　　　　　　　（T6D） $X \cdot Y=Y \cdot X$

结合律：（T7）$(X+Y)+Z=X+(Y+Z)$　　　　（T7D）$(X \cdot Y) \cdot Z=X \cdot (Y \cdot Z)$

分配律：（T8） $X \cdot (Y+Z)=X \cdot Y+X \cdot Z$　　（T8D） $X+Y \cdot Z=(X+Y) \cdot (X+Z)$

吸收律：（T9） $X+X \cdot Y=X$　　　　　　　（T9D） $X \cdot (X+Y)=X$

组合律：（T10） $X \cdot Y+X \cdot \overline{Y}=X$　　　　（T10D）$(X+Y) \cdot (X+\overline{Y})=X$

一致律：（T11） $X \cdot Y+\overline{X} \cdot Z+Y \cdot Z=X \cdot Y+\overline{X} \cdot Z$ （T11D）$(X+Y) \cdot (\overline{X}+Z) \cdot (Y+Z)=(X+Y) \cdot (\overline{X}+Z)$

定理T6和T7是关于与、或运算的交换特性和结合特性，在与、或运算中，如果有多个变量参与运算，其结果和变量间的运算次序无关，这两个规律和算术运算的交换律和结合律相同。在实际应用中，如果需要用到两个以上输入端的与门和或门，以任意顺序连接变量到输入端，都将得到相同的结果。在不考虑传输延迟、性能和成本的情况下，可以直接使用一个 n 输入门或 $n-1$ 个2输入门这两种不同构造方法来实现相同功能的系统。

例如：

$$W \cdot X \cdot Y \cdot Z=(W \cdot X) \cdot (Y \cdot Z)=(W \cdot (X \cdot (Y \cdot Z)))=(((W \cdot X) \cdot Y) \cdot Z)$$

定理T8将与运算分配到或运算中，这和算术运算中的乘法分配律一致，可以将表达式乘开，得到两级的与 – 或（积之和）的形式。而定理T8D将或运算分配到与运算中，这和算术运算中的特性不相同。利用这个定理，可以将逻辑表达式形式进行变换，将两级**"与 – 或"表达式**和两级**"或 – 与"表达式**进行相互转换。

例如：

$$(W+X) \cdot (Y+Z)=W \cdot Y+W \cdot Z+X \cdot Y+X \cdot Z$$

$$W \cdot X+Y \cdot Z=(W+Y) \cdot (W+Z) \cdot (X+Y) \cdot (X+Z)$$

定理 T9 和 T10 用来消去逻辑表达式中多余的运算项，从而在数字电路实现时可以减少逻辑门电路或逻辑门电路输入端的数目。如果逻辑表达式中出现 $X+X \cdot Y$ 的形式，那么根据吸收律 T9，可用 X 代替它，称以 X 吸收 $X \cdot Y$。同理，如果逻辑表达式中出现 $X \cdot Y+X \cdot \overline{Y}$ 的形式，根据组合律 T10，则可用 X 代替它。

除了可以使用完备归纳法证明上述定理外，还可以使用公理和其他定理证明。比如，可用以下方法证明定理 T9。

$$
\begin{aligned}
X+X \cdot Y &= X \cdot 1+X \cdot Y &&（根据 \text{T1D}）\\
&= X \cdot (1+Y) &&（根据 \text{T8}）\\
&= X \cdot 1 &&（根据 \text{T2}）\\
&= X &&（根据 \text{T1D}）
\end{aligned}
$$

对于定理 T9D，可以用以下方法证明。

$$
\begin{aligned}
X \cdot (X+Y) &= X \cdot X+X \cdot Y &&（根据 \text{T8}）\\
&= X+X \cdot Y &&（根据 \text{T3D}）\\
&= X &&（根据 \text{T9}）
\end{aligned}
$$

定理 T11 称为一致律。$Y \cdot Z$ 项称为 $X \cdot Y$ 项和 $\overline{X} \cdot Z$ 项的**一致项**或**冗余项**。当 $Y \cdot Z$ 等于 1 时，Y 和 Z 都为 1，则 $X \cdot Y$ 和 $\overline{X} \cdot Z$ 中必有一个值为 1，因此，$Y \cdot Z$ 项是多余的，可舍弃。在组合逻辑电路中，一致性定律既可以用来简化逻辑表达式，也可用来消除某些时序冒险。

在所有的定理中，都可以用任意逻辑表达式来替换每个逻辑变量而不影响定理的正确性。

3. n 变量定理

除了上述单变量、二变量和三变量定理外，还有几个 n 变量定理。

广义同一律：（T12）$X+X+\cdots+X=X$

　　　　　　　（T12D）$X \cdot X \cdot \cdots \cdot X=X$

德·摩根定理：（T13）$\overline{X_1 \cdot X_2 \cdot \cdots \cdot X_n}=\overline{X}_1+\overline{X}_2+\cdots+\overline{X}_n$

　　　　　　　（T13D）$\overline{X_1+X_2+\cdots+X_n}=\overline{X}_1 \cdot \overline{X}_2 \cdot \cdots \cdot \overline{X}_n$

广义德·摩根定理：（T14）$\overline{F(X_1, X_2, \cdots, X_n, +, \cdot)}=F(\overline{X}_1, \overline{X}_2, \cdots, \overline{X}_n, \cdot, +)$

香农定理：（T15）$F(X_1, X_2, \cdots, X_n)=X_1 \cdot F(1, X_2, \cdots, X_n)+\overline{X}_1 \cdot F(0, X_2, \cdots, X_n)$

　　　　　（T15D）$F(X_1, X_2, \cdots, X_n)=[X_1+F(0, X_2, \cdots, X_n)] \cdot [\overline{X}_1+F(1, X_2, \cdots, X_n)]$

上述定理对任意 n 个逻辑变量都成立。

德·摩根定理（DeMorgan's Theorem）（T13 和 T13D）在布尔代数中有着极其广泛的应用。根据德·摩根定理 T13，将 n 个输入变量进行与运算的结果取反，其运算结果等于将 n 个输入变量分别取反后再进行或运算。因此，与非门就有如图 2.18 所示的等效电路，与–非运算等效于非–或运算，也可以说，与非门执行了非–或的功能。

这些等效电路具有相同的功能，内部实现时可以是与门接非门，也可以是非门接或门，也可能是直接用 CMOS 晶体管。不同符号的选择并不影响电路的功能，但是在电路原理图的设计文档中选用合适的符号将使得电路更容易理解。

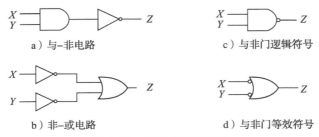

图 2.18　与非门等效电路

根据德·摩根定理 T13D 可得到或非门等效电路。如图 2.19 所示，或非门也可由输入变量先取反再接与门来实现。

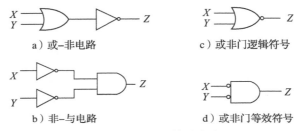

图 2.19　或非门等效电路

广义德·摩根定理 T14 给出了处理和简化逻辑表达式取反的方法。根据 T14 可知，对一个逻辑表达式取反的结果，可以通过对每一项变量取反，并交换与运算和或运算而得到，它适用于任意逻辑表达式。定理 T13 和 T13D 则是它的特例。

例如：若 $F(W, X, Y, Z) = (\bar{W} \cdot X) + (X \cdot Y) + (W \cdot (\bar{X} + \bar{Z}))$，那么，

$$\overline{F(W, X, Y, Z)} = (\bar{\bar{W}} + \bar{X}) \cdot (\bar{X} + \bar{Y}) \cdot (\bar{W} + (\bar{\bar{X}} \cdot \bar{Z}))$$

根据定理 T4，有

$$\overline{F(W, X, Y, Z)} = (W + \bar{X}) \cdot (\bar{X} + \bar{Y}) \cdot (\bar{W} + (X \cdot Z))$$

香农定理 T15 和 T15D 在组合逻辑函数的实现中有着十分重要的应用，尤其在现场可编程逻辑阵列（FPGA）中。FPGA 利用查询表（LUT）来实现组合逻辑函数，查询表可以实现任何组合逻辑功能，但是，其输入变量数是有限的，通常为 6 变量的函数。如果要实现一个 7 输入变量的函数，则可以利用香农定理，将两个 6 输入变量查询表的输出组合起来，就可以实现任何 7 输入变量的逻辑函数。同样，8 输入变量的逻辑函数可以利用两个 7 输入变量的逻辑函数的组合方式来实现。

在布尔代数中，对于任何一个逻辑表达式 F，若将其中的与运算"·"与或运算"+"互换，逻辑常量"0"和"1"互换，则可以得到 F 的对偶式 F_D，F 与 F_D 互为**对偶式**。但要

注意，在转换后要保持原来的运算优先次序不变。

对偶性原理如下：若两个逻辑表达式相等，则它们的对偶式也相等。

前面介绍的布尔代数的公理和定理都是成对给出的，且互为对偶式，因此，若证明了其中一个定理是正确的，则它们的对偶式也是正确的。对偶性原理在后续内容学习中有着十分重要的作用。

2.3　逻辑关系描述

2.3.1　逻辑函数

逻辑函数是反映输入变量和输出变量之间的逻辑关系的表达式。从赋值上看，逻辑函数就是将一组取值范围在 $\{0, 1\}$ 之中的输入变量唯一映射到在同样取值范围中的输出变量。假设 X_1，X_2，$\cdots$，X_n 是 n 个输入变量，每个变量的取值为 0 或 1，输出变量 F 是 X_1，X_2，$\cdots$，X_n 的一个逻辑函数，那么 F 的值就由 X_1，X_2，$\cdots$，X_n 的取值来决定，如图 2.20 所示。

每一组输入组合都有一个确定的输出值，不同的输入组合可能映射到不同的输出值。每个逻辑函数都有一组确定的输出，不同的逻辑函数的输出值各不相同。例如，两个输入变量的逻辑函数 $F(X, Y)$ 有 2^4 组不同的输出组合，就对应着 16 个不同的逻辑函数 $F_i(X, Y)$，如图 2.21 所示。

X_1，X_2，$\cdots$，X_n	$F(X_1, X_2, \cdots, X_n)$
0 0 $\cdots$ 0	0
0 0 $\cdots$ 1	0
$\vdots$	$\vdots$
0 1 $\cdots$ 0	1
0 1 $\cdots$ 1	0
$\vdots$	$\vdots$
1 0 $\cdots$ 0	1
$\vdots$	$\vdots$
1 1 $\cdots$ 1	0

图 2.20　输入变量的取值映射到输出值

$X\ Y$	$F_i(X, Y)$
0 0	0 0 0 0 0 0 0 0 1 1 1 1 1 1 1 1
0 1	0 0 0 0 1 1 1 1 0 0 0 0 1 1 1 1
1 0	0 0 1 1 0 0 1 1 0 0 1 1 0 0 1 1
1 1	0 1 0 1 0 1 0 1 0 1 0 1 0 1 0 1

图 2.21　2 输入变量逻辑函数的输出列表

2.3.2　真值表与波形图

可以通过真值表表示一个逻辑函数所有可能的输入组合下的不同输出值。例如，表 2.1 所示的是一个 3 输入逻辑函数 $F(X, Y, Z)$ 的真值表。

n 个输入变量逻辑函数的真值表有 2^n 行，当 n 较大时，真值表将变得十分巨大而失去使用价值。因此真值表只对变量数较少的逻辑函数比较实用。

逻辑函数输入变量的变化和输出变量的变化之间存

表 2.1　一个 3 输入逻辑函数的真值表

$X\ Y\ Z$	$F(X, Y, Z)$
0 0 0	0
0 0 1	0
0 1 0	0
0 1 1	1
1 0 0	0
1 0 1	1
1 1 0	1
1 1 1	1

在时间上的关联，因而可以用**波形图**来显示函数输出变量对于输入变量的变化所产生的响应。在理想状态下，波形图可以忽略数字电路实现时产生的时间延迟。

用波形图表示逻辑函数输入和输出之间的关系时，横向表示时间，纵向用横线的高低来表示逻辑值，一个完整的波形图需要列出所有的输入组合和所对应的输出值。真值表 2.1 所示的 3 输入逻辑函数的波形图如图 2.22 所示。

图 2.22   3 输入逻辑函数 $F(X, Y, Z)$ 的波形图

当逻辑变量数较多时，画出所有输入和输出的波形关系也变得十分困难。

2.3.3   逻辑函数的标准表示

逻辑函数的真值表中包含的信息可用标准项来描述。通常把包含 1 个或 1 个以上逻辑变量的与项，称为**乘积项**。例如，X、$X \cdot Y$ 和 $\bar{X} \cdot \bar{Y} \cdot Z$ 都是乘积项。通常把包含 1 个或 1 个以上逻辑变量的或项称为**求和项**。例如，X、$X+Y$ 和 $\bar{X}+\bar{Y}+Z$ 都是求和项。

如果一个逻辑函数表达式是多个乘积项的或运算，则称为**"与－或"表达式**或积之和（Sum of Product，SOP）**表达式**，如 $X \cdot Y + \bar{X} \cdot \bar{Y} \cdot Z$。

如果一个逻辑函数表达式是多个求和项的与运算，则称为**"或－与"表达式**或和之积（Product of Sum，POS）**表达式**，如 $(X+Y) \cdot (\bar{X}+\bar{Y}+Z)$。

每个逻辑变量出现且仅出现一次的乘积项（求和项）称为**标准乘积项（标准求和项）**。标准项中每个变量可以以原变量或反变量的形式出现。对于非标准项，可利用布尔代数的互补律扩充缺失的逻辑变量从而转换为标准项。例如，对于 3 个变量 X、Y 和 Z 的某个逻辑函数来说，如果有一个非标准乘积项 $X \cdot Y$，则可以根据 $X \cdot Y = X \cdot Y \cdot (Z+\bar{Z}) = X \cdot Y \cdot Z + X \cdot Y \cdot \bar{Z}$，从而转换为两个标准乘积项；如果有一个非标准求和项 $X+Y$，则可以根据 $X+Y = (X+Y) + (Z \cdot \bar{Z}) = (X+Y+Z) \cdot (X+Y+\bar{Z})$，从而转换为两个标准求和项。

标准乘积项也称为**最小项**。n 个变量的最小项共有 2^n 个。例如，4 个变量（W，X，Y，Z）的最小项有 $W \cdot \bar{X} \cdot Y \cdot \bar{Z}$、$\bar{W} \cdot X \cdot Y \cdot \bar{Z}$、$W \cdot \bar{X} \cdot \bar{Y} \cdot Z$ 等。一个最小项对应真值表中的一个输入组合，把该输入组合的值代入最小项后，最小项的运算结果为 1，而赋值其他的输入组合后最小项的运算结果为 0。若将该输入组合对应的 0/1 序列看成序号 i，则可用 m_i 表示该最小项，i 称为该最小项的编号。例如，对于 4 个变量的最小项 $W \cdot \bar{X} \cdot Y \cdot \bar{Z}$，当输入组合为 1010

时，最小项的逻辑值为 1，因此最小项 m_{10} 的编号为 10。

标准求和项也称为**最大项**。n 个变量的最大项共有 2^n 个。例如，4 个变量（W，X，Y，Z）的最大项有 $W+\bar{X}+Y+\bar{Z}$、$\bar{W}+X+Y+\bar{Z}$、$W+\bar{X}+\bar{Y}+Z$ 等。与最小项一样，最大项也对应真值表中的一个输入组合，把该输入组合的值代入最大项后，最大项的运算结果为 0，而赋值其他的输入组合后最大项的运算结果为 1。若将该输入组合对应的 0/1 序列看成序号 i，则可用 M_i 表示该最大项，i 称为该最大项的编号。例如，对于 4 个变量的最大项 $W+\bar{X}+Y+\bar{Z}$，当输入组合为 0101 时，最大项的逻辑值为 0，因此该最大项 M_5 的编号为 5。

表 2.2 给出了一个 3 输入变量的逻辑函数真值表及其对应的最小项和最大项。

表 2.2　一个 3 输入的逻辑函数的真值表及其对应的最小项和最大项

序号	$X\ Y\ Z$	$F(X, Y, Z)$	最小项	最大项
0	0 0 0	0	$\bar{X}\cdot\bar{Y}\cdot\bar{Z}$	$X+Y+Z$
1	0 0 1	0	$\bar{X}\cdot\bar{Y}\cdot Z$	$X+Y+\bar{Z}$
2	0 1 0	0	$\bar{X}\cdot Y\cdot\bar{Z}$	$X+\bar{Y}+Z$
3	0 1 1	1	$\bar{X}\cdot Y\cdot Z$	$X+\bar{Y}+\bar{Z}$
4	1 0 0	0	$X\cdot\bar{Y}\cdot\bar{Z}$	$\bar{X}+Y+Z$
5	1 0 1	1	$X\cdot\bar{Y}\cdot Z$	$\bar{X}+Y+\bar{Z}$
6	1 1 0	1	$X\cdot Y\cdot\bar{Z}$	$\bar{X}+\bar{Y}+Z$
7	1 1 1	1	$X\cdot Y\cdot Z$	$\bar{X}+\bar{Y}+\bar{Z}$

根据真值表中逻辑函数输出值与最小项、最大项之间的对应关系，就可以从真值表得到逻辑函数的标准表达式。

逻辑函数的**标准与 – 或表达式**就是函数输出值为 1 的输入组合所对应的最小项之逻辑和。例如，表 2.2 中逻辑函数的标准与 – 或表达式是 $F(X, Y, Z) = \bar{X}\cdot Y\cdot Z + X\cdot\bar{Y}\cdot Z + X\cdot Y\cdot\bar{Z} + X\cdot Y\cdot Z = \sum m(3, 5, 6, 7)$。$\sum m(3, 5, 6, 7)$ 称为**最小项列表**。

逻辑函数的**标准或 – 与表达式**就是函数输出值为 0 的输入组合所对应的最大项之逻辑积。例如，表 2.2 中逻辑函数的标准或 – 与表达式是 $F(X, Y, Z) = (X+Y+Z)\cdot(X+Y+\bar{Z})\cdot(X+\bar{Y}+Z)\cdot(\bar{X}+Y+Z) = \prod M(0, 1, 2, 4)$。$\prod M(0, 1, 2, 4)$ 称为**最大项列表**。

一个 n 变量逻辑函数的最小项列表编号集合与最大项列表编号集合之并集为 n 位编号全集 $\{0, 1, \cdots, 2^n-1\}$，且这两个集合之交集为空，它们为互补关系。因而在这两个列表之间可以方便地进行转换，只需对编码集合求补即可，例如：对于一个三变量函数，存在 $\sum m(3, 5, 6, 7) = \prod M(0, 1, 2, 4)$；对于一个四变量函数，存在 $\sum m(1, 3, 5, 7, 11, 13) = \prod M(0, 2, 4, 6, 8, 9, 10, 12, 14, 15)$。

2.4　逻辑函数的化简与变换

为了降低数字系统的成本，需要减少门电路的数量以及门电路的输入端数目（门电路的宽度），这个过程称为逻辑函数化简。减少了门电路的数量和宽度，不仅可以降低成本，而且可以提升器件的运行速度。

逻辑表达式化简前，通常需要先将表达式转换为两级的"与 - 或"表达式或"或 - 与"表达式。在现代可编程器件中，通常会同时提供输入信号的原变量和反变量，因此在化简过程中，可以不考虑输入反变量的成本。

尽管在数字系统辅助设计工具（如各类 EDA 工具）中都包含组合电路最小化程序，但是作为设计人员依然有必要熟悉和掌握函数化简的基本思路和方法。

常用的化简方法有代数法（公式法）和卡诺图化简法等。

2.4.1　代数法化简

所谓逻辑函数的代数法化简就是根据布尔代数的公理、定理和定律等，通过消去逻辑表达式中的变量、乘积项或乘积项中多余的因子来进行化简。常用的方法包含以下几种。

- 利用互补律（T5）：$\bar{X}+X=1$，可消去一个变量。
- 利用吸收律（T9）：$X+X \cdot Y=X$ 和 $X \cdot (X+Y)=X$，可消去乘积项中一个因子。
- 利用组合律（T10）：$X \cdot Y+X \cdot \bar{Y}=X$ 和 $(X+Y) \cdot (X+\bar{Y})=X$，可消去一个变量。
- 利用一致律（T11）：可消去冗余的乘积项。

如果逻辑表达式的层级超过了两级，则先利用布尔代数的定理转换为两级逻辑表达式，特别是存在多个变量的整体取反运算时，需根据德·摩根定理将其转换为单变量取反运算。

例 2.1　化简逻辑表达式 $F(w,x,y,z)=w \cdot x+w \cdot x \cdot y+\bar{w} \cdot y \cdot z+\bar{w} \cdot \bar{y} \cdot z+\bar{w} \cdot x \cdot y \cdot \bar{z}$。

解　$F(w,x,y,z)=w \cdot x+w \cdot x \cdot y+\bar{w} \cdot y \cdot z+\bar{w} \cdot \bar{y} \cdot z+\bar{w} \cdot x \cdot y \cdot \bar{z}$

$\qquad = w \cdot x+\bar{w}(y \cdot z+\bar{y} \cdot z+x \cdot y \cdot \bar{z})$　（根据 T8 和 T9）

$\qquad = w \cdot x+\bar{w}(z+x \cdot y \cdot \bar{z})$　　　　（根据 T10）

$\qquad = w \cdot x+\bar{w}(z+x \cdot y)$　　　　　（根据 T9）

$\qquad = w \cdot x+\bar{w} \cdot z+\bar{w} \cdot x \cdot y$　　　（根据 T8）

$\qquad = (w+\bar{w} \cdot y) \cdot x+\bar{w} \cdot z$　　　（根据 T8）

$\qquad = (w+y) \cdot x+\bar{w} \cdot z$　　　　（根据 T9）

$\qquad = w \cdot x+x \cdot y+\bar{w} \cdot z$　　　（根据 T8）

和原表达式相比，化简后减少了 2 个与门、11 个输入端。　　■

例 2.2　化简逻辑表达式 $F(X,Y,Z)=\sum m(3,5,6,7)$。

解　$F(X,Y,Z)=\sum m(3,5,6,7)$

$$= \bar{X} \cdot Y \cdot Z + X \cdot \bar{Y} \cdot Z + X \cdot Y \cdot \bar{Z} + X \cdot Y \cdot Z$$
$$= (\bar{X} \cdot Y \cdot Z + X \cdot Y \cdot Z) + (X \cdot \bar{Y} \cdot Z + X \cdot Y \cdot Z) + (X \cdot Y \cdot \bar{Z} + X \cdot Y \cdot Z) \text{（根据 T3）}$$
$$= Y \cdot Z + X \cdot Z + X \cdot Y \quad \text{（根据 T10）}$$

和原表达式相比，化简后减少了 1 个与门、7 个输入端。

使用代数法化简的优点是不受变量数目的限制，化简比较直观。不足之处在于化简没有一定的规律和步骤，技巧性很强，难以判断化简结果是否最简。

2.4.2 卡诺图法化简

卡诺图（Karnaugh map）本质上是对逻辑函数真值表的图形化表示，把能够化简的最小项通过相邻项合并的可视化方式标识出来。

一个 n 变量逻辑函数的卡诺图是一个包含 2^n 个单元的矩阵图，其行和列表头分别对应不同的逻辑变量，每一行和每一列的编号对应逻辑变量的输入组合，0 表示反变量，1 表示原变量，这些编号按照格雷码的顺序排列，即相邻的编号只有 1 位不同。这样每个单元对应一个最小项，在单元内标注该最小项在真值表中的输出值，如果输出为 1，则称为"1 单元"。如果有两个"1 单元"相邻，则表示对应的两个最小项只有 1 个变量不相同，该变量若在一个单元中为原变量，在另一个单元中则为反变量。根据定理 T10，这两个最小项就可以合并为一个乘积项，并消去在这两个最小项中不相同的那个变量。推而广之，如果有 2^i 个"1 单元"相邻，则对应的最小项可以合并成一个乘积项，并消去 i 个不相同的变量。显然，通过这种化简方式可减少逻辑函数表达式中的乘积项数及输入端的数量。

具有 2、3、4 个变量的逻辑函数对应的卡诺图结构如图 2.23 所示。行和列的编号按照格雷码的顺序排列，行号和列号串接的结果就是对应单元中标注的最小项的编号，大括号标出了其对应的输入变量取 1 时的行或列。

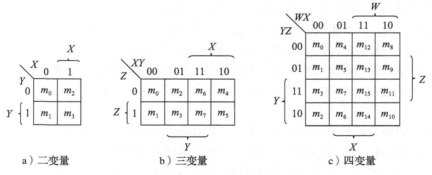

a）二变量   b）三变量   c）四变量

图 2.23 卡诺图

进行卡诺图化简之前，首先要根据真值表确定卡诺图中的"1 单元"。只要在卡诺图中将真值表中输出值为 1 时对应的最小项所在单元标注为 1 即可，而输出值为 0 时对应的最小项所在单元则不标注任何信息。例如，对于三变量逻辑函数表达式 $F(X, Y, Z) = \sum m(3, 5,$

6，7），其真值表如表 2.3 所示，对应的卡诺图如图 2.24 所示。

表 2.3　三变量逻辑函数 $F(X, Y, Z)$ 的真值表

序号	X Y Z	$F(X, Y, Z)$
0	0　0　0	0
1	0　0　1	0
2	0　1　0	0
3	0　1　1	1
4	1　0　0	0
5	1　0　1	1
6	1　1　0	1
7	1　1　1	1

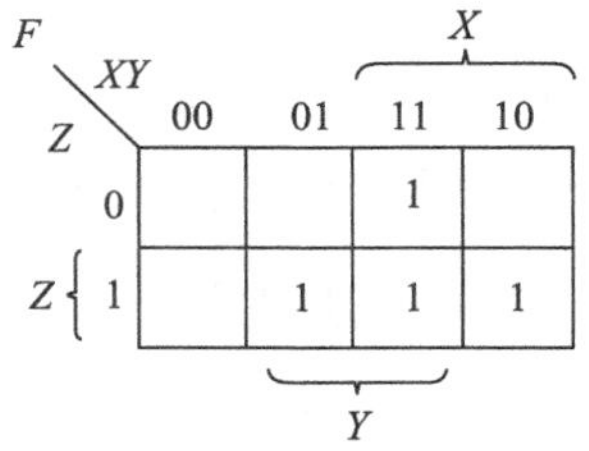

图 2.24　三变量逻辑函数 $F(X, Y, Z) = \sum m(3, 5, 6, 7)$ 的卡诺图

根据格雷码的特性，在卡诺图中上下、左右或首尾都是相邻的单元。

在图 2.24 所示的卡诺图中寻找标注为 1 的相邻单元对，可以发现单元 3 和 7、单元 6 和 7、单元 7 和 5 都是相邻单元对，每个单元对都可以消除一个不相同的变量而留下相同的变量。使用一个方框来标注可以合并的最小项组合，称为**卡诺圈**。如图 2.25 所示，化简后的逻辑表达式为 $F(X, Y, Z) = Y \cdot Z + X \cdot Z + X \cdot Y$，这个结果和使用代数法化简的结果相同。

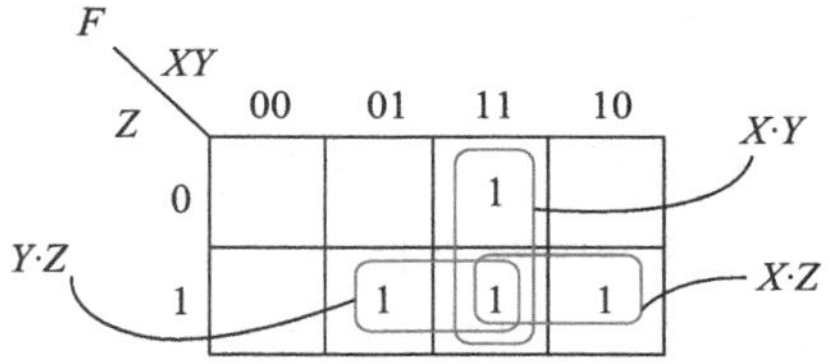

为了说明卡诺图化简的一般步骤，需要先定义相关的术语。

图 2.25　逻辑函数 $F(X, Y, Z) = \sum m(3, 5, 6, 7)$ 的卡诺图化简

如果一个乘积项覆盖（包含）了逻辑函数的 1 个或多个最小项，则称该乘积项为逻辑函数的**蕴涵项**，例如 $F(X, Y, Z) = \sum m(3, 5, 6, 7)$ 的蕴涵项有 $\overline{X} \cdot Y \cdot Z$、$X \cdot Y \cdot Z$ 和 $Y \cdot Z$ 等。注意，这里的"覆盖"不能理解为最小项中变量之间的覆盖关系，例如，不能理解为 $X \cdot Y \cdot Z$ 覆盖 $Y \cdot Z$，而是指 $Y \cdot Z$ 等价于 $\overline{X} \cdot Y \cdot Z + X \cdot Y \cdot Z$，因而 $Y \cdot Z$ 覆盖了最小项 $\overline{X} \cdot Y \cdot Z$ 和 $X \cdot Y \cdot Z$。因此，$Y \cdot Z$ 是蕴涵项。

如果某个蕴涵项不能被该函数的其他蕴涵项所覆盖，则称为**质蕴涵项**（prime implicant）。例如，上例中的质蕴涵项有 $Y \cdot Z$、$X \cdot Z$ 和 $X \cdot Y$，而 $\overline{X} \cdot Y \cdot Z$ 被 $Y \cdot Z$ 所覆盖，因而不是质蕴涵项。

如果质蕴涵项覆盖的最小项中至少有一个最小项没有被其他质蕴涵项所覆盖，则称为**实质蕴涵项**（essential prime implicant）。例如，质蕴涵项 $Y \cdot Z$ 所覆盖的 $\overline{X} \cdot Y \cdot Z$ 这个最小项没有被其他质蕴涵项所覆盖，因而 $Y \cdot Z$ 是实质蕴涵项，同理 $X \cdot Z$ 和 $X \cdot Y$ 也是实质蕴涵项。该定义表明质蕴涵项覆盖的最小项越多越可能是实质蕴涵项。

如果逻辑函数的所有最小项都被一组质蕴涵项所覆盖，则该组质蕴涵项称为函数的一个**覆盖**（cover），它一定包含了所有的实质蕴涵项。例如，质蕴涵项组合 $\{Y \cdot Z, X \cdot Z, X \cdot Y\}$ 就是函数 $F(X, Y, Z) = \sum m(3, 5, 6, 7)$ 的一个覆盖。

如果一个覆盖中的质蕴涵项数是最少的，并且质蕴涵项中的变量总数也是最少的，则称该覆盖为**最小覆盖**，对应的逻辑表达式就是逻辑函数的**最简逻辑表达式**。例如，质蕴涵项组合 $Y \cdot Z$，$X \cdot Z$，$X \cdot Y$ 就是函数 $F(X, Y, Z) = \sum m(3, 5, 6, 7)$ 的最小覆盖，其最简逻辑表达式为 $Y \cdot Z + X \cdot Z + X \cdot Y$。需要注意的是，一个逻辑函数可能存在多种不同的最小覆盖。

这样，逻辑函数的化简问题就转化为寻找该函数的质蕴涵项组合的最小覆盖问题。下面通过一个例子说明逻辑函数的蕴涵项、质蕴涵项和实质蕴涵项之间的关系以及如何确定其最小覆盖。图 2.26 给出了确定逻辑函数 $F(A, B, C) = \sum m(1, 3, 4, 5, 7)$ 的最小覆盖的方法。

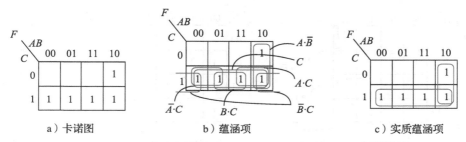

　　a）卡诺图　　　　　　　b）蕴涵项　　　　　　　c）实质蕴涵项

图 2.26　$F(A, B, C) = \sum m(1, 3, 4, 5, 7)$ 最小覆盖的确定方法

图 2.26a 是逻辑函数 $F(A, B, C) = \sum m(1, 3, 4, 5, 7)$ 的卡诺图，可以看出，该函数中覆盖一个最小项的蕴涵项组合是 $\overline{A} \cdot \overline{B} \cdot C$，$\overline{A} \cdot B \cdot C$，$A \cdot \overline{B} \cdot \overline{C}$，$A \cdot \overline{B} \cdot C$，$A \cdot B \cdot C$。如图 2.26b 所示，该逻辑函数中覆盖两个最小项的蕴涵项组合是 $\overline{A} \cdot C$，$A \cdot \overline{B}$，$A \cdot C$，$\overline{B} \cdot C$，$B \cdot C$，覆盖 4 个最小项的蕴涵项是 C。从图中可以看出，蕴涵项 $\overline{A} \cdot C$、$A \cdot C$、$\overline{B} \cdot C$ 和 $B \cdot C$ 都被蕴涵项 C 覆盖，而 $A \cdot \overline{B}$ 和 C 两个蕴涵项没有被其他蕴涵项覆盖，因此它们为质蕴涵项。如图 2.26c 所示，质蕴涵项 C 有 3 个最小项没有被其他质蕴涵项覆盖，质蕴涵项 $A \cdot \overline{B}$ 有 1 个最小项没有被其他质蕴涵项覆盖，因而 $A \cdot \overline{B}$ 和 C 是实质蕴涵项。它们的组合 $A \cdot \overline{B}$，C 覆盖了该函数的所有最小项，因而构成了该函数的一个覆盖，而且是一个最小覆盖。

综上可知，$F(A, B, C) = \sum m(1, 3, 4, 5, 7)$ 的最小覆盖对应的最简逻辑表达式为 $A \cdot \overline{B} + C$。

从上面的例子中可以看出，逻辑函数卡诺图化简的关键是找出和选择质蕴涵项，因而卡诺图化简的一般步骤如下。

① 根据逻辑函数的表达式，列出真值表，构建卡诺图。

② 在卡诺图中找出所有质蕴涵项。

③ 从质蕴涵项中找出所有的实质蕴涵项。

④ 在剩余质蕴涵项中寻找一个最小覆盖，该覆盖包含了那些没有被实质蕴涵项覆盖的最小项。

⑤ 将第 3 步得到的实质蕴涵项和第 4 步得到的最小覆盖组合，从而生成函数的最简逻辑表达式。

例 2.3　利用卡诺图化简逻辑函数 $F(A, B, C, D) = \sum m(1, 2, 5, 7, 8, 10, 12, 13, 15)$。

解 按照卡诺图化简步骤进行化简的过程如下。

① 画出函数 $F(A, C, B, D) = \sum m(1, 2, 5, 7, 8, 10, 12, 13, 15)$ 的卡诺图，如图 2.27a 所示。

② 标出质蕴涵项组合 $\{B \cdot D, \overline{A} \cdot \overline{C} \cdot D, \overline{B} \cdot C \cdot \overline{D}, A \cdot B \cdot \overline{C}, A \cdot \overline{B} \cdot \overline{D}, A \cdot \overline{C} \cdot \overline{D}\}$，如图 2.27a 所示。

③ 找出质蕴涵项中的实质蕴涵项组合 $\{B \cdot D, \overline{A} \cdot \overline{C} \cdot D, \overline{B} \cdot C \cdot \overline{D}\}$，如图 2.27b 所示。

④ 在剩余的质蕴涵项组合 $\{A \cdot B \cdot \overline{C}, A \cdot \overline{B} \cdot \overline{D}, A \cdot \overline{C} \cdot \overline{D}\}$ 中，寻找最小项 m_8 和 m_{12} 的最小覆盖。因为质蕴涵项 $\{A \cdot \overline{C} \cdot \overline{D}\}$ 覆盖这两个最小项，且是最小覆盖，如图 2.27c 所示。

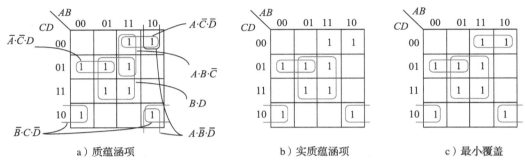

图 2.27　$F(A, B, C, D) = \sum m(1, 2, 5, 7, 8, 10, 12, 13, 15)$ 最小覆盖的求解过程

因此，该函数化简后的最简逻辑表达式为 $F(A, B, C, D) = B \cdot D + \overline{A} \cdot \overline{C} \cdot D + \overline{B} \cdot C \cdot \overline{D} + A \cdot \overline{C} \cdot \overline{D}$。■

利用对偶性原理，卡诺图也可以用来化简"和之积"表达式，只需要将真值表中输出值为 0 的最大项对应的单元标注为 0，然后合并相邻的"0 单元"，得到求和的质蕴涵项。利用上述的化简步骤，可以找到最简的"或 – 与"表达式。

卡诺图化简法通过观察对逻辑函数进行化简，因而具有直观、方便和容易掌握的特性。但是，当输入变量数超过 6 个后，卡诺图绘制以及相邻关系的识别将会变得非常复杂，从而导致难以直观化简。随着可编程器件的不断发展，在数字系统设计中，大多采用计算机程序自动实现逻辑函数的化简。

2.4.3　逻辑函数变换

根据德·摩根定理，反相输出门可以转换为非反相输出门，只要将反相圈移到输入端，同时将与门和或门互换即可。例如，$Z = \overline{X \cdot Y} = \overline{X} + \overline{Y}$，这样就得到两种不同但等效的逻辑符号，如图 2.28a 所示。同样，非反相输出门也可以利用两次取反，得到输入和输出端都带反相圈的等效逻辑符号，例如 $Z = X \cdot Y = \overline{\overline{X \cdot Y}} = \overline{\overline{X} + \overline{Y}}$。利用这种方法，也可以得到逻辑门的等效符号，如图 2.28b 所示。这些等效符号具有相同的逻辑功能，因而，可根据需要采用不同的电路原理图表示同一个功能，以提升电路图的可读性。

在日常生活中，大多数情况下会使用肯定语句而甚少使用双重否定语句来描述逻辑命题，这样得到的逻辑表达式大多也是"与 – 或"表达式或者是"或 – 与"表达式。但是，在数字电路实现技术中，与非门和或非门却比与门和或门的执行速度快。因而，利用与非门和或非门来构建数字系统通常速度更快。

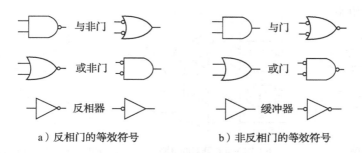

a）反相门的等效符号   b）非反相门的等效符号

图 2.28 标准门的等效逻辑符号

如何将得到的"与 – 或"表达式转换为"与非 – 与非"表达式呢？通常的方法是，运用布尔代数的还原律，将"与 – 或"表达式整体两次取反，然后再运用德·摩根定理转换下层的取反运算，就可以得到"与非 – 与非"表达式，从而可以使用与非门替代与门和或门来实现该逻辑函数。

例如，对于逻辑函数 $F(X, Y, Z) = X \cdot Y + Y \cdot Z + X \cdot Z$，采用与门和或门实现的电路如图 2.29a 所示，该电路中使用了 3 个 2 输入与门和 1 个 3 输入或门。

如果采用与非门实现，则 $F(X, Y, Z) = \overline{X \cdot Y + Y \cdot Z + X \cdot Z} = \overline{\overline{X \cdot Y} \cdot \overline{Y \cdot Z} \cdot \overline{X \cdot Z}}$，对应的电路如图 2.29b 所示，该电路中使用了 3 个 2 输入与非门和 1 个 3 输入与非门，虽然门电路的数量一样，但是内部实现时的晶体管数量和层级是不相同的，采用与非门实现电路减少了 4 对 CMOS 晶体管和 2 级 CMOS 电路。

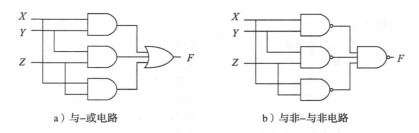

a）与–或电路   b）与非–与非电路

图 2.29 逻辑函数 $F(X, Y, Z) = X \cdot Y + Y \cdot Z + X \cdot Z$ 的不同实现方式

对于任何积之和表达式都可使用"与 – 或"电路和"与非 – 与非"电路这两种方法实现。同理，对于任何和之积表达式也都可使用"或 – 与"电路和"或非 – 或非"电路这两种方法实现。推而广之，对于任意两级逻辑电路都可以在第一级的输出和第二级的输入之间加入一对反相器，来实现用反相门替代与门和或门。例如，在图 2.30a 所示的由与门和或门组成的电路中，加上一对反相器后，得到图 2.30b。这些反相器可分别被其输入端和输出端吸收，从而得到图 2.30c 所示电路，其中第一级与门和或门的输出端变成了反相输出端，第二级与门和或门的输入端变成了反相输入端。因此，在具体的实现电路中，有时也可直接使用反相输入端来减少反相器。

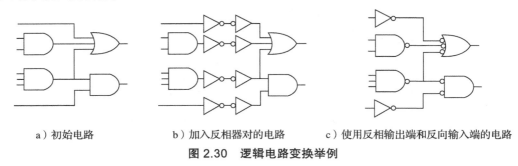

a）初始电路   b）加入反相器对的电路   c）使用反相输出端和反向输入端的电路

图 2.30　逻辑电路变换举例

2.5　本章小结

逻辑门是最基础的数字电路，可通过 CMOS 晶体管实现。最基本的逻辑运算有与、或、非三种，对应的逻辑门分别为与门、或门和非门。布尔代数是数字系统分析和设计的基础理论工具。基于布尔代数的公理系统和定理可以对逻辑表达式进行描述、化简，并实现逻辑函数之间的相互转换。通常，使用真值表、波形图以及逻辑表达式来描述逻辑变量之间的关系，可以使用代数法、卡诺图等来化简逻辑表达式。在实现数字系统时，为了提高速度、降低成本，通常利用与非门和或非门来构建电路。

习题

1. 给出以下概念的解释说明。

逻辑变量	逻辑表达式	真值表	正逻辑
负逻辑	缓冲器	传输门	转换时间
传输延迟	静态功耗	动态功耗	对偶式
逻辑函数	乘积项	求和项	积之和
和之积	标准乘积项	标准求和项	最小项列表
最大项列表	标准与 – 或表达式	标准或 – 与表达式	蕴涵项
质蕴涵项	实质蕴涵项	最小覆盖	最简逻辑表达式

2. 画出一个 2 输入或门的 CMOS 原理图。
3. 请用完备归纳法证明定理 T2～T5。
4. 请用完备归纳法证明定理 T6～T9。
5. 有人依据德·摩根定理认为逻辑表达式 $X+Y \cdot Z$ 的反是 $\bar{X} \cdot \bar{Y} + \bar{Z}$。但当 $XYZ=110$ 时，这两个函数运算结果都是 1。对于同样的输入组合，这两个函数结果本应相反，错在哪里？

6. 请用布尔代数定理化简下面的逻辑函数。

(1) $F = W \cdot X \cdot Y \cdot Z \cdot (\overline{W} \cdot X \cdot Y \cdot Z + W \cdot \overline{X} \cdot Y \cdot Z + W \cdot X \cdot \overline{Y} \cdot Z + W \cdot X \cdot Y \cdot \overline{Z})$

(2) $F = A \cdot B + A \cdot B \cdot \overline{C} \cdot D + A \cdot B \cdot D \cdot \overline{E} + A \cdot B \cdot \overline{C} \cdot E + \overline{C} \cdot D \cdot E$

(3) $F = M \cdot N \cdot O + \overline{Q} \cdot \overline{P} \cdot \overline{N} + P \cdot R \cdot M + \overline{Q} \cdot O \cdot M \cdot \overline{P} + M \cdot R$

7. 请写出下面各个逻辑函数的真值表。

(1) $F = \overline{X} \cdot Y + \overline{X} \cdot \overline{Y} \cdot Z$

(2) $F = \overline{W} \cdot X + \overline{Y} \cdot \overline{Z} + \overline{X} \cdot Z$

(3) $F = W + \overline{X} \cdot (\overline{Y} + Z)$

(4) $F = V \cdot W + \overline{X} \cdot \overline{Y} \cdot Z$

(5) $F = \overline{\overline{W} \cdot X \cdot \overline{\overline{Y} + \overline{Z}}}$

(6) $F = A \cdot B + \overline{B} \cdot C + \overline{C} \cdot D + \overline{D} \cdot A$

(7) $F = (\overline{A} + \overline{B} \cdot C \cdot D) \cdot (B + \overline{C} + \overline{D} \cdot \overline{E})$

(8) $F = \overline{\overline{\overline{A + B} + \overline{C} + D}}$

(9) $F = (\overline{A} + B + C) \cdot (A + \overline{B} + \overline{D}) \cdot (B + \overline{C} + \overline{D}) \cdot (A + B + C + D)$

8. 请写出下面各个逻辑函数的标准与–或表达式和标准或–与表达式。

(1) $F(A, B, C) = \sum m(2, 4, 6, 7)$

(2) $F(W, X, Y) = \prod M(0, 1, 3, 4, 5)$

(3) $F = X + \overline{Y} \cdot \overline{Z}$

(4) $F = \overline{V} + \overline{\overline{W} + X}$

(5) $F = X + \overline{Y} \cdot Z + Y \cdot \overline{Z}$

(6) $F = A + \overline{A} \cdot B + B \cdot C$

9. 请利用布尔代数证明 $(X + Y) \cdot (\overline{X} + Z) = X \cdot Z + \overline{X} \cdot Y$。

10. 请用有限归纳法证明德·摩根定理(**T13** 和 **T13D**)。

11. 请说明用 4 个 2 输入与门实现 $V \cdot W \cdot X \cdot Y \cdot Z$ 有多少种不同结构的实现方法。

12. 能够实现任何逻辑函数的逻辑门类型的集合称为逻辑门的完全集。例如,2 输入与门、2 输入或门以及反相器构成一个逻辑门完全集。因为任何逻辑函数都能表示为输入信号(以原变量或反变量形式表示)构成的与–或表达式,而且任何超过两个输入端的与门(或门)都能通过 2 输入端与门(2 输入端或门)级联得到。请问 2 输入与非门能构成逻辑门的完全集吗?请证明你的答案。2 输入端或门呢?

13. 利用卡诺图将下列标准表达式化简为最简与–或表达式,并把结果转换为与非–与非表达式。

(1) $F(X, Y, Z) = \sum m(1, 3, 5, 6, 7)$

(2) $F(W, X, Y, Z) = \sum m(1, 4, 5, 6, 7, 9, 14, 15)$

(3) $F(W, X, Y, Z) = \sum m(0, 1, 6, 7, 8, 9, 14, 15)$

(4) $F(A, B, C, D) = \sum m(4, 5, 6, 11, 13, 14, 15)$

(5) $F(A, B, C, D) = \prod M(4, 5, 6, 13, 15)$

14. 请用布尔代数方法判断下列表达式是否为最简与–或表达式。

$$F = C \cdot D \cdot \overline{E} \cdot \overline{F} \cdot G + B \cdot C \cdot E \cdot \overline{F} \cdot G + A \cdot B \cdot C \cdot D \cdot \overline{F} \cdot G$$

第 3 章

组合逻辑电路

数字逻辑电路用于处理一组二进制数字信号变量之间的逻辑关系，这种逻辑关系不仅能实现逻辑运算和逻辑推理功能，还能实现算术运算的功能，因而数字逻辑电路层是计算机系统抽象层中一个重要的硬件基础层。

数字逻辑电路分为组合逻辑电路和时序逻辑电路两类。本章主要介绍组合逻辑电路，内容包括组合逻辑电路构成规则、组合逻辑电路设计和组合逻辑电路时序分析。

3.1 组合逻辑电路概述

数字逻辑电路可被看成一个带有若干输入端和若干输出端的黑盒子，每个输入端和输出端只有高电平、低电平两种状态，对应二进制数字 1 或 0。黑盒子中实现的是各个输入端之间一种特定的逻辑关系，逻辑关系产生的结果被送到输出端。

数字逻辑电路被划分为组合逻辑电路和时序逻辑电路两种类型。**组合逻辑电路**（combinational logic circuit）的输出值仅依赖于当前输入值；而**时序逻辑电路**（sequential logic circuit）的输出值不仅依赖于当前输入值，还与之前的输入有关。

3.1.1 组合逻辑电路构成规则

数字逻辑电路的黑盒外部是电路的输入端和输出端，黑盒内部可被看成由若干元件和若干结点互连而成，元件本身又可以是一个数字逻辑电路，结点可以是输入结点、内部结点和输出结点三种。这里的结点实际上是若干连线的汇集点，汇集于同一结点的所有连线上传输的是同一个信号。图 3.1 给出了一个具有 3 个元件和 6 个结点的数字逻辑电路构成示意图，其中，$E1$、$E2$ 和 $E3$ 是元件，$A1$、$A2$ 和 $A3$ 是 3 个输入端结点，$N1$ 是一个介于 $E2$ 和 $E3$ 之间的内部结点，$F1$ 和 $F2$ 是两个输出端结点。

最简单的组合逻辑电路是逻辑门电路。可用逻辑门电路实现基本逻辑运算，例如，

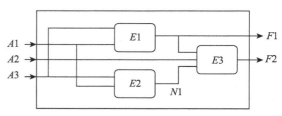

图 3.1 数字逻辑电路构成

"与门"实现与运算,"或门"实现或运算,"非门"(也称为反相器)实现取反运算。与门和或门可以有多个输入端,但只有一个输出端,而反相器只有一个输入端和一个输出端。

组合逻辑电路构成规则规定了如何由门电路和简单组合电路构成更复杂的组合逻辑电路。如果由若干元件和若干结点构成的电路是组合逻辑电路,则应同时满足以下 3 个规则:

- 每个元件本身是组合逻辑电路;
- 不存在一个结点同时是两个元件的输出结点或同时被两个元件的输出信号所驱动;
- 不存在从一个输入端经若干元件和中间结点连到一个输出端,然后又从该输出端连到该输入端的回路。

例 3.1　在图 3.2 给出的几个电路中,哪些是组合逻辑电路?

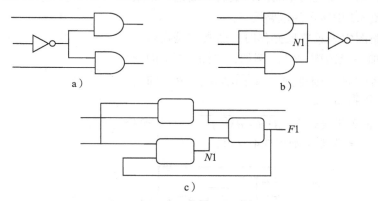

图 3.2　判断是否为组合逻辑电路

解　根据组合逻辑电路判断规则可知,图 3.2a 中的电路为组合逻辑电路,而图 b 和 c 中的不是组合逻辑电路。因为图 b 中有一个内部结点 N1 同时是两个元件(与门)的输出结点;图 c 中有一个回路,内部结点 N1 和输出结点 F1 在这个回路中反复出现。■

3.1.2　逻辑电路图

数字逻辑电路是基于布尔代数(也称逻辑代数、开关代数)的公理和定理对二进制编码信息进行布尔运算的集成电路,其输入和输出满足一定的逻辑关系。组合逻辑电路是数字逻辑电路的一种,组合逻辑电路中实现的输入端之间的逻辑关系可以用逻辑表达式或真值表来描述。

逻辑电路图描述了数字电路内部元件的结构及其相互连接关系。在数字逻辑的各种描述方式中,逻辑表达式和逻辑电路图之间是一一对应关系。每个逻辑表达式对应一个逻辑电路图,每个逻辑电路图也对应一个逻辑表达式。而一个真值表则可能对应多个不同的逻辑表达式,从而对应多个不同的逻辑电路图,因而可以有多个不同的实现方式。

任何一个逻辑表达式都可以写成与、或、非三种基本运算的逻辑组合,因而任何一个组合逻辑电路图都可以用与门、或门和非门的组合来描述。在逻辑电路图中,组合不同的逻辑门时，一个逻辑门的输出可以作为另一个逻辑门的输入。由于实现逻辑门的器件的电气特性约束，一个逻辑门的输入端个数和输出端信号所能驱动的下一级门的数量都是有限的，前者的最大值称为**扇入系数**，后者的最大值称为**扇出系数**。

根据逻辑表达式画出对应的逻辑电路图时，必须依据逻辑运算的优先级来确定逻辑门之间的连接关系。优先级高的逻辑运算对应的逻辑门的输出是优先级低的逻辑运算对应逻辑门的输入。在逻辑表达式中，括号中的运算优先级更高，应先进行括号中的逻辑运算。逻辑运算的优先级顺序如下：非 > 与和与非 > 异或和同或 > 或和或非。例如，对于异或运算 $F = A \oplus B = \overline{A} \cdot B + A \cdot \overline{B}$，若用与门、或门和非门来实现，根据逻辑运算的优先级可知，第一级是两个非门，第二级是两个与门，最后一级是一个或门，因此得到图 3.3 中所示的电路图。

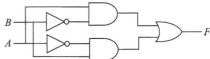

图 3.3　异或逻辑门电路的实现

在逻辑电路图中表示取反操作时，通常都是在输入端或输出端上加一个圆圈"○"。例如，在图 3.3 中的或门输出端加一个"○"，则得到 $F = \overline{A \oplus B} = A \equiv B$，即实现同或（等价）逻辑运算。

例 3.2　画出逻辑表达式 $\overline{(A \cdot B + B \cdot \overline{C}) \cdot A}$ 对应的逻辑电路图。

解　对应的逻辑电路图如图 3.4 所示。

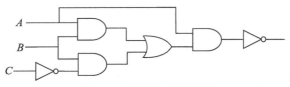

图 3.4　逻辑电路图示例

该例给出的逻辑表达式中，括号中的与运算比或运算的优先级高，因此，第一级与门的输出是或门的输入；括号中或运算对应图中的或门，其输出是下一级与门的输入。　■

例 3.3　画出逻辑表达式 $\overline{\overline{A} \cdot B \cdot C \oplus C + A + D}$ 对应的逻辑电路图。

解　对应的逻辑电路图如图 3.5 所示。

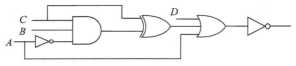

图 3.5　逻辑电路图示例

因为异或运算的优先级高于或运算，但低于与运算，因而，与门的输出是异或门的输入，而异或门的输出是或门的输入。　■

上述门电路实现的是一位运算，如果是 n 位逻辑值的运算，只要重复使用 n 个相同的门电路即可。在逻辑电路图中无须画出所有的门电路，只要在输入端和输出端标注位数即可。

例如，对于 n 位逻辑值 $A=A_{n-1}A_{n-2}\cdots A_1A_0$ 和 $B=B_{n-1}B_{n-2}\cdots B_1B_0$ 的与运算 $F=A\cdot B$。实际上是按位相与，即 $F_i=A_i\cdot B_i$（$0\leqslant i\leqslant n-1$）。假定逻辑值的位数为 n，则按位与、按位或、按位取反、按位异或的逻辑符号如图 3.6 所示。

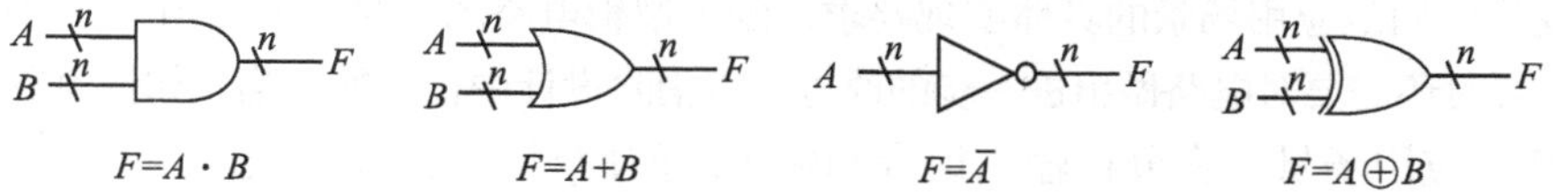

图 3.6　n 位逻辑门的电路符号

3.1.3　两级和多级组合逻辑电路

由于信号通过连线和电路元件时，会有一定的延迟，因而逻辑门的输入信号发生改变后，其输出不会马上跟着改变，即信号通过逻辑门时在时间上存在延迟。从逻辑门的输入信号改变开始，到输出信号发生改变所用的时间称为**门延迟**（gate delay）。

每个逻辑表达式都可以转换成"与 - 或"表达式和"或 - 与"表达式，因此，任何组合逻辑电路都可以是一个两级电路。与 - 或表达式对应的电路第一级是若干个与门，其输入是所有变量或变量的反，第二级是一个或门，其输入是所有与门的输出。或 - 与表达式则相反。

例如，例 3.3 中的逻辑表达式 $\overline{A\cdot B\cdot C\oplus C+A+D}$，可转换为与 - 或表达式 $\overline{A}\cdot B\cdot \overline{D}+\overline{A}\cdot \overline{C}\cdot \overline{D}$。例 3.3 给出的逻辑表达式对应的组合电路（如图 3.5 所示）中，最长路径依次经过了非门、与门、异或门、或门和非门。而采用与 - 或表达式对应的两级电路后，最长的路径经过了一级与门和一级或门。假定不考虑非门的延迟，与门和或门的延迟都为 2ns，异或门的延迟为 3ns，则例 3.3 中逻辑表达式对应的组合电路的延迟为 7ns。若将该表达式转换为与 - 或表达式，则对应组合电路的延迟缩短为 4ns，包含一级与门延迟和一级或门延迟。显然两级组合逻辑电路比多级组合逻辑电路的传输时间更短，运算速度更快。

但是，很多情况下使用两级组合电路所需要的硬件数量会成倍增长。例如，对于 3 个输入端的异或门，其逻辑表达式为 $F=A\oplus B\oplus C=\overline{A}\cdot \overline{B}\cdot C+\overline{A}\cdot B\cdot \overline{C}+A\cdot \overline{B}\cdot \overline{C}+A\cdot B\cdot C$。若采用两级电路方式实现，则需要使用 4 个 3 输入端与门和一个 4 输入端或门；而用多级电路实现时，只要串联两个异或门即可。对于 8 输入端异或门，两级电路方式下，需要 128 个 8 输入端与门和一个 128 输入端或门，而实际上 128 个输入端的或门是无法实现的；多级电路方式下，只需要 7 个 2 输入端异或门即可。

在设计组合逻辑电路时，选择延迟更短的两级电路还是选择占用集成电路物理空间更少的多级电路，这是一个速度和成本之间的权衡问题。

3.1.4　组合逻辑电路设计

组合逻辑电路设计主要包括以下几个步骤：首先，根据应用场景的描述进行组合逻辑电路的功能需求分析，确定输入变量和输出变量，并推演它们之间的逻辑关系，画出相应的真值表；然后，根据真值表中的输入和输出关系，推导出输出函数的逻辑表达式，可采用代数法或卡诺图法等进行输出函数的逻辑化简，确定输出函数的最简逻辑表达式；最后，对得到的逻辑表达式进行变换以满足应用场景的具体实现要求，画出逻辑电路图和时序波形图，并对电路进行时序分析，必要时还需要对电路做出进一步的改进，以消除设计中存在的缺陷，如竞争冒险等问题。

针对某些应用场景，在分析输入组合和输出之间的对应关系时会遇到以下情况：某些输入组合对应的输出值可以任意（输出值通常用 x 表示），某些输入组合则不可能或不允许出现。这两种输入组合对应的最小项分别称为**任意项**和**约束项**，它们都可作为**无关项**用于逻辑函数化简。逻辑函数中是否包含无关项对其电路在特定场景中的应用没有影响，因此在卡诺图中无关项对应的位置上可填 1 也可填 0，根据化简需要而定。

例 3.4 请设计一个 8421 BCD 码检测器，当 BCD 码数值小于 5 时，电路输出 0，否则输出 1。

解 根据组合逻辑电路设计步骤，首先根据电路功能需求，确定输入变量和输出变量，并得到相应的真值表。假设 BCD 码的四个二进位为 $ABCD$，即该检测器的输入变量为 A、B、C、D，输出变量为 Y。根据题意，可得到该检测器的真值表如图 3.7 所示。由于 8421 码只用到 4 位二进制数中的 0000～1001 这 10 个编码，其他编码都是非法 BCD 码，因此，从 1010 到 1111 的输入组合为无关项，在真值表中这些无关项对应的输出值可设定为缺省值 d。然后，根据真值表使用卡诺图法进行化简。图 3.8 所示的是对应的卡诺图。

$A\ B\ C\ D$	Y
0 0 0 0	0
0 0 0 1	0
0 0 1 0	0
0 0 1 1	0
0 1 0 0	0
0 1 0 1	1
0 1 1 0	1
0 1 1 1	1
1 0 0 0	1
1 0 0 1	1
1 0 1 0	d
1 0 1 1	d
1 1 0 0	d
1 1 0 1	d
1 1 1 0	d
1 1 1 1	d

图 3.7 检测器真值表

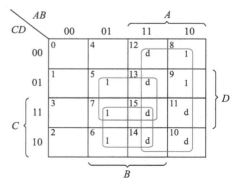

图 3.8 检测器的卡诺图

在根据卡诺图进行化简的过程中，缺省值 d 可以当作 1 参与构建质蕴涵项，也可以当作 0 不参与构建质蕴涵项。很显然，如果能够充分利用这些无关项，最终一定会得到更加简单的电路实现。根据图 3.8 所示卡诺图中圈出的质蕴涵项的情况，可以得到最简输出逻辑表达式为 $Y=A+B \cdot C+B \cdot D$。

最终，根据逻辑表达式画出如图 3.9 所示的 8421 BCD 码检测器电路图，分析最终的电路设计可知，该设计不存在竞争冒险问题。有关竞争冒险问题将在 3.3 节中介绍。■

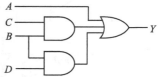

图 3.9　8421 BCD 码检测器电路

3.1.5　非法值和高阻态

布尔代数处理的逻辑值只可能为 0 和 1，但是，真实电路中会出现非法值和高阻态。

1. 非法值

如果数字电路设计不当，则电路中可能会出现**非法值**的情况。例如，图 3.10 所示的电路中 F 结点的值为非法值。该电路中，当 B 输入端为 1 时，则不管 A 输入端是 0 还是 1，F 结点都会同时被高电平和低电平驱动。这种情况有可能导致在 F 结点处的两个逻辑门之间有较大电流流动，使电路发热而被损坏。因此，应避免在电路中出现这种错误结点。

2. 高阻态

三态门（three-state gate）是一种重要的总线接口电路，也称**三态缓冲器**。所谓三态指其输出既可以是通常的逻辑值 1 或 0，也可以是**高阻态**。处于高阻态时，三态门与所连接的总线断开。图 3.11 给出了三态门符号，三态门有一个使能端 E，用于控制门电路与总线的接通与断开。当 E 有效时，三态门的输出就是输入的值 0 或 1；当 E 无效时，三态门的输出为高阻态。图 3.11a 中，E 为高电平时有效；而图 3.11b 中，E 上面有一横，表示 E 为低电平时有效。低电平有效时，通常会在使能端加一个小圆圈。

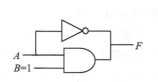

图 3.10　有非法值的电路

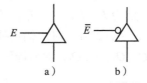

图 3.11　三态门符号

图 3.12 给出了总线与各个总线部件通过三态门互连的示意图。总线是共享的传输介质，每一时刻，只有一对总线部件可以通过总线交换数据。若某总线部件需要输出数据到总线，则该部件的输出使能信号 Eo 有效，其他部件的输出使能信号 Eo 全部无效。同样，若某总线部件从总线上接收数据，则对应输入使能信号 Ei 有效。图中看似两个三态门和总线部件及其互连结点构成了一个回路，但因为实际电路中最多只有一个三态门使能信号有效，因而不会构成回路。

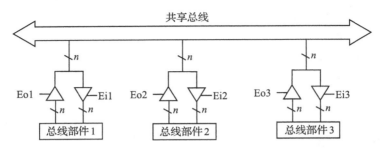

图 3.12　总线部件通过三态门与总线相连

3.2　典型组合逻辑部件设计

本节主要介绍计算机中常用的一些基本组合逻辑电路的设计。第 8 章讨论 CPU 基本结构时将提到，不管 CPU 有多复杂，它总是由组合逻辑电路实现的操作元件和时序逻辑电路实现的存储元件组成。常用的操作元件有多路选择器、加法器、译码器、编码器、比较器等。

3.2.1　译码器和编码器

1. 译码器

译码器（decoder）从外部引脚来看是一种多输入端、多输出端电路，且输入端比输出端的个数少。通常，输入端是一种二进制编码，如地址码、指令码等；输出端通常的形态是单热点（one-hot）编码。最简单的译码器输入和输出关系是：若输入的二进制编码值是 x，则第 x 条输出线为 1，其余输出全为 0。这种情况下，若译码器的输入端有 n 位，则输出端有 2^n 个，输出为 2^n 中取 1，称为 n-2^n 译码器。

假定输入端分别为 I_0，I_1，$\cdots$，I_{n-1}，输出端分别为 O_0，O_1，$\cdots$，O_{2^n-1}，则 n 位输入的可能取值为 0，1，2，$\cdots$，2^n-1，对应输出线最多有 2^n 条。例如，当 $n=3$ 时，有 3 个输入端 I_0，I_1，I_2，8 个输出端 O_0，O_1，$\cdots$，O_7，对应译码器称为 3-8 译码器，其符号和真值表如图 3.13 所示。

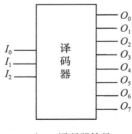

I_0	I_1	I_2	O_0	O_1	O_2	O_3	O_4	O_5	O_6	O_7
0	0	0	1	0	0	0	0	0	0	0
0	0	1	0	1	0	0	0	0	0	0
0	1	0	0	0	1	0	0	0	0	0
0	1	1	0	0	0	1	0	0	0	0
1	0	0	0	0	0	0	1	0	0	0
1	0	1	0	0	0	0	0	1	0	0
1	1	0	0	0	0	0	0	0	1	0
1	1	1	0	0	0	0	0	0	0	1

a）3-8译码器符号　　　　　　　　b）3-8译码器真值表

图 3.13　3-8 译码器的功能描述

根据图 3.13 所示的真值表，可以方便地得到输出端 O_0，O_1，…，O_7 各自的逻辑表达式：$O_0 = \overline{I}_0 \cdot \overline{I}_1 \cdot \overline{I}_2$，$O_1 = \overline{I}_0 \cdot \overline{I}_1 \cdot I_2$，…，$O_7 = I_0 \cdot I_1 \cdot I_2$。因此，只要用一级与门就可实现。图 3.14 是 3-8 译码器的实现电路示意图。

译码器可用于地址译码，例如，主存中的**地址译码器**根据输入的地址选择对应的一个输出线进行驱动，从而选中所在主存单元进行读写。

译码器也可用于对指令操作码的译码，使不同的操作码得到不同的控制信号，以正确控制操作元件的动作。

若将译码器做成单独的芯片，则还需要其他输入端，用于生成使能信号或片选信号等。通过这些信号，可以实现多个译码器芯片的级联，以进行更多二进位编码的译码输出。

图 3.14　3-8 译码器电路示意图

有些场合下，需要更复杂的译码电路实现所需功能。例如，7 段数码显示器就可以采用译码电路实现。数字 0~9 可以用 7 个发光二极管组成的 7 个字段显示，这 7 个字段 a~g 分别由译码器的 7 个输出端 O_a~O_g 控制是否发光。数字 0~9 共 10 个状态，分别对应二进制 0000~1001，因此输入端至少有 4 位。图 3.15 给出了 7 段数码显示器中对应的数字字段、符号和真值表。由真值表通过化简可生成逻辑表达式，从而实现相应的译码器电路。在设计具体电路时，还需要考虑输入为 1010、1011、1100、1101、1110 和 1111 这 6 种情况的处理方式，进一步的设计任务留在习题中完成。

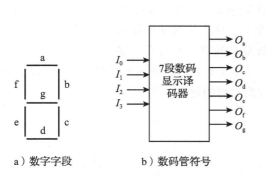

I_0	I_1	I_2	I_3	O_a	O_b	O_c	O_d	O_e	O_f	O_g
0	0	0	0	1	1	1	1	1	1	0
0	0	0	1	0	1	1	0	0	0	0
0	0	1	0	1	1	0	1	1	0	1
0	0	1	1	1	1	1	1	0	0	1
0	1	0	0	0	1	1	0	0	1	1
0	1	0	1	1	0	1	1	0	1	1
0	1	1	0	1	0	1	1	1	1	1
0	1	1	1	1	1	1	0	0	0	0
1	0	0	0	1	1	1	1	1	1	1
1	0	0	1	1	1	1	1	0	1	1

a）数字字段　　　　b）数码管符号　　　　　　　　　　c）真值表

图 3.15　7 段数码显示译码器的功能描述

2. 编码器

译码器输出端个数比输入端多。**编码器**（encoder）的外观看起来正相反，电路的输出端比输入端个数少。编码器的输入通常是多个独立信号，输出是这些独立信号中的一个有效信号的编码。最常见的编码器是 2^n-n 编码器，也称**二进制编码器**，它与 n-2^n 译码器功能正好相反，有 2^n 个输入端，n 个输出端。图 3.16 是一个 3 位二进制编码器（8-3 编码器）的符号表示、真值表和逻辑电路图。

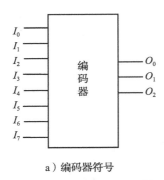
a）编码器符号

b）编码器真值表

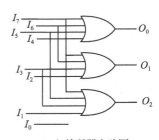
c）编码器电路图

图 3.16　编码器的功能描述和逻辑电路图

该编码器的输入 $I_0 \sim I_7$ 是一组互斥变量，每次只有一个输入端 I_i 为 1，其余都为 0，输出则为 i 的二进制编码。根据图 3.16b 中的真值表和德·摩根定理，可得到如下逻辑表达式。

$$O_0 = I_4 + I_5 + I_6 + I_7 = \overline{\overline{I_4} \cdot \overline{I_5} \cdot \overline{I_6} \cdot \overline{I_7}}$$

$$O_1 = I_2 + I_3 + I_6 + I_7 = \overline{\overline{I_2} \cdot \overline{I_3} \cdot \overline{I_6} \cdot \overline{I_7}}$$

$$O_2 = I_1 + I_3 + I_5 + I_7 = \overline{\overline{I_1} \cdot \overline{I_3} \cdot \overline{I_5} \cdot \overline{I_7}}$$

根据上述逻辑表达式，可以通过或门或者与非门实现该编码器。图 3.16c 给出了用或门实现的逻辑电路图。

在计算机中，有些场合需要进行优先级排队。例如，10.3.2 节介绍的中断控制器中，如果同时有多个中断请求信号到达，则需要选择优先级最高的中断请求进行响应。此时可使用优先权编码器进行处理。**优先权编码器**实际上是一个优先级排队电路加一个编码器。优先权编码器允许有多个输入同时为 1，但只对优先级最高的输入进行编码输出。假定一个 3 位优先权编码器的优先级顺序为 $I_0 > I_1 > I_2 > I_3 > I_4 > I_5 > I_6 > I_7$，则该编码器的真值表如图 3.17 所示。真值表中 x 表示任意取值。图 3.18 是该编码器的逻辑电路示意图。

I_0	I_1	I_2	I_3	I_4	I_5	I_6	I_7	O_0	O_1	O_2
1	x	x	x	x	x	x	x	0	0	0
0	1	x	x	x	x	x	x	0	0	1
0	0	1	x	x	x	x	x	0	1	0
0	0	0	1	x	x	x	x	0	1	1
0	0	0	0	1	x	x	x	1	0	0
0	0	0	0	0	1	x	x	1	0	1
0	0	0	0	0	0	1	x	1	1	0
0	0	0	0	0	0	0	1	1	1	1

图 3.17　优先权编码器的功能描述

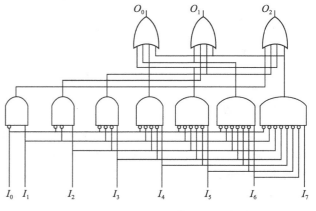

图 3.18　优先权编码器的逻辑电路图

3.2.2 多路选择器和多路分配器

1. 多路选择器

多路选择器（multiplexer）也称**复用器**或**数据选择器**，有时简写为 MUX 或 mux。它的功能是，从多个可能的输入中选择一个直接输出，最简单的多路选择器是**二路选择器**。

二路选择器有两个输入端和一个输出端，有一个控制端，用于控制选择哪一路输出。在计算机中的二路选择器，每个输入端和输出端通常都有 n 位，如图 3.19 所示。其中，图 3.19a 是符号表示，图 3.19b 给出了一位二路选择器的门电路实现。

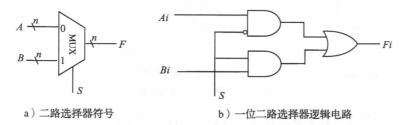

a）二路选择器符号   b）一位二路选择器逻辑电路

图 3.19 二路选择器的实现

从图 3.19 可看出，二路选择器有一个控制端 S、两个输入端 A 和 B、一个输出端 F。其功能是：当 S 为 0 时，$F=A$；当 S 为 1 时，$F=B$。

推广到 k 路选择器，应该有 k 路输入，因而控制端 S 的位数应该是 $\lceil \log_2 k \rceil$（向上取整）。例如，对于三路或四路选择器，S 有两位；对于 5～8 路选择器，S 有三位。

图 3.20 是四路选择器的符号表示和真值表。图 3.21 给出了一位四路选择器的门电路实现。其中，图 3.21a 是两级门电路实现方式，图 3.21b 是采用层次结构的多级门电路实现方式，图 3.21c 是三态门电路实现方式。

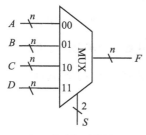

a）四路选择器符号

$S0$	$S1$	F
0	0	A
0	1	B
1	0	C
1	1	D

b）四路选择器真值表

图 3.20 四路选择器的符号和真值表

可以基于多路选择器实现组合逻辑电路功能。例如，利用四路选择器可以实现 2 输入变量 A 和 B 的一个逻辑函数，只要将电路的两个输入端 A 和 B 连接到多路选择器的控制端，将电路的 4 个输出值作为四路选择器 4 个输入端的输入值即可。也可利用一个二路选择器和基本逻辑门的组合电路实现一个 2 输入变量的逻辑函数。

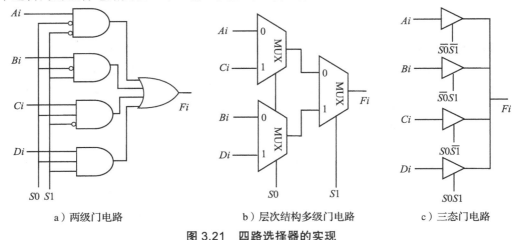

a）两级门电路 b）层次结构多级门电路 c）三态门电路

图 3.21 四路选择器的实现

例 3.5 已知组合逻辑电路的功能可用如图 3.22 所示的真值表描述，请基于多路选择器实现该电路的功能。

解 可用一个四路选择器，或者用一个二路选择器与一个非门的组合电路实现该组合逻辑的功能。实现电路分别如图 3.23a 和图 3.23b 所示。 ■

A	B	F
0	0	0
0	1	1
1	0	1
1	1	0

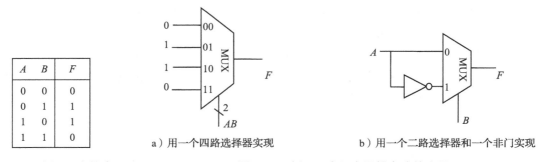

a）用一个四路选择器实现 b）用一个二路选择器和一个非门实现

图 3.22 例 3.5 真值表 图 3.23 例 3.5 中组合逻辑电路的实现

若将多路选择器做成单独的芯片，则还需要其他输入端，如使能信号等。通过这些信号，可以实现多个芯片的级联扩展。

2. 多路分配器

多路选择器是从多个输入中选择一个作为输出，而**多路分配器**（demultiplexer）则正好相反，把唯一的输入发送到多个输出端中的一个。从哪一个输出端送出输入信号，取决于控制端。图 3.24 给出了四路分配器的符号和真值表，控制端 S 有两位。多路分配器有时简写为 DEMUX（demux）或 DMUX（dmux）。

多路分配器常与多路选择器联用，以实现多通道数据的分时传送。通常，在发送端由 MUX 将各路数据分时送到总线，接收端再由 DEMUX 将总线上的数据适时分配到相应的输出端，从而传送到目的部件。

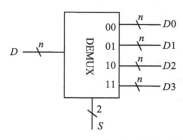

a）四路分配器符号

$S0$	$S1$	$D0$	$D1$	$D2$	$D3$
0	0	D	0	0	0
0	1	0	D	0	0
1	0	0	0	D	0
1	1	0	0	0	D

b）四路分配器真值表

图 3.24　四路分配器的实现

3.2.3　半加器和全加器

不考虑低位进位，仅考虑两个加数的一位加法器称为**半加器**（Half Adder，HA）。假设半加器的两个加数为 A 和 B，相加的和为 F，向高位的进位为 Cout，则半加器的符号、真值表和逻辑电路如图 3.25 所示。根据真值表，可得到半加器的逻辑表达式如下：

$$F = A \oplus B$$
$$\text{Cout} = A \cdot B$$

因此，半加器可用一个异或门和一个与门实现。

同时考虑两个加数和低位进位的一位加法器称为**全加器**（Full Adder，FA）。假设全加器的两个加数为 A 和 B，低位进位为 Cin，相加的和为 F，向高位的进位为 Cout，则全加器的真值表如图 3.26 所示。根据真值表得到的全加器的逻辑表达式如下：

$$F = \overline{A} \cdot \overline{B} \cdot \text{Cin} + \overline{A} \cdot B \cdot \overline{\text{Cin}} + A \cdot \overline{B} \cdot \overline{\text{Cin}} + A \cdot B \cdot \text{Cin}$$

$$\text{Cout} = \overline{A} \cdot B \cdot \text{Cin} + A \cdot \overline{B} \cdot \text{Cin} + A \cdot B \cdot \overline{\text{Cin}} + A \cdot B \cdot \text{Cin}$$

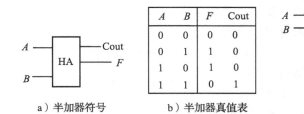

a）半加器符号

A	B	F	Cout
0	0	0	0
0	1	1	0
1	0	1	0
1	1	0	1

b）半加器真值表

c）半加器逻辑电路

图 3.25　半加器逻辑门电路的实现

A	B	Cin	F	Cout
0	0	0	0	0
0	0	1	1	0
0	1	0	1	0
0	1	1	0	1
1	0	0	1	0
1	0	1	0	1
1	1	0	0	1
1	1	1	1	1

图 3.26　全加器真值表

使用布尔代数定律对上述逻辑表达式化简后得到全加和 F、全加进位 Cout 的逻辑表达式分别为：

$$F = A \oplus B \oplus \text{Cin}$$

$$Cout = A \cdot B + A \cdot Cin + B \cdot Cin$$

根据全加器逻辑表达式，得到全加器逻辑电路如图 3.27 所示，其中图 3.27a 是符号表示，图 3.27b 给出了全加器的门电路实现。

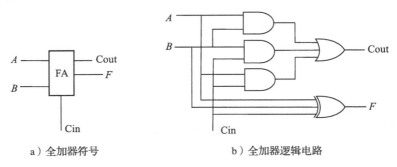

a）全加器符号   b）全加器逻辑电路

图 3.27　全加器逻辑门电路的实现

3.3　组合逻辑电路时序分析

信号通过连线以及电路元件时，会有一定的延迟。延迟时间与连线的长短和元件的数量有关，同时还受电路制造工艺、工作电压、温度等条件的影响。另外信号的高低电平转换也需要一定的过渡时间。由于存在这些因素，所以，任何组合逻辑电路从输入信号的改变，到随之引起的输出信号的改变中间都有一定的时间延迟。

3.3.1　传输延迟和最小延迟

电路延迟可以用时序图来直观描述。时序图反映了电路的输入信号改变时输出信号的瞬时响应过程。假设用 t_{pHL} 表示输入信号的变化引起输出信号从高态变化到低态（下降沿）的时间，称为**下降沿电路延迟**；用 t_{pLH} 表示输入信号变化引起输出信号从低态变化到高态（上升沿）的时间，称为**上升沿电路延迟**。在 CMOS 反相器的输入到输出信号通路上的下降沿电路延迟和上升沿电路延迟情况如图 3.28 所示。其中，图 3.28a 反映的是不考虑上升时间和下降时间的理想情况下的电路延迟。

逻辑门电路的上升沿门延迟 t_{pLH} 与下降沿门延迟 t_{pHL} 的值可能不同，而且由于器件工艺等因素的影响，逻辑门电路具有**最大延迟**和**最小延迟**时序特征。为避免在信号上升过程和下降过程中时间不一致带来的影响，通常取信号转换的中点来测量电路的延迟时间，如图 3.28b 所示。

图 3.29 给出了缓冲器电路的时序图，图中仅给

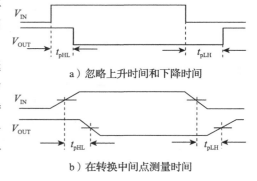

a）忽略上升时间和下降时间

b）在转换中间点测量时间

图 3.28　反相器的传输延迟

出了上升沿电路延迟，时间为 $t0$ 和 $t1$ 时刻之间的间隔，$t0$ 和 $t1$ 分别是输入 A 和输出 F 两个信号的上升沿中低电平和高电平之间的中间点。

组合逻辑电路的时序特征主要包括**传输延迟**（propagation delay）和**最小延迟**（contamination delay）。传输延迟 T_{pd} 是指从输入端的变化开始到所有输出端得到最终稳定的信号所需的最长时间。最小延迟 T_{cd} 是指从输入端的变化开始到任何一个输出开始发生改变所需的最短时间。电路延迟可以通过计算信号从输入到输出所经过的路径上每个元件的延迟之和得到。图 3.30 给出了一个组合逻辑电路 C 的传输延迟 T_{pd} 和最小延迟 T_{cd}。

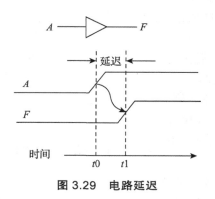

图 3.29　电路延迟

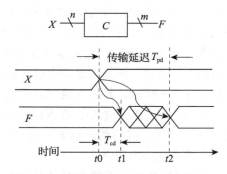

图 3.30　传输延迟 T_{pd} 和最小延迟 T_{cd}

一个组合电路在输入和输出之间经过的最长路径称为**关键路径**，因此，组合电路的传输延迟就是关键路径上所有元件的传输延迟之和，而最小延迟就是**最短路径**上所有元件的最小延迟之和。

例 3.6　已知所有逻辑门电路的传输延迟和最小延迟分别为 90ps 和 60ps，计算图 3.31 所示组合逻辑电路的传输延迟和最小延迟。

解　电路中的关键路径为图 3.32 中加粗的路径，它从 A、B、C 开始，经过一级与门延迟到达 $N1$、$N2$，再经过一级或门延迟到达 $N4$，最后经过一级异或门延迟到达最终的输出 F，共经过了 3 级门延迟，因此传输延迟为 $3 \times 90ps = 270ps$。

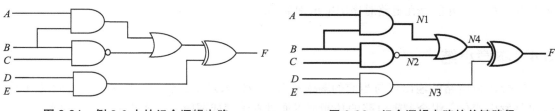

图 3.31　例 3.6 中的组合逻辑电路　　　　图 3.32　组合逻辑电路的关键路径

电路中的最短路径为：从 D、E 开始，经过一级与非门延迟到达 $N3$，再经过一级异或门延迟到达 F，共经过了两级门延迟，因此最小延迟为 $2 \times 60ps = 120ps$。

3.3.2　竞争冒险

组合逻辑电路中，如果存在某个输入信号经过两条或两条以上的路径作用到输出端 F，由于每条路径延迟不同，因而这个输入信号对输出信号就会发生先后不同的影响，这种现象称为**竞争**（race）。由于竞争的存在，当多路输入信号的电平值发生变化时，在信号变化的瞬间，电路的输出信号可能会出现一些不正确的尖峰信号，这些尖峰信号称为**毛刺**（glitch）。如果一个组合逻辑电路中有毛刺出现，则说明该电路存在**冒险**（hazard）。上述这种情况有时也称为**竞争冒险**。

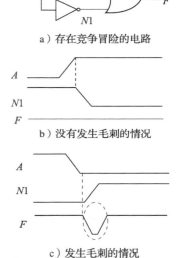

a）存在竞争冒险的电路

b）没有发生毛刺的情况

c）发生毛刺的情况

图 3.33　竞争冒险与毛刺

图 3.33 给出了一个竞争冒险的例子。从图 3.33a 可看出，从输入端 A 到或门的两个输入端 A 和 N1 存在两条不同的路径，一条路径中没有经过任何元件，一条路径中经过了一个非门，因而两条路径延迟不同。输入端 A 信号的变化将先、后作用于或门的两个输入端，因而这是一个存在竞争冒险的电路。

如图 3.33b 所示，若输入端 A 从低电平变为高电平，则 N1 将随之由高电平变为低电平，在 N1 变为低电平之前，A 已经变成高电平，这样，或门的输出 F 一直是高电平，并没有产生毛刺，完全符合电路的逻辑。

如图 3.33c 所示，若输入端 A 从高电平变为低电平，则 N1 将随之由低电平变为高电平，在 N1 变为高电平之前，A 已经变成低电平，这样，在输入信号 A 变化的瞬间，或门的输出 F 会出现一个短暂的低电平信号，然后再变为高电平，从而产生毛刺。图中虚线处就是出现的一个毛刺。

可以通过低通滤波的方式来消除毛刺，也可以修改逻辑设计，通过在电路中增加冗余项的方式，以避免一些电路出现毛刺。但是，多个不同的输入如果同时发生变化也可能使电路出现毛刺，因而大多数电路中都存在毛刺。毛刺的存在通常不会导致什么问题，因为输出信号最终将稳定在正确的电平上，所以，只要在获取电路输出值之前至少等待传输延迟的时间即可。但是，电路设计者需要了解毛刺的存在，并能够在电路时序图中识别毛刺。

3.4　本章小结

组合逻辑电路的输出仅与当前的输入有关，当输入发生变化后，经过一段时间的延迟，输出将发生变化。组合逻辑电路的功能可以通过真值表或逻辑表达式给出，每个真值表对应的逻辑表达式可以有多个，可通过化简得到一个简化的逻辑表达式，根据逻辑表达式可以画出对应的逻辑电路图。通常两级组合电路的延迟比较短，但是，两级电路所用的逻辑门个数较多，选择采用两级还是多级组合逻辑电路是速度和成本之间的权衡问题。

计算机中有一类部件是组合逻辑电路，如译码器、编码器、多路选择器、多路分配器、加法器和算术逻辑部件等。这些操作元件的使用将在后续章节中介绍。

组合逻辑电路的时序特征包含电路的传输延迟和最小延迟。在分析电路的传输延迟和最小延迟时，需要确定电路中的关键路径和最短路径。组合逻辑电路中会出现信号竞争的现象，信号竞争有可能导致电路输出端出现毛刺，从而影响后续信号值的判定。在电路设计中，应尽量避免出现冒险问题。

习题

1. 给出以下概念的解释说明。

数字逻辑电路	组合逻辑电路	逻辑电路图	按位与
按位或	按位取反	按位异或	门延迟
两级组合逻辑电路	多级组合逻辑电路	非法值	高阻态
三态门 / 三态缓冲器	译码器	编码器	多路选择器
二路选择器	多路分配器	半加器	全加器
上升沿	下降沿	门延迟	传输延迟
最小延迟	关键路径	竞争	毛刺
冒险	竞争冒险		

2. 简单回答下列问题。

（1）组合逻辑电路的构成规则是什么？

（2）布尔（逻辑）表达式和组合逻辑电路的关系是什么？

3. 写出图 3.34 所示电路对应的逻辑表达式。

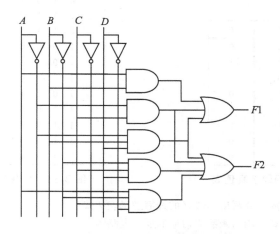

图 3.34　习题 3 所用组合逻辑电路

4. 假定输出 F 的逻辑表达式为 $\overline{A \cdot B \cdot C \oplus D + \overline{A} + D}$，画出对应的逻辑电路图，并将该逻辑表达式转换成与 – 或表达式，画出对应的两级组合逻辑电路图。

5. 假设一个组合逻辑电路有 4 个输入端 I_0，I_1，I_2，I_3，两个输出端 O_0，O_1。4 个输入端构成一个二进制编码 $I_0I_1I_2I_3$，可表示 0～15 中的一个数。若该数为偶数则 O_0 输出为 1；若该数为 3 的倍数，则 O_1 输出为 1。请设计该组合逻辑电路。

6. 假定一个优先权编码器的输入端为 I_0，I_1，…，I_7，输出端为 O_0，O_1，O_2 和 Z，8 个输入端构成一个 8 位二进制数 $I_0I_1I_2I_3I_4I_5I_6I_7$，3 个输出端 O_0，O_1，O_2 构成一个 3 位二进制数 $O_0O_1O_2$。若输入二进制数 $I_0I_1I_2I_3I_4I_5I_6I_7$ 为 0，则输出二进制数 $O_0O_1O_2$ 为 0，Z 为 1；否则，若输入二进制数 $I_0I_1I_2I_3I_4I_5I_6I_7$ 中最左边的 1 所在位为 I_i，则输出二进制数 $O_0O_1O_2$ 的值为 i，Z 为 0。请用与非门设计该优先权编码器电路，并说明优先级顺序是什么。

7. 已知一个组合逻辑电路的功能可用图 3.35 所示的真值表来描述，分别用下列器件实现该电路。
   （1）一个 8 路选择器。
   （2）一个 4 路选择器和一个非门。
   （3）一个 2 路选择器和两个逻辑门。

8. 对于 3.2.1 节图 3.15 给出的 7 段数码显示译码器的功能描述，分别按照如下要求进一步完成 O_a～O_g 这 7 个输出端对应电路的设计，包括根据真值表进行化简，写出逻辑表达式并画出逻辑电路图。
   （1）当输入大于 9 时，输出 O_a～O_g 皆为 0。
   （2）当输入大于 9 时，输出 O_a～O_g 皆为无关项。

9. 已知一个组合逻辑电路的功能可用图 3.36 所示的真值表来描述。要求完成以下任务。

A	B	C	D	F
0	0	0	0	x
0	0	0	1	x
0	0	1	0	x
0	0	1	1	0
0	1	0	0	0
0	1	0	1	x
0	1	1	0	0
0	1	1	1	x
1	0	0	0	1
1	0	0	1	0
1	0	1	0	x
1	0	1	1	1
1	1	0	0	1
1	1	0	1	1
1	1	1	0	x
1	1	1	1	1

A	B	C	F
0	0	0	0
0	0	1	1
0	1	0	1
0	1	1	0
1	0	0	1
1	0	1	0
1	1	0	0
1	1	1	0

图 3.35　习题 7 真值表　　　　　图 3.36　习题 9 真值表

   （1）利用无关项进行化简，并写出函数 F 的最简逻辑表达式。
   （2）根据最简逻辑表达式，画出函数 F 对应的逻辑电路图。
   （3）对于（2）中的逻辑电路，请判断是否存在竞争冒险。若存在竞争冒险，则解释在什么情况下会出现毛刺，并画出发生毛刺时的时序图；若不存在竞争冒险，则分析说明其不存在竞争冒险的理由。

10. 根据图 3.37 中给出的逻辑门的传输延迟 T_{pd} 和最小延迟 T_{cd}，计算图 3.38 所示的组合逻辑电路的传输延迟和最小延迟。

逻辑门	T_{pd} (ps)	T_{cd} (ps)
非门 NOT	15	10
2 输入或门 OR	40	30
3 输入或门 OR	55	45
2 输入与门 AND	30	25
3 输入与门 AND	40	30
2 输入或非门 NOR	30	25
3 输入或非门 NOR	45	35
2 输入与非门 NAND	20	15
3 输入与非门 NAND	30	25
2 输入异或门 XOR	60	40

图 3.37　门电路延迟

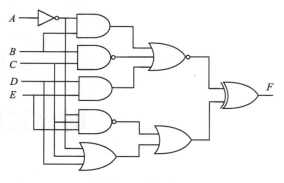

图 3.38　习题 10 中的组合逻辑电路图

11. 根据图 3.37 中给出的逻辑门的传输延迟 T_{pd} 和最小延迟 T_{cd}，计算 2.4.3 节中图 2.30a、2.30b 和 2.30c 中所示组合逻辑电路的传输延迟和最小延迟，并比较哪个电路的传输延迟最长，哪个电路的传输延迟最短。

第 **4** 章

时序逻辑电路

日常生活中很多应用场景的信息处理结果，不仅依赖当前的输入信息，同时还要考虑先前的输入信息或是内部的状态。例如，电视机遥控器的音量控制键，只有"＋"和"－"两个按钮，每次按动其中一个，电视机的音量就会在原有音量的基础上增加或减少一档；在计算机的指令执行过程中，因为涉及多个功能部件之间的协调配合，指令的执行通常需要分步骤执行信息的传送、处理和保存任务，其执行过程的控制也要基于当前的状态决定下一步的处理逻辑。上述这些任务，都需要一种新的逻辑电路形态来实现，这就是本章将要讨论的时序逻辑电路。

本章将介绍各种时序逻辑处理模块的基本原理和实现方法。主要内容包括时序逻辑与有限状态机、时序逻辑电路的基本结构、锁存器和触发器、同步时序逻辑设计和典型时序逻辑部件设计等。

4.1　时序逻辑电路概述

所谓**时序逻辑电路**，其结果输出不仅取决于当前的外部输入，而且取决于系统所处的内部状态。由于系统当前的内部状态，都是由系统的初态经过前序若干输入信息的处理加工后到达的状态，所以，也可以认为时序逻辑电路的结果输出不仅取决于当前的外部输入，而且和所有前序输入相关，是由两者共同决定的。如果通过记忆所有的历史输入信息来决定当前输入的处理结果，系统的实现会过于复杂。通常，根据具体应用的处理要求，记录必要的内部状态，依据这些状态和当前输入，产生符合应用要求的输出结果，并促使系统进入新的内部状态，以便处理后续输入。具体应用中，外部输入信号总是有限的，应用逻辑处理需要的内部状态个数也是有限的，因而采用有限状态机的方式来刻画时序逻辑电路的内部状态，以及状态之间的演化关系，并基于有限状态机进行时序逻辑电路的分析和设计。

4.1.1　时序逻辑与有限状态机

有限状态机（Finite State Machine，FSM）是一种刻画状态以及状态转换的理论工具。时序逻辑系统的信息处理特性可以用有限状态机进行刻画。一个时序逻辑系统的典型工作流程是：在没有任何输入的情况下，系统处于初始状态；随着外部信息的到来，系统的状态根据应用逻辑的实际需要，进入相应的下一个状态；下一个状态可能还是当前状态，也可能是一个新的状态；在状态转换过程中，系统可能会向外部发出信号，作为对当前输入的响应。

例如，设计一个系统，能够检测输入序列中是否出现了连续 4 个 1（即"1111"）的情况，就是一个典型的时序逻辑设计问题。这个系统必须记忆前序的输入情况，才能判定本次输入后是否能够检测到连续的 4 个 1。在这个系统中，除了初始状态（A 状态）外，收到一个 1（B 状态）、两个连续的 1（C 状态）、三个连续的 1（D 状态）都是需要记忆的状态。系统有了上述状态的记忆能力后，对于任何当前输入，都能在已有的状态下实现状态转换，并做出正确的响应。

通常用**状态图**描述有限状态机。状态图中用包含状态符号的圆圈代表状态，在状态之间用有向边代表在特定输入信息的激励下状态的转换方向。在这条边上，需要标明输入的条件和系统的输出响应，格式一般为"输入信号 / 输出响应"，这里的输出响应是指系统检测结果。如果输出响应与输入信号之间没有直接的逻辑关系，而只与当前所处的状态有关系，则

可以把输出响应标注在状态圆圈中状态名的旁边。图 4.1 是能够完成"1111"序列检测任务的有限状态机的状态图示例。

如图 4.1 所示，系统从初始状态 A 开始，若输入 1，则转入状态 B，否则继续处于状态 A；在状态 B 时，若输入 1，则转入状态 C，否则回到状态 A；在状态 C 时，若输入 1，则转入状态 D，否则回到状态 A。在状态 D 时，若输入 0，则回到状态 A；若输入 1，则系统检测到输入序列为"1111"，因而输出响应为 1，此时，因为输入序列中最后输入的是 3 个连续的 1，所以系统应继续处于状态 D。

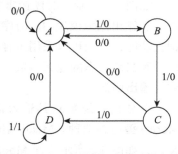

图 4.1 "1111"序列检测状态机的状态图

状态图刻画了时序逻辑的功能特性。可以通过分析一个时序逻辑系统的状态图来了解其具体的功能。对于具体的应用场景，如果能够正确地设计出满足应用处理要求的状态图，就可方便地进行数字电路的实现。用数字逻辑电路来实现一个状态机，必须完成以下几个方面的工作。

首先，要把状态机的输入、输出以及内部状态转换成二进制表示。二进制表示是数字逻辑电路处理的基础，这其中状态的编码是关键。不同的状态编码方案，最后形成的电路实现会不同，进而造成最终数字系统的总体性能会有高下之分。

其次，要解决状态记忆问题。时序逻辑电路的一个重要特性是能够记忆电路的状态。记忆状态的一种解决办法是设计专门的记忆器件，电子工程师设计出了多种双稳态器件来记忆状态信息，如 SR 锁存器、D 触发器和 JK 触发器等；另一种方法是采用反馈电路记忆状态，使用电路的稳态来表征状态机中的状态。后一种方案虽然整体设计比较精简，但稳定状态之间的转换和控制比较复杂，相关内容超出本书范围，感兴趣的读者可以参阅相关参考文献。

最后，就是如何设计出符合状态转换逻辑要求的状态记忆器件的激励函数和输出函数，

并完成定时分析。

4.1.2　时序逻辑电路的基本结构

图 4.2 给出了时序逻辑电路的一般结构。

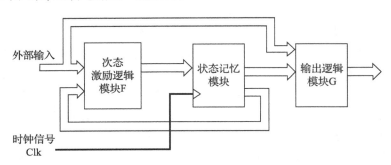

图 4.2　时序逻辑电路的一般结构

如图 4.2 所示，时序逻辑电路主要由以下三部分构成：状态记忆模块、次态激励逻辑模块 F 和输出逻辑模块 G。时序逻辑电路的状态由状态记忆模块实现，因而，F 和 G 模块无须记忆功能，它们可以采用组合逻辑方式实现。通常，次态激励逻辑和输出逻辑都是关于输入信号和当前状态的逻辑函数，次态激励逻辑对应的函数称为**激励函数**，输出逻辑对应的函数称为**输出函数**。

根据输出逻辑对其输入信号依赖情况的不同，时序逻辑电路可分为 **Mealy 型电路**和 **Moore 型电路**两种。Mealy 型时序逻辑电路的输出逻辑不仅依赖当前状态，同时还依赖当前输入，如图 4.2 所示。而 Moore 型时序逻辑电路的输出逻辑仅依赖当前状态，和当前输入无关，如图 4.3 所示。

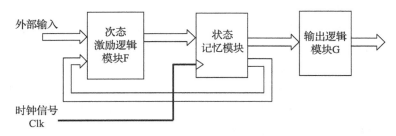

图 4.3　Moore 型时序逻辑电路一般结构图

根据状态转换方式的不同，时序逻辑电路又分为同步时序逻辑电路和异步时序逻辑电路。对于图 4.2 和图 4.3 中的状态记忆模块，通常由多个状态记忆单元构成。在**同步时序逻辑电路**中，状态记忆单元在统一的时钟信号控制下进行状态转换；而在**异步时序逻辑电路**中，状态记忆单元没有统一的时钟信号来控制其状态的改变。很显然，同步时序逻辑电路的状态转换控制更简单。

4.1.3 时序逻辑电路的定时

通常，时序逻辑电路的工作节律通过外部输入的时钟信号进行控制。**时钟信号**用于触发时序逻辑电路中状态的转换，它是由石英晶体谐振器与其他元件配合产生的具有固定周期的标准脉冲信号。如图 4.4 所示，每个**时钟周期**由高电平和低电平两部分组成，时钟周期的倒数称为**时钟频率**。时钟从低电平向高电平过渡称为上升沿，从高电平向低电平过渡称为下降沿。

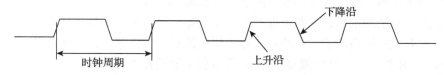

图 4.4 用于时序逻辑电路定时的时钟信号

时序逻辑电路的状态转换多采用时钟边沿触发方式。边沿触发方式分为**上升沿触发**和**下降沿触发**两种类型。在边沿触发方式中，只有上升沿或下降沿是有效触发信号，即只有时钟触发边沿到达后才开始改变状态记忆单元的状态。记忆单元状态的改变，会触发输出信号的改变，同时也会反馈到激励逻辑模块中，和当前的输入信号一起生成新的激励信号，并等待下一个时钟触发边沿的到来。在输出逻辑模块和激励逻辑模块中的信号传输延迟，可按照组合逻辑电路方式进行定时分析。

4.2 锁存器和触发器

时序逻辑电路和组合逻辑电路之间最大的区别就在于前者具有内部状态的记忆元件。这种记忆功能可用专门的硬件实现，如基于双稳态元件的各种锁存器和触发器等，也可以用电路的稳态来实现，如反馈时序逻辑电路等。下面主要阐述双稳态元件的实现方式。

根据状态改变方式的不同，双稳态电路分为**锁存器**（latch）和**触发器**（flip-flop）两种。锁存器采用电平控制方式，在其控制信号的有效电平期间，外部输入信号的变化一直能触发其状态发生改变；而触发器状态的改变则采用时钟边沿触发控制方式，即状态的改变只会发生在时钟信号的上升沿或下降沿到达以后。

4.2.1 双稳态元件

图 4.5 所示是一个非常简单的时序逻辑电路。它由两个非门串联后输出再反馈到输入端，构成对称的**双稳态元件**。

在图 4.5 所示的电路中，没有外部输入，但有两个输出信号 Q 和 $\bar{Q}$。从数字逻辑电路的角度观察这个电路，可以看出这两个输出不可能同时为低电平或同时为高电平，两者一定相反。即这对信号只可以有以下两种组合情况：Q 为高

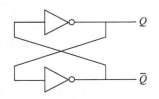

图 4.5 简单的双稳态元件示意图

电平，$\overline{Q}$ 为低电平；Q 为低电平，$\overline{Q}$ 为高电平。根据非门的传输特性可知，在这两种信号组合的条件下，该电路中信号的逻辑电平都是稳定且相互支撑的。因此，称这个电路是具有两种不同的稳定状态输出的电路，即双稳态电路。两个稳态可分别用来表示二进制位信息 0 和 1，因此，双稳态元件可作为基本的存储单元，在时序逻辑电路中实现状态记忆功能。

通常称 Q 是高电平时的双稳态状态为**置位**状态，也称高电平稳态或"1"状态；$\overline{Q}$ 是高电平时的双稳态状态为**复位**状态，也称低电平稳态或"0"状态。图 4.5 所示的电路自身没有状态转换能力，系统加电后，电路可能处于置位状态，也可能处于复位状态，并且一直保持下去。这种没有状态转换功能的电路在实际应用中没有任何意义，但基于这种双稳态元件构建思路实现的 SR 锁存器、D 触发器、JK 触发器和 T 触发器等一系列时序逻辑基本器件，通过扩展触发电路状态改变的工作机制，使其在双稳态输出基础上具有状态转换的控制功能，因而被广泛应用于各种时序逻辑电路中。

从模拟电路的角度看，图 4.5 所示的双稳态元件除了高电平和低电平两个稳态外，理论上还存在一个亚稳态。产生**亚稳态**的原因是，非门在对输入电平进行极性转换时，存在输入和输出电位相等的情况，这个电位处于逻辑高电位区间和低电位区间的中间。如果双稳态元件的输入和输出都刚好处于这个电位，则电路也处于一种稳态。只不过这种稳态极不稳定，电位稍有波动就会变成高电平稳态或者低电平稳态。在进行数字逻辑电路分析时常常会忽略亚稳态的存在，但在实际应用中，双稳态电路可能会进入亚稳态或发生在亚稳态附近振荡的现象，应该尽量避免出现这种现象。

4.2.2　SR 锁存器

图 4.6a 给出了用一对交叉耦合的或非门构成的存储元件，称为 **SR 锁存器**，也称为置位 – 复位锁存器。输出值 Q 是锁存器的状态值。其中，S 是置位（set）输入端，R 是复位（reset）输入端。当 S 端为 1 时，输出端 Q 变为 1，而输出端 $\overline{Q}$ 则输出为 0，从而保持稳定的输出；当 R 端为 1 时，则状态被复位，输出端 Q 变为 0，而 $\overline{Q}$ 输出为 1，进入另一个稳定状态；当 R 和 S 同时变为 0 时，锁存器的状态保持不变；当 R 和 S 同时为 1 时，将产生不合理的结果状态。正常工作时，S 端和 R 端不允许同时为 1。SR 锁存器的真值表和电路符号分别如图 4.6b 和图 4.6c 所示。

| a）原理图 | b）真值表 | c）电路符号 |

图 4.6　SR 锁存器原理图、真值表及其电路符号

从如图 4.6 所示的 SR 锁存器电路结构可以看出，当 S 端和 R 端都为 0 时，电路能稳定保持原先的状态。假定处于置位状态，如果此时 R 端信号升为高电平，经过一级门延迟后，

Q 输出先变为低电平，再经过一级门延迟后，$\bar{Q}$ 才会变为 1，此时锁存器变为复位状态。这期间有一个非常短的时间区间，Q 和 $\bar{Q}$ 同时为低电平。由此可见，从输入驱动信号有效开始，到输出达到稳定为止有一定的延迟，这个延迟称为**触发延迟**或**锁存延迟**。

4.2.3　D 锁存器

D 锁存器和 SR 锁存器的状态驱动方式不同，它只有一个状态驱动信号 D。图 4.7 给出了一个带控制端的 D 锁存器的原理图、真值表和电路符号。

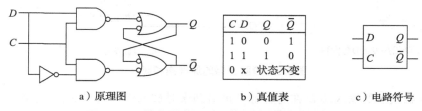

a）原理图　　　　b）真值表　　　　c）电路符号

图 4.7　D 锁存器原理图、真值表及其电路符号

如图 4.7a 所示，D 锁存器有两个输入端，其中，C 端是控制电路锁存信息的使能信号，用于控制何时读取并锁存输入端 D 的信号。当 C 为 1（信号有效）时，锁存器处于"开状态"，输出端 Q 的值等于输入值 D；当 C 无效时，锁存器处于"关状态"，此时，无论输入端 D 如何变化，输出端 Q 都不发生改变。D 锁存器的时序关系如图 4.8 所示。

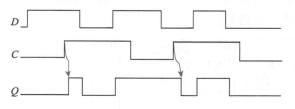

图 4.8　D 锁存器的时序图

由图 4.8 中的波形图可见，在使能端 C 有效期间，D 信号可以直接改变锁存器的状态，而当 C 无效时，D 信号无法改变其状态，从而提高了状态的稳定性。但是，D 锁存器在使能端 C 有效期间，还是存在由于 D 输入端信号的改变而直接改变锁存器状态的情况，这存在一定的输出波动风险。

4.2.4　D 触发器

D 触发器通过采用时钟边沿触发机制，可大大提高状态的稳定性。D 触发器可以用两个 D 锁存器构建，图 4.9a 所示的是下降沿触发的 D 触发器的内部结构，图 4.9b 给出了这种 D 触发器的时序关系。

图 4.9 所示的 D 触发器是一种主从结构实现方式。当时钟信号 Clk 为高电平时，左边的

D 锁存器（称为主锁存器）处于开状态，输入端 D 的信号被锁存在其 Q 端；当 Clk 从高电平变为低电平（下降沿）时，右边的 D 锁存器（称为从锁存器）处于开状态，将主锁存器 Q 端原来锁存的值锁存到从锁存器的 Q 端。由此可见，在时钟信号 Clk 的下降沿到来后，经过一段时间延迟，D 触发器的输出端 Q 开始变为输入端 D 的值。

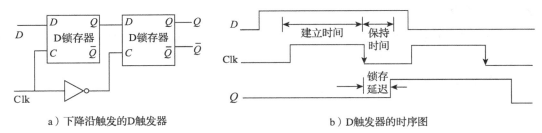

a）下降沿触发的D触发器　　　　　　　b）D触发器的时序图

图 4.9　D 触发器的原理图和时序图

因为 D 触发器的输入端 D 在时钟触发边沿到来时被采样，为保证触发器状态稳定改变，必须保证输入端 D 在触发边沿前后的一定时间内保持不变。其中在时钟触发边沿到来之前输入端 D 必须稳定的最短时间称为**建立时间**（setup time），在时钟触发边沿到来之后输入端 D 必须继续保持不变的最短时间称为**保持时间**（hold time）。从时钟触发边沿到来到输出端 Q 改变为 D 的当前输入值的时间称为**锁存延迟**（latch prop），也称为 **Clk-to-Q 时间**。

图 4.10 给出了上升沿触发的 D 触发器的原理图、真值表和电路符号。它与图 4.9 所示的下降沿触发的 D 触发器没有本质差别，所不同的只是当 Clk 从低电平变为高电平（上升沿）时，输出 Q 开始变成输入 D 的值。

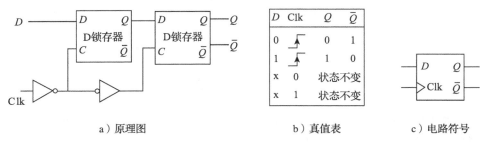

a）原理图　　　　　　　b）真值表　　　　　　　c）电路符号

图 4.10　上升沿触发的 D 触发器原理图、真值表及其电路符号

D 触发器的实现方式还有很多种。例如，维持阻塞 D 触发器就是一种非主从结构触发器；带使能端的 D 触发器和带复位功能的 D 触发器等都是在 D 触发器的基础上，增加额外控制信号，以满足特定应用需求的触发器。

1. 带使能端的 D 触发器

对于 D 触发器，输出端 Q 总是在时钟信号到达的触发边沿开始变成输入端 D 的值。如果在触发器中增加一个使能输入端 En，则可以通过 En 信号来控制是否在时钟信号的触发边沿进行数据的存储。图 4.11 所示是带使能端的触发器原理图及其电路符号。

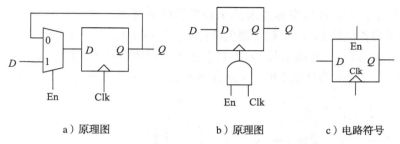

a）原理图　　　　　　　b）原理图　　　　c）电路符号

图 4.11　带使能端的触发器原理图及其电路符号

对于图 4.11a 中的触发器，在 D 触发器的 D 输入端增加了一个由使能信号 En 控制的二路选择器。当 En 为 1 时，该触发器与 D 触发器功能完全相同；当 En 为 0 时，则保持原来的状态不变。

对于图 4.11b 中的触发器，在 D 触发器的时钟输入端增加了一个与门，时钟信号被与门控制。当 En 为 1 时，该触发器与 D 触发器功能完全相同；当 En 为 0 时，触发器保持原来的状态不变。

2. 带复位功能的 D 触发器

带复位功能的触发器可以在电路工作的最开始进行复位（reset）处理，带复位功能的触发器电路中有一个复位信号 Rst，通常有同步复位和异步复位两种处理方式。同步复位触发器只能在时钟信号 Clk 的触发边沿进行复位，而异步复位触发器只要复位信号 Rst 有效就可以复位，与时钟信号 Clk 无关。

图 4.12a 给出了一个带同步复位功能的触发器原理图，其复位信号 $\overline{Rst}$ 是一个低电平有效信号。当 $\overline{Rst}$ 信号为低电平时，与门的输出为 0，因而输出端 Q 为 0，电路复位；当 $\overline{Rst}$ 信号为高电平时，输出端 Q 与输入端 D 的值相同，因而此时与普通 D 触发器功能一样。图 4.12b 给出的是低电平有效时对应的电路符号。如果要实现带高电平有效复位信号的触发器，则只需在复位信号处加一个反相器即可，这种情况下，复位信号 $\overline{Rst}$ 为高电平时触发器进行复位，对应的电路符号如图 4.12c 所示。

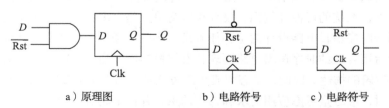

a）原理图　　　　　b）电路符号　　　　c）电路符号

图 4.12　带同步复位功能的触发器原理图及其电路符号

4.2.5　T 触发器

T 触发器采用另一种状态变换方式，它在每一个时钟脉冲的触发边沿到来后都会改变状态。图 4.13 给出了基于 D 触发器实现的 T 触发器的原理图、电路符号及其波形图，其中，图 4.13c 给出了带使能端 En 的 T 触发器电路符号。从图 4.13e 所示的带使能端的 T 触发器的波形图可以看出：只有在使能信号 En 为高电平时，时钟信号 T 的触发边沿到来后，T 触发器才会改变状态；在 En 为低电平时，T 触发器不会在时钟 T 的触发边沿到来后改变状态。

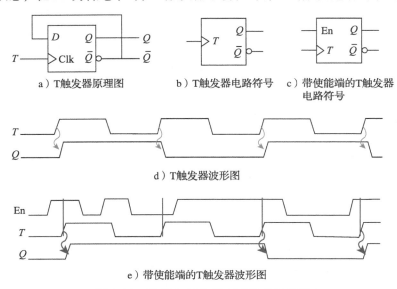

a）T 触发器原理图　　b）T 触发器电路符号　　c）带使能端的 T 触发器
电路符号

d）T 触发器波形图

e）带使能端的 T 触发器波形图

图 4.13　基于 D 触发器实现的 T 触发器

T 触发器常用于实现分频器或计数器的功能。从图 4.13d 所示的 T 触发器波形图可以观察到，输出端 Q 的信号变化周期是输入信号 T 的两倍，因而使用 T 触发器可以实现分频器的功能。如何使用 T 触发器实现计数器功能请参见 4.4.1 节相关内容。

4.3　同步时序逻辑设计

同步时序逻辑电路中，所有状态记忆元件的状态转换，都是由统一的时钟进行控制的。这种工作方式下，系统的可控性较强，设计相对简单，是大多数时序逻辑系统设计时采用的控制方式。同步时序逻辑电路设计的主要任务是，将应用场景的功能需求转换成相应的状态转换逻辑，然后用合适的时序逻辑电路实现状态转换功能。通常用状态图或者状态表的形式进行状态转换逻辑的描述。因此，状态图或状态表有时也称为**状态转换图**或**状态转换表**。

系统设计时，应尽量考虑应用需求和工程约束，并使电路有一定的容错能力，特别是应尽量避免系统进入无用状态循环（即电路挂起）或发生异常输出情况。

4.3.1　同步时序逻辑设计步骤

同步时序逻辑电路设计的主要步骤包括需求分析、状态图 / 状态表设计、状态化简、状态编码、电路设计和分析等。

1. 需求分析

需求分析阶段的主要目的是全面了解应用场景中信息处理的具体要求。这些要求包括输入 / 输出信息的形态和特性、相关处理的具体要求和约束限制条件等。在实际的应用系统中，还需要对输入 / 输出信息进行数字化编码，使其符合数字逻辑电路处理的要求。应用场景中信息处理的具体要求千变万化，设计人员必须对其进行充分的分析和梳理，以便为后续的电路设计奠定坚实的基础。

2. 状态图 / 状态表设计

状态图 / 状态表的设计是时序逻辑电路设计过程中的重要环节。只有把应用系统的信息加工处理逻辑准确、完备地用状态图 / 状态表描述出来，才能进行后续的时序逻辑电路设计。状态图和状态表表达的内容是等价的，只是表达形式不同。

3. 状态化简

根据应用需求设计出来的状态图 / 状态表通常都不是最简的表达形式，因此需要在原始状态图 / 状态表的基础上进行等价状态合并，以得到更为精简的状态图和状态集合。状态数量的减少通常意味着状态记忆单元的数量少，同时也会减少激励函数的总数。精简状态的代价是每个激励函数的复杂度可能会升高。实践中，通常要在两者之间寻求平衡，以获得最佳的总体收益。

4. 状态编码

确定状态图和状态集合后，需要对状态图 / 状态表中的每个状态赋予一个二进制编码。不同的状态编码方案可能会导致对应电路设计有很大的差异，从而形成性能不同但逻辑功能却相同的多种电路设计方案。

5. 电路设计

原始的状态图 / 状态表经过状态化简和状态编码后，就可进行电路的设计。可参照组合逻辑设计方法分别完成激励函数和输出函数的设计，画出最终的时序逻辑电路图。

6. 电路分析

电路分析的主要工作内容是，分析最终的设计方案是否能够正常工作，是否会有异常的状态挂起现象，是否会有异常的输出等。所谓状态挂起是指电路开始工作后，可能会随机进入非工作状态的循环中，无论如何调整外部的输入激励都不能使电路回到正常的工作状态。

4.3.2 状态图 / 状态表设计

状态图 / 状态表设计是指根据应用处理需求分析系统内部的状态转换关系。系统内部各个状态之间的转换由外部输入激发，其状态转换过程必须符合应用处理逻辑的需要。全面准确地了解应用处理逻辑是能够设计出正确的状态机的前提，而状态图和状态表是状态机中各状态之间相互转换关系的两种刻画方式，具体设计时，选择其中之一完成状态机设计即可。

下面通过一个例子来说明具体的设计方法。假定需要设计一个时序逻辑系统的状态机，使其能检测出一连串的外部输入中是否出现了 0/1 序列"101"。

根据应用需求分析可知，该系统的外部输入只有一个变量，设为 X，其输出端也只需要一个变量，设为 Z。输入端 X 在时钟脉冲 CP 的控制下，每来一个脉冲，输入一位信息 0 或者 1。当输入序列中出现"101"序列时，输出端 Z 为 1；否则 Z 为 0。系统的状态用变量 Y 表示。图 4.14 给出了该系统功能的示意性描述。

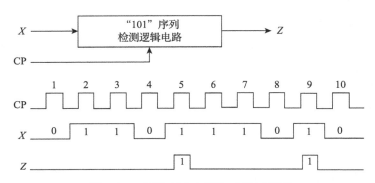

图 4.14 检测 101 序列的功能示意图

任何时序系统都有一个初态，即接收任何外部输入信号之前的状态。从这个状态出发开始进行状态机的设计。这里假设初态为 S0。

当系统处于 S0 时，若接收到外部输入 $X=0$，则系统状态不需要发生任何改变。因为序列"101"以 1 开头，对于序列"101"的检测来说，只有输入信号 $X=1$ 时，后面才有可能检测到该序列。因此，可以认为，在 S0 状态下，接收到 $X=0$ 时，系统还是处在 S0 状态。

当系统处于 S0 时，若接收到外部输入 $X=1$，则系统应进入新的状态，假定为 S1，表明系统已检测到序列"101"中的第一个 1。因为此时还没有检测到一个完整的"101"序列，所以输出 $Z=0$。此时的状态图和状态表分别如图 4.15a 和图 4.15b 所示。

在图 4.15 所示的状态图和状态表中，状态 S1 并没有确定其后的输入激励下状态的变化情况，因此，还需要继续进行后续状态的次态设计。

当系统处于 S1 状态时，若接收到外部输入 $X=0$，则说明当前已经接收的序列为"10"，这对于检测序列"101"来说，比 S1 状态又进了一步，它是和 S0、S1 都不相同的内部状态，设为 S2。因为此时还没有检测到"101"，所以输出 $Z=0$；若接收到外部输入 $X=1$，则说明当前已经接收的序列为"11"。因为"11"与序列"101"的前两位无法匹配，而"11"中的第二个 1 可以匹配"101"中的第一个 1，这与 S1 状态的含义相符。因此，此时系统应该维持在 S1 状态，且输出 $Z=0$。经过这一轮分析，系统状态集合中又多出了一个新状态 S2。

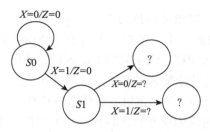

a）状态图中*S0*和*S1*状态之间的转换

现态 Y	次态 Y^*/ 输出 Z	
	$X=0$	$X=1$
$S0$（初态）	$S0$ / $Z=0$	$S1$ / $Z=0$
$S1$（检测到第一位 1）	?/ $Z=?$	?/ $Z=?$

b）状态表中 *S0* 和 *S1* 状态之间的转换

图 4.15　设计过程中的系统状态图和状态表

在此基础上继续分析，直到所有状态的次态设计都已经完成为止。图 4.16 给出了最终的状态图和状态表。

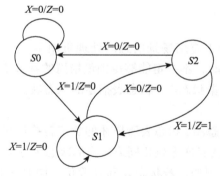

a）状态图

现态 Y	次态 Y^*/ 输出 Z	
	$X=0$	$X=1$
$S0$（初态）	$S0$ / $Z=0$	$S1$ / $Z=0$
$S1$（检测到第一位 1）	$S2$ / $Z=0$	$S1$ / $Z=0$
$S2$（检测到开始两位 10）	$S0$ / $Z=0$	$S1$ / $Z=1$

b）状态表

图 4.16　"101" 序列检测系统状态图 / 状态表

对于图 4.16 中状态 $S2$ 的次态转换情况说明如下：当系统处于 $S2$ 时，若接收到 $X=1$，则系统成功检测到序列"101"，输出 Z 应该为 1。此时，对于下一个"101"序列的检测来说，只有最后一个 1 与"101"的第一个 1 匹配，相当于已经检测到第一个 1，因此它的次态为 $S1$。例如，对于输入序列"10101"，当中间的 1 输入后，系统检测到第一个"101"，此时输出 $Z=1$，并进入状态 $S1$；随后依次输入 0 和 1 后，又进入 $S1$ 状态，并输出 $Z=1$。

从上述例子中可以发现，一个时序逻辑电路状态图具有以下两个特性。

- 互斥性。从每个状态出发的所有状态转换路径上的转换条件都是互斥的。如上例中每个状态都有两条转换路径，其转换条件分别是 $X=0$ 和 $X=1$，显然它们之间是互斥的。
- 完备性。从每个状态出发的所有状态转换路径上的转换条件的逻辑或等于 1（逻辑真）。如上例中每个状态都有两条转换路径，其转换条件分别是 $X=0$ 和 $X=1$，显然 0 与 1 的逻辑或等于 1。

完备性和互斥性是衡量一个状态图的设计是否完成的重要指标，也是验证状态图设计是否存在问题的重要依据。

4.3.3 状态化简和状态编码

状态化简和状态编码是时序逻辑电路设计环节中的两个重要环节。通过状态化简可以得到更为精简的状态图和状态集合，而合理的状态编码方案则可以得到性能更好、成本更低的电路设计方案。

1. 状态化简

通常，电路设计人员对于应用场景信息的处理机制不一定能理解得非常透彻，因而在设计相应的状态图或状态表时，不一定能够得到最精简的状态集合，此时就需要进行状态化简。状态化简的任务就是根据状态图/状态表描述的状态转换逻辑将等价状态合并，以达到减少状态个数的目的。

两个状态等价是指在状态图/状态表所描述的状态转换逻辑前提下，两个状态在所有输入组合情况下，其输出都相同且次态也相同或对应的次态为等价状态。

等价关系具有传递性。例如，若状态 A 和 B 等价，同时 B 和 C 等价，则状态 A 和 C 也等价，因而 A、B 和 C 属于两两等价的等价类，此时，它们可以合并为一个状态。利用传递性可以加快状态化简的进程。

下面举例说明状态化简过程。对于 4.3.2 节中的"101"序列检测状态机设计，假定最初根据所有输入情况的组合得到表 4.1 所示的原始状态表。显然，该状态表不是最精简的，需要进一步化简。

表 4.1 原始状态表

现态 Y	次态 Y^*/ 输出 Z	
	$X=0$	$X=1$
$S0$（初态）	$S1$ / $Z=0$	$S2$ / $Z=0$

（续）

现态 Y	次态 Y^*/ 输出 Z	
	$X=0$	$X=1$
$S1$（接收到 0）	$S3$ / $Z=0$	$S4$ / $Z=0$
$S2$（接收到 1）	$S5$ / $Z=0$	$S6$ / $Z=0$
$S3$（接收到 00）	$S3$ / $Z=0$	$S4$ / $Z=0$
$S4$（接收到 01）	$S5$ / $Z=0$	$S6$ / $Z=0$
$S5$（接收到 10）	$S3$ / $Z=0$	$S4$ / $Z=1$
$S6$（接收到 11）	$S5$ / $Z=0$	$S6$ / $Z=0$

观察表 4.1 可以发现，$S5$ 的输出和其他状态都不一样，因此，可以判定 $S5$ 和其他所有状态都不可能等价。$S1$ 和 $S3$ 两个状态的次态和输出都相同，因此可以判定它们是等价的，可用 $S1$ 替代 $S3$。此外，$S2$、$S4$ 和 $S6$ 三个状态的次态和输出都相同，因此可以判定它们是等价的，都用 $S2$ 替代。由此，可得到如表 4.2 所示的精简后的新状态表。

表 4.2 精简后的状态表

现态 Y	次态 Y^*/ 输出 Z	
	$X=0$	$X=1$
$S0$（初态）	$S1$ / $Z=0$	$S2$ / $Z=0$
$S1$（接收到 0）	$S1$ / $Z=0$	$S2$ / $Z=0$
$S2$（接收到 1）	$S5$ / $Z=0$	$S2$ / $Z=0$
$S5$（接收到 10）	$S1$ / $Z=0$	$S2$ / $Z=1$

从表 4.2 中可以发现，状态 $S0$ 和 $S1$ 之间也符合等价条件，可以继续合并为 $S0$，从而得到如表 4.3 所示的最终状态表。

表 4.3 最终状态表

现态 Y	次态 Y^*/ 输出 Z	
	$X=0$	$X=1$
$S0$（初态）	$S0$ / $Z=0$	$S2$ / $Z=0$
$S2$（接收到 1）	$S5$ / $Z=0$	$S2$ / $Z=0$
$S5$（接收到 10）	$S0$ / $Z=0$	$S2$ / $Z=1$

虽然表 4.3 中的状态表和图 4.16 中给出的最终状态表在符号的表示上有些不同，但所设计的状态是一一对应的，其状态之间的转换关系也完全一致，因此，可以认为是等价的设计。

状态化简过程可能要经过很多轮。对于有些关系复杂的状态逻辑，最好将两两状态的逻辑等价依赖关系列表进行分析，这比直接观察的方法要稳妥一些。

2. 状态编码

状态编码是指对状态图中的每个状态赋予唯一的二进制编码，也称为状态赋值。假定一个状态机的状态数为 N，每个状态的编码位数为 M，则 N 和 M 之间必须满足：2^M 大于等于 N。例如，对于表 4.3 所示的状态表，一共有 3 个状态，因而状态的编码位数至少为 2。若编码位数为 M，则说明最终电路设计中需要有 M 个状态记忆单元来记录当前的状态。在电路设计中，M 位编码中的每一位对应一个状态变量。每个状态变量的次态都是关于输入变量和所有状态变量现态的逻辑函数。时序逻辑电路设计的主要工作就是设计每一个状态变量的次态逻辑，进而设计其对应触发器的激励逻辑。

用 M 位二进制数对 N 种状态进行编码可以有很多种编码方案。由于不同的编码方案对应的电路设计复杂程度不同，因此，在进行状态编码时，需要根据状态图 / 状态表中状态之间的转换关系来寻找最优编码方案。

不过，寻找最优状态编码方案是一个非常复杂的问题，在具体的编码方案设计中，可以参考如下的次优设计准则，以简化电路的复杂程度。

- 准则 1：若两个状态的次态相同，则其对应编码应尽量相邻。这里，编码相邻的含义是指两个编码的码距为 1，即两个编码中只有一位不同。使用该准则能使次态逻辑较少依赖于当前状态变量。
- 准则 2：同一个现态的各个次态的编码应尽量相邻。使用该准则能使次态逻辑较少依赖于输入变量。
- 准则 3：若两个现态的系统输出相同，则它们的编码应尽量相邻。使用该准则能使输出逻辑较少依赖于当前状态变量。

例如，对于表 4.3 所示状态机的设计：根据准则 1 可知，S0 和 S5 采用相邻编码较好；根据准则 3，S0 和 S2 采用相邻编码较好。因此，可得到状态编码如下：S0，00；S2，01；S5，10。当然，本例中也可以运用准则 2，在 S0 和 S2 之间、S5 和 S2 之间采用相邻编码方案，从而得到状态编码如下：S0，00；S2，01；S5，11。

确定状态编码后，就可使用状态编码作为状态名称。例如，在前一种状态编码方案下，有状态 00、状态 01 和状态 10 三种状态；在后一种编码方案下，有状态 00、状态 01 和状态 11 三种状态。

虽然存在一些编码设计准则，但在应用系统的具体设计过程中，常常存在准则运用的取舍问题，运用不同准则得到的编码方案不同。此外，在实际工程应用中，也并不一定要追求最少的编码位数来达到最少的状态变量数。有时适当增加编码位数虽然会增加状态记忆单元个数，但次态逻辑可能会变得更简单。最终的编码方案常常是多种因素综合权衡的结果。

4.3.4　电路设计和分析

时序逻辑电路设计的一个重要工作是要确定采用何种状态记忆元件来记录系统的状态信

息，然后再根据状态机的设计以及状态编码方案，推导出状态记忆元件的次态激励逻辑函数以及系统的输出逻辑函数。下面以 4.3.2 节中的 "101" 序列检测电路为例来介绍时序逻辑电路设计。

首先，根据电路的功能要求进行状态表设计和状态化简，得到表 4.3 所示的最终状态表；然后，根据最终状态表进行状态编码分析，并选定一种状态编码方案；最后，在选定的状态编码方案基础上进行电路设计。

假定根据表 4.3 的设计所选择的状态编码方案如下：$S0$，00；$S2$，01；$S5$，11。据此可以推导出与此编码方案对应的状态转换表，只要将表 4.3 中的状态符号 $S0$、$S2$ 和 $S5$ 分别用状态变量表示即可。因为编码位数为 2，所以状态变量有两个，假定分别为 Y_1 和 Y_0。表 4.4 给出了 "101" 序列检测器的一种状态转换表。表中 Y_1 和 Y_0 是现态对应的两个状态变量，$Y_1{}^*$ 和 $Y_0{}^*$ 是其次态变量。

表 4.4 "101" 序列检测器的一种状态转换表

Y_1Y_0	$Y_1{}^*Y_0{}^*$ / Z	
	$X=0$	$X=1$
00	00 / $Z=0$	01 / $Z=0$
01	11 / $Z=0$	01 / $Z=0$
11	00 / $Z=0$	01 / $Z=1$

由表 4.4 可知：次态变量 $Y_1{}^*$ 只有在现态是 $S2$（$Y_1Y_0=01$）且输入变量 $X=0$ 的情况下才为 1，而次态变量 $Y_0{}^*$ 则在 4 种情况下输出为 1；输出变量 Z 只有在现态是 $S5$（$Y_1Y_0=11$）且输入变量 $X=1$ 的情况下输出才为 1。可以推导出 Y_1 和 Y_0 两个状态变量的次态逻辑函数和输出逻辑函数对应的逻辑表达式如下：

$$Y_1{}^* = \overline{Y_1} \cdot Y_0 \cdot \overline{X}$$

$$Y_0{}^* = \overline{Y_1} \cdot Y_0 \cdot \overline{X} + \overline{Y_1} \cdot \overline{Y_0} \cdot X + \overline{Y_1} \cdot Y_0 \cdot X + Y_1 \cdot Y_0 \cdot X$$

$$Z = Y_1 \cdot Y_0 \cdot X$$

若将未用状态的无关编码 10 引入并进行化简，则得到如下化简后的逻辑表达式：

$$Y_1{}^* = \overline{Y_1} \cdot Y_0 \cdot \overline{X}$$

$$Y_0{}^* = \overline{Y_1} \cdot Y_0 + X$$

$$Z = Y_1 \cdot X$$

假定采用 D 触发器进行综合，因为 D 触发器的次态方程是 $Q^* = D$，所以各激励函数和输出函数如下：

$$D_1 = \overline{Y_1} \cdot Y_0 \cdot \overline{X}$$

$$D_0 = \overline{Y_1} \cdot Y_0 + X$$

$$Z = Y_1 \cdot X$$

根据上述逻辑表达式，可以画出如图 4.17 所示的时序逻辑电路图。

完成原理图设计并不意味着设计工作的结束，对时序电路中未用状态的分析和电路的定时分析也是非常重要的设计内容。

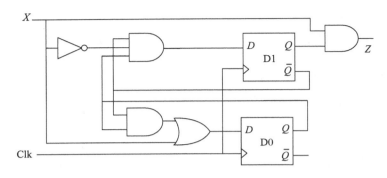

图 4.17 "101"序列检测器电路图

1. 未用状态的分析

有限状态机的状态采用有限位数的二进制数字进行编码，其编码空间通常比状态机的状态数要大。也就是说，电路中的工作状态集合只是整个状态编码空间的一个子集，因此通常会存在很多未用状态编码。在电路设计时，这些未用状态的次态和输出常常会被设置成缺省值以简化激励电路。正常工作情况下，电路不会进入未用状态。但是，若处于初加电等特殊情形下，系统会处于状态编码空间中的哪个状态是不确定的。如果采用有预置能力的触发器，则可以通过预置处理让电路进入初态。如果采用的触发器没有预置功能，而刚好电路加电后又处于未用状态，此时电路的状态转换就存在风险。特别是这些未用状态之间形成循环转换的话，则无论如何调整外部输入，电路也无法进入工作初态。这种现象在时序逻辑电路设计中称为 **"挂起"现象**。此外，若未用状态下的系统输出是有效输出信号的话，也可能会造成后续电路的误输出，这也应尽量避免。

要解决未用状态的挂起和误输出问题，需要重新调整未用状态的次态和输出设置策略。对于未用状态的输出设置调整，比较简单，只要将其输出调整为无效即可。对于未用状态的次态设置调整，则有很多策略可选。例如，将未用状态的次态设置成初态或其编码最接近的工作状态。对于表 4.4 所示的状态转换表，其中，对应编码 $Y_1Y_0=10$ 的状态 10 是未用状态，可以将其次态设置成初态 00 或工作状态 11。调整完成后，再进行激励逻辑和输出逻辑的电路设计。

对于未用状态的处理，也可以尽量先利用未用状态的无关性进行化简，以简化次态激励逻辑的设计。然后根据设计结果，反推出未用状态的次态转换情况。如果在有限个外部输入信号的激励下，未用状态能够转换到正常工作状态，则说明目前对未用状态的处理没有问题；如果不能转换到正常工作状态，则需要进行调整，以使系统能够进入正常工作状态循环。

如果所有未用状态都能在有限个外部输入信号激励下，进入正常工作状态循环，且没有误输出的话，则称这种电路是具有 **"自启动"能力**的电路。

例如，对于表 4.4 所示的状态转换表，利用未用状态 10 的无关性，化简得到的次态激励逻辑函数和输出函数如下：

$$Y_1{}^* = \overline{Y}_1 \cdot Y_0 \cdot \overline{X}$$

$$Y_0{}^* = \overline{Y}_1 \cdot Y_0 + X$$

$$Z = Y_1 \cdot X$$

由上述函数的逻辑表达式可知：外部输入 X 为 0 时，未用状态 10 的次态是 00，输出 Z 为 0；外部输入 X 为 1 时，未用状态 10 的次态是 01，输出 Z 为 1。因此，无论外部输入是 0 还是 1，未用状态 10 只要经过一个时钟周期，就能进入正常工作状态循环。但是，在输入 X 为 1 时，输出 Z 为有效信号 1。因此，上述利用未用状态 10 的无关性进行化简而得到的简化输出函数需要进行调整，以便可以退回到化简前的输出逻辑表达式 $Z = Y_1 \cdot Y_0 \cdot X$。这样，在系统处于未用状态 10 时，若输入 $X=1$，则输出 $Z=0$，没有误输出。

综上可知，按如下次态激励逻辑函数和输出函数设计的最终电路具有"自启动"能力。

$$Y_1{}^* = \overline{Y}_1 \cdot Y_0 \cdot \overline{X}$$

$$Y_0{}^* = \overline{Y}_1 \cdot Y_0 + X$$

$$Z = Y_1 \cdot Y_0 \cdot X$$

2. 电路的定时分析

同步时序逻辑的状态转换由时钟统一控制。因此，电路定时分析的基本方法和组合逻辑相同，可以通过对次态激励逻辑和输出逻辑的电路分析，了解信号在系统中的传输特性和传输延迟。在实际应用中，应在时序逻辑电路各传输路径上的信号全部稳定后，才能启动下一个状态转换过程。因此，控制电路工作的时钟频率与激励逻辑及输出逻辑的延迟密切相关。图 4.18 给出了同步时序逻辑电路中时钟周期和电路延迟之间的关系，这里假设触发边沿为时钟上升沿。

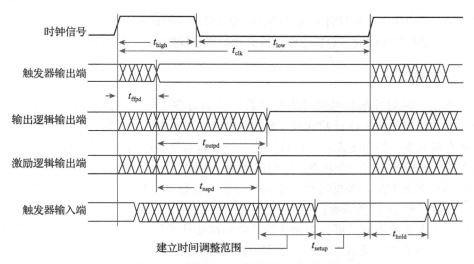

图 4.18 同步时序逻辑电路中时钟周期和电路延迟之间的关系

从图 4.2 所示的时序逻辑电路基本结构可知，同步时序逻辑电路包含状态记忆模块、次态激励逻辑模块和输出逻辑模块三部分，时钟信号直接对触发器的状态变化进行定时。在 4.2.4 节中提到，当触发器的触发边沿到来后，要经过一段锁存延迟 t_{ffpd}，触发器输出端才会稳定地得到新的状态。改变后的状态信号作为输出逻辑模块的输入端，经过输出逻辑模块中的传输延迟 t_{outpd}，在输出逻辑模块的输出端得到新的输出值；同时新的状态信号也会反馈到次态激励逻辑模块的输入端，经过次态激励逻辑延迟 t_{nspd}，在触发器的输入端形成稳定的新的激励信号。在 4.2.4 节中还提到，触发器正常工作时，必须保证外部激励信号在时钟有效边沿到来前的建立时间 t_{setup} 内能够保持稳定不变，并且在时钟有效边沿到来后的一段保持时间 t_{hold} 内继续保持稳定不变。也就是说，触发器的输入信号至少应在触发边沿到来前的 t_{setup} 时间内就开始稳定，当然在更早的时间内稳定更好。在具体实现时，即使是同一型号的各触发器建立时间也不一定相同。图 4.18 中"建立时间调整范围"给出的是触发器建立时间可以接受的动态变化范围。

另外，触发器正常工作时，必须保证外部激励信号在时钟有效边沿到来后的保持时间 t_{hold} 内能够保持稳定不变。这就要求次态信号不能反馈得太快，即触发器锁存延迟加上次态信号经过激励逻辑的延迟不能小于触发器的保持时间。

根据上述分析，可以得到以下时序约束关系。

① 时钟周期 t_{clk} > 触发器锁存延迟 t_{ffpd} + 次态激励延迟 t_{nspd} + 触发器建立时间 t_{setup}

② 触发器保持时间 t_{hold} < 触发器锁存延迟 t_{ffpd} + 次态激励延迟 t_{nspd}

③ 时钟周期 t_{clk} > 输出逻辑延迟 t_{outpd}

4.4 典型时序逻辑部件设计

在实际工程应用中，通常将一些时序逻辑处理需求进行抽象，形成固定模块，以供不同应用场景使用。这些基本的时序逻辑电路模块有计数器、数据暂存器（寄存器）、移位寄存器等。

4.4.1 计数器

计数器是一种对外部激励信号进行总数统计的时序逻辑元件，一般从 0 开始计数，在达到最大计数值时输出一次计数完成（满值）信号，并重新开始计数，最大计数值为计数器的模。从有限状态机的角度来看，计数器就是一个状态链构成的环，在外部激励信号的驱动下，从当前状态转换到下一个状态，达到满值后，再回到初态，继续计数。

计数器有多种类型。根据其模的不同，有模 8 计数器、模 16 计数器，以及非 2 的幂次的模 6 计数器、模 14 计数器等。

根据计数方式的不同，可分为加法计数器和减法计数器。加法计数器通常会设计成从 0 开始不断累加到最大至模值 $N-1$ 后再回到 0，然后继续计数；减法计数器从模值 $N-1$ 开始，每次减 1，直到计数值为 0，再回到 $N-1$ 后继续计数。

计数器的实现方式有很多。典型的有行波（串行）计数器和并行计数器。

1. 异步行波加法计数器

行波计数器（ripple counter）的进位像波浪一样由低位向高位串行传送。如图 4.19 所示，模 16 行波加法计数器可由 4 个 T 触发器组成，外部时钟信号 Clk 作为计数器的激励信号，连接到最低位对应的 T 触发器时钟控制端，其他 T 触发器的时钟控制端连接到前一位触发器的 $\overline{Q}$ 端。因为电路中所有触发器状态的改变并不是由统一的时钟信号同时触发的，所以这种实现方式本质上是一种异步时序电路实现方式。

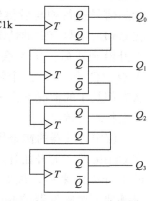

图 4.19 行波加法计数器

若 T 触发器采用上升沿触发，则它在每一个时钟的上升沿到达后都会改变状态。因此，对于图 4.19 所示的行波计数器，在每个时钟信号 Clk 的上升沿到达后，Q_0 都会发生一次状态改变；而当 Q_0 的状态从 1 改变为 0 时，Q_1 的状态发生改变；同理，当 Q_1 的状态从 1 改变为 0 时，Q_2 的状态发生改变；当 Q_2 的状态从 1 改变为 0 时，Q_3 的状态发生改变。

由此可知，若该计数器的状态编码 $Q_3Q_2Q_1Q_0$ 从 0000 开始，则在第一个 Clk 输入信号的上升沿到来后，最低位状态 Q_0 从 0 变成 1，此时其他三个状态位不变，因而得到状态编码 0001；第 2 个 Clk 有效信号到来后，Q_0 从 1 变成 0，此时 Q_1 从 0 变成 1，而其他两个状态位不变，因而得到状态编码 0010；第 3 个 Clk 有效信号到来后，Q_0 从 0 变成 1，此时其他三个状态位不变，因而得到状态编码 0011；第 4 个 Clk 有效信号到来后，Q_0 从 1 变成 0，Q_1 从 1 变成 0，Q_2 从 0 变成 1，Q_3 不变，因而得到状态编码 0100……

如此分析每次 Clk 有效信号到达后的状态转换结果，可以发现该计数器状态编码 $Q_3Q_2Q_1Q_0$ 的转换过程为 0000 → 0001 → 0010 → 0011 → 0100 → 0101 → 0110 → 0111 → 1000 →…→ 1111，每次转换后的状态编码都是在前一个状态编码基础上加 1 得到的。

当状态编码为 1111 时，若再来一个时钟脉冲，则 Q_0 从 1 改变为 0，此时后面三个状态都会跟着改变，都从 1 变为 0，因而状态编码又回到了 0000。

由于该计数器的触发器状态转换过程是串行的，因此，在其状态编码为 1111 时，触发器的状态反转过程会串行地从 Q_0 一直传递到 Q_3，从而使得计数器在一个较长延迟后才能从 1111 转换到 0000。这种情况下，计数器中所有触发器达到状态稳定所需的延迟时间最长，计数器的外部时钟信号的宽度必须依据这个最长的延迟时间进行设计。由此可见，行波计数器是一种工作频率比较慢的计数器实现方式。

2. 同步并行加法计数器

同步 4 位并行加法计数器的电路结构如图 4.20 所示，其中，4 个带使能端的 T 触发器用于记录 4 个状态变量。每个 T 触发器在其使能信号 En 为 1 的情况下，在时钟信号 Clk 的上升沿到来后开始进行状态反转。从图 4.20 可以看出，该计数器中每个 T 触发器都在统一的时钟信号控制下工作，因此这种实现方式为同步时序电路实现方式。

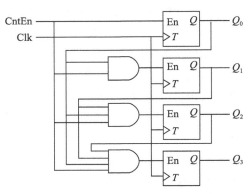

如图 4.20 所示，该计数器中每个触发器的使能端 En，都是由计数使能信号 CntEn 和更低位的状态信号进行相与后得到的信号来控制的。因此，在 CntEn 信号有效的情况下，每个时钟信号 Clk 的上升沿到达后，Q_0 都会发生一次状态改变；而对于 Q_1、Q_2 和 Q_3 这三个触发器，只有在其所有低位状态都是 1 的情况下，下个时钟上升沿到来后才会发生状态反转。

假定计数器的初始状态编码 $Q_3Q_2Q_1Q_0$ 为 0000，在 CntEn 为 1 时开始计数。当第一个 Clk 输入信号的上升沿到来后，最低位状态 Q_0 从 0 变成 1，此

图 4.20　同步 4 位并行加法计数器

时其他三个触发器的 En 端都是 0，故状态位不变，因而得到状态编码 0001；第 2 个 Clk 有效信号到来后，Q_0 从 1 变成 0，此时 Q_1 从 0 变成 1，而其他两个状态位不变，因而得到状态编码 0010；第 3 个 Clk 有效信号到来后，Q_0 从 0 变成 1，此时其他三个状态位不变，因而得到状态编码 0011；第 4 个 Clk 有效信号到来后，Q_0 和 Q_1 从 1 变成 0，此时 Q_2 从 0 变成 1，Q_3 状态位不变，因而得到状态编码 0100……

如此分析每次 Clk 有效信号到达后的状态转换结果，可以发现该计数器状态编码 $Q_3Q_2Q_1Q_0$ 的转换过程为 0000 → 0001 → 0010 → 0011 → 0100 → 0101 → 0110 → 0111 → 1000 →…→ 1111，每次转换后的状态编码都是在前一个状态编码基础上加 1 得到的。

当状态编码为 1111 时，若再来一个时钟脉冲，则所有触发器从 1 改变为 0，因而状态编码又回到了 0000。由于状态转换过程中的信号传递延迟仅是一个与门，状态反转后可很快形成稳定的次态激励逻辑信号，因此，同步并行计数器的工作频率可以很高，是最快的计数器实现方式。

3. 异步行波减法计数器

图 4.21 是由 4 个上升沿触发的 D 触发器组成的 4 位带复位（清 0）功能的二进制异步行波减法计数器示意图。

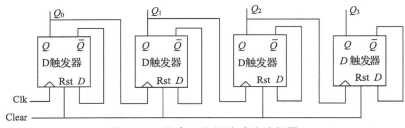

图 4.21　异步 4 位行波减法计数器

如图 4.21 所示，计数器的复位信号 Clear 连接 4 个 D 触发器的复位端 Rst，最低位 Q_0 对应的 D 触发器的时钟信号连接计数器的计数时钟信号 Clk，而其他三个 D 触发器的时钟信号分别连接前一位触发器的 Q 端，并且每个触发器的 $\bar{Q}$ 连接自身的数据输入端 D。因此，当 Clear 信号有效（高电平）时，4 个 D 触发器的 Q 端全部变为 0，即计数器的状态编码 $Q_3Q_2Q_1Q_0$ 为 0000，所有触发器的数据端 D 都是 1。此时，当第一个时钟信号 Clk 的上升沿到来后，首先 Q_0 由 0 变为 1，随后 Q_1、Q_2、Q_3 依次由 0 变为 1，每一位状态转换都会经过一个触发器锁存延迟时间。由此可知，第一个时钟 Clk 到来后，经过 4 个触发器锁存延迟，计数器的状态由 0000 转换为 1111。

对该计数器的计数过程进行分析，可得到其状态转换过程为 0000 → 1111 → 1110 → 1101 → 1100 → 1011 → 1010 → 1001 → 1000 →···→ 0001 → 0000。每次转换后的状态编码都是在前一个状态编码基础上减 1 得到的。

4.4.2 寄存器和寄存器堆

寄存器是用来暂存信息的逻辑部件，根据功能和实现方式的不同，有各种不同类型的寄存器。最简单的寄存器直接由若干个触发器组成。例如，由 n 个 D 触发器可构成一个 n 位寄存器，图 4.22a 和 b 所示分别为寄存器电路符号和电路结构。

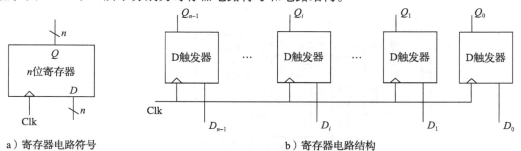

a）寄存器电路符号 b）寄存器电路结构

图 4.22 用 D 触发器构成的 n 位寄存器

当多个寄存器与总线相连时，为了控制在某一时刻只有一个寄存器中的数据被送到总线上，通常需要在寄存器的输出端加上三态门。如图 4.23 所示，4 个寄存器分别通过三态门连接到总线，通过控制每个三态门的输出使能端，使它们在任何时刻至多只能有一个信号有效，从而控制任何时刻只有一个寄存器的内容被送到总线上。

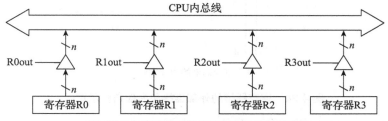

图 4.23 寄存器通过三态门与总线相连

在第 8 章将会提到 CPU 中有一个专门的**寄存器堆**（register file），用于暂存指令执行过程中用到的中间数据。寄存器堆也称为**通用寄存器组**（General Purpose Register set，GPRs），它由许多寄存器组成，每个寄存器有一个编号，CPU 可以对指定编号的寄存器进行读写。图 4.24a 是一个带时钟控制的双口寄存器堆的示意图，有两个读口和一个写口，每个读口或写口包括一个寄存器编号输入端和一个读数据端或写数据端，此外，还有一个写使能输入端 WE，它用来控制是否在下个时钟触发边沿到来时，开始将 busW 线上的数据写入寄存器堆中。

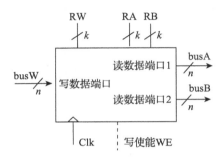

a）寄存器堆的外部连接

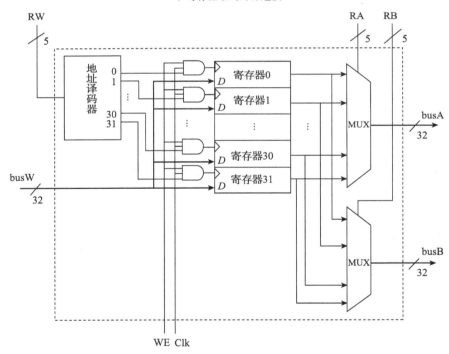

b）寄存器堆的内部结构

图 4.24　寄存器堆的外部连接和内部结构示意图

图 4.24a 所示的寄存器堆中共有 2^k 个寄存器，每个寄存器位数为 n，RA 和 RB 分别是读

口 1 和读口 2 的寄存器编号，RW 是写口的寄存器编号。寄存器堆的读操作属于组合逻辑操作，无须时钟控制，即当寄存器地址信号 RA 或 RB 到达后，经过一个"读取时间"的延迟，读出的信息在 busA 或 busB 上开始有效。寄存器堆的写操作属于时序逻辑操作，需要时钟信号的控制，即在写使能信号（WE）有效的情况下，下个时钟触发边沿到来时开始将 busW 上的信息写入 RW 所指定的寄存器中。

如图 4.24b 所示，当 $k=5$、$n=32$ 时，寄存器堆内部有 $2^5=32$ 个 32 位寄存器，其编号为 0～31，每个寄存器由 32 个 D 触发器组成，每个 D 触发器的时钟信号端口 C 与一个三输入与门相连。读操作时，只要读口地址 RA 和 RB 信号有效，则 RA 和 RB 即可分别控制与 busA 和 busB 相连的多路选择器，选择读出相应寄存器中的内容，并传送到总线 busA 和 busB。写操作时，写口地址 RW 被地址译码器译码后，选中对应的地址线输出有效信号，在写使能信号 WE 有效的情况下，当时钟信号 Clk 的上升沿到来后，就会使 32 个三输入与门中有一个与门输出为 1，以选中 RW 所指定的寄存器，这样从写数据线 busW 传送过来的数据通过输入端 D 写入选中的寄存器中。

4.4.3　移位寄存器

数字系统设计中，经常需要使用移位操作来实现特定的功能。例如，浮点数加减运算电路中，需要通过移位操作实现指数对齐的功能；乘法运算电路中，需要具有将部分积右移的功能；除法运算电路中，需要具有将中间余数左移的功能。**移位寄存器**能够实现暂存信息的左移或右移等功能。

图 4.25 中给出了一个最简单的右移一位寄存器示意图。该移位寄存器由 4 个 D 触发器构成，数据位 X 从最左边的 D 触发器输入，每当时钟信号 Clk 上升沿到来后，左边触发器的数据就依次传送至下一个触发器并暂存其中。寄存器的内容每次右移一位。

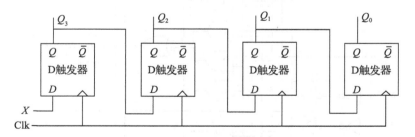

图 4.25　右移一位寄存器

假定该移位寄存器的初始状态编码 $Q_3Q_2Q_1Q_0$ 为 0000，在开始的 8 个时钟 $t_0\sim t_7$ 内，输入端 X 的输入信号依次为 1、0、0、1、1、0、1、1，则该移位寄存器在每个时钟到来后的状态转换过程如表 4.5 所示。

图 4.26 给出了通用移位寄存器 74x194 芯片的设计原理图，它除了具有数据左移、数据右移功能外，还具有数据保持和数据载入功能。

表 4.5　移位寄存器的状态转换表

Clk	X	Q_3	Q_2	Q_1	Q_0	Clk	X	Q_3	Q_2	Q_1	Q_0
t_0	1	0	0	0	0	t_4	1	1	0	0	1
t_1	0	1	0	0	0	t_5	0	1	1	0	0
t_2	0	0	1	0	0	t_6	1	0	1	1	0
t_3	1	0	0	1	0	t_7	1	1	0	1	1

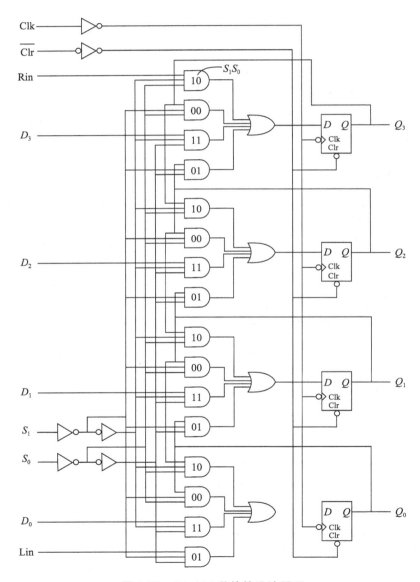

图 4.26　74x194 芯片的设计原理

如图 4.26 所示，该移位寄存器带有复位（清 0）信号 $\overline{\text{Clr}}$，它是低电平有效信号，当它为低电平时，所有 D 触发器的状态输出为 0；数据输入端为 D_0、D_1、D_2、D_3，构成 4 位输入数据 $D_3D_2D_1D_0$；数据输出端为 Q_0、Q_1、Q_2、Q_3，构成 4 位输出数据 $Q_3Q_2Q_1Q_0$。可通过工作模式控制端 S_1S_0 进行功能选择。

当 $S_1S_0 = 00$ 时，芯片执行"数据保持"功能。即寄存器中的数据被读出来后，在时钟信号 Clk 的控制下又被重新写回相应的触发器中。

当 $S_1S_0 = 01$ 时，芯片执行"数据左移"功能。即寄存器中的数据在时钟信号 Clk 的控制下，从 Q_0 向 Q_3 方向移动一位，Q_0 触发器的状态由左移输入信号 Lin 设置。

当 $S_1S_0 = 10$ 时，芯片执行"数据右移"功能。即寄存器中的数据在时钟信号 Clk 的控制下，从 Q_3 向 Q_0 方向移动一位，Q_3 触发器的状态由右移输入信号 Rin 设置。

当 $S_1S_0 = 11$ 时，芯片执行"数据载入"功能。即寄存器中的各触发器在时钟信号 Clk 的控制下，并行载入外部数据输入端 D_0、D_1、D_2、D_3 上的数据，使输入数据 $D_3D_2D_1D_0$ 保存到移位寄存器中。

可以通过多个 74x194 芯片的级联来扩展数据处理规模，以实现 8 位甚至 64 位数据的移位功能。表 4.6 给出了 74x194 芯片的功能表。

表 4.6   74x194 芯片的功能表

功能选择	输入		输出状态			
	S_1	S_0	$Q_3{}^*$	$Q_2{}^*$	$Q_1{}^*$	$Q_0{}^*$
数据保持	0	0	Q_3	Q_2	Q_1	Q_0
数据左移	0	1	Q_2	Q_1	Q_0	Lin
数据右移	1	0	Rin	Q_3	Q_2	Q_1
数据载入	1	1	D_3	D_2	D_1	D_0

通用移位寄存器的应用方式很多。当用于数据存储和传输时，它可以灵活地实现各种串并转换功能。如数据的串行输入串行输出、串行输入并行输出、并行输入串行输出和并行输入并行输出等。

通用移位寄存器的另一种常见应用方式是将其和组合逻辑电路相结合，实现具有环形状态图的状态机，即所谓的移位寄存器计数器，如环形计数器、扭环计数器（Johnson 计数器）以及线性反馈移位寄存器计数器等。相关内容已超出本书范围，感兴趣的读者可查阅并参考相关资料。

通常的移位寄存器每次只能移动一位，而**桶形移位器**却可以根据移位位数控制端的设置对输入数据左移或右移指定的位数。桶形移位器是一种组合逻辑电路，通常采用大量多路选择器实现。在 CPU 的数据通路设计中，需要根据指令的功能考虑对桶形移位器采用算术移位还是逻辑移位方式。对于无符号整数的右移指令，应采用逻辑右移方式，即高位补 0、低位移出；对于带符号整数的右移指令，应采用算术右移方式，即高位补符、低位移出。对于左移指令，不管是无符号整数的逻辑左移，还是带符号整数的算术左移，则都是高位移出、低位补 0。

4.5 本章小结

时序逻辑电路是一种具有记忆功能的数字电路实现方式。时序逻辑电路主要由状态记忆模块、次态激励逻辑模块和输出逻辑模块三部分组成。通常状态记忆模块包括若干状态记忆单元。状态记忆单元的状态变化过程通常由时钟信号定时，其状态转换过程可以用有限状态机的方式来刻画，通过状态（转换）图或状态表的形式来描述。

时序逻辑电路中的状态记忆元件通常是由基于双稳态元件的锁存器或触发器构成的。锁存器采用电平控制方式，而触发器状态的改变只会发生在时钟信号的上升沿或下降沿。D 触发器是最典型的触发器之一，它可以带有使能控制端和复位（清 0）控制端。

同步时序逻辑电路中所有状态元件都由统一的时钟信号进行控制。同步时序逻辑电路设计的主要步骤包括：需求分析、状态图 / 状态表设计、状态化简、状态编码、电路设计和分析等。典型的时序逻辑部件有计数器、寄存器和寄存器堆（通用寄存器组）、移位寄存器等，它们都是构建计算机数据通路和控制器的最基本部件。

习题

1. 给出以下概念的解释说明。

时序逻辑电路	有限状态机	状态（转换）图	状态表
Mealy 型电路	Moore 型电路	时钟信号	时钟周期
时钟上升沿	时钟下降沿	锁存器	触发器
复位状态	置位状态	亚稳态	建立时间
锁存延迟	保持时间	同步时序逻辑	行波计数器
并行计数器	桶形移位器	逻辑移位	算术移位

2. 简单回答下列问题。

（1）时序逻辑电路与组合逻辑电路有什么本质区别？

（2）同步时序电路和异步时序电路有什么本质区别？

（3）锁存器和触发器有什么本质区别？

3. 请举出一个日常生活中需要用时序逻辑电路实现的应用案例，并说明理由。

4. 假设 SR 锁存器的输入端 S、R 的波形如图 4.27 所示，图中信号的上升延迟和下降延迟设为 0，要求画出图 4.27 中输出端 Q 和 $\bar{Q}$ 的输出波形。

5. 假设 D 锁存器和 D 触发器的各输入端波形分别如图 4.28a 和 b 所示，图中信号的上升延迟和下降延迟设为 0，并且不考虑逻辑门的传输延迟，要求画出图 4.28a 和 b 中输出端 Q 和 $\bar{Q}$ 的输出波形。

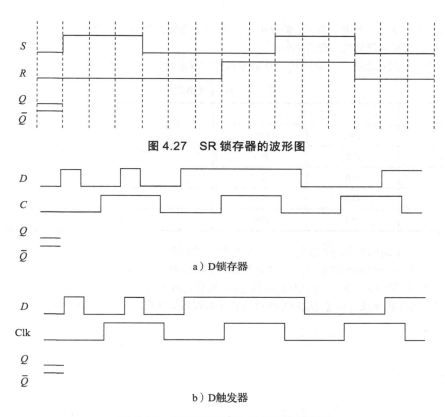

图 4.27 SR 锁存器的波形图

a）D 锁存器

b）D 触发器

图 4.28 D 锁存器和 D 触发器的波形图

6. 请用带使能端的 T 触发器和组合逻辑构造 D 触发器。

7. 图 4.29 是一种维持阻塞 D 触发器的实现方案原理图，请分析其实现原理。

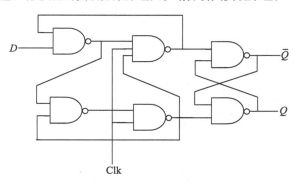

图 4.29 维持阻塞 D 触发器原理图

8. 某时序逻辑电路能够检测并统计两个外部输入信号 X 和 Y 中 1 的出现次数，如果 1 的出现次数累计为 4 的倍数，则输出信号 Z 为 1，否则 Z 为 0。请画出这个电路的状态图。（提示：0 也是 4 的倍数。）

9. 请用尽量少的 D 触发器实现一个能检测输入信号 X 中是否出现 "110" 序列的电路。若出现 "110"

序列，则输出 Z 为 1，否则 Z 为 0。请分析你实现的电路是否能够自启动。如果 D 触发器的个数没有限制，你是否有更简洁的实现方案？

10. 化简表 4.7 所示的状态表，并给出基于 D 触发器的实现电路。

表 4.7　电路状态表

现态	次态 / 输出 Z		现态	次态 / 输出 Z	
	$x=0$	$x=1$		$x=0$	$x=1$
A	$C/0$	$B/1$	E	$C/0$	$E/1$
B	$F/0$	$A/1$	F	$D/0$	$G/0$
C	$D/0$	$G/0$	G	$C/1$	$D/0$
D	$D/1$	$E/0$			

11. 假设图 4.20 所示的同步并行加法计数器中 T 触发器的信号传输延迟是 T_{tq}，与门的传输延迟为 T_{and}，T 触发器 En 信号的建立时间是 T_{setup}，请计算该计数器外部时钟 Clk 的最大工作频率。

12. 将图 4.25 所示的右移一位寄存器中的 Q_3 和 Q_2 异或后送入输入端 X，可构成一个线性反馈移位寄存器计数器。请分析该设计中 $Q_3Q_2Q_1Q_0$ 构成的状态编码转换情况，并分析总结其特点。

第 5 章

FPGA 设计和硬件描述语言

随着集成电路复杂度的急剧增长，电路设计人员的工作量不断增加，传统的以固定电子元器件为基础设计复杂电路的方式变得低效，因而从 20 世纪 70 年代开始，有人提出了通过自动编程工具，使用硬件描述语言（Hardware Description Language，HDL），在可编程逻辑器件上完成电路实现的方式。这种方式可以将精力放在更高抽象层的电路逻辑功能设计上，而无须重点考虑具体器件的制造工艺以及它们对电路功能的影响。因为这种设计方式的重点在于如何描述数据在寄存器级别的功能部件中的流动，因而其抽象级别称为寄存器传送级（Register Transfer Level，RTL）。

本章将介绍 FPGA 设计和硬件描述语言的背景知识及其使用。主要内容包括可编程逻辑和 FPGA 设计、HDL 概述、基于 HDL 的数字电路设计流程、Verilog 语言建模，以及如何使用 Verilog 设计一些简单的数字电路。

5.1 可编程逻辑器件和 FPGA 设计

固定逻辑标准芯片曾被广泛使用。20 世纪 80 年代前期，通常是将若干标准芯片按一定方式连接起来，以形成所需功能的电路。但由于固定逻辑芯片功能单一，不能随电路设计需求的变化而任意改变。因此，随着集成电路技术的发展，它逐渐被**可编程逻辑器件**（Programmable Logic Device，PLD）取代。本节将简要介绍可编程逻辑器件，并重点介绍 FPGA 及其设计。

5.1.1 可编程逻辑器件

PLD 是一种用于实现逻辑电路的通用器件，其中包含多个逻辑单元，可根据需要进行编程，以构成不同功能的逻辑电路。PLD 的结构如图 5.1 所示，主要由与阵列和或阵列构成。

PLD 芯片内部包含很多逻辑门和编程开关，逻辑门可以通过编程开关连接，以形成所需功能

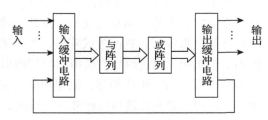

图 5.1　PLD 结构框图

的逻辑电路。为了清楚描述 PLD 结构，本节使用如图 5.2 所示的基本电路符号。

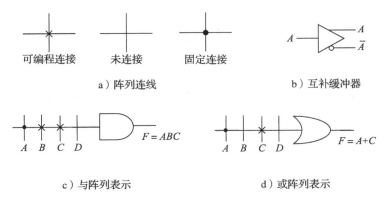

a）阵列连线   b）互补缓冲器

c）与阵列表示   d）或阵列表示

图 5.2　PLD 中常用基本符号表示

图 5.2 中符号 × 表示 PLD 芯片中的可编程连接开关，可设置为连接或不连接，通过对这些开关的适当配置或编程，就能实现用户需要的逻辑功能。需要注意的是，图 5.2 的与阵列和或阵列仅仅是一种示意表示，并不意味着有一个真正的逻辑门存在，而是仅表示这个结构可以实现输入信号的与 / 或运算。设计者利用 CAD（Computer Aided Design）工具，在计算机上用电路原理图或者硬件描述语言描述出电路的功能。这些支持 PLD 的 CAD 工具通常被称为**电子设计自动化**（Electronic Design Automation，EDA）工具，能够自动生成针对 PLD 中每一个开关的编程信息，产生编程文件。运行 **EDA 工具**的计算机通过电缆线与 PLD 开发平台相连，将含有编程信息的文件传送给 PLD 开发平台。开发平台上含有编程器，可以根据编程文件，对 PLD 进行编程，完成对 PLD 的配置，实现用户要求的电路。

按集成度来区分，PLD 可分为**简单 PLD** 和**复杂 PLD** 两大类。简单 PLD 是指逻辑门数在 500 门以下，包括 PROM、PLA、PAL、GAL 等器件；复杂 PLD 指芯片集成度高，逻辑门数在 500 门以上，包括 EPLD、CPLD、FPGA 等器件。目前设计中常用的是 CPLD 和 FPGA。

1. PROM 结构

可编程只读存储器（Programmable Read Only Memory，PROM）是一种与阵列固定、或阵列可编程的简单 PLD。图 5.3 是简单 **PROM** 的结构示意图。

图 5.3 中左侧为与阵列，每个与门和一条水平线连接，与门的输入信号线是与水平线相交的垂直线，水平线和垂直线的交点处在硬件上设置为固定连接，也即不可编程，以形成固定的与门逻辑阵列。右侧为或阵列，每个或门与一条垂直线连接，这些垂直线垂直相交于与阵列的输出线，通过编程与所需的与门输出线相连，在连线交点处打 ×，表明或门的输入线被编程为和与门输出线相连，也即相应与逻辑的输出信号，将作为或阵列的有效输入参与或运算。任何逻辑函数转换成标准与 – 或表达式后，都可以方便地用 PROM 来实现，其中，与阵列的水平线输出对应标准与 – 或表达式中的标准乘积项，即最小项。

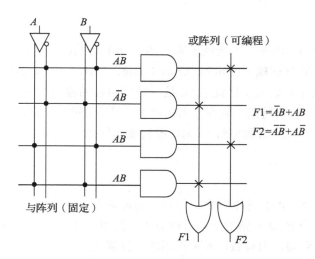

图 5.3　PROM 结构示意图

2. PLA 结构

可编程逻辑阵列（Programmable Logic Array，PLA）是一种与阵列和或阵列都可编程的逻辑阵列。用 PLA 实现逻辑函数时，无须像 PROM 方式那样将逻辑函数转换成标准与 – 或表达式，而只要化简成最简与 – 或表达式即可，因而可节省编程资源。PLA 的与阵列水平线输出对应与 – 或表达式中的一个乘积项。图 5.4 是 PLA 的结构示意图。

3. PAL 结构

可编程阵列逻辑（Programmable Array Logic，PAL）是一种与阵列可编程、或阵列固定的逻辑阵列。图 5.5 是 PAL 的结构示意图。

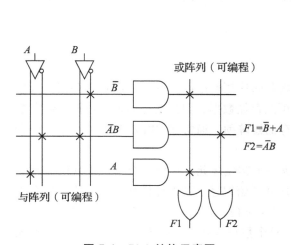

图 5.4　PLA 结构示意图

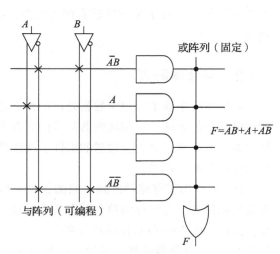

图 5.5　PAL 结构示意图

4. GAL 结构

PAL 的逻辑结构相对简单，灵活性不高。1985 年 LATTICE 公司推出了一种新型的可编程逻辑器件——**通用阵列逻辑**（Generic Array Logic，GAL）。GAL 器件与 PAL 最大的差别是其输出结构可以由用户定义，因此 GAL 是一种可编程的输出结构。GAL 具有电可擦写、可重复编程和设置加密位等特点，它在输出端设置了可编程的输出逻辑宏单元（Output Logic Macro Cell，OLMC），通过编程可将 OLMC 设置成不同的工作状态，从而增强了器件的通用性。

5. CPLD 结构

上述 PROM、PLA、PAL 等电路中，与阵列的每条水平线对应与 – 或表达式中的一个乘积项。从上述几种简单 PLD 电路的结构可以看出，简单 PLD 通常用于实现规模较小的数字电路，其芯片的输入和输出引脚数以及乘积项的个数都很有限。若将其应用于大型电路中就需要互连多个简单 PLD。为了解决这一问题，**复杂可编程逻辑器件**（Complex Programmable Logic Device，CPLD）应运而生。

CPLD 主要由逻辑阵列块（Logic Array Block，LAB）、I/O 控制块和可编程互连阵列（PIA）组成。每个 CPLD 内含有若干 LAB，每个 LAB 由 4～20 个宏单元（macrocell）构成。宏单元是 CPLD 的基本结构，它相当于一个类似 PAL 的电路模块，用以实现基本的逻辑功能。一个宏单元由可编程逻辑阵列、乘积项选择矩阵和可编程寄存器三部分组成。可编程寄存器可以通过编程实现 D 触发器、JK 触发器或钟控 SR 触发器等。当电路中不需要触发器时，这部分可被旁路掉，只完成组合逻辑功能。每个宏单元有多种配置方式，也可级联使用，因此可实现较复杂的组合逻辑和时序逻辑功能。I/O 控制块用于和芯片的输入 / 输出引脚相连。可编程互连阵列用于连接所有宏单元，并通过专用连线与芯片的时钟、复位和使能等引脚相连。对于集成度较高的 CPLD，通常还提供带片内 RAM/ROM 的嵌入存储器阵列块。

5.1.2 存储器阵列

数字系统中除了有用于数据处理的组合逻辑和时序逻辑电路以外，还需要有存储器来存储在电路中的数据。使用触发器构成的寄存器可以存储数据，但只能存储少量数据。数字系统中需要有能够存储大量数据的部件，这就是**存储器阵列**。通常在 CPLD 和 FPGA 芯片中会提供片内存储器阵列。

图 5.6 给出了存储器阵列示意图。每一行为一个**存储单元**，存储一个字，阵列的宽度就是数据的位数。每个存储单元都有一个地址，从 0 开始编号。若地址位数为 n，则有 2^n 个单元，例如，图 5.6a 所示存储器阵列的容量为 2^n 字 $\times m$ 位，可简写为 $2^n \times m$。如图 5.6b 所示，对于 8×4 的存储器阵列，其地址位数为 3 位，每个数据有 4 位。图 5.6c 中的存储器阵列地址为 12 位，因而共有 $2^{12} = 4096$ 个存储单元，每个存储单元占 8 位，因而容量为 4KB。

a）存储器阵列符号   b）8字×4位存储器阵列   c）4KB存储器阵列

图 5.6　存储器阵列示意图

存储器阵列中存放的每一位数据对应一个**记忆单元**（memory cell），也称**存储元**，有**随机存取存储器**（Random Access Memory，RAM）和**只读存储器**（Read Only Memory，ROM）两大类。RAM 又分**静态 RAM**（Static RAM，SRAM）和**动态 RAM**（Dynamic RAM，DRAM）两种。由于历史的原因，RAM 和 ROM 获得了相应的名字，但是不能从字面上来理解它们。事实上，RAM 和 ROM 都采用随机存取方式，而且，大部分现代 ROM 存储器也不是只能读不能写。

1. 静态 RAM

图 5.7 给出一种由 6 个 MOS 管构成的 SRAM 存储元件。其中 T_1、T_2 构成触发器，T_5、T_6 是触发器的负载管，T_3、T_4 为门控管。若 T_2 导通，则 T_1 一定截止，此时 A 点为高电平，B 点为低电平，假定此时为存"1"状态；反之（当 T_1 导通时）则为存"0"状态。

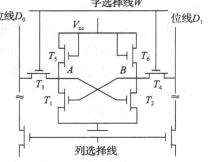

图 5.7　6 管静态存储元件

字选择线 W 加低电平，T_3 与 T_4 截止，触发器与外界隔离，从而能够保持原有信息不变。

读出时，首先在两个位线上加高电平，当字选择线 W 上加高电平时，T_3 与 T_4 开启。若原为存"1"，则 A 点为高电平，T_2 导通，所以有电流从位线 D_1 经 T_4、T_2 流到地，从而在位线 D_1 上产生一个负脉冲，位线 D_0 上没有负脉冲。反之，若原为存"0"，则在位线 D_0 上有负脉冲。根据哪条位线上有负脉冲可区分读出的是"0"还是"1"。

写入时，字选择线上加高电平，T_3 与 T_4 开启。若要写"1"，则在位线 D_0 和 D_1 上分别加高、低电平，使 B 点电位下降，T_1 截止，A 点电位上升，使 T_2 导通完成写"1"。若要写"0"，则在 D_1、D_0 线上分别加高、低电平，使 A 点电位下降，结果使 T_2 截止，B 点电位上升，T_1 导通，完成写"0"。

SRAM 存储元件中 MOS 管多，占硅片面积大，因而价格高、功耗大、集成度低；但无须刷新和读后再生；特别是它的读写速度快，其存储原理可看作 RS 触发器的读写过程。

2. 动态 RAM

从 6 管静态 RAM 电路可看出，即使存储元件不工作，也有电流流过。如 T_1 导通、T_2 截止时，有从电源经 $T_5 \rightarrow T_1 \rightarrow$ 地的电流流动。反之，则有从电源经 $T_6 \rightarrow T_2 \rightarrow$ 地的电流流动，因而功耗较大。

DRAM 利用电容 C_s 来保存信息，在信息保持状态下，存储元件中没有电流流动，因而大大降低了功耗。如图 5.8 所示，DRAM 阵列中一般采用单管动态存储元件作为存储元，其中，T 为字选门控管，读写时加选通脉冲使其导通。

读出时，若原为存"1"，则 C_s 上的电荷通过 T 在数据线上产生电流。反之，若原为存"0"，则无电流。由此可区分读出的是 0 还是 1。因为读出时 C_s 上电荷放电，电位下降，所以是破坏性读出，读后应有重写操作，称为"再生"。由于 C_s 不可能很大，所以 C_s 在数据线上放电产生的电流不会很大，而且由于寄生电容 C_d 的存在，

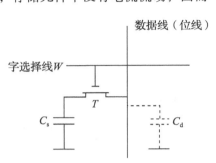

图 5.8　单管动态存储元件

放电时 C_s 上的电荷是在 C_s 和 C_d 之间分配，因此，读出电流值实际上非常小，故对读出放大器的要求较高。

写"1"时，在数据线上加高电平，经 T 对 C_s 充电；写"0"则在数据线上加低电平，C_s 充分放电而使其上无电荷。

由于电容上存储的电荷会缓慢放电，超过一定时间，就会丢失信息。因此必须定时给电容充电，这一过程称为**刷新**（refresh）。

DRAM 存储元件中 MOS 管少，占硅片面积小，因而价格便宜、功耗小、集成度高；但必须定时刷新和读后再生；特别是它的读写速度相对 SRAM 元件要慢，其存储原理可看作对电容的充、放电过程。

3. ROM

根据工艺的不同，ROM 分为 MROM、PROM、EPROM 和 EEPROM（E2PROM）等类型。**掩膜只读存储器（MROM）**中存储的信息由生产厂家在掩膜工艺过程中"写入"，用户不能修改；可编程只读存储器（PROM）结构如图 5.3 所示，出厂时内容全部为 0（半成品），用户可用专门的 PROM 写入器将信息写入，所以称为可编程型 ROM，但写入不可逆，某位写入 1 后，就不能再变为 0，因此称为一次编程型只读存储器；**可擦除可编程只读存储器（EPROM）** 允许用户通过某种编程器向 ROM 芯片中写入信息，并可擦除所有信息后重新写入，可反复擦除 – 写入多次；**电擦除电改写只读存储器**（EEPROM 或 E^2PROM）在读数据的方式上与 EPROM 完全一样，但它有一个明显的优点，即可用电来擦除和重编程，因此可以选择只删除个别字。市面上的 U 盘即使用 EEPROM 作为其存储介质。

5.1.3 FPGA 设计概述

现场可编程门阵列（Field Programmable Gate Array，FPGA）是另一种集成度更高的复杂可编程逻辑器件，设计者可通过软件对其进行配置和编程，并可反复擦写。在修改和升级时，只需要在计算机上修改和更新程序，从而使硬件设计工作转换为软件开发过程。这种软件开发方式缩短了硬件系统设计周期，提高了灵活性并降低了设计成本。因此，FPGA 设计是现代数字系统设计的一种重要方式。

FPGA 产品的提供者主要有 Xilinx（赛灵思）和 Altera 等几家公司。虽然不同公司的 FPGA 产品各有特点，但结构大体相同，都是基于**查找表**（Look-Up Table，LUT）技术构建的。在 FPGA 内部通常包含大量的逻辑单元，每个逻辑单元由若干查找表以及多路选择器、进位链、触发器等附加逻辑组成。通过对逻辑单元进行不同的配置，可实现组合逻辑、时序逻辑或 ROM/RAM 存储器。

图 5.9 给出了一个最简单的逻辑单元结构示意图，包含一个 4 输入查找表、一个多路选择器和一个触发器。其中，触发器可被配置（或编程）为寄存器或锁存器；多路选择器可被配置为选择该逻辑块的一个输入 X 或 LUT 的输出 Y；LUT 则可以被配置以实现任何逻辑功能。

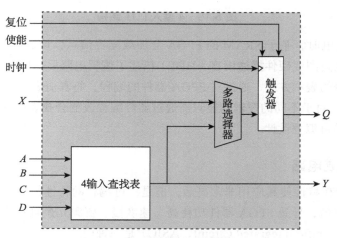

图 5.9　逻辑单元内部结构

LUT 本质上是一个 RAM，大部分 LUT 采用 SRAM 实现，包含若干个存储单元，用于实现一个小规模的逻辑函数，每个存储单元都可以存储一个逻辑 0 或 1，作为该单元的输出。图 5.9 所示的逻辑单元中使用的是一个 4 输入 LUT，可看成一个有 4 位地址线的 16×1 的 RAM，图 5.10 给出了 4 输入 LUT 的结构示意图。

LUT 输入端口 A、B、C、D 的值可以由 FPGA 芯片的引脚输入或内部信号给出，它们作为地址线连到 LUT。因为 LUT 中已经事先存入了所有可能的逻辑结果，所以通过地址即可查找到相应 Y 的值作为输出，从而实现组合逻辑功能。如图 5.10 所示，若 LUT 实现的逻辑

功能为 $Y = A\bar{B} + CD$，则只要根据真值表，将 Y 的取值存到 16×1 RAM 的 4 输入 LUT 中即可。对于时序电路，可以采用查找表加触发器的结构实现。

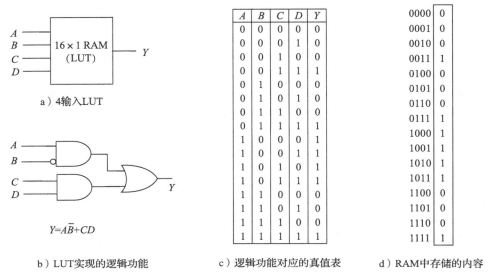

图 5.10　4 输入 LUT 结构

FPGA 芯片上电时，基于 SRAM 的 FPGA 会加载配置信息，该过程称为对器件的编程。设计者通过逻辑电路图或**硬件描述语言**（HDL）描述了逻辑电路后，EDA 工具会自动将逻辑电路转换成真值表的表示方式，通过对 FPGA 器件的编程，将真值表的结果加载到用作 LUT 的 SRAM 单元中。对于不同的逻辑功能只需通过器件编程改变查找表中存储的内容即可，从而实现了 FPGA 的可编程设计。

5.1.4　专用集成电路

FPGA 的可编程特性使其应用非常灵活，但是，可编程的特性使得 FPGA 芯片内部逻辑门的使用率大幅降低，导致 FPGA 器件功耗高、速度慢、资源冗余且价格昂贵。**专用集成电路**（Application-Specific Integrated Circuit，ASIC）是一种应特定用户要求和特定电子系统的需要而设计、制造的集成电路。

ASIC 分全定制和半定制两种。全定制设计需要设计者完成所有电路的设计。如果设计较为理想，全定制能够比半定制的 ASIC 芯片运行速度更快。半定制方式使用标准库里的标准逻辑单元（简称标准单元）进行设计，可以从标准逻辑单元库中选择小规模集成电路（SSI）（如门电路）、中规模集成电路（MSI）（如加法器、比较器等）、数据通路功能部件（如 ALU、存储器、总线等）、存储器，甚至系统级模块（如乘法器、微控制器等）和 IP 核等作为电路组件。因为这些标准逻辑单元是预先设计好的，而且设计较为可靠，所以设计者可以较方便地在此基础上完成系统设计。一般来说，半定制设计可以满足大部分需求，在性能要求较高时，电路中关键的部件才会采用全定制设计。

ASIC 的特点是面向特定用户的需求，在批量生产时，与通用集成电路相比，具有体积小、功耗低、可靠性高、性能高、保密性高、成本低等优点。

FPGA 和 ASIC 目前都是电子设计领域的主流产品，二者不同的技术特性决定了其不同的市场。ASIC 一般用于批量大的专用产品中，而 FPGA 则在小批量产品设计中占优势。

5.2　HDL 概述

硬件描述语言是一种用形式化方法来描述数字电路和设计数字逻辑系统的语言。利用这种语言可以从高层的抽象层到低层的实现层逐步描述所设计的模块，利用 EDA 工具进行仿真，再自动综合到门级电路，最后用 ASIC 或 FPGA 实现其功能。20 世纪 80 年代已出现了上百种硬件描述语言，其中，VHDL 和 Verilog HDL 两种 HDL 比较流行，先后成为 IEEE 标准。

5.2.1　VHDL 和 Verilog HDL

VHDL 是 VHSIC Hardware Description Language 的缩写，VHSIC 是 Very High Speed Integerated Circuit 的缩写，意为超高速集成电路，因此，VHDL 的中文译名应为超高速集成电路的硬件描述语言。VHDL 最初于 1981 年由美国军方组织开发，它由 Ada 语言发展而来，于 1987 年成为 IEEE 标准。

Verilog 由 Gateway Design Automation 公司于 1984 年作为一个用于逻辑模拟的编程语言而开发，于 1990 年成为公开的标准，并在 1995 年正式成为 IEEE 标准。Verilog 在 2005 年进行了较大规模扩展以简化特征，并更好地支持模块化设计与系统验证。

VHDL 和 Verilog HDL 作为描述硬件电路设计的语言，其共同的特点在于：能形式化地抽象表示电路的结构和行为；支持逻辑设计中层次与领域的描述；可借用高级语言的精巧结构来简化电路行为的描述；具有电路仿真与验证机制以保证设计的正确性；支持电路描述由高层到低层的综合转换；硬件描述与实现工艺无关；便于文档管理；易于理解和设计重用。

当然，二者也各有特点，目前版本的 VHDL 和 Verilog HDL 在行为级抽象建模的覆盖范围方面有所不同，Verilog HDL 在系统级抽象方面比 VHDL 略差一些，而在门级开关电路描述方面比 VHDL 强得多，但 VHDL 比 Verilog HDL 的语句更加冗长且不灵活。

与 VHDL 相比，Verilog HDL 的最大优点是：易于学习和掌握，只要有 C 语言的编程基础，就可以快速掌握并使用。而 VHDL 则较难掌握，需要有 Ada 编程基础并进行专业培训，才能掌握 VHDL 的基本设计技术。此外，Verilog HDL 拥有更广泛的应用群体，成熟的资源也远比 VHDL 丰富，一般工业界更倾向于使用 Verilog HDL，不过，也有一些公司仍然在使用 VHDL。

综上，Verilog HDL 作为学习 HDL 设计方法的入门和基础是比较合适的。学习和掌握

Verilog HDL 建模、仿真和综合技术不仅可以使读者对数字电路设计技术有更进一步的了解，而且可以为以后学习高级的数字系统设计打下坚实的基础。因此，本书主要介绍如何使用可综合的 Verilog HDL 来进行数字电路的设计开发。

5.2.2 基于 HDL 的数字电路设计流程

这里以一个与门作为简单例子对基于 HDL 的数字电路设计流程进行介绍。

1. HDL 编码

首先，根据目标电路的设计需求进行编码。与门电路的 Verilog 代码如下：

```
1  module top (
2    input a,
3    input b,
4    output c
5  );
6
7    assign c = a & b;
8
9  endmodule
```

在上述代码中，第 1 行的 module 是模块定义开始的关键字，top 是模块的名称，后面接模块的端口列表。第 2~4 行分别定义了 top 模块中的每一个端口，包括两个宽度为 1 位的输入信号 a 和 b，以及一个宽度为 1 位的输出信号 c。第 7 行的 assign 是关键字，表明这是一个连续赋值语句，将赋值号右边的电路输出接入赋值号左边的信号。在这里，赋值号右边是一个进行按位与操作的电路，将 top 模块的输入端口 a 和 b 进行按位与操作，并将这一操作的结果接入 top 模块的输出端口 c。第 9 行的 endmodule 是模块定义结束的关键字，表示 top 模块的结束。Verilog 语言的更多语法将会在 5.3 节中进行介绍。

2. 仿真

数字电路是有实体的，因此需要一定的加工和生产步骤才能制造出真正的数字电路。通常来说，数字电路的制造需花费数个月的时间，而且一旦完成生产，电路将难以更改。因此，为了保证数字电路设计的正确性，设计时需要验证编码所描述的电路的行为是否与所需目标电路一致。

仿真是一种通过软件来模拟数字电路行为的技术。借助仿真技术，数字电路的设计者可以在仿真软件中观察电路中信号的变化过程，并且检查这些变化是否符合预期。为了进行仿真流程，设计者通常还需要编写测试激励。**测试激励**是一个对待测试模块提供输入的模块，以此来驱动待测试模块进行工作。针对上述与门电路的例子，可以编写以下的测试激励。

```
1  module sim_top ();
2
3  reg a_in, b_in;
4  wire c_out;
```

```
5
6    top dut(
7      .a(a_in),
8      .b(b_in),
9      .c(c_out)
10     );
11
12     initial begin
13       a_in = 1'b0;
14       b_in = 1'b0;
15       # 2
16       b_in = 1'b1;
17       # 2
18       a_in = 1'b1;
19       # 2
20         $finish;
21     end
22
23     always @(*) begin
24         $display("a = %d, b = %d, c = %d", a_in, b_in, c_out);
25     end
26
27   endmodule
```

在 Verilog 中，测试激励也通过模块方式进行编写。第 1 行定义了测试激励的模块名称 sim_top，仿真开始前，一般需要指定测试激励的模块名称。通常，测试激励模块无须输入/输出端口，因为它并不是一个真正的电路模块，只需要从逻辑上告诉仿真软件如何驱动待测试模块即可。第 3 行定义了两个寄存器类型变量 a_in 和 b_in，第 4 行定义了一个网线类型变量 c_out，它们将分别用于驱动待测试模块的输入以及接收待测试模块的输出。

第 6 行对上述设计的与门电路模块进行**实例化**，其中 dut 是实例的名称。由于一个模块可能会有多个实例，可以使用实例的名称进行区分。第 7～9 行用于连接实例 dut 的输入/输出端口，具体地，将 a_in 和 b_in 分别连接到实例 dut 的输入端口 a 和 b，并将实例 dut 的输出端口接到 c_out。

第 12～21 行是一个 initial 代码块，其中 initial 是关键字，表示相应的代码块会在仿真启动时执行，begin 和 end 用于将包含其中的代码组成一个代码块。第 13～14 行分别给 a_in 和 b_in 赋值，其中 1'b0 表示宽度为 1 位的二进制常数 0。第 15 行是延迟控制说明符，#2 表示后续代码延迟 2 个时间单位再执行，因此 a_in 和 b_in 的值将会在 2 个时间单位内维持 0。第 16 行向 b_in 赋值 1 位的二进制常数 1。第 17～19 行的作用类似。第 20 行调用了一个系统任务 $finish，用于结束仿真。

第 23～25 行是一个 always 代码块，其中 always 是关键字，@(*) 是隐式事件列表，表示 a_in、b_in、c_out 中只要有一个变量的值发生变化时，代码块中的内容就会被执行。第 24 行调用了另一个系统任务 $display，用于在仿真过程中向控制台输出信息，其使用方式类似于 C 语言中的 `printf` 函数。第 27 行表示测试激励模块的结束。

在**仿真软件**（如 Vivado 仿真器或 ModelSim）中运行上述测试激励模块，可以观察到如图 5.11 所示的波形变化，以及控制台中输出的以下信息。

```
a = 0, b = 0, c = 0
a = 0, b = 1, c = 0
a = 1, b = 1, c = 1
```

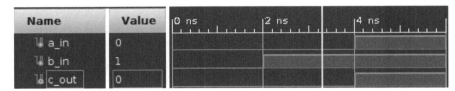

图 5.11　与门电路的仿真波形图

通过波形图和控制台的输出，设计者可以开展设计的验证工作，检查 HDL 代码的行为是否符合预期。上述例子的验证对象只有一个简单的模块，范围较小，称为**模块级验证**。数字系统一般由若干个模块组成，除了需要对每一个模块分别验证之外，还需要将所有模块连接起来，对整个数字系统进行整体验证，称为**系统级验证**。系统级验证会结合数字系统的应用场景，例如若设计的数字系统是一个处理器，那么在系统级验证中一般会在仿真环境中运行一些程序，来观察这些程序的运行结果是否符合预期。

3. 综合

由于 EDA 工具无法直接理解 HDL 编写的内容，因而需要先将 HDL 代码的描述转换成一种更接近电路的底层描述，EDA 工具才能继续进行后续的处理。这个转换过程称为**综合**，由 EDA 工具中的综合工具来完成，转换之后的底层描述称为**网表**（netlist）。

综合的过程可以大致分为以下几步。

① 代码解析（parsing）。根据语言规范对 HDL 代码进行解析，并生成类似高级语言编译器的抽象语法树，它包含了 HDL 代码中的层次结构信息。如果代码有错误，综合工具将会报错。

② 多级综合（multi-level synthesis）。将解析到的层次结构信息转换成电路描述，例如，上述与门模块中的 assign 语句，此时会被转换成真正的与门描述。为了可以描述任意复杂的数字电路，多级综合一般会采用既简单又完备的描述方式。例如，可以证明，在不考虑输入变量极性（即包含正向和反向输入）的情况下，任意数字电路都可以通过与门和或门的组合来表示，综合工具在这一阶段中可以选择将层次结构信息转换成与门和或门的组合。对于复杂的数字系统，此时将会得到一个由与门和或门组成的巨大网络。在多级综合的过程中，综合工具还会尝试对电路进行一定的优化，例如去掉不可达（不使用）的电路，或者进行常数传播（如若与门的一端输入恒为 0，则其输出也恒为 0），来提高电路的质量。

③ 工艺映射（technology mapping）。将电路描述进一步转换成特定工艺的标准单元，输出网表。标准单元是工艺相关的，由晶元厂商以提供标准单元库的方式提供，使用不同的工艺需要使用不同的标准单元库。综合工具在这一阶段中需要读取标准单元库的信息，然后与多级综合的结果进行模式匹配，完成到标准单元的映射。

需要注意的是，网表中的标准单元最后会参与电路的生产环节，并在实体上以晶体管的形式存在于产出的电路芯片中。但并不是所有 HDL 代码都能够被转换成相应的电路和标准单元。例如，对于上述测试激励中的 $display 系统任务，在仿真过程中，它的本质是一次函数调用，用于往仿真软件的控制台输出信息，综合工具无法将其转换成电路和标准单元。这样的 HDL 代码称为**不可综合代码**，而可以被综合工具识别并转换的 HDL 代码则称为**可综合代码**。一般来说，综合工具将会忽略仿真相关的不可综合代码，若遇到设计相关的不可综合代码（如组合逻辑电路中含有回路），则综合工具将会报错。

4. 物理设计

网表描述了电路需要由哪些标准单元如何连接而成。为了得到一个可运行的电路，还需要确定这些标准单元和连线的具体位置，这一过程称为物理设计。一般来说，物理设计主要包含以下过程。

① 布局（placement）。确定每个标准单元在三维空间中的位置。

② 布线（routing）。根据网表中描述的标准单元之间的连接关系，在三维空间中通过物理走线将相应的标准单元连接起来。

③ 静态时序分析（static timing analysis）。根据标准单元和走线的延时信息，分析布局布线的结果，报告电路能运行的最大频率和每条路径的延时情况。其中延时最长的路径称为关键路径，它是阻碍电路频率进一步提升的瓶颈，设计者可以根据关键路径的信息对电路设计进行迭代优化。

④ 电路和规则检查。主要包括版图和原理图的一致性检查（Layout Versus Schematics，LVS），以及设计规则的检查（Design Rule Check，DRC）。其中 DRC 主要进行一些物理层次的检查，比如检查是否存在两根线距离太近而可能发生短路等。

⑤ 生成物理设计结果。对于 ASIC 流程，将会生成版图文件；而对于 FPGA 流程，将会生成相应的比特流文件。

本书主要介绍如何使用 Verilog 编写简单的可综合代码，对于上述综合和物理设计的流程，读者简单了解即可，无须深入掌握其原理。

5. 投片生产或 FPGA 验证

对于 ASIC 流程，将版图文件交付给晶元厂商后，厂商就会根据版图文件来生产相应的电路芯片；而对于 FPGA 流程，将比特流文件下载到 FPGA 设备上后，就可以将 FPGA 配置成目标电路的逻辑，用户就可以在 FPGA 上开展系统级的验证工作。

5.3 Verilog 语言简介

由于 Verilog 本质上是一门电路建模语言，一开始的设计初衷是用来对电路中的各种行为和事件进行建模，因此语言特性中将会包含一部分不可综合的要素。后来人们使用 Verilog 来进行可综合的数字电路设计，也仅仅采用了语言特性中的一部分子集，赋予其描述相应电路的语义。Verilog 初学者需要区分这两者，以避免在电路设计中编写出不可综合的代码。

本书仅介绍 Verilog 中一部分可综合的语言特性，以便为后续章节的阅读打下基础，而并未覆盖 Verilog 中所有的可综合语言特性。

5.3.1 模块、端口和实例化

模块（module）是采用 Verilog 进行设计和编程的基本单元。模块的定义格式如下：

```
module 名称 (端口定义列表);
    内部信号定义
    语句功能描述
endmodule
```

一个 Verilog 源文件中可以有多个模块，且对排列顺序不做要求。

一个模块可以表示一个存在物理边界的对象，如标准单元；或者特定功能逻辑部件，如处理器中的算术运算单元；甚至是整个数字系统，如设计的顶层模块。模块通过输入和输出端口被高层的模块调用，在端口定义列表中，通过 input 关键字定义模块的输入端口，用于连接输入模块内部的信号；通过 output 关键字定义模块的输出端口，用于连接输出到模块外部的信号。

一个模块可以被实例化多次。可通过实例化语句来描述一个模块的实例。实例化语句的语法如下：

```
组件或模块名称 实例标识符 (端口关联列表);
```

在一个模块内，实例标识符必须唯一。实例标识符也可以省略，此时仿真器或综合器会自动生成唯一的标识符。**端口关联列表**可以采用两种形式给出：①按顺序关联，关联列表中的表达式按照端口在基本组件或模块中定义的顺序进行关联，类似于 C 语言函数调用时实参按照函数原型的形参顺序进行关联；②按名字关联，关联列表中显式给出每个表达式所关联的端口名，此时可以不按照端口在基本组件或模块中定义的顺序来排列。

通常端口数量较少时，采用较为简洁的按顺序关联方式。端口数量较多时，则采用按名字关联方式，一方面可以提高可读性，很容易看出实例中与每个端口关联的信号；另一方面，在模块端口定义的数量增加或者顺序调整时，也不会影响实例中其他端口的关联。

例如，5.2.2 节的 sim_top 模块定义中，第 6～10 行就是一个实例化语句，在端口关联列表中，通过按名字关联方式，将 a、b、c 三个端口分别与 a_in、b_in、c_out 三个信号关联，对 top 模块进行实例化。这里，sim_top 是被实例化的模块 top 的父模块，即 top

是 sim_top 的子模块。因此，模块实例化建立了父模块的信号和子模块的端口之间的关联。

在 3.1.1 节中提到，可将数字逻辑电路内部看成由若干元件和若干结点互连而成，每个结点是若干连线的汇集点，汇集于同一结点的所有连线上传输的是同一个信号。因此，数字电路可以简单归纳为两类要素：元件和结点（或连线）。其中，元件可以抽象成模块，而汇集于同一结点的物理连线则代表同一个信号，它描述了多个元件或模块之间应该如何连接。因此，数字电路设计工作可归纳为：实例化元件或模块并用线将它们连接起来。模块可以通过端口隐藏内部的实现细节，这为数字电路设计提供了很大的灵活性：只要端口的含义保持不变，模块内部的修改并不会影响外部环境。

这为自顶向下的结构化建模方法提供了基础。对于一个复杂的系统，人们一般很难在短时间内精准理解其中的每一处细节。若需设计、开发、维护一个复杂的数字系统，设计者和开发者必须借助抽象的思想，将复杂的数字系统分解成若干模块，并通过模块和端口的定义将每个模块的功能抽象出来，而不是立刻关注模块的内部实现。

对于架构设计者来说，这种自顶向下的结构化建模方法有助于通过全局的视角把握整个系统的设计；而对于开发者来说，这样可以使得系统的开发过程变得模块化。在明确各模块的功能之后，开发者可以专注于开发自己负责的模块，而不会影响其他模块的开发，也不会受到其他模块开发的影响；即使是对模块进行测试和调试，也可以得益于模块之间的独立性，快速定位问题。而对于每一个模块的设计，也可以运用同样的思想和方法，把模块分解成若干子模块。分解过程可以一直进行，直到子模块的功能和实现都容易被人们理解。

5.3.2　标识符、常量和注释

1. 标识符

任何用 Verilog 语言描述的"对象"都通过其名字来识别，这个名字被称为**标识符**，如模块名、端口名、变量名、实例名等，变量名区分大小写。

Verilog 定义了若干**关键字**，用于组织语言结构或定义门元件（原语），由小写字母组成，例如，上述提到过的 always、assign、module 等。标识符不能与关键字同名，以字母或下划线开头，可包含字母、数字、下划线和美元 $ 符号。例如，A_99_Z、Reset、_54MHz_Clock$、Module 都是合法的标识符；而 123a、$data、module、7seg.v 则均为非法标识符。

标识符命名时应采用有意义的名字，如 Sum、CPU_addr 等。可用下划线加前缀/后缀表示特定意义，例如，用 Clk 前缀表示时钟信号，如 Clk_50，Clk_CPU 等；用 _n 后缀表示低电平有效信号，如 Enable_n 等。还可以采用约定的统一缩写，如全局复位信号都用 Rst 表示。另外，同一个信号的命名在不同层次要保持一致性，例如，同一个时钟信号的命名必须在各模块保持一致；各模块都用大写表示参数，如用 SIZE 表示长度参数。

2. 常量

在 Verilog 中，使用较多的是**整数常量**，而**实数常量**则较少使用。整数常量的表示为：

```
<size>'<base><value>
```

其含义说明如下。

① size 为常量的二进制位数，用十进制数表示，缺省为 32。

② base 指定常数的基，可为二（b）、八（o）、十（d）、十六（h）进制，缺省为十进制。

③ value 指定进位制中的任意有效数字，可通过下划线 "_" 来分隔数字，用于提升可读性。例如，8'b1010_1011 表示 8 位二进制常量 1010 1011，真值为 171；64'hff01 表示 64 位十六进制常量，真值为 65281；9'O17 表示 9 位八进制常量，真值为 15。

基（base）和十六进制数字（value）中的字母无大小写之分，例如，4'Ha 和 4'hA 均表示真值为 10（对应十六进制的 a 或 A）的 4 位二进制整数。当 value 的宽度大于指定位数时，截去高位，例如，2'b1101 实际表示的是 2'b01。

value 中除数字外，还可以包含 x（非法值或不定态）和 z（浮空值或高阻态），如 2'b1x。在可综合电路中，每一位或是 0 或者是 1。对于 x 和 z，不同的综合工具会有不同的处理方式，有的会把不定态作为模糊匹配，而有的则会报错。为便于 Verilog 代码的移植，不建议在电路设计中使用不定态和高阻态。

3. 注释

Verilog 支持两种注释方式，一种是以 "//" 开头的单行注释，另一种是以 "/*" 和 "*/" 界定的多行注释。

5.3.3 数据类型

数据类型用来表示数字电路中数据存储和传送的方式。Verilog 中主要使用以下几种数据类型。

① 网线类型（net）：用于表示元件或模块之间的物理连接。在可综合电路中，最常用的是 wire 类型。Verilog 还定义了其他网线类型，但大部分不可综合或在可综合电路中很少使用。

② 寄存器类型（register）：表示抽象的存储元件。在可综合电路中，最常用的是 reg 类型。Verilog 还定义了其他寄存器类型，但在可综合电路中很少使用。

③ 参数类型（parameter）：用于给常量赋予有意义的标识符，提高可读性。

1. wire 类型

wire 类型用于表示元件或模块之间的物理连接，对应物理电路中的连线。wire 类型变量需要被持续驱动，驱动源可以是门的输出或模块的输出端口。这一要求符合物理电路的特性，因为物理电路中的连线用于传输电信号，传输的源头就是连线的驱动源。在 Verilog 中，wire 类型变量的值等于驱动源的值，因此也可以把 wire 类型变量当作驱动源的一个别名。

声明 wire 类型变量主要有两个用途，一是用于指定模块的输入和输出端口，二是声明将要在模块内的结构描述中建立的连通性信号。

在 Verilog 中，没有声明的 wire 类型变量缺省为 1 位的 wire 类型。因此，若在代码中键入了错误的变量名,仿真工具和综合工具可能不会报错 (但可能会给出警告),而是默认将其按照 1 位的 wire 类型来处理,因而可能会导致电路设计结果与预期不符。

2. reg 类型

reg 用于表示存储元件,根据使用方式的不同,对应物理电路中不同的存储元件。通常,寄存器类型变量可以随着电路的运行而被赋予新值,在赋新值之前,寄存器变量将保持上一次赋值的结果。这一特性与时序逻辑电路中的触发器和锁存器非常相似,因此,可使用 reg 类型变量描述触发器和锁存器。

3. 向量和数组

Verilog 允许多个 1 位信号组成一个整体进行操作,这样的整体称为向量,向量的长度称为位宽。相应地,单个 1 位信号称为标量。向量通过有序界来定义,一次可以定义多个位宽相同的向量,如:

```
wire[7:0] a;            // 一根位宽为 8 的连线 a
reg[31:0] rdata, wdata;  // 两个位宽为 32 的寄存器 rdata 和 wdata
```

其中,wire 类型向量对应一组位宽为多个比特的连线,reg 类型向量对应一个位宽为多个比特的寄存器。向量可以整体引用,也可以通过下标只引用其中的一部分,如 a[1] 表示引用向量 a 的第 1 位,word[7:0] 表示引用向量 word 的低 8 位,所引用的部分下标范围称为子界范围。

对于可综合电路来说,通常,子界范围通过常量给出,其范围选取操作相当于一个信号分线器,用于抽取向量信号的一部分分量,并不生成额外的逻辑门器件。若子界范围通过变量给出,则可能无法进行综合。例如,Vivado 的综合器允许将单个变量作为下标,此时将综合出位选择电路,用于从向量信号中选择一位。位选择电路本质上是一个 1 位多路选择器,向量的每一位会分别连接到多路选择器的输入,下标变量会连接到多路选择器的控制信号,多路选择器的 1 位输出作为位选择电路的输出。若子界范围的位宽超过 1,并且含有变量,如 word[b:0],Vivado 的综合器将会报错,表示无法将其综合成真正的电路。

若有序界位于变量名之后,则可以定义数组变量。例如,wire b[2:0] 表示数组 b 包含 3 根位宽为 1 的连线;reg r[9:0] 表示数组 r 包含 10 个位宽为 1 的寄存器。

引用时,数组变量不能整体进行操作,也不能引用其中的子界范围,而只能引用其中的一个元素,如 b[1]、r[4] 等。因此,reg 类型数组可用于描述物理电路中的存储器,其用法为:

```
reg[MSB:LSB] <memory_name> [first_addr:last_addr];
```

其中,[MSB:LSB] 用于定义存储器中每个字的位宽 (即字长),[first_addr:last_addr] 用于定义存储器的地址范围 (即深度)。地址范围的定义可以从高地址到低地址,也可以从低地址到高地址。例如:

```
reg[15:0] mem [1023:0];              // 1K×16 b 存储器 mem
reg[7:0] queue ['hFFFE:'hFFFF];      // 2×8 b 存储器 queue
```

引用时，可以通过元素的地址存取存储器中的一个字，这一操作对应于电路中的存储器寻址。如 mem[5] 表示存取其中地址为 5、位宽为 16 的元素。

4. parameter 类型

parameter 类型用于声明一个参数，通常用于表示有名字的常量，以提升代码的可读性。参数的定义是局部的，作用域是当前模块。如：

```
parameter WORD_WIDTH = 16, ADDR_WIDTH = 10;
parameter ADDR_MAX = 2 ** ADDR_WIDTH;
reg [WORD_WIDTH - 1:0] mem [ADDR_MAX - 1:0];
```

5. 模块端口类型

由于模块实例化建立了父模块信号和子模块端口之间的关联，这种关联在电路意义上可被看作物理连接，因此父模块信号和子模块端口的类型选择均有相应的要求。具体地，对子模块输入端口的关联，可看作从父模块信号到子模块输入端口的物理连接，因此，子模块输入端口只能定义为 wire 类型，而模块实例化时，可将与子模块输入端口关联的父模块信号看作物理连接的驱动源，可为 wire 类型或者 reg 类型；对子模块输出端口的关联，可看作从子模块输出端口到父模块信号的物理连接，因此，模块实例化时，与子模块输出端口关联的父模块信号只能定义为 wire 类型，而可将子模块输出端口看作物理连接的驱动源，可为 wire 类型或者 reg 类型。

此外，端口的定义和关联还需要注意以下几个方面。

① 模块端口可以定义成向量，但不能定义成数组。

② 允许关联信号的位宽与端口位宽不同，此时仿真器和综合器一般会给出警告，需要设计者仔细检查并排除警告。

③ 允许端口保持未关联状态。可认为未关联的输出端口是不被使用的，而未关联的输入端口，其缺省值为高阻态。高阻态并非可综合电路的特性，因此，一般综合器会使用 0 作为缺省值。这样，对于低电平有效的未关联输入端口来说，缺省值为 0 可能会使该输入端口一直有效，从而导致非预期的结果，因此模块实例化时应避免使输入端口处于未关联状态。

以下给出的模块举例中，指出了正确的和错误的端口定义和关联。

```
module Right (
  input in1,                // 正确，未声明数据类型时缺省为 wire 类型
  input wire in2,           // 正确，输入端口只能为 wire 类型
  input [3:0] in3,          // 正确，端口可定义成向量
  output out1,              // 正确，未声明数据类型时缺省为 wire 类型
  output [3:0] out2,        // 正确，端口可定义成向量
  output reg [1:0] out3     // 正确，输出端口可为 reg 类型
);
  ......
```

```
endmodule

module Wrong (
  input reg in1,              // 错误，输入端口只能为 wire 类型
  output out1 [2:0]           // 错误，端口不能为数组类型
);
  ......
endmodule

module Top (
  ......
);
  wire w1, w2;
  wire [3:0] wv1;
  wire [1:0] wv2;
  reg r1, r2;
  reg [3:0] rv1;
  ......
  Right right (
    .in1(w1),                 // 正确，输入端口可与 wire 类型信号关联
    .in2(r1),                 // 正确，输入端口可与 reg 类型信号关联
    .in3(rv1),                // 正确，输入端口可与 reg 类型信号关联且位宽与端口定义一致
    .out1(w2),                // 正确，输出端口只能与 wire 类型信号关联
    .out2(wv1),               // 正确，输出端口只能与 wire 类型信号关联且位宽与端口定义一致
    .out3(wv2)                // 正确，输出端口只能与 wire 类型信号关联且位宽与端口定义一致
  );

  wire [5:0] too_long;
  Right warning_or_wrong (
    .in1(1'b0),               // 正确，输入端口可与常量关联
    .in2(),                   // 正确但有警告，输入端口可处于未关联状态
                              // 输入端口 in3 未给出，正确但有警告，输入端口可处于未关联状态
    .out1(r2),                // 错误，输出端口不能与 reg 类型信号关联
    .out2(),                  // 正确，输出端口可处于未关联状态
    .out3(too_long)           // 正确但有警告，向量位宽与端口定义不一致
                              // too_long[5:2] 将处于未关联状态
  );
endmodule
```

5.3.4 运算符及其优先级

数字电路设计中的数据本质上是位串，但 Verilog 默认按无符号整数来解释其语义。事实上，人们说"信号 a 的值为 5"时，本质上是在说"信号 a 的值是位串 101"。

Verilog 中数据类型的含义与高级编程语言中的数据类型含义不同，前者表示的是数字电路中数据存储和传送的方式，如 reg 类型可以存储值，wire 类型可以传送信号，而并不像后者用于说明数据是带符号整数类型还是浮点数类型等。

对于可综合电路来说，HDL 中描述的任何含义和行为，都应由相应的电路结构来实现。虽然 Verilog 语言的语法和 C 语言的非常类似，使得一些了解 C 语言的学习者很容易上手，

但是，两者描述的对象截然不同，高级编程语言描述的是程序的执行流程，而 HDL 描述的是电路的物理结构。如果按照程序设计思想编写 Verilog 代码，就非常容易编写出不可综合的代码，或者可能综合出非预期的电路。

Verilog 中每一种运算符都有其对应的电路结构，按照对应电路的功能可将运算符分为以下 9 类。

1. 算术运算符

算术运算符包括 "+" "-" "*" "/" 和 "%"，分别进行加、减、乘、整除和取模运算。算术运算符均为双目运算符。其中，"+" 和 "-" 运算结果的位宽为两个操作数中位宽较长者再加 1，多出来的一位用于表示进位或借位；"*" 运算结果的位宽为两个操作数的位宽之和；"/" 和 "%" 运算结果的位宽与第一个操作数的位宽相同。

"+" 和 "-" 运算符将综合出补码加减运算电路。"*" 将综合出阵列乘法器电路。有关补码加减运算器和阵列乘法器在第 6 章介绍。

对于 "/" 和 "%" 运算符，不同的综合器可能会有不同的处理，有的综合器将会生成阵列除法器电路，不支持 "/" 或 "%" 运算符的综合器将会报错。

阵列乘法器和阵列除法器都是组合逻辑电路，由于乘法和除法相对复杂，因而阵列乘法器和阵列除法器的电路延迟比较大，不利于频率的提升。在面向高性能的处理器设计中，一般会编写其他类型的乘法器和除法器来提升电路的性能，而不直接使用 "*" "/" 和 "%" 这些运算符。

2. 位运算符

位运算符包括 "~" "&" "|" "^" 和 "^~"（或 "~^"），分别进行按位取反、按位与、按位或、按位异或和按位同或运算。除 "~" 为单目运算符外，其余皆为双目运算符。位运算结果的位宽与操作数的位宽相同，若两个位宽不同的操作数进行位运算，位宽较短的操作数将先进行零扩展（即高位补 "0"），然后再进行运算。

"~" 运算符将综合出数量与位宽相同的一个或多个非门。例如，若信号 a 的位宽为 4，则 ~a 将会综合出 4 个非门，信号 a 的 4 位分别连接 4 个非门。

位运算符 "&" "|" "^" 和 "^~"（或 "~^"）将综合出数量与位宽相同的一个或多个门电路，分别是与门、或门、异或门和同或门。

3. 归约运算符

归约运算符包括 "&" "~&" "|" "~|" "^" 和 "^~"（或 "~^"），分别进行与归约、与非归约、或归约、或非归约、异或归约和同或归约运算。归约运算符均为单目运算符，无论操作数的位宽是多少，归约运算结果的位宽均为 1。

归约运算的运算过程如下：先将操作数的最低位与次低位进行与、或、异或运算，再将运算结果与上一个次低位进行相同的运算，依次类推，直至最高位。例如，若信号 a 的位宽为 4，则 &a = ((a[0] & a[1]) & a[2]) & a[3]。

归约运算符 "&""|" 和 "^" 将分别综合出一个输入端口数量与操作数位宽相同的与门、或门和异或门。例如，若信号 a 的位宽为 4，则 &a 将会综合出一个 4 输入的与门，信号 a 的 4 位分别连接该与门的 4 个输入端，最后输出 1 位结果。

归约运算符 "~&""~|" 和 "~^" 各自综合出的电路分别等价于在 "&""|" 和 "^" 综合出的与门、或门和异或门之后再添加一个非门。

4. 逻辑运算符

逻辑运算符包括 "&&""||" 和 "!"，分别进行逻辑与、逻辑或和逻辑非运算。除 "!" 为单目运算符外，其余皆为双目运算符。逻辑运算将操作数当作布尔值，真值为零的操作数为假（false），真值为非零的操作数为真（true）。无论操作数的位宽是多少，逻辑运算结果的位宽均为 1。

操作数到布尔值的转换可通过归约运算符来实现。具体地，|a 为 1'b1 当且仅当 a 的真值不为零。特别地，当 a 的位宽为 1 时，|a 的结果为 a 本身。

逻辑运算符的行为可以通过归约运算符和位运算符表达，从而得到逻辑运算符综合出的电路。例如，以下等式左边的逻辑运算符的行为可根据右边的表达式进行综合。

```
a && b = (|a) & (|b)
a || b = (|a) | (|b)
!a = ~(|a)
```

5. 等式运算符

等式运算符主要包括 "=="和 "!="，分别进行等于判断和不等于判断。等式运算符皆为双目运算符。等式运算将两个操作数的每一位分别进行比较，若均相同，结果为 1，否则为 0。若两个位宽不同的操作数进行等式运算，位宽较短的操作数将先进行零扩展（即高位补 "0"），然后再进行运算。无论操作数的位宽是多少，等式运算结果的位宽均为 1。

等式运算符的行为可以通过归约运算符和位运算符表达，从而得到等式运算符综合出的电路。例如，以下等式左边的等式运算符的行为可根据右边的表达式进行综合。

```
(a == b) = ~(|(a ^ b))
(a != b) = |(a ^ b)
```

等式运算符还包括 "===" 和 "!==" ，用于支持不定态和高阻态的相等判断。但由于不定态和高阻态均不属于可综合电路的概念，故 "===" 和 "!==" 为不可综合的运算符。

6. 关系运算符

关系运算符包括 "<""<="">" 和 ">="，分别进行小于、小于等于、大于和大于等于判断。关系运算符皆为双目运算符，用于对两个操作数进行数值上的判断，若关系为真，结果为 1，否则为 0。无论操作数的位宽是多少，关系运算结果的位宽均为 1。

关系运算符将综合出带标志位的补码加减运算电路，电路进行减法操作，最后通过输出标志位来判断关系的真假。带标志位的补码加减运算电路将在第 6 章介绍。

7. 位拼接运算符

位拼接运算符"{ }"用于将两个或多个信号按顺序拼接起来，它是唯一一个操作数数量可变的运算符，操作数之间用"，"分开。位拼接运算结果的位宽为所有操作数的位宽之和。对一个操作数进行多次拼接时，可采用重复表示法"{n{m}}"，表示将操作数 m 重复拼接 n 次，其中 n 只能为常量表达式。例如，若 a = 2'b11，b = 4'b1101，则 {a, b[1:0], 3'b0} = 7'b1101000，{a, {2{c, b}}} = {a, c, b, c, b}。

常量的位宽缺省为 32，因此，{1, 0} = {32'd1, 32'd0} = 64'h00000001_00000000，而不是 2'b10。

位拼接运算符的行为相当于一个信号集线器，可将多个信号按照顺序排列，以组成一个新的向量信号，因此并不综合出额外的逻辑门器件。

8. 移位运算符

移位运算符包括"＞＞"和"＜＜"，分别进行逻辑右移和逻辑左移运算。移位运算符皆为双目运算符。移位运算将对运算符左边的操作数进行右移或左移，移位位数由右边的操作数给出，并用相应数量的 0 填补移出的空位。对于右移，结果位宽和被移位操作数的位宽相同；对于左移，结果位宽为被移位操作数的位宽加上左移的位数。因此，右移会丢失被移出的位，而左移不会丢失。例如，4'b1001 ＞＞ 3 = 4'b0001；4'b1001 ＜＜ 2 = 6'b100100；1 ＜＜ 4 = 36'10000。

若移位位数为常量，则移位运算符的行为可通过位拼接运算符和下标选择来表达。假设被移位操作数 a 的位宽为 wa，移位位数为 b，wa 和 b 皆为常量，则以下等式左边的移位运算符的行为可根据右边的表达式进行综合。

```
(a >> b) = {{b{1'b0}}, a[wa-1:b]}
(a << b) = {a, {b{1'b0}}}
```

若移位位数为变量，移位运算符将综合出移位器电路。这里移位器是一个组合逻辑电路，如桶形移位器。

9. 条件运算符

条件运算符是"?:"，用于进行条件运算。条件运算符是唯一的三目运算符，其用法是"条件？表达式 1: 表达式 2"。条件运算先判断条件的真假，若条件为真，则将表达式 1 的结果作为条件运算的结果；若条件为假，则将表达式 2 的结果作为条件运算的结果。条件运算结果的位宽与表达式的位宽相同，若两个表达式的位宽不同，则位宽较短的表达式将进行零扩展。

条件运算符将综合出二路选择器，输入和输出的位宽与表达式的位宽相同，条件对应的电路输出将作为二路选择器的控制信号，表达式 1 和表达式 2 分别作为二路选择器的输入端，二路选择器的输出即为条件运算的结果。

若表达式中含有多个不同的运算符，需要根据运算符的优先级确定表达式的行为。

表 5.1 给出了上述所有运算符的优先级。

表 5.1　运算符的优先级

类别	运算符	优先级
逻辑、位运算符	! ～	高
算术运算符	* / %	
	+ -	
移位运算符	<< >>	
关系运算符	< <= > >=	
等式运算符	== ! = === !==	
归约、位运算符	& ～&	
	^ ^～或～^	
	| ～|	
逻辑运算符	&&	
	||	
条件运算符	?:	低

为提高代码的可读性，在编写表达式时应尽量使用括号来显式地表示预期的行为，例如，可将"!a‖a＞b"改写成"(!a)‖(a＞b)"，这样可以使电路的行为一目了然。同时，也可以避免因记忆错误而导致综合出的电路产生与预期行为不符的结果。例如，对于表达式"1＋a≪2"，按照运算符的优先级，其行为等价于"(1＋a)≪2"。若预期行为是"1＋(a≪2)"，则综合出的实际电路和预期行为不符。

5.4　Verilog 的建模方式

5.4.1　三种建模方式

Verilog 对电路的描述主要有三种建模方式，分别是结构化建模、数据流建模和行为建模。它们分别对应电路的三种抽象视角，各有其优缺点。

1. 结构化建模方式

结构化建模方式将电路描述成一个分级的子模块系统，并通过逐层调用子模块来构成功能复杂的数字系统。根据子模块不同的抽象级别，可以将结构化建模方式分成以下三类。

① 模块级结构化建模。通过调用由用户设计的子模块来对电路进行建模，此时一个模块由低层子模块的实例组成。

② 门级结构化建模。通过调用 Verilog 内建的基本门级元件（如与、或、非门）来对电路进行建模，此时一个模块由 Verilog 内建的基本门级元件的实例组成。

③ 开关级结构化建模。通过调用 Verilog 内建的基本开关元件（如晶体管等）来对电路进行建模，此时一个模块由 Verilog 内建的基本开关元件的实例组成。

5.3.1 节已经对模块级结构化建模进行了介绍，而开关级结构化建模的抽象层次较低，需要掌握晶体管等低层电路特性才能使用，数字系统的设计者一般无须关心。本节对门级结构化建模稍作介绍。

Verilog 内置的基本门级元件有 26 种，常用的有以下 8 种：非门（not）、与门（and）、与非门（nand）、或门（or）、或非门（nor）、异或门（xor）、等价门（也称同或门）（xnor）、缓冲门（buf）。这些门级元件需要通过实例化语句来使用。

下面给出一个门级结构化建模的例子。图 5.12 是一个 1 位四路选择器的门级结构。

若采用门级结构化建模，其 Verilog 代码如下：

```verilog
module mux4_to_1 (
  // 端口声明
  output y,
  input d0, d1, d2, d3,
  input s0, s1
);
  // 内部网线声明
  wire y0, y1, y2, y3;
  wire s1_n, s0_n;
  // 调用非门，生成 s1_n 和 s0_n
  not (s1_n, s1);
  not (s0_n, s0);
  // 调用三输入与门
  and (y0, d0, s1_n, s0_n);
  and (y1, d1, s1_n, s0);
  and (y2, d2, s1, s0_n);
  and (y3, d3, s1, s0);
  // 调用四输入或门
  or (y, y0, y1, y2, y3);
endmodule
```

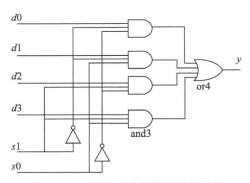

图 5.12　1 位四路选择器的门级结构

从上述例子可看出，门级结构化建模方式基本上相当于电路的门级结构图的直接翻译。门级结构化建模方式的优点是，可以对电路的结构进行精确的控制，在关键路径的优化上可以起到明显的效果。不过，当电路规模增大时，使用门级结构化建模方式会变得非常烦琐，容易出错，代码维护困难。因此，目前绝大部分项目不从门级角度进行设计，只有在追求极致性能时才会采用门级结构化建模方式对电路中的关键部分进行优化。

2. 数据流建模方式

数据流建模方式从数据的视角出发，通过描述数据在电路中的流动方向来描述电路的功能，因而数据流建模方式可用于对组合逻辑电路进行描述；而时序逻辑电路涉及数据的存储和更新，因而不适合采用数据流建模方式。

数据流建模方式主要通过连续赋值语句进行建模。**连续赋值语句**的语法为：

```
assign 网线 = 表达式；
```

其含义是，用赋值号右边的表达式所描述的电路的输出来驱动赋值号左边的网线。赋值号右边可以是任意有效的表达式，数据类型既可以包含 wire 类型，也可以包含 reg 类型；赋值号左边的网线则可以是一个标量或向量的 wire 类型变量，或者是多个 wire 类型变量的位拼接，但不能是 reg 类型变量。

使用连续赋值语句时，需要注意以下几点。

① 多个连续赋值语句之间是并行关系，所描述的电路与这些语句之间的位置顺序无关。如

```
assign a = b + c;
assign b = c & d;
```

和

```
assign b = c & d;
assign a = b + c;
```

所描述的是相同的电路。

② 在 Verilog 中一个未定义的信号缺省为位宽为 1 的 wire 类型。因此，在连续赋值语句中对一个未定义的变量进行赋值，相当于对一个位宽为 1 的 wire 类型变量进行驱动，若此时赋值号右边的表达式结果为向量，则会发生位宽的截断，造成电路行为与预期不符。对于位宽的截断，一般综合器会给出警告，但不会报错。

③ 不能对相同的网线进行重复驱动。在物理电路中，一根网线有其唯一的驱动源。因此，在代码中对相同的网线进行重复驱动是一种违反电路规律的描述，综合器将会报告"多驱动"的错误或警告。若在警告的场合下继续综合，将会生成功能错误的电路。

④ 所描述的电路不能出现组合回路。组合回路是指一条只由组合逻辑电路构成的回路，一般只会在比较特殊的电路结构中使用，如反馈振荡电路。综合器一般都有检查组合回路的功能，若检测到电路中存在组合回路，将会给出警告或者报错。

除了直接使用连续赋值语句来驱动一个 wire 类型变量之外，也可以在定义该变量的同时给出驱动它的表达式，其语法为：

```
wire 类型变量名 = 表达式；
```

其效果等价于先定义网线变量，然后再使用连续赋值语句来驱动该变量。

此外，对模块实例的输入端口进行关联，本质上也是一种连续赋值语句，但无须显式写出 assign 关键字，因此称为隐式连续赋值语句。

对于图 5.12 中的电路，若采用数据流建模方式，其 Verilog 代码如下：

```
module mux4_to_1 (
  output y,
  input d0, d1, d2, d3,
  input s0, s1
);
  assign y = (~s1 & ~s0 & d0) | (~s1 & s0 & d1) | (s1 & ~s0 & d2) | (s1 & s0 & d3);
endmodule
```

上述代码使用布尔表达式来代替基本门级元件的实例化，代码更加简洁明了。若要更直接地表示电路的功能，则可采用条件运算符来描述，其可读性比布尔表达式更好，对应代码如下：

```
module mux4_to_1 (
  output y,
  input d0, d1, d2, d3,
  input s0, s1
);
  assign y = (s1) ? (s0 ? d3 : d2) : (s0 ? d1 : d0);
endmodule
```

由此可见，数据流建模方式比门级结构化建模方式的代码更简洁。在现代数字系统的开发过程中，大部分组合逻辑电路都是采用数据流建模方式来描述的。

3. 行为建模方式

行为建模方式通过一系列以高级编程语言编写的过程块来描述数字系统的功能。行为建模方式主要从整个系统的功能方面考虑，编码时无须关注电路的具体结构，而由综合器根据过程块所描述的行为综合出实现该行为的电路结构。

在 Verilog 中，行为建模的关键要素是 always 语句，其使用较多的语法为：

```
always @ (事件信号列表) 过程语句
```

其含义是，当事件信号列表中的任意一个信号发生变化时，过程语句中的信号将按照所描述的行为进行更新。

过程语句中被赋值的只能是 reg 类型变量。事件信号列表中可以只有单个信号，也可以有多个信号。有多个信号时，信号之间需用关键字 or 或者逗号来连接。事件信号还可以添加关键字 posedge 或 negedge 来修饰，分别表示只检测上升沿和只检测下降沿，一般在描述时序逻辑电路时使用。例如，以下代码可以描述一个 D 触发器：

```
reg q;
always @ (posedge clk)
  q <= d;
```

其含义为，在 clk 信号的上升沿到来时，将变量 d 的值更新到 reg 变量 q。这里的"<="是非阻塞赋值号，其含义将在 5.4.2 节介绍。这个示例的描述恰好符合 D 触发器的行为，因此将会被综合为一个 D 触发器。

一个模块中可以有多个 always 语句，它们之间是并行关系，所描述的电路与这些语句之间的位置顺序无关。

此外，事件信号列表还可以是星号（*），表示隐式事件信号列表，是过程语句中赋值号右侧所有信号集合的一种简写方式。此时，过程语句中赋值号右侧任意一个信号发生变化，都会导致赋值号左侧的信号进行更新，因此可认为这种更新是"无条件"的，其含义也可以理解为"按照过程语句中所描述的行为一直对相应信号进行驱动"。这一含义与数据流建模方式中的连续赋值语句的行为非常类似，因此可以通过隐式事件信号列表的 always 语句对组合逻辑电路进行建模。

对于图 5.12 中的电路，若采用行为建模方式，其 Verilog 代码如下：

```
module mux4_to_1 (
  output reg y,            // 注意此处为 reg 类型
  input d0, d1, d2, d3,
  input s0, s1
);
  always @(*)              // 相当于 @(s1, s0, d0, d1, d2, d3)
    case ({s1, s0})
      2'b00: y = d0;
      2'b01: y = d1;
      2'b10: y = d2;
      2'b11: y = d3;
    endcase
endmodule
```

上述代码借助高级语言中的 case 语句，根据 s1、s0、d0、d1、d2 和 d3 的取值对 y 进行无条件更新。若将事件信号列表改为（s1, d0, d1, d2, d3），则在只有 s0 发生变化时，y 并不会更新，这一行为显然与图 5.12 中的电路不符。关于过程语句和 case 语句的内容，将在 5.4.2 节介绍。

与数据流建模方式相比，行为建模方式借助高级语言的特性来对电路的功能进行描述，描述的效果更加接近人的思考方式，大大提升了开发效率，代码的可读性也更好。在现代数字系统的开发过程中，大部分时序逻辑电路都采用行为建模方式来开发。

但是，由于高级语言的特性较多，代码编写方式灵活，加上采用行为建模方式编码时可以不必考虑电路的具体结构，所以开发者（尤其是初学者）很容易编写出有问题的代码，这些问题包括代码仿真行为正确但无法综合，代码仿真行为正确且可综合但综合后电路行为不正确等。只有充分理解高级语言特性和可综合电路之间的关系，才能写出可读性好的行为建模代码，也只有清楚每一行代码对生成电路的影响，才能设计出正确且高质量的电路。

5.4.2　行为建模中的过程语句

1. begin-end 复合语句

复合语句用于在语法上将多条语句看成一条语句。在 Verilog 中复合语句的范围主要通

过 begin-end 来界定，其作用类似于 C 语言中的大括号"{}"。

2. 两种过程赋值语句

过程赋值语句是在过程语句中进行赋值的语句。Verilog 中有两种过程赋值语句，一种是**阻塞赋值语句**，其语法为：

```
寄存器 = 表达式；
```

另一种是**非阻塞赋值语句**，其语法为：

```
寄存器 <= 表达式；
```

对于这两种过程赋值语句，赋值号右边可以是任意有效的表达式，数据类型可以是 wire 类型，也可以是 reg 类型；赋值号左边的寄存器必须是 reg 类型（标量或向量皆可）。Verilog 中的未定义变量缺省为 wire 类型，因此，在过程赋值语句中对一个未定义变量进行赋值将会产生错误。

Verilog 允许在一个 always 语句中对同一个 reg 类型变量进行多次赋值，此时所描述的电路功能以最后一次赋值为准，但不能在多个 always 语句中对同一个 reg 类型变量进行赋值，因为这样的代码功能上相当于多个电路逻辑同时驱动同一个组合信号或同时更新同一个触发器，显然，这会导致综合器无法综合或者综合出错误的电路。

在仿真的概念中，上述两种过程赋值语句的行为都是将赋值号右边的表达式所描述的电路的输出更新到赋值号左边的 reg 类型变量中，但是，两者的更新时机有所不同。

阻塞赋值是立即更新，因而后续语句和其他代码对该 reg 类型变量的引用都按新值来计算。也就是说，一组阻塞赋值语句将以其在代码中出现的顺序来计算，这与高级编程语言中的语句类似。

非阻塞赋值则是滞后更新，新值将会在其他所有操作都结束后才进行更新，因此后续语句和其他代码对该 reg 类型变量的引用都按旧值来计算。也就是说，一组非阻塞赋值语句是并行计算的。

下面用一个例子来说明。假定用阻塞赋值和非阻塞赋值两种方式分别对全加器进行建模，图 5.13a 是阻塞赋值方式，图 5.13b 是非阻塞赋值方式。

always @(*)	always @(*)
begin	begin
p = a ^ b;	p <= a ^ b;
g = a & b;	g <= a & b;
s = p ^ cin;	s <= p ^ cin;
cout=g| (p & cin);	cout <= g | (p & cin);
end	end
a）阻塞赋值方式	b）非阻塞赋值方式

图 5.13　阻塞赋值和非阻塞赋值

假定开始时全加器的输入 a、b、cin 都是 0，则相应输出 p、g、s、cout 也是 0。若某一时刻 a 从 0 改为 1，对于阻塞赋值方式，每个变量的计算按顺序进行，计算后面变量的值时，可以引用前面变量的新值，因而 $p=1\oplus0=1$，$g=1\cdot0=0$，$s=1\oplus0=1$，$cout=0+(1\cdot0)=0$；对于非阻塞赋值方式，每个变量的计算并行进行，所有变量都引用旧值进行计算，因而 $p=1\oplus0=1$，$g=1\cdot0=0$，$s=0\oplus0=0$，$cout=0+(0\cdot0)=0$。由此可见，采用阻塞和非阻塞两种赋值方式结果不同，显然，采用非阻塞方式实现的加法器有问题。

由于阻塞赋值语句具有立即更新的特点，结合隐式事件列表的 always 语句的使用，符合组合逻辑电路持续驱动的特点，因此可用于描述组合逻辑电路。非阻塞赋值语句具有滞后更新的特点，在以边沿事件时钟变量作为事件信号列表的 always 语句中使用非阻塞赋值语句，相当于只有在时钟边沿到来时才进行更新，符合时序逻辑电路存储数据的特点，因此可用于描述时序逻辑电路。

在描述时序逻辑电路时，赋值号右边的表达式可以引用赋值号左边的 reg 类型变量，如

```
reg [31:0] cnt;
always @ (posedge clk)
  cnt <= cnt + 1'd1;
```

上述 3 行代码可以综合出一个每来一个时钟自增 1 的计数器。这里，赋值号右边引用的是 cnt 变量的旧值，因此这一赋值语句的含义为：在下一次时钟 clk 的上升沿到来时，将 cnt 变量的值更新为 cnt 变量的旧值加 1。显然，如果在描述组合逻辑电路时编写类似的代码，将会造成组合回路，从而产生错误。

作为电路建模语言，Verilog 允许采用不同的方式使用这两种过程赋值语句。例如，在 always 语句的事件信号列表中只添加部分信号，然后在过程语句中交叉混用两种过程赋值语句，甚至使用两种不同的赋值方式对同一个变量赋值。虽然这样的 Verilog 代码可以在仿真环境中运行，但实际上这种代码对应的电路行为是难以理解的，其结构也难以表示，综合器可能无法识别，也可能综合出功能不符合预期或者低质量的电路。因此，设计者应切实从电路建模的角度来编写 Verilog 代码，而不能随意使用这两种过程赋值语句。

3. if-else 语句

if-else 语句用于描述选择相关的逻辑，其语义是判断所给定条件的真假，然后根据判定结果按照相应分支描述来更新寄存器变量。在 C 语言中，if-else 语句用于让程序选择其中的一个分支来执行。但在可综合电路中并没有"执行"的概念，直接按照 C 语言中"执行"的概念来理解 if-else 语句在可综合电路中的作用，可能会得到不正确的结果。

事实上，在可综合电路中，if-else 对应的是一个选择电路，也就是多路选择器。为了进一步理解 if-else 在电路上的意义，下面给出几条理解 if-else 语句对应功能的相关规则。

规则 1：对于只更新单个寄存器变量的嵌套 if-else 语句，其功能等价于嵌套的条件运算符。例如，对于下列嵌套 if-else 语句：

```
always @ (posedge clk)
  if (cond1) val <= expr1;
  else if (cond2) val <= expr2;
    ......
  else if (condn) val <= exprn;
  else val <= expr_last;
```

代码所描述的电路等价于：

```
always @ (posedge clk)
  val <= (cond1 ? expr1: (cond2 ? expr2 : ...... (condn ? exprn : expr_last)));
```

前文提到，条件运算符将会综合出多路选择器，因此不难理解 if-else 在电路上的意义。

规则 2：对于只更新单个寄存器变量的多个并列的 if 语句，其功能可以用嵌套的 if-else 语句来表示，这种情况下，后面的 if 语句所描述的电路功能优先，当所有条件均为假时，其功能等价于寄存器变量的值保持不变。例如，对于以下多个并列 if 语句：

```
always @ (posedge clk)
  begin
  if (cond1) val <= expr1;
  if (cond2) val <= expr2;
    ......
  if (condn) val <= exprn;
  end
```

代码所描述的电路等价于：

```
always @ (posedge clk)
  if (condn) val <= exprn;
    ......
  else if (cond2) val <= expr2;
  else if (cond1) val <= expr1;
  else val <= val;
```

规则 3：对于更新多个寄存器变量的 if-else 语句，其功能等价于按照变量将 always 语句分开编写。例如，对于以下 if-else 语句：

```
always @ (posedge clk)
  if (cond1) begin
    val1 <= expr1;
    val2 <= expr2;
  end
  else val1 <= expr3;
```

代码所描述的电路等价于：

```
always @ (posedge clk)
  if (cond1) val1 <= expr1;
  else val1 <= expr3;
always @ (posedge clk)
```

```
if (cond1) val2 <= expr2;
```

上述三条规则也适用于使用阻塞赋值语句的场合，但有一个例外，就是规则 2 中当多个并列的 if 语句给出的条件 cond1，cond2，…，condn 没有覆盖所有情况时，不能在最后的 else 分支中使用阻塞赋值语句 val=val。组合逻辑电路无法存储数据，因此，若代码中的条件分支没有覆盖所有情况，则无法通过组合逻辑电路来表达代码的功能。此时，综合器将会生成一个锁存器来实现存储数据的功能，这样，综合出的电路不再是组合逻辑电路，从而与预期电路不符。即使对于时序逻辑电路来说，锁存器也不是一个很好的器件，因为锁存器的数据更新通过电平触发，而在真实电路中，由于受到组合电路延迟的影响，难以预测信号的电平何时发生变化，因此也难以预测锁存器的数据在何时进行更新，这会给数字系统的时序分析带来困难。因此，对于同步数字系统来说，一般不希望出现锁存器。综上可知，在使用 if-else 语句来描述组合逻辑电路时，给出的条件应该覆盖所有情况。

此外，使用 if-else 语句编写代码时还要注意的一点就是，必要时需在代码中使用 begin-end 复合语句，例如，对于以下代码：

```
if (cond1) begin
  if (cond2) val1 <= expr1;
end
else val1 <= expr2;
```

若不使用 begin-end 复合语句，则所描述的电路等价于以下代码的功能，显然两者的含义不同。

```
if (cond1) begin
  if (cond2) val1 <= expr1;
  else val1 <= expr2;
end
```

4. case 语句

case 语句将根据给定表达式的值从多个分支中选择其中一个并按照所选择分支的描述来更新寄存器变量。case 语句的语法为：

```
case (expr0)
  expr1: statement1
  expr2: statement2
  ......
  exprn: statementn
  [default: statement_default]
endcase
```

其中 default 分支可以不给出，expr0，expr1，…，exprn 可为任意表达式。case 语句的语义可以用以下 if-else 语句来表示。

```
if (expr0 == expr1) statement1
```

```
else if (expr0 == expr2) statement2
......
else if (expr0 == exprn) statementn
[else statement_default]
```

在 case 语句中，当存在多个分支同时匹配时，优先匹配位于前面的分支。如果存在 default 分支，则无论 default 分支位于何处，总是最后匹配 default 分支。

case 语句还有两种变体，分别是 casez 语句和 casex 语句，它们可以用于进行模糊匹配，本教材不展开介绍，请参考 Verilog 手册或相关书籍。

若用于比较的表达式只有一个，则采用 case 语句比嵌套的 if-else 语句更加简洁。因此，case 语句一般用于译码器、多路选择器、状态机等电路中。在描述组合逻辑电路且 case 语句的分支没有覆盖所有情况时，一定要给出 default 分支并对相应变量进行赋值，否则将会生成锁存器，与预期电路不符。

5. 循环语句

循环语句提供了对于相似结构电路的一种简洁描述方式。使用较多的是 for 循环语句，其语法为：

```
for(expr1; expr2; expr3) statement
```

虽然其语法与 C 语言中的 for 循环语句相同，但不能按照 C 语言中 for 循环的含义来理解 Verilog 中的 for 循环语句。for 循环在 C 语言中的语义是从时间上重复执行相似的代码，而对于描述电路的 Verilog 来说，电路中并不存在一个"执行" for 循环的部件，因此应该理解成从空间上重复描述相似的电路。可以通过 if 语句对 for 循环进行展开来帮助理解，for 循环对应的 if 语句结构如下。

```
expr1;
if (expr2) begin
  statement
  expr3;
end
if (expr2) begin
  statement
  expr3;
end
if (expr2) begin
  statement
  expr3;
end
......   // 重复若干次，直到 expr2 条件不满足为止
```

以下示例通过 for 循环来判断数组 array 中是否包含某个数 num，若包含，则 hit 为 1，否则为 0。

```
wire [31:0] array [7:0];
```

```
wire [31:0] num;
reg [7:0] hit_vector;
wire hit;
integer i;
always begin
  for (i = 0; i < 8; i = i + 1)
    hit_vector[i] = (array[i] == num);
end
assign hit = | hit_vector;
```

其中，integer 是一种位宽为 32 的寄存器类型，通常作为循环变量。将上述 for 循环展开，并对展开的语句进行一些简化，可以得到如下代码：

```
hit_vector[0] = (array[0] == num);
hit_vector[1] = (array[1] == num);
hit_vector[2] = (array[2] == num);
hit_vector[3] = (array[3] == num);
hit_vector[4] = (array[4] == num);
hit_vector[5] = (array[5] == num);
hit_vector[6] = (array[6] == num);
hit_vector[7] = (array[7] == num);
```

因此，上述的 for 循环将会综合出 8 个判等电路。如果循环判断条件中除了循环变量之外还含有其他变量，电路将变得很复杂。例如，假定 threshold 是一个位宽为 3 的变量，若将上述 for 循环改为 "for(i=0; i<threshold; i=i+1)"，则对 for 循环展开并简化后，得到如下代码：

```
if (0 < threshold) hit_vector[0] = (array[0] == num);
if (1 < threshold) hit_vector[1] = (array[1] == num);
if (2 < threshold) hit_vector[2] = (array[2] == num);
if (3 < threshold) hit_vector[3] = (array[3] == num);
if (4 < threshold) hit_vector[4] = (array[4] == num);
if (5 < threshold) hit_vector[5] = (array[5] == num);
if (6 < threshold) hit_vector[6] = (array[6] == num);
if (7 < threshold) hit_vector[7] = (array[7] == num);
```

由于在综合时无法确定 threshold 变量的值，所以，在循环展开时 threshold 会出现在 if 语句的条件中，以便在电路中根据 threshold 的取值进行判断，因此，综合器还会针对 if 语句的条件生成 8 个比较电路。这里由于展开后的 if 语句都没有相应的 else 分支，因此，综合器还会为 hit_vector 生成相应的锁存器，从而违背了设计者的初衷。

如果循环判断条件表达式更加复杂，则综合器可能会因无法对循环进行展开而报错。例如，若将上述循环判断条件改为 "i^threshold < 3'b110"，则在 Vivado 中将会报告 "loop condition does not converge after 2000 iterations" 的错误。

综上可知，对可综合电路来说，for 循环只是重复代码的一种简写方式，可按照在空间上展开的结果来综合出相应的电路。因此，在用 for 循环描述电路时，一定要先明确电路的功能需求，然后思考 for 循环展开后所描述的电路是否符合预期。如果按照 C 语言中那样将

for 循环理解成时间上的重复执行而编写 for 循环语句，则很可能会综合出较复杂或非预期的电路，甚至无法进行综合。

5.5 Verilog 代码实例

本节给出一些用 Verilog 代码描述数字电路的实例，通过具体实例可以更好地理解如何编写 Verilog 代码以实现预期的功能。

5.5.1 组合逻辑代码实例

以下是一个用 Verilog 实现 3-8 译码器的例子。关于 3-8 译码器的功能说明参见 3.2.1 节。这里，模块的输入端口 in 的位宽为 3，默认为 wire 类型，输出端口 out 为位宽为 8 的 reg 类型变量。

```
module decode3to8 (
  output reg [7:0] out,
  input [2:0] in
);
  always
    case (in)
      0: out = 8'b00000001;
      1: out = 8'b00000010;
      2: out = 8'b00000100;
      3: out = 8'b00001000;
      4: out = 8'b00010000;
      5: out = 8'b00100000;
      6: out = 8'b01000000;
      7: out = 8'b10000000;
    endcase
endmodule
```

上述代码使用了 case 语句来实现 3-8 译码器，由于 case 中的所有分支已经包含了输入端口 in 的所有可能取值，因此无须使用 default 语句。如果使用 for 循环，则代码可以更加简洁：

```
module decode3to8 (
  output reg [7:0] out,
  input [2:0] in
);
  integer i;
  always
    for (i = 0; i < 8; i = i + 1)
      out[i] = (in == i);
endmodule
```

上述代码使用了 for 循环分别为输出端口 out 中的每一位赋值，第 i 位为 1 当且仅当

in 的值等于 i，这恰好是 3-8 译码器的功能。实际上，还可以使用移位操作来实现：

```
module decode3to8 (
  output [7:0] out,
  input [2:0] in
);
  assign out = 1 << in;
endmodule
```

以下是用 Verilog 实现 7 段数码管译码电路的例子。关于 7 段数码管译码电路的功能说明参见 3.2.1 节图 3.15。

```
module decode7seg (
  output reg [0:6] O,
  input [0:3] I
);
  always
    case (I)
      0: O = 7'b1111110;
      1: O = 7'b0110000;
      2: O = 7'b1101101;
      3: O = 7'b1111001;
      4: O = 7'b0110011;
      5: O = 7'b1011011;
      6: O = 7'b1011111;
      7: O = 7'b1110000;
      8: O = 7'b1111111;
      9: O = 7'b1110111;
      default: O = 7'b0;
    endcase
endmodule
```

7 段数码管的译码结果和输入之间没有明显规律，因而使用 case 语句来实现 7 段数码管的译码功能比较合适。上述代码中，因为 case 中的分支仅包含了输入 I 为 0～9 这 10 种情况，因而在 case 语句的最后需要添加 default 分支，使得当 I 为 0～9 以外的数时，能够将 O 设置为 0。否则，综合器将会综合出锁存器，在输入 0～9 以外的数时保留上次的输出，这与预期的功能不符。

5.5.2 时序逻辑代码实例

以下是一个用 Verilog 实现带复位和使能端的 D 触发器的例子。关于 D 触发器的功能说明参见 4.2.4 节。这里，模块的输入端口有时钟信号 clk、复位信号 rst、使能信号 en 和数据输入信号 d，都默认为 wire 类型，输出端口 q 为 reg 类型。

```
module Dff (
  input clk, rst, en, d,
  output reg q
);
```

```
    always @(posedge clk) begin
      if (rst) q <= 1'b0;
      else if (en) q <= d;
    end
  endmodule
```

在上述代码中，由于事件信号列表中只有时钟信号，且被指定为上升沿触发，因此寄存器变量 q 只会在时钟上升沿到来时才进行更新。当时钟上升沿到来时，若复位信号 rst 有效，则将 q 的值复位为 0；否则，若使能信号 en 有效，则将输入信号 d 更新到 q；否则，q 的值将保持不变。由于复位操作只在时钟上升沿到来时才会进行，因此这种复位方式称为同步复位。

此外，也有异步复位方式的 D 触发器，其 Verilog 实现如下：

```
module AsyncDff (
  input clk, rst, en, d,
  output reg q
);
  always @(posedge clk or posedge rst) begin
    if (rst) q <= 1'b0;
    else if (en) q <= d;
  end
endmodule
```

和同步复位方式相比，上述代码在事件信号列表中增加了 posedge rst，表示当复位信号 rst 从 0 跳变到 1 时，就可以马上进行复位，复位操作不需要和时钟上升沿同步进行。

上述两种复位方式各有优缺点，其中同步复位方式由于和时钟信号同步进行，因此不会造成亚稳态，但需要复位信号的维持时间大于一个时钟周期才能被触发器正确采集到；而异步复位方式则相反，只要异步复位信号有效，就可以被触发器正确采集到，但若异步复位信号的撤销时机和时钟上升沿的到来非常接近，则会导致触发器进入亚稳态，造成数字电路无法正确工作。

为了克服这两种方式的缺点，一般采用一种称为"异步复位，同步释放"的处理方式，对异步复位信号进行同步化。详细内容请参阅相关资料。

以下给出一个有限状态机的例子。假定自动售货机可以出售 1.5 元的零食，但只接收五角硬币和一元硬币两种输入，一次最多投入一种硬币，当累计接收的金额达到售价时，就出货并返回找零。可用以下 Verilog 代码设计一个有限状态机，以实现该自动售货机的功能。

```
1   module VendingMachine (
2     input clk, arst,
3     input in5, in10,            // 是否投入了五角或一元硬币
4     output snack,               // 是否出货
5     output out5                 // 是否找零，零钱均为五角
6   );
7     reg [2:0] state;
8     parameter s_idle = 0, s_05 = 1, s_10 = 2, s_15 = 3, s_20 = 4;
```

```
9    always @(posedge clk or posedge arst) begin
10     if (arst) state <= s_idle;
11     else begin
12       case (state)
13         s_idle: begin
14           if (in5) state <= s_05;
15           if (in10) state <= s_10;
16         end
17         s_05: begin
18           if (in5) state <= s_10;
19           if (in10) state <= s_15;
20         end
21         s_10: begin
22           if (in5) state <= s_15;
23           if (in10) state <= s_20;
24         end
25         s_15: state <= s_idle;
26         s_20: state <= s_idle;
27       endcase
28     end
29   end
30   assign snack = (state == s_15) || (state == s_20);
31   assign out5 = (state == s_20);
32 endmodule
```

上述代码的第 7 行定义了一个寄存器变量 state，用于表示自动售货机目前累计接收的金额。第 8 行通过 parameter 来定义各个状态的编码，包括空闲（s_idle）、已接收 0.5 元（s_05）、已接收 1.0 元（s_10）、已接收 1.5 元（s_15）、已接收 2.0 元（s_20）。第 9～29 行对应状态机的状态转换描述，具体地，第 10 行表示复位时状态机处于空闲状态，第 12～27 行将根据当前状态和投入硬币的情况对累计接收金额进行统计，并跳转到相应状态。例如，第 13～16 行的含义是，如果当前为空闲状态，若客户投入了五角硬币，则累计接收 0.5 元；若客户投入了一元硬币，则累计接收 1.0 元。其他状态以此类推。第 25～26 行的含义是，当累计接收金额达到 1.5 元或 2.0 元时，已经可以出货并找零，从而下一时刻再次进入空闲状态。第 30 行表示当累计接收金额达到 1.5 元或 2.0 元时可以出货，第 31 行表示当累计接收金额达到 2.0 元时才需要找零。

5.6　本章小结

可编程逻辑器件（PLD）是一种用于实现逻辑电路的通用器件。像 PROM、PLA、PAL、GAL 等简单 PLD 通常用于实现规模较小的数字电路，在大规模数字系统中多采用 CPLD 和 FPGA 芯片。

FPGA 是一种复杂的可编程逻辑，通过对用作查找表（LUT）的 SRAM 单元进行配置以实现可编程逻辑的设计。FPGA 的设计流程是利用 EDA 工具对 FPGA 芯片进行开发配置的过程，其中的第一步就是用硬件描述语言（HDL）或电路图对数字电路功能进行描述。

基于 HDL 的数字电路设计流程主要包括编码、仿真、综合、物理设计、投片生产或 FPGA 验证。在编码阶段，设计者通过编写 HDL 代码对预期的数字电路进行描述。HDL 是一种用形式化方法来描述数字电路和设计数字逻辑系统的语言，Verilog 和 VHDL 是两种常用的硬件描述语言，且都已经成为 IEEE 标准。本书主要介绍 Verilog 语言。

在 Verilog 语言中，数据类型主要用来表示数字电路中数据存储和传送的方式，使用较多的是用于表示物理连接的 wire 类型和用于表示存储器件抽象的 reg 类型。Verilog 的运算符可以按照功能分为 9 类，包括算术运算符、位运算符、归约运算符、逻辑运算符、等式运算符、关系运算符、位拼接运算符、移位运算符和条件运算符。Verilog 对电路的描述主要有三种建模方式，分别是结构化建模、数据流建模以及行为建模。在 Verilog 中，行为建模的关键要素是 always 语句，其中常用的过程语句包括 begin-end 复合语句、两种过程赋值语句、if-else 语句、case 语句和 for 循环语句。根据描述的方式，这些语句既可以描述组合逻辑电路，也可以描述时序逻辑电路。

习题

1. 给出以下概念的解释说明。

PLD	简单 PLD	PROM	PLA
PAL	GAL	CPLD	FPGA
ASIC	存储器阵列	RAM	ROM
EDA	硬件描述语言	仿真	综合
可综合代码	模块	端口	实例
位宽	数据流建模	连续赋值语句	组合回路
行为建模	阻塞赋值语句	非阻塞赋值语句	

2. 简单回答下列问题。

（1）基于 HDL 的数字电路设计流程有哪些步骤？

（2）Verilog 中的 9 类运算符各自会综合出什么电路？

（3）行为建模中的两种过程赋值语句有什么区别？一般应该如何使用它们？

3. 若移位位数为变量，移位运算符将综合出一个桶形移位器电路。桶形移位器电路的本质是多路选择器的堆叠，根据移位位数选择出相应的移位结果。假设信号 a 的位宽为 8，信号 b 的位宽为 2，请在不使用移位运算符的前提下，用 Verilog 实现功能与 a<<b 等价的移位器电路。若 b 的位宽改为 3，移位器电路的结构有何变化？

4. 在高性能处理器设计中可通过 PopCount 电路模块来统计每周期执行的指令数量。函数 PopCount（x）的定义为 x 的二进制表示中 "1" 的数量，如 PopCount（5）=2，PopCount（11）=3。假定 x 的位宽为 3，按以下要求分别用 Verilog 实现 PopCount 电路模块的功能：

（1）仅使用 for 循环和加法运算符。

（2）仅使用 case 语句。

（3）仅实例化全加器模块。

5. 分支预测器是现代处理器中的一个重要部件，用于提前预测分支指令的执行结果。分支指令的执行
结果包括"跳转"和"不跳转"两种，预测的功能通过饱和计数器来实现，其工作方式如下：

（1）计数器初值为 0。

（2）预测正确时，计数器的值增加 1，若已为最大值，则不增加。

（3）预测错误时，计数器的值减少 1，若已为 0，则不减少。

（4）若计数器的当前值大于最大值的一半，则输出预测"跳转"，否则输出预测"不跳转"。

根据上述内容，补全以下 Verilog 代码，实现一个 3 位饱和计数器。

```verilog
module SaturatingCounter (
  input clk, rst,
  input predict_right, predict_wrong,    // 假设不会同时有效
  output predict_taken                   // 若预测"跳转"，则为 1，否则为 0
);
  // 请补充代码
endmodule
```

6. 由于 DRAM 读写速度比 SRAM 慢，访问 DRAM 时一般需要等待若干周期。处理器中的访存单元用
于控制访问 DRAM 的过程，其工作流程如下。

（1）访存单元处于空闲状态。

（2）处理器执行访存指令时，访存单元将进入发送请求状态，在此状态下，访存单元将"请求有效
信号"持续置 1，表示正在向 DRAM 发送访存请求，并等待 DRAM 的回复。

（3）在发送请求状态下，若收到 DRAM 的"请求就绪信号"，访存单元将进入接收数据状态，在此
状态下，访存单元将"数据就绪信号"持续置 1，表示正在等待 DRAM 的回复。

（4）在接收数据状态下，若收到 DRAM 的"数据有效信号"，则访存结束，访存单元进入空闲状态。

根据上述内容，补全以下 Verilog 代码，通过有限状态机实现访存单元的控制功能。

```verilog
module MemoryAccessUnit (
  input clk, rst,
  input is_mem,              // 是否执行访存指令
  output req_valid,          // 请求有效信号
  input req_ready,           // 请求就绪信号
  output data_ready,         // 数据就绪信号
  input data_valid           // 数据有效信号
);
  // 请补充代码
endmodule
```

7. TLB（Translation Lookaside Buffer，后备转换缓冲器）是现代处理器中的一个部件。一个简单 TLB
的 Verilog 实现如下，请阅读代码，简述 TLB 的功能，并简要画出 TLB 在综合后的电路结构图。

```verilog
module TLB (
  input clk, rst,
  input update,
  input [15:0] vaddr_update, paddr_update,
  input [2:0] idx_update,
  input writable_update,

  input req_valid,
```

```
  input [15:0] vaddr,
  input is_write,
  output [15:0] paddr,
  output ok, miss, exception
);
  parameter NR_ENTRY = 8, ENTRY_WIDTH = 1 + 16 + 16;
  reg [ENTRY_WIDTH - 1:0] table [NR_ENTRY - 1:0];
  reg [NR_ENTRY_WIDTH - 1:0] valid;
  always @(posedge clk or posedge rst) begin
    if (rst) valid <= {NR_ENTRY{1'b0}};
    else if (update) begin
      table[idx_update] <= {writable_update, paddr_update, vaddr_update};
      valid[idx_update] <= 1'b1;
    end
  end

  reg hit_vector;
  integer i;
  always begin
    for (i = 0; i < NR_ENTRY; i = i + 1)
      hit_vector[i] = (table[i][15:0] == vaddr) & valid[i];
  end
  wire hit = |hit_vector;

  wire [2:0] idx;
  // 假设模块 Encoder8to3 实现了图 3.16 中 8-3 编码器的功能
  Encoder8to3 encoder(.I(hit_vector), .O(idx));
  wire permission_ok = (is_write ? table[idx][32] : 1'b1);

  assign miss = req_valid & ~hit;
  assign exception = req_valid & hit & ~permission_ok;
  assign ok = req_valid & hit & permission_ok;
  assign paddr = table[idx][31:16];
endmodule
```

8. 对于 5.5.2 节设计的自动售货机，在实际使用中会出现什么问题？请给出你的改进方案。

第 **6** 章

运算方法和运算部件

冯·诺依曼计算机采用"存储程序"工作方式，所完成的功能通过执行程序实现，任何程序最终都要转换为机器指令序列。指令中包含的各种算术和逻辑运算能直接在硬件上执行，执行这些运算的硬件称为运算部件或运算器。在第 1 章介绍计算机系统抽象层时提到，实现特定指令集体系结构（ISA）的微架构由运算器、通用寄存器组和存储器等功能部件构成，功能部件层属于寄存器传送级（Register Transfer Level，RTL）层，它又由数字逻辑电路（digital logic circuit）层实现。因此，本章在前面第 2～4 章介绍的数字逻辑电路层和第 5 章介绍的 RTL 设计（FPGA 设计和硬件描述语言）的基础上，进一步介绍具体的功能部件设计。

本章主要介绍机器指令中涉及的各类基本运算的运算方法以及相应的运算部件，包括基本的加法器和算术逻辑部件（ALU）、定点运算及其运算部件和浮点运算及其运算部件。

6.1 基本运算部件

为了支持高级编程语言中的各种运算，指令系统中必须具有相应的运算指令，包括按位逻辑运算、逻辑移位、算术移位、带符号整数的加 / 减 / 乘 / 除、无符号整数的加 / 减 / 乘 / 除、浮点数的加 / 减 / 乘 / 除等运算指令。

通常，指令中包含的基本逻辑运算和定点数的加减运算可以通过一个专门的**算术逻辑部件**（Arithmetic and Logic Unit，ALU）来完成，各类定点乘除运算和浮点数运算也可利用加法器或 ALU 结合移位器来实现，因此基本的运算部件主要包括加法器、ALU 和移位器，而 ALU 的核心部件是加法器。

特别说明：因为从本章开始涉及的逻辑表达式都比较复杂，因此在逻辑表达式中表示与运算时，将省略逻辑乘运算符"·"。

6.1.1 串行进位加法器

3.2.3 节中提到，**全加器**（FA）用来将两个本位数和低位进位相加，以生成一位本位和以及一位向高位的进位。将 n 个全加器相连可得 n 位加法器。图 6.1 所示的加法器实现了两个 n 位二进制数 $X = X_n X_{n-1} \cdots X_1$ 和 $Y = Y_n Y_{n-1} \cdots Y_1$ 逐位相加的功能，得到的二进制和为 $F =$

$F_n F_{n-1} \cdots F_1$，进位输出为 C_n。例如，当 $X=11\cdots11$，$Y=00\cdots01$ 时，最后的输出为 $F=00\cdots00$ 且 $C_n=1$。由于只有有限位数，高位自动丢失，所以实际上是在模 2^n 运算系统下的加法运算，可以实现 n 位无符号数的加法和 n 位补码加法。

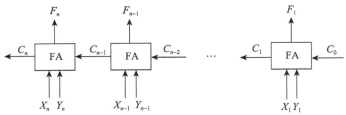

图 6.1 n 位串行进位加法器

对于图 6.1 所示的 n 位加法器，X 与 Y 逐位相加，位间进位串行传送，因此称为**串行进位方式**。我们知道，一块小石头扔进平静的水中，泛起的波纹会向外一圈一圈逐步扩散，串行进位加法器中的最低进位 C_0 就像一块小石头，它把进位逐步从低位扩展到最高位，所以，这种串行进位加法器也被称为**行波进位加法器**（Carry Ripple Adder，CRA）。

根据 3.2.3 节中的全加器逻辑表达式和图 6.1，可写出串行进位加法器的 Verilog 代码，以下给出的是一个 4 位串行进位加法器的例子。

```
module FA (
  input x, y, cin,
  output f, cout
);
  assign f = x ^ y ^ cin;
  assign cout = (x & y) | (x & cin) | (y & cin);
endmodule

module CRA (
  input [3:0] x, y,
  input cin,
  output [3:0] f,
  output cout
);
  wire [4:0] c;
  assign c[0] = cin;
  FA fa0(x[0], y[0], c[0], f[0], c[1]);
  FA fa1(x[1], y[1], c[1], f[1], c[2]);
  FA fa2(x[2], y[2], c[2], f[2], c[3]);
  FA fa3(x[3], y[3], c[3], f[3], c[4]);
  assign cout = c[4];
endmodule
```

串行进位加法器所用元件较少，但进位传递时间较长。从 3.2.3 节图 3.27 可看出，全加器内从进位输入 Cin 到进位输出 Cout，共经过了 2 级门延迟，因此，n 位串行加法器从 C_0 到 C_n 的延迟时间为 $2n$ 级门延迟。由此可见，加法运算时间随加数位数 n 的增加而增加。当 n

较大时，串行进位的加法器速度将显著变慢。

几乎所有算术运算都要用到 ALU 或加法器，而 ALU 的核心还是加法器，因此要提高运算速度，加法器的速度非常关键。串行进位加法器速度慢的主要原因是进位按串行方式传递，高位进位依赖低位进位。因此，为了提高加法器的速度，必须尽量避免进位之间的依赖关系，将要介绍的并行进位加法器其进位之间没有依赖关系。

6.1.2 并行进位加法器

由 3.2.3 节中的全加器公式可知，对于一个 4 位加法器，其进位 C_1、C_2、C_3 和 C_4 的逻辑表达式如下：

$$C_1 = X_1 Y_1 + (X_1 + Y_1) C_0$$
$$C_2 = X_2 Y_2 + (X_2 + Y_2) C_1$$
$$\quad = X_2 Y_2 + (X_2 + Y_2) X_1 Y_1 + (X_2 + Y_2)(X_1 + Y_1) C_0$$
$$C_3 = X_3 Y_3 + (X_3 + Y_3) C_2$$
$$\quad = X_3 Y_3 + (X_3 + Y_3) [X_2 Y_2 + (X_2 + Y_2) X_1 Y_1 + (X_2 + Y_2)(X_1 + Y_1) C_0]$$
$$\quad = X_3 Y_3 + (X_3 + Y_3) X_2 Y_2 + (X_3 + Y_3)(X_2 + Y_2) X_1 Y_1 + (X_3 + Y_3)(X_2 + Y_2)(X_1 + Y_1) C_0$$
$$C_4 = X_4 Y_4 + (X_4 + Y_4) C_3$$
$$\quad = X_4 Y_4 + (X_4 + Y_4) [X_3 Y_3 + (X_3 + Y_3) X_2 Y_2 + (X_3 + Y_3)(X_2 + Y_2) X_1 Y_1$$
$$\quad\quad + (X_3 + Y_3)(X_2 + Y_2)(X_1 + Y_1) C_0]$$
$$\quad = X_4 Y_4 + (X_4 + Y_4) X_3 Y_3 + (X_4 + Y_4)(X_3 + Y_3) X_2 Y_2 + (X_4 + Y_4)(X_3 + Y_3)(X_2 + Y_2) X_1 Y_1$$
$$\quad\quad + (X_4 + Y_4)(X_3 + Y_3)(X_2 + Y_2)(X_1 + Y_1) C_0$$

从以上公式来看，每个进位表达式中都含有 $(X_i + Y_i)$ 和 $X_i Y_i$，所以，定义两个辅助函数如下：

$$P_i = X_i + Y_i$$
$$G_i = X_i Y_i \tag{6-1}$$

P_i 称为**进位传递函数**，其含义是：当 X_i、Y_i 中有一个为 1 时，若有低位进位输入，则一定被传递到高位。可将这个进位看作低位进位越过本位直接向高位传递。G_i 称为**进位生成函数**，其含义是：当 X_i、Y_i 均为 1 时，不管有无低位进位输入，本位一定向高位产生进位。

将 P_i、G_i 代入前面 $C_1 \sim C_4$ 式中，可得：

$$C_1 = G_1 + P_1 C_0$$
$$C_2 = G_2 + P_2 G_1 + P_2 P_1 C_0$$
$$C_3 = G_3 + P_3 G_2 + P_3 P_2 G_1 + P_3 P_2 P_1 C_0 \tag{6-2}$$
$$C_4 = G_4 + P_4 G_3 + P_4 P_3 G_2 + P_4 P_3 P_2 G_1 + P_4 P_3 P_2 P_1 C_0$$

从公式（6-2）中的表达式可以看出，C_i 仅与 X_i、Y_i 和 C_0 有关，相互间的进位没有依赖关系。只要 $X_1 \sim X_4$、$Y_1 \sim Y_4$ 和 C_0 同时到达，就可几乎同时形成 $C_1 \sim C_4$，并同时生成各位的和。

实现上述逻辑表达式（6-2）的电路称为**先行进位部件**（Carry Lookahead Unit，**CLU**）。通过这种进位方式实现的加法器称为**全先行进位加法器**（Carry Lookahead Adder，**CLA**）。因为各个进位是并行产生的，所以是一种并行进位加法器。图 6.2 为 4 位 CLU 和 4 位全先行进位加法器示意图。

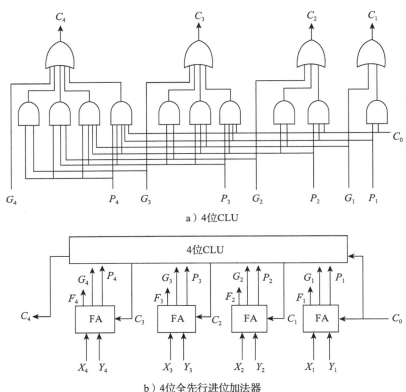

a）4位CLU

b）4位全先行进位加法器

图 6.2 4 位 CLU 和 4 位全先行进位加法器

根据图 6.2 可写出如下 4 位先行进位加法器的 Verilog 代码。

```verilog
module FA_PG (
  input x, y, cin,
  output f, p, g
);
  assign f = x ^ y ^ cin;
  assign p = x | y;
  assign g = x & y;
endmodule

module CLU (
  input [4:1] p, g,
```

```
  input c0,
  output [4:1] c
);
  assign c[1] = g[1] | (p[1] & c0);
  assign c[2] = g[2] | (p[2] & g[1]) | (p[2] & p[1] & c0);
  // 以下两个表达式使用了位拼接运算和归约运算
  assign c[3] = g[3] | (p[3] & g[2]) | (&{p[3:2], g[1]}) | (&{p[3:1], c0});
  assign c[4] = g[4] | (p[4] & g[3]) | (&{p[4:3], g[2]}) | (&{p[4:2], g1}) | (&{p[4:1], c0});
endmodule

module CLA (
  input [3:0] x, y,
  input cin,
  output [3:0] f,
  output cout
);
  wire [4:0] c;
  wire [4:1] p, g;
  assign c[0] = cin;
  FA_PG fa0(x[0], y[0], c[0], f[0], p[1], g[1]);
  FA_PG fa1(x[1], y[1], c[1], f[1], p[2], g[2]);
  FA_PG fa2(x[2], y[2], c[2], f[2], p[3], g[3]);
  FA_PG fa3(x[3], y[3], c[3], f[3], p[4], g[4]);
  CLU clu(p, g, c[0], c[4:1]);
  assign cout = c[4];
endmodule
```

由图 6.2 可看出，从 X_i、Y_i 到产生 P_i、G_i 需要 1 级门延迟，从 P_i、G_i、C_0 到产生所有进位 $C_1 \sim C_4$ 需要 2 级门延迟，产生全部和需要 1+2+3=6 级门延迟（假定一个异或门等于 3 级门延迟）。因此，4 位全先行进位加法器的关键路径长度为 6 级门延迟。

从公式（6-2）可知，更多位数的 CLU 部件只会增加逻辑门的输入端个数，而不会增加门的级数，因此，如果用全先行进位方式构建更多位数的加法器，从理论上讲，应该还是 6 级门延迟。但是由于 CLU 中连线数量和输入端个数的增多，使得实现电路中需要具有大驱动信号（扇出系数要大）和大扇入门（扇入系数要大）。因而，当位数较多时，全先行进位实现方式不太现实。例如，对于一个 32 位全先行进位加法器，其生成 C_{32} 的与门和或门有多达 30 多个输入端。

更多位数的加法器可通过将更多的 CLU 和 CLA 串接起来实现，例如，对于 16 位加法器，可以分成 4 位一组，组内为 4 位先行进位，组间串行进位。为了进一步提高加法器的运算速度，也可以进一步采用组内和组间都并行的两级先行进位方式。因为两级先行进位加法器组内和组间都采用先行进位方式，其延迟和加法器的位数没有关系，不会随着位数的增加而延长时间。所以，计算机内部大多采用两级或多级先行进位加法器。

6.1.3　带标志加法器

n 位无符号数加法器只能用于两个 n 位二进制数相加，不能进行无符号整数的减运算，也不能进行带符号整数的加减运算。要进行无符号整数的加减运算和带符号整数的加减运算，还需要在无符号数加法器的基础上增加相应的门电路，使得加法器不仅能计算和 / 差，还能够生成相应的标志信息。图 6.3 是带标志加法器实现电路示意图，其中图 6.3a 是符号表示，图 6.3b 给出用全加器构成的实现电路。

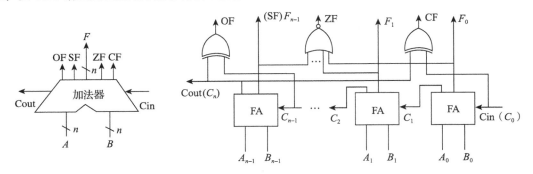

a）带标志加法器符号　　　　　　　　　　　　b）带标志加法器的逻辑电路

图 6.3　用全加器实现 n 位带标志加法器的电路

如图 6.3 所示，溢出标志的逻辑表达式为 OF=$C_n \oplus C_{n-1}$；符号标志就是和的符号，即 SF=F_{n-1}；零标志 ZF=1 当且仅当 F=0；进位 / 借位标志 CF=Cout $\oplus$ Cin，即当 Cin=0 时，CF 为进位 Cout，当 Cin=1 时，CF 为进位 Cout 取反。

需要说明的是，为加快加法运算速度，真正的电路一定使用多级先行进位方式，图 6.3b 主要是为了说明如何从加法运算结果中获得标志信息，因而使用串行进位加法器电路。

下面给出一个带标志的 4 位先行进位加法器的 Verilog 实现。

```
module CLA_FLAGS (
    input [3:0] a, b,
    input cin,
    output [3:0] f,
    output OF, SF, ZF, CF,
    output cout
);
    // 以下代码与 CLA 模块相同
    wire [4:0] c;
    wire [4:1] p, g;
    assign c[0] = cin;
    FA_PG fa0(a[0], b[0], c[0], f[0], p[1], g[1]);
    FA_PG fa1(a[1], b[1], c[1], f[1], p[2], g[2]);
    FA_PG fa2(a[2], b[2], c[2], f[2], p[3], g[3]);
    FA_PG fa3(a[3], b[3], c[3], f[3], p[4], g[4]);
    CLU clu(p, g, c[0], c[4:1]);
    assign cout = c[4];
    // 生成标志位
    assign OF = c[4] ^ c[3];
    assign SF = f[3];
```

```
  assign ZF = ~(|f);
  assign CF = c[4] ^ c[0];
endmodule
```

6.1.4 算术逻辑部件

ALU 是一种能进行多种算术运算与逻辑运算的组合逻辑电路，其核心部件是带标志加法器，多采用先行进位方式。ALU 通常用图 6.4 所示的符号来表示，其中 A 和 B 是两个 n 位操作数输入端，Cin 是进位输入端，ALUop 是操作控制端，用来决定 ALU 所执行的处理功能。例如，ALUop 选择 add 运算，ALU 就执行加法运算，输出的结果就是 A 加 B 之和。ALUop 的位数决定了操作的种类，例如，当位数为 3 时，ALU 最多只有 8 种操作。

图 6.5 给出了能够完成 3 种运算"与""或"和"加法"的一位 ALU 结构图。其中，一位加法用一个全加器实现，在 ALUop 的控制下，由一个多路选择器（MUX）选择输出 3 种操作结果之一。这里有 3 种操作，因此 ALUop 至少要有两位。

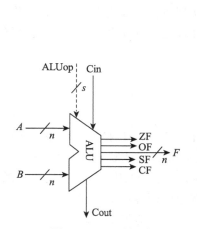

图 6.4 ALU 符号

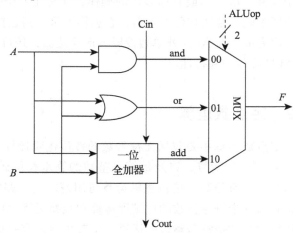

图 6.5 一位 ALU 结构

以下给出图 6.5 对应的一个 4 位 ALU 的 Verilog 代码。

```
module ALU (
  input [3:0] a, b,
  input [1:0] aluop,
  input cin,
  output [3:0] f,
  output OF, SF, ZF, CF,
  output cout
);
  wire [3:0] sum;
  CLA_FLAGS(a, b, cin, sum, OF, SF, ZF, CF, cout);
  always @(*) begin
    case(aluop)
      2'b00: f = a & b;
```

```
        2'b01: f = a | b;
        2'b10: f = sum;
        default: f = 0;
      endcase
   end
endmodule
```

在图 6.5 中并未描述当 ALUop 为 11 时 ALU 的输出，因此，此时 ALU 的输出是未定义的。在 Verilog 实现中，在 case 语句的最后需加上 default 分支，以使综合器正确综合出图 6.5 中的多路选择器，否则，综合器将会综合出锁存器，从而违反 ALU 是组合逻辑电路的特性。由于 default 分支描述的是未定义的情况，因此 default 分支可以对信号 f 赋任意确定的值，均可综合出正确的电路，为简单起见，一般赋 0。

ALU 中也可实现左（右）移一位和两位的操作，当然也可用一个专门的移位寄存器实现移位。但这两种方式每次都只能固定移动一位或两位，有时移位指令要求一次移动若干位，对于这种一次左移或右移多位的操作，通常用一个位于 ALU 之外的桶形移位器实现。桶形移位器不同于普通移位寄存器，它利用大量多路选择器来实现数据的快速移位，移位操作能够一次完成。在 ALU 外单独设置桶形移位器，还可简化 ALU 的控制逻辑，并实现移位操作和 ALU 操作的并行性。

6.2 定点数运算

定点数运算主要包括无符号数的按位逻辑运算、逻辑移位运算、位扩展和位截断运算、加/减/乘/除运算，以及带符号整数的算术移位运算、位扩展和位截断运算、加/减/乘/除运算。无符号数的按位逻辑运算可用逻辑门电路实现，移位运算可用专门的移位器实现，无符号数和带符号整数的位扩展运算和截断运算也可用简单电路较容易地实现。因此，对于无符号整数和带符号整数的运算，本节主要内容是加、减、乘、除运算及其运算部件。计算机内部的带符号整数用补码表示，因此带符号整数运算主要介绍补码运算。

浮点数由一个定点小数和一个定点整数表示，大多数机器采用 IEEE 754 标准来表示浮点数。IEEE 754 标准用定点原码小数表示尾数，用移码表示指数，因而浮点数运算涉及原码定点小数的加、减、乘、除运算和移码的加、减运算。因此，本节同时也介绍原码定点小数的加、减、乘、除运算和移码的加、减运算。

6.2.1 补码加减运算

若两个补码表示的 n 位定点整数 $[x]_{补} = X_{n-1}X_{n-2}\cdots X_0$，$[y]_{补} = Y_{n-1}Y_{n-2}\cdots Y_0$，则 $[x+y]_{补}$ 和 $[x-y]_{补}$ 的运算表达式如下：

$$[x+y]_{补} = [x]_{补} + [y]_{补} \quad (\bmod\ 2^n)$$
$$[x-y]_{补} = [x]_{补} + [-y]_{补} \quad (\bmod\ 2^n)$$

（6-3）

运算公式（6-3）的正确性可以从补码的编码规则得到证明。从式（6-3）中可看出，在补码表示方式下，无论 x、y 是正数还是负数，加、减运算统一采用加法来处理，而且 $[x]_补$ 和 $[y]_补$ 的符号位（最高有效位）可以和数值位一起参与运算，加、减运算结果的符号位也在求和运算中直接得出，这样，可以直接用前面 6.1 节介绍的加法器来实现 "$[x]_补 + [y]_补$（mod 2^n）" 和 "$[x]_补 + [-y]_补$（mod 2^n）"。最终运算结果的高位丢弃，保留低 n 位，相当于对和取模 2^n。因此，实现减法的主要工作在于求 $[-y]_补$。

根据 1.3.1 节介绍的补码表示可知，求一个数的负数的补码可以由其补码 "各位取反、末位加 1" 得到。也即已知一个数的补码表示为 Y，则这个数负数的补码为 $\bar{Y} + 1$。因此，只要在原加法器的 Y 输入端，加 n 个反相器以实现各位取反的功能，然后加一个 2 选 1 多路选择器，用一个控制端 Sub 来控制选择将原码 Y 输入加法器还是将 $\bar{Y}$ 输入加法器，并将控制端 Sub 同时作为低位进位送到加法器，如图 6.6 所示。

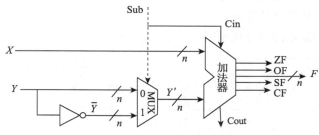

图 6.6 补码加减运算部件

图 6.6 中的电路可实现补码加减运算，当控制端 Sub 为 1 时，做减法，实现 $X + \bar{Y} + 1 = [x]_补 + [-y]_补$；当控制端 Sub 为 0 时，做加法，实现 $X + Y = [x]_补 + [y]_补$。

图 6.6 中的加法器就是图 6.3 所示的带标志加法器。因为无符号整数相当于正整数，而正整数的补码表示等于其二进制表示本身，所以，无符号整数的二进制表示相当于正整数的补码表示，因此，该电路同时实现了无符号整数和带符号整数的加减运算。对于带符号整数 x 和 y 来说，图中 X 和 Y 就是 x 和 y 的补码表示；对于无符号整数 x 和 y 来说，图中 X 和 Y 就是 x 和 y 的二进制表示。

可通过标志信息来区分带符号整数运算结果和无符号整数运算结果。

- **零标志** ZF=1 表示结果 F 为 0。不管作为无符号整数还是带符号整数来运算，ZF 都有意义。
- **符号标志** SF（有些系统用 NF 表示）表示结果的符号，即 F 的最高位。对于无符号数运算，SF 没有意义。
- **进 / 借位标志** CF 表示无符号整数加减运算时的进位 / 借位。加法时，若 CF=1，表示无符号数加法溢出；减法时，若 CF=1，表示有借位，即不够减。因此，加法时 CF 就应等于进位输出 Cout；减法时，就应将进位输出 Cout 取反来作为借位标志。综合起来，可得 CF=Sub $\oplus$ Cout。对于带符号整数运算，CF 没有意义。
- **溢出标志** OF=1 表示带符号整数运算时结果发生了溢出。对于无符号整数运算，OF 没有意义。

对比图 6.3 和图 6.6，不难将 6.1.3 节中的 4 位带标志加法器的 Verilog 代码改成 4 位补码加减运算部件对应的 Verilog 代码。在此基础上，可以修改 6.1.4 节中 4 位 ALU 对应的 Verilog 代码，使其支持减法操作。

对于 n 位补码整数，它可表示的数值范围为 $-2^{n-1} \sim 2^{n-1}-1$。若运算结果超出该范围，则结果溢出。补码溢出的判断方法有多种，先看两个例子。

例 6.1 用 4 位补码计算 "$-7-6$" 和 "$-3-5$" 的值。

解 $[-7]_补 = 1001$　$[-6]_补 = 1010$　$[-3]_补 = 1101$　$[-5]_补 = 1011$

$[-7-6]_补 = [-7]_补 + [-6]_补 = 1001+1010 = 0011$（3）

$[-3-5]_补 = [-3]_补 + [-5]_补 = 1101+1011 = 1000$（-8）

因为 4 位补码的可表示范围为 $-8 \sim +7$，而 $-7-6 = -13 < -8$，所以，结果 0011（+3）一定发生了溢出，是一个错误的值。考察图 6.7 左边 "$-7-6$" 的例子后，发现以下两种现象。

- 最高位和次高位的进位不同。
- 和的符号位和加数的符号位不同。

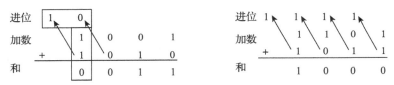

图 6.7　补码减法举例

对于图 6.7 右边的例子 "$-3-5$"，结果 1000（-8）没有超出范围，因而没有发生溢出，是一个正确的值。此时，最高位的进位和次高位的进位都是 1，没有发生第一种现象，而且，和的符号和加数的符号都是 1，因而也没有发生第二种现象。

通常根据上述两种现象是否发生来判断有无溢出。因此，有以下两种溢出判断逻辑表达式。

- 若符号位产生的进位 C_n 与最高数值位向符号位的进位 C_{n-1} 不同，则产生溢出，即

$$Overflow = C_{n-1} \oplus C_n$$

- 若两个加数的符号位 X_{n-1} 和 Y_{n-1} 相同，且与和的符号位 F_{n-1} 不同，则产生溢出，即

$$Overflow = X_{n-1} Y_{n-1} \bar{F}_{n-1} + \bar{X}_{n-1} \bar{Y}_{n-1} F_{n-1}$$

根据上述溢出判断逻辑表达式，很容易实现溢出判断电路。图 6.3b 中 OF 的生成采用了上述第一种方法。

*6.2.2　原码加减运算

浮点数多采用 IEEE 754 标准，其尾数用原码表示，故在浮点数加减运算中涉及原码加减运算。原码加减运算规则如下：

① 比较两个操作数的符号，对加法实行"同号求和，异号求差"，对减法实行"异号求

和，同号求差"。

② 求和时，数值位相加，若最高位产生进位则结果溢出。和的符号位取被加数（或被减数）的符号。

③ 求差时，被加数（或被减数）数值位加上加数（或减数）数值位的补码，并按以下规则产生结果。

- 最高数值位产生进位，表明加法结果为正，所得数值位正确。差的符号位取被加数（被减数）的符号。
- 最高数值位没有产生进位，表明加法结果为负，得到的是数值位的补码形式，因此，需要对结果求补，还原为绝对值形式的数值位。差的符号位为被加数（被减数）的符号取反。

*6.2.3　移码加减运算

在浮点数加减运算中，需要比较两个指数的大小，在浮点数乘除运算中，需要求出指数的和与差，因此，浮点数运算涉及移码加减运算。

假设 E 为指数，其移码位数为 n，根据如下移码和补码的定义：

$$[E]_{移} = 2^{n-1} + E \qquad (-2^{n-1} \leq E < 2^{n-1})$$

$$[E]_{补} = \begin{cases} E & (0 \leq E < 2^{n-1}) \\ 2^n + E \ (\mathrm{mod}\ 2^n) & (-2^{n-1} \leq E < 0) \end{cases}$$

可以推导出移码的加减运算规则为：

$$[E1]_{移} + [E2]_{移} = 2^{n-1} + E1 + 2^{n-1} + E2 = 2^n + E1 + E2 = [E1 + E2]_{补} \ (\mathrm{mod}\ 2^n)$$

$$[E1]_{移} - [E2]_{移} = [E1]_{移} + [-[E2]_{移}]_{补} = 2^{n-1} + E1 + 2^n - [E2]_{移}$$

$$= 2^{n-1} + E1 + 2^n - 2^{n-1} - E2$$

$$= 2^n + E1 - E2 = [E1 - E2]_{补} \ (\mathrm{mod}\ 2^n)$$

由上述规则可知：移码的和、差等于和、差的补码。

6.2.4　原码乘法运算

原码作为浮点数尾数的表示形式，需要计算机能实现定点原码小数的乘法运算。根据每次部分积是一位相乘得到还是两位相乘得到，有原码一位乘法和原码两位乘法；根据原码两位乘法的原理推广，可以有原码多位乘法。

1. 原码一位乘法

用原码实现乘法运算时，符号位与数值位分开计算，因此，原码乘法运算分为两步。

① 确定乘积的符号位。由两个乘数的符号异或得到。

② 计算乘积的数值位。乘积的数值部分为两个乘数的数值部分之积。

原码乘法算法描述如下：已知 $[x]_{原} = X_0.X_1 \cdots X_n$，$[y]_{原} = Y_0.Y_1 \cdots Y_n$，则 $[x \times y]_{原} = Z_0.Z_1 \cdots Z_{2n}$，

其中 $Z_0 = X_0 \oplus Y_0$，$Z_1 \cdots Z_{2n} = (0.X_1 \cdots X_n) \times (0.Y_1 \cdots Y_n)$。

可以不管小数点，事实上在机器内部也没有小数点，只是约定了一个小数点的位置，小数点约定在最左边就是定点小数乘法，约定在右边就是定点整数乘法。因此，可将两个定点小数的数值部分之积看成两个无符号数的乘积。

下面是一个手算乘法的例子，以此可以推导出两个无符号数相乘的计算过程。

$$
\begin{array}{r}
0.1\,0\,1\,1 \qquad 被乘数\ X = 0.X_1 X_2 X_3 X_4 = 0.1011 \\
\times\ 0.1\,1\,0\,1 \qquad 乘数\ Y = 0.Y_1 Y_2 Y_3 Y_4 = 0.1101 \\
\hline
1\,0\,1\,1 \cdots\cdots X \times Y_4 \times 2^{-4} \\
0\,0\,0\,0 \cdots\cdots\cdots X \times Y_3 \times 2^{-3} \\
1\,0\,1\,1 \cdots\cdots\cdots\cdots X \times Y_2 \times 2^{-2} \\
1\,0\,1\,1 \cdots\cdots\cdots\cdots X \times Y_1 \times 2^{-1} \\
\hline
0.1\,0\,0\,0\,1\,1\,1\,1
\end{array}
$$

由此可知，$X \times Y = \displaystyle\sum_{i=1}^{4} (X \times Y_i \times 2^{-i}) = 0.10001111$。

从上述手算乘法过程可以看出，两个无符号数相乘具有以下几个特点。

① 用乘数 Y 的每一位依次乘以被乘数得 $X \times Y_i$，$i = 4, 3, 2, 1$。若 $Y_i = 0$，则得 0；若 $Y_i = 1$，则得 X。

② 把①中求得的各项结果 $X \times Y_i$ 在空间上向左错位排列，即逐次左移，可以表示为 $X \times Y_i \times 2^{-i}$。

③ 对②中求得的结果求和，这就是两个无符号数的乘积。

计算机中的两个无符号数相乘类似手算乘法，但为了提高效率，做了相应改进。主要的改进措施有以下几个方面。

① 每次将乘数 Y 的一位乘以被乘数得 $X \times Y_i$ 后，就将该结果与前面所得的结果累加，得到 P_i，称之为部分积。因为没有等到全部计算后一次求和，所以减少了保存每次相乘结果 $X \times Y_i$ 的开销。

② 在每次求得 $X \times Y_i$ 后，不是将它左移与前次部分积 P_i 相加，而是将部分积 P_i 右移一位与 $X \times Y_i$ 相加。

③ 对乘数中为 1 的位执行加法和右移运算，对为 0 的位只执行右移运算，而不需执行加法运算。

因为每次进行加法运算时，只需要将 $X \times Y_i$ 与部分积中的高 n 位进行相加，低 n 位不会改变，因此，只需用 n 位加法器就可实现两个 n 位数的相乘。

上述思想可以写成数学推导过程如下：

$$
\begin{aligned}
X \times Y &= X \times (0.Y_1 Y_2 \cdots Y_n) \\
&= X \times Y_1 \times 2^{-1} + X \times Y_2 \times 2^{-2} + X \times Y_3 \times 2^{-3} + \cdots + X \times Y_n \times 2^{-n} \\
&= \underbrace{2^{-1} (2^{-1} (2^{-1} \cdots 2^{-1} (2^{-1}}_{n\text{个}2^{-1}} (0 + X \times Y_n) + X \times Y_{n-1}) + \cdots + X \times Y_2) + X \times Y_1)
\end{aligned}
$$

上述推导过程具有明显的递归性质，其递推公式为：

$$P_{i+1} = 2^{-1}(P_i + X \times Y_{n-i}) \quad (i = 0, 1, 2, 3, \cdots, n-1) \quad\quad (6-4)$$

设 $P_0 = 0$，无符号数乘法过程可以归结为循环地计算下列算式的过程。

$$P_1 = 2^{-1}(P_0 + X \times Y_n)$$
$$P_2 = 2^{-1}(P_1 + X \times Y_{n-1})$$
$$\vdots$$
$$P_n = 2^{-1}(P_{n-1} + X \times Y_1)$$

对于上述推导过程中的部分积 P_i，每一步迭代过程如下。

① 取乘数的最低位 Y_{n-i} 做判断。

② 若 Y_{n-i} 的值为 1，则将上一步迭代部分积 P_i 与 X 相加；若 Y_{n-i} 的值为 0，则什么也不做。

③ 右移一位，产生本次部分积 P_{i+1}。

部分积 P_i 和 X 进行无符号数相加，可能会产生进位，因而需要有一个专门的进位位 C。整个迭代过程从乘数最低位 Y_n 和 $P_0 = 0$ 开始，经过 n 次"判断 – 加法 – 右移"循环，直到求出 P_n 为止。P_n 就是最终的乘积。假定每次循环在一个时钟周期内完成，则 n 位乘法需要用 n 个时钟周期来完成。图 6.8 是实现两个 32 位无符号数乘法的逻辑结构图。

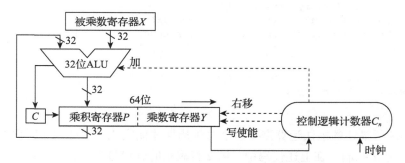

图 6.8 实现 32 位无符号数乘法运算的逻辑结构图

图 6.8 中的被乘数寄存器 X 用于存放被乘数；乘积寄存器 P 开始时置初始部分积 $P_0 = 0$，结束时存放的是 64 位乘积的高 32 位；乘数寄存器 Y 开始时置乘数，结束时存放的是 64 位乘积的低 32 位；进位位 C 表示加法器的进位信号；计数器 C_n 存放循环次数，初值是 32，每循环一次，C_n 减 1，当 $C_n = 0$ 时，乘法运算结束；ALU 是乘法核心部件，在控制逻辑控制下，对乘积寄存器 P 和被乘数寄存器 X 的内容进行"加"运算。

每次循环都要对进位位 C、"加"运算结果和乘数寄存器 Y 实现同步"右移"，此时，进位信号 C 移入寄存器 P 的最高位，"加"运算结果的最低位移入寄存器 Y 的最高位，寄存器 Y 的最低位移出，在"写使能"控制下右移结果被更新到寄存器 P 和寄存器 Y。从最低位 Y_n 开始，逐次把乘数的各个数位 Y_{n-i} 移到寄存器 Y 的最低位上。因此，寄存器 Y 的最低位被送到控制逻辑以决定被乘数是否"加"到部分积上。

下面给出一个 32 位无符号数乘法器的 Verilog 实现。

```
1   module Multipler (
2     input clk, rst,
3     input [31:0] x, y,
4     input in_valid,
5     output [63:0] p,
6     output out_valid
7   );
8     reg [5:0] cn;
9     always @(posedge clk or posedge rst) begin
10      if (rst) cn <= 0;
11      else if (in_valid) cn <= 32;
12      else if (cn != 0) cn <= cn - 1;
13    end
14  // alu32 是 ALU 模块的实例化，32 位 ALU 的实现参见 6.1.4 节中 4 位 ALU 的 Verilog 代码
15    reg [31:0] rx, ry, rp;
16    wire [31:0] aluout;
17    wire c;
18    parameter ALU_ADD = 2'b10;
19    ALU alu32 (.aluop(ALU_ADD), .a(rp), .b(ry[0] ? rx : 0), .cin(0), .f(aluout), .cout(c));
20
21    always @(posedge clk or posedge rst) begin
22      if (rst) {rp, ry, rx} <= 0;
23      else if (in_valid) {rp, ry, rx} <= {32'b0, y, x};
24      else if (cn != 0) {rp, ry} <= {c, aluout, ry} >> 1;
25    end
26
27    assign out_valid = (cn == 0);
28    assign p = {rp, ry};
29  endmodule
```

由于图 6.8 所描述的乘法运算需要多个时钟周期才能完成，因此属于时序逻辑电路，从而需要时钟信号来控制。在上述代码中，第 2 行表示时钟信号和复位信号的输入；第 3 行分别表示输入的被乘数和乘数；第 4 行表示输入数据的有效信号，当 in_valid 有效时，乘法器开始工作；第 5 行表示乘法运算的积；第 6 行表示积的有效信号，当 out_valid 有效时，乘法器工作结束。

第 8~13 行用于描述控制逻辑计数器 cn。其中，第 10 行用于在复位时将 cn 清零；第 11 行表示当乘法器开始工作时将 cn 设置为 32，即乘法需要循环 32 次才能结束；第 12 行表示循环次数未减到 0 时，每来一个时钟 cn 就减 1。第 15 行分别定义了图 6.8 所描述的被乘数寄存器 X、乘数寄存器 Y 和乘积寄存器 P，分别用 rx、ry 和 rp 表示。

第 16~19 行用于描述 ALU。其中，第 16 行定义了 ALU 的计算结果；第 17 行定义了 ALU 的进位输出；第 18 行定义了一个参数常量，通过将 ALUop 设置为 10，以使 ALU 执行"加"运算；第 19 行实例化一个 ALU，其实现参见 6.1.4 节中的 Verilog 代码，这里假设 ALU 的宽度为 32 位。ALU 的第一个操作数是 rp，即乘积寄存器，第二个操作数取决于

乘数寄存器的最低位 ry[0]，若 ry[0] 为 1，则输入被乘数寄存器 rx，表示对乘积寄存器 rp 和被乘数寄存器 rx 的内容进行加运算；若 ry[0] 为 0，则输入 0，此时加运算的结果为乘积寄存器 rp 本身。此外，加运算的低位进位输入总是为 0，加运算的结果用 aluout 表示，运算的高位进位输出用 c 表示，ALU 输出的标志位不使用。

第 21～25 行用于描述乘数寄存器 ry 和乘积寄存器 rp 的更新过程，即乘法运算中的右移操作。具体地，第 22 行用于在复位时将 rp、ry 和 rx 清零；第 23 行表示当乘法器开始工作时对这三个寄存器进行初始化，分别将 rp、ry 和 rx 设置成 0、乘数和被乘数；第 24 行表示当计数器 cn 不为 0 时，将加运算的进位输出 c、加运算结果 aluout 和乘数寄存器 ry 看成一个整体，对这个整体进行右移 1 位的操作，并把右移结果写入乘积寄存器 rp 和乘数寄存器 ry。

当 cn 为 0 时，乘积寄存器 rp 和乘数寄存器 ry 将不再更新。此时第 27 行将会把 out_valid 设置为 1，表示乘法运算结束；第 28 行将乘积寄存器 rp 和乘数寄存器 ry 看成一个整体，作为乘积输出。

对于原码定点小数的乘法运算，只要根据上述无符号数的乘法运算得到乘积的数值部分，然后再加上符号位，就可以得到最终原码表示的乘积。需要补充说明一点，当被乘数或乘数中至少有一个为全 0 时，结果直接得 0，不再进行乘法运算。

例 6.2 已知 $[x]_原 = 0.1101$，$[y]_原 = 0.1011$，用原码一位乘法计算 $[x \times y]_原$。

解 先采用无符号数乘法计算 1101×1011 的乘积，原码一位乘法过程如下。

C	P	Y	说　明
0	0000	1011	$P_0 = 0$
	+1101		$y_4 = 1$，$+X$
0	1101		C、P 和 Y 同时右移一位
0	0110	1101	得 P_1
	+1101		$y_3 = 1$，$+X$
1	0011		C、P 和 Y 同时右移一位
0	1001	1110	得 P_2
	+0000		$y_2 = 0$，不做加法（加 0）
0	1001	1110	C、P 和 Y 同时右移一位
0	0100	1111	得 P_3
	+1101		$y_1 = 1$，$+X$
1	0001		C、P 和 Y 同时右移一位
0	1000	1111	得 P_4

符号位为 $0 \oplus 0 = 0$，因此，$[x \times y]_原 = 0.10001111$。

2. 原码两位乘法

对于 n 位原码一位乘法来说，需要经过 n 次"判断 – 加法 – 右移"循环，运算速度较慢。如果对乘数的每两位取值情况进行判断，使每步求出对应于该两位的部分积，则可将乘法速度提高一倍。这种方法被称为原码两位乘法，只需在原码一位乘法的基础上增加少量的逻辑线路，就可实现原码两位乘法。

考察乘数每两位的组合以及对应的求部分积的操作情况，归纳如下：

- 若 $Y_{i-1}Y_i = 00$，则 $P_{i+1} = 2^{-2}(P_i + 0)$。
- 若 $Y_{i-1}Y_i = 01$，则 $P_{i+1} = 2^{-2}(P_i + X)$。
- 若 $Y_{i-1}Y_i = 10$，则 $P_{i+1} = 2^{-2}(P_i + 2X)$。
- 若 $Y_{i-1}Y_i = 11$，则 $P_{i+1} = 2^{-2}(P_i + 3X)$。

对于上述"+0"和"+X"的情况，与前面原码一位乘法一样即可；对于"+2X"，可通过 X 左移 1 位来实现；对于"+3X"，则以 $4X–X$ 代替 $3X$，在本次运算中只执行 $–X$，而 $+4X$ 则延迟到下一次执行。因此，这种情况下，部分积可以由下式得到：$P_{i+1} = 2^{-2}(P_i + 3X) = 2^{-2}(P_i – X + 4X) = 2^{-2}(P_i – X) + X$。"$–X$"用 $+[–X]_{补}$ 实现。因为下一次部分积已右移了两位，所以，上次未完成的"+4X"已变成"+X"。可用一个触发器 T 记录是否需要下次执行"+X"，若是，则 $1 \rightarrow T$。因此，实际操作中用 Y_{i-1}、Y_i 和 T 三位来控制乘法操作。

6.2.5 补码乘法运算

补码作为机器中带符号整数的表示形式，需要计算机能实现定点补码整数的乘法运算。根据每次部分积是一位相乘得到还是两位相乘得到，有补码一位乘法和补码两位乘法。

1. 补码一位乘法

A. D. Booth 提出了一种补码相乘算法，可以将符号位与数值位合在一起参与运算，直接得出用补码表示的乘积，且正数和负数同等对待。这种算法被称为**布斯（Booth）算法**。

计算机中操作数的长度都是字节的倍数，因而其位数应该是偶数。下面我们考察偶数位的补码定点整数乘法运算。假定两个偶数位的带符号整数 x 和 y 的机器级表示分别为 $[x]_{补}$ 和 $[y]_{补}$，$[x \times y]_{补}$ 的 Booth 乘法递推公式推导如下。

设 $[x]_{补} = X_{n-1} \cdots X_1 X_0$，$[y]_{补} = Y_{n-1} \cdots Y_1 Y_0$，根据补码定义，可得到真值 y 的计算公式如下。

$$
\begin{aligned}
y &= -Y_{n-1}2^{(n-1)} + \sum_{i=0}^{n-2} Y_i 2^i \\
&= -Y_{n-1}2^{(n-1)} + Y_{n-2}2^{(n-2)} + \cdots + Y_1 2^1 + Y_0 2^0 \\
&= -Y_{n-1}2^{(n-1)} + Y_{n-2}2^{(n-1)} - Y_{n-2}2^{(n-2)} + \cdots + Y_1 2^2 - y_1 2^1 + Y_0 2^1 - Y_0 2^0 \\
&= (Y_{n-2} - Y_{n-1})2^{(n-1)} + (Y_{n-3} - Y_{n-2})2^{(n-2)} + \cdots + (Y_0 - Y_1)2^1 + (0 - Y_0)2^0 \\
&= \sum_{i=0}^{n-1} (Y_{i-1} - Y_i)2^i
\end{aligned}
$$

这里假设 $Y_{-1} = 0$。因此，

$$
[x \times y]_{补} = \left[x \times \sum_{i=0}^{n-1} (Y_{i-1} - Y_i)2^i \right]_{补} \tag{6-5}
$$

与推导无符号数乘法算法一样，可以不考虑小数点的位置，只要最终的乘积约定好小数点位置就可以了。因此，公式（6-5）的右边可以通过乘以 2^{-n} 来变换成以下形式：

$$[x \times \sum_{i=0}^{n-1} (Y_{i-1} - Y_i)\ 2^{-(n-i)}]_{补} \tag{6-6}$$

将上式（6-6）展开后，得到如下递推公式：

$$[P_{i+1}]_{补} = [2^{-1}(P_i + (Y_{i-1} - Y_i)\ x)]_{补} \quad (i = 0,\ 1,\ 2,\ \cdots,\ n-1) \tag{6-7}$$

此公式中的 P_i 为上次部分积，P_{i+1} 为本次部分积。令 $[P_0]_{补} = 0$，则有：

$$[P_1]_{补} = [2^{-1}(P_0 + (Y_{-1} - Y_0) \times x)]_{补}$$
$$\vdots$$
$$[P_{n-1}]_{补} = [2^{-1}(P_{n-2} + (Y_{n-3} - Y_{n-2}) \times x)]_{补}$$
$$[P_n]_{补} = [2^{-1}(P_{n-1} + (Y_{n-2} - Y_{n-1}) \times x]_{补} \tag{6-8}$$

比较式（6-5）和式（6-8），可以得出结论：$[x \times y]_{补} = 2^n [P_n]_{补}$。因此，只要将最终部分积 $[P_n]_{补}$ 的小数点约定到最右边就行了。

由递推公式（6-7）可以知道，在求得 $[P_i]_{补}$ 后，根据对乘数中连续两位 $Y_i Y_{i-1}$ 的判断，就可求得 $[P_{i+1}]_{补}$：

- 若 $Y_i Y_{i-1} = 01$，则 $[P_{i+1}]_{补} = [2^{-1}(P_i + x)]_{补}$。
- 若 $Y_i Y_{i-1} = 10$，则 $[P_{i+1}]_{补} = [2^{-1}(P_i - x)]_{补}$。
- 若 $Y_i Y_{i-1} = 00$ 或 11，则 $[P_{i+1}]_{补} = [2^{-1}(P_i + 0)]_{补}$。

上述式子 $[2^{-1}(P_i \pm x)]_{补}$ 可通过执行 $[P_i]_{补} + [\pm x]_{补}$ 后右移一位实现。此时，采用的是补码右移方式，即带符号整数的算术右移。

根据上述分析，归纳出补码乘法运算规则如下：

① 乘数最低位增加一位辅助位 $Y_{-1} = 0$。
② 根据 $Y_i Y_{i-1}$ 的值，决定是 "$+[x]_{补}$" "$-[x]_{补}$" 还是 "$+0$"。
③ 每次加减后，算术右移一位，得到部分积。
④ 重复第②步和第③步 n 次，结果得 $[x \times y]_{补}$。

图 6.9 是实现 32 位补码一位乘法的逻辑结构图，和图 6.8 所示的无符号数乘法电路的逻辑结构很类似，只是部分控制逻辑不同。

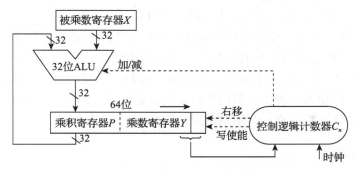

图 6.9　实现补码一位乘法的逻辑结构图

例 6.3 已知 $[x]_补 = 1\,101$，$[y]_补 = 0\,110$，要求用布斯乘法计算 $[x \times y]_补$。

解 $[-x]_补 = 0\,011$，布斯乘法过程如下：

P	Y	Y_{-1}	说　明
0000	0110	0	设 $Y_{-1} = 0$，$[P_0]_补 = 0$
			$Y_0 Y_{-1} = 00$，P、Y 直接右移一位
0000	0011	0	得 $[P_1]_补$
+0011			$Y_1 Y_0 = 10$，$+[-x]_补$
0011			P、Y 同时右移一位
0001	1001	1	得 $[P_2]_补$
			$Y_2 Y_1 = 11$，P、Y 直接右移一位
0000	1100	1	得 $[P_3]_补$
+1101			$Y_3 Y_2 = 01$，$+[x]_补$
1101			P、Y 同时右移一位
1110	1110	0	得 $[P_4]_补$

因此，$[x \times y]_补 = 1110\ 1110$。

验证：$x = -011\mathrm{B} = -3$，$y = +110\mathrm{B} = 6$，$x \times y = -0001\ 0010\mathrm{B} = -18$，结果正确。◼

布斯乘法的算法过程为 n 次"判断 – 加减 – 右移"循环，与上文介绍的无符号数乘法运算的过程非常相似，在 6.2.4 节给出的无符号数乘法器的 Verilog 代码基础上进行改写，应该很容易得到布斯乘法器对应的 Verilog 代码。

2. 补码两位乘法

补码乘法也可以采用两位一乘的方法，把乘数分成两位一组，根据两位代码的组合决定加或减被乘数的倍数，形成的部分积每次右移两位。补码两位一乘的方法可以用布斯乘法过程来推导。

假设用布斯乘法已经求得部分积 $[P_i]_补$，则部分积 $[P_{i+1}]_补$ 和 $[P_{i+2}]_补$ 可分别写为：

$$[P_{i+1}]_补 = 2^{-1}([P_i]_补 + (Y_{i-1} - Y_i)[x]_补) \tag{6-9}$$

$$[P_{i+2}]_补 = 2^{-1}([P_{i+1}]_补 + (Y_i - Y_{i+1})[x]_补) \tag{6-10}$$

把式（6-9）代入式（6-10）中，可以得到：

$$\begin{aligned}[P_{i+2}]_补 &= 2^{-1}(2^{-1}([P_i]_补 + (Y_{i-1} - Y_i)[x]_补) + (Y_i - Y_{i+1})[x]_补) \\ &= 2^{-2}([P_i]_补 + (Y_{i-1} + Y_i - 2Y_{i+1})[x]_补) \end{aligned} \tag{6-11}$$

从公式（6-11）可看出，根据乘数中相邻 3 位 Y_{i+1}、Y_i、Y_{i-1} 的组合情况，可以跳过 $[P_{i+1}]_补$ 的计算步骤，即从 $[P_i]_补$ 直接求得 $[P_{i+2}]_补$。补码两位乘法的运算过程与布斯乘法相似，因此称为**改进的布斯算法**（Modified Booth Algorithm，MBA），也称为基 4（Radix-4）布斯算法。因为操作数总是 8 的倍数，所以补码的位数 n 应该是偶数，因此，总循环次数为 $n/2$。该算法可将部分积的数目压缩一半，从而提高运算速度。

*6.2.6　快速乘法器

乘法是数字信号处理中重要的基本运算。在图像、语音、加密等数字信号处理领域，乘法器扮演着重要的角色，并在很大程度上决定着系统性能。乘法器也是处理器中进行数据处理的关键部件，其中大约 1/3 的运算是乘法运算。因此，有必要考虑实现高速乘法运算。前面介绍的原码两位乘法和补码两位乘法（MBA），通过一次判断两位乘数来提高乘法速度。同理，可以采用一次判断更多位乘数的乘法，但是多位乘法运算的控制复杂度呈几何级数增长，实现难度很大。随着大规模集成电路技术的飞速发展，出现了采用硬件叠加或流水处理的快速乘法器件，如阵列乘法器就是其中之一。

图 6.10 是用手算进行两个 4 位无符号数相乘的示意图。在手算算式中，每个 $x_i y_j$（$i=1$，2，3，4；$j=1$，2，3，4）都是由两个 1 位的二进制数相乘得到的。第一行为 $x_i y_4$（$i=1$，2，3，4），第二行为 $x_i y_3$（$i=1$，2，3，4），第三行为 $x_i y_2$（$i=1$，2，3，4），第四行为 $x_i y_1$（$i=1$，2，3，4），所以，每个 $x_i y_j$（$i=1$，2，3，4；$j=1$，2，3，4）可以用一个"与"门实现。每行都向左错一位，最终将权相等的位的积相加，形成最终的乘积 $P = P_7 P_6 P_5 P_4 P_3 P_2 P_1 P_0$。

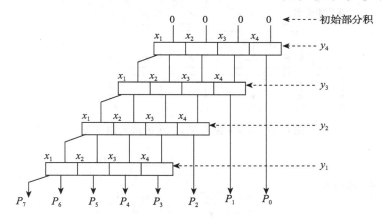

图 6.10　4 位无符号数的手算过程

在计算机内，用组合逻辑线路可以构成一个实现上述执行过程的乘法器。如图 6.11 所示，该乘法器为阵列结构形式，故称为**阵列乘法器**（array multiplier）。图中实现了 $X \times Y$，其中 $X = x_1 x_2 x_3 x_4$，$Y = y_1 y_2 y_3 y_4$。X 和 Y 是无符号数。一位乘积 $x_i y_j$ 可以用一个两输入端的与门实现。每一次加法操作用一个全加器实现。2^i 和 2^j 的因子所蕴含的移位由全加器的空间错位来实现。与门和全加器的功能可用一个单元组合起来，称为细胞模块，在图中用一个方框来表示。

阵列乘法器基于移位与求和算法，每一行中被乘数与乘数中的某一位相乘，产生一组部分积。即每一行由乘数的每一数位 y_j（$j=1$，2，3，4）控制得到本级的部分积 $x_i 2^{(4-i)} \times y_j$（$i=1$，2，3，4）。而每一斜列则由被乘数的每一数位 x_i（$i=1$，2，3，4）控制，即为 $x_i \times y_j 2^{(4-j)}$（$j=1$，2，3，4）。如此求出全部部分积，最后对所有部分积求和得到乘积，整个电路的延迟取决于用于求和的加法阵列结构。

图 6.11 中采用的是基于行波进位加法器（Carry Ripple Adder，CRA）的阵列乘法器，

采用串行进位，每一级部分积的生成不仅依赖上一级的部分积，还依赖于上一级的最终进位，因而运算速度慢。为加快运算速度，加法阵列可改用基于进位保留加法器（Carry Save Adder，CSA）的结构，如图 6.12 所示。CSA 将本级进位与本级和同时输出至下一级，而不是向前传递到本级的下一位，因而求和速度快，且向下级传递的速度与字长无关。

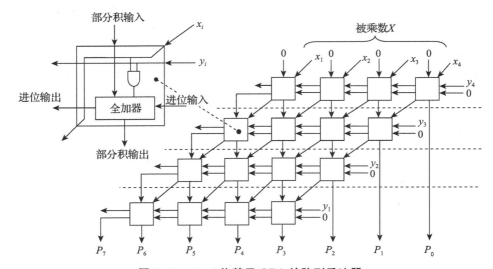

图 6.11 4×4 位基于 CRA 的阵列乘法器

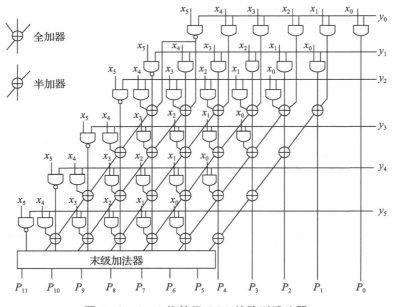

图 6.12 6×6 位基于 CSA 的阵列乘法器

阵列乘法器结构规范，标准化程度高，有利于布局布线，适合用超大规模集成电路实现，且能获得较高的运算速度，其乘法速度仅取决于逻辑门和加法器的传输延迟。随着集成电路价格的不断下降，阵列乘法器在某些数字系统中也被大量使用，例如在数字信号处理系统中。

阵列乘法器至少要做 $O(N)$ 次加法，为了进一步提高速度，部分积求和电路可采用树形结构。树形结构可以减少求和级数，是提高乘法运算速度的一种方法。1961 年 Wallace 提出的华莱士树（Wallace Tree，WT）结构是其中最著名的一种，它对 16 位以上的乘法运算尤其适用。WT 结构将全部部分积按列分组，每列对应一组加法器，各列同时相加，前一列进位传至后一列，生成新的部分积阵列；按同样的方法化简新的阵列，直至只剩两行部分积，最后用高速加法器求和得到最终乘积。WT 结构只需做 $O(\log N)$ 次加法，因而运算速度快。可将 MBA 和 WT 结合起来进一步加快乘法速度，MBA 用来减少部分积个数，而 WT 用来缩短部分积求和时间。

通常乘法运算比移位和加法运算慢，因此，编译器在处理变量与常数相乘时，有时会用移位、加法和减法的组合运算来代替乘运算。例如，对于 C 程序中的表达式 x*20，编译器可以利用 $20=16+4=2^4+2^2$，将 x*20 转换为（x<<4）+（x<<2），这样，一次乘法转换成了两次左移和一次加法。不管是无符号整数还是带符号整数的乘法，左移时都是高位移出、低位补 0，即使乘积溢出，利用移位和加减运算组合方式得到的结果都和采用直接相乘的结果一样。

6.2.7 原码除法运算

在进行定点数除法运算前，首先要对被除数和除数的取值和大小进行相应的判断，以确定除数是否为 0、商是否为 0、是否溢出或为不确定的值 NaN。通常的判断操作如下：

- 若被除数为 0、除数不为 0，或者定点整数除法时 | 被除数 |<| 除数 |，则说明商为 0，余数为被除数，不再继续执行。
- 若被除数不为 0、除数为 0，对于整数，则发生"除数为 0"异常；对于浮点数，则结果为无穷大。
- 若被除数和除数都为 0，对于整数，则发生除法错异常；对于浮点数，则有些机器将产生一个不发信号的 NaN，即"quiet NaN"。

只有当被除数和除数都不为 0，并且商也不可能溢出（例如，补码中最大负数除以 –1 时会发生溢出）时，才进一步进行除法运算。

原码作为浮点数尾数的表示形式，需要计算机能实现定点原码小数的除法运算。因此，本节下面介绍原码除法运算。除法运算与乘法运算很相似，都是一种移位和加减运算的迭代过程，但比乘法运算更加复杂。下面以两个定点正数为例，说明手算除法步骤。

假定被除数 $X = 10011101$，除数 $Y = 1011$，以下是这两个数相除的手算过程：

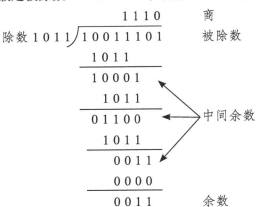

从上述过程和结果来看，手算除法的基本要点如下。

① 被除数与除数相减，若够减，则上商为 1；若不够减，则上商为 0。

② 每次得到的差为中间余数，将除数右移后与上次的中间余数比较。用中间余数减除数，若够减，则上商为 1；若不够减，则上商为 0。

③ 重复执行第②步，直到求得的商的位数足够为止。

计算机内部的除法运算与手算算法一样，通过被除数（中间余数）减除数来得到每一位的商。

原码除法运算与原码乘法运算一样，要将符号位和数值位分开来处理。商的符号为相除两数符号的"异或"值，商的数值为两数绝对值之商。因此，以下考虑定点正整数和定点正小数的除法运算。除法逻辑结构类似于乘法逻辑结构，图 6.13 所示是一个 32 位除法器的逻辑结构示意图。

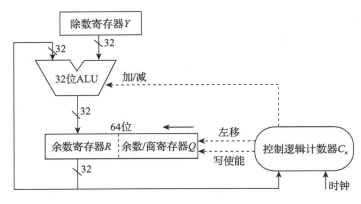

图 6.13　32 位除法运算逻辑结构图

图 6.13 中，除数寄存器 Y 存放除数；余数寄存器 R 开始时置被除数的高 32 位，作为初始中间余数 R_0 的高位部分，结束时存放的是余数；余数 / 商寄存器 Q 开始时置被除数的低

32 位，作为初始中间余数 R_0 的低位部分，结束时存放的是 32 位商，在运算过程中，Q 中存放的并不是商的全部位数，而是部分为被除数或中间余数，部分为商，只有到最后一步才是商的全部位数；计数器 C_n 存放循环次数，初值是 32，每循环一次，C_n 减 1，当 $C_n = 0$ 时，除法运算结束；ALU 是除法器核心部件，在控制逻辑控制下，对于余数寄存器 R 和除数寄存器 Y 的内容进行"加减"运算，在"写使能"控制下运算结果被送回寄存器 R。

每次循环都要对寄存器 R 和 Q 实现同步"左移"，左移时，Q 的最高位移入 R 的最低位，Q 中空出的最低位被上"商"。从低位开始，逐次把商的各个数位左移到 Q 中。每次由控制逻辑根据 ALU 运算结果的符号位来决定上商为 0 还是 1。

由图 6.13 可知，两个 32 位数相除，必须把被除数扩展成一个 64 位数。推而广之，n 位定点数的除法，实际上是用一个 $2n$ 位的数除以一个 n 位的数，得到一个 n 位的商。因此需要进行被除数的扩展。

定点正整数和定点正小数的除法运算，都可以用图 6.13 所示的除法逻辑来实现。只是被除数扩展的方法不太一样，此外，导致溢出的情况也有所不同。

- 对于两个 n 位定点正整数相除的情况，即当两个 n 位无符号数相除时，只要将被除数 X 的高位添 n 个 0 即可，即 $X = x_{n-1} x_{n-2} \cdots x_1 x_0$ 变成 $X = 00 \cdots 00\, x_{n-1} x_{n-2} \cdots x_1 x_0$。显然，对被除数预置时，$R$ 寄存器中为全 0，Q 寄存器中为被除数 X。这种方式通常称为单精度除法，其商的位数一定不会超过 n 位，因此不会发生溢出。

- 对于两个 n 位定点正小数相除的情况，即当两个作为浮点数尾数的 n 位原码小数相除时，只要在被除数 X 的低位添加 n 个 0 即可。即将 $X = 0.x_{n-1} x_{n-2} \cdots x_1 x_0$ 变成 $X = 0.x_{n-1} x_{n-2} \cdots x_1 x_0 00 \cdots 00$，显然，扩展为 $2n$ 位后，R 寄存器中为被除数 X，Q 寄存器中为全 0。

- 对于一个 $2n$ 位的数与一个 n 位的数相除的情况，则无须对被除数 X 进行扩展，这种情况下，商的位数可能多于 n 位，因此，有可能发生溢出。采用这种方式的机器，其除法指令给出的被除数在两个寄存器或一个双倍字长寄存器中，这种方式通常称为双精度除法。

综合上述几种情况，可把定点正整数和定点正小数归结在统一的假设下，并将其统称为无符号数的除法。因而，我们假定：除法运算时，被除数 X 为 $2n$ 位，除数 Y 和商 Q 都为 n 位。本书后面对无符号数除法和原码定点小数除法的算法描述也都基于这个假设。

参考手工除法过程，得到计算机中两个无符号数除法的运算步骤和算法要点如下。

① 操作数预置：在确认被除数和除数都不为 0 后，将被除数（必要时进行 0 扩展）置于余数寄存器 R 和余数 / 商寄存器 Q 中，除数置于除数寄存器 Y 中。

② 做减法试商：根据 $R-Y$ 得到的结果的符号来判断两数的大小。若结果为正，则上商 1，若结果为负，则上商 0。

③ 上商为 0 时恢复余数：把减掉的除数再加回来，恢复原来的中间余数。

④ 中间余数左移，以便继续试商：手算除法中，每次试商前，除数右移后，与中间余数进行比较。在计算机内部进行除法运算时，除数在除数寄存器中不动，因此，需要将中间余数左移，将左移结果与除数相减，以进行比较。左移时中间余数和商一起进行左移，Q 的最低位空出，以备上商。

上述给出的算法要点③中，采用了"上商为 0 时恢复余数"的方式，所以，把这种方法称为"恢复余数法"。也可以不这样做，而是在下一步运算时把当前多减的除数补回来。这种方法称为"不恢复余数法"，又称"加减交替法"。根据余数恢复方式的不同，有"恢复余数除法"和"不恢复余数除法"两种。

1. 恢复余数除法

假定被除数 X 为 $2n$ 位，除数 Y 和商 Q 都为 n 位。X、Y 和 Q 分别表示为：$X = x_{2n-1} x_{2n-2} \cdots x_n \cdots x_1 x_0$，$Y = y_{n-1} y_{n-2} \cdots y_1 y_0$，$Q = q_{n-1} q_{n-2} \cdots q_1 q_0$。则恢复余数除法的算法步骤如下。

第一步：$R_1 = X - Y$，若 $R_1 < 0$，则上商 $q_n = 0$，同时恢复余数，即 $R_1 = R_1 + Y$；若 $R_1 \geqslant 0$，则上商 $q_n = 1$。这里求得的商 q_n 是商的第 n 位数值。显然，若 $q_n = 1$，则商将会有 $n+1$ 位数。这对于以下不同的情况，意味着不同的结果。

对于无符号整数除法来说，如果被除数为 $2n$ 位，则商有可能会超出 n 位无符号整数范围，所以，若 $q_n = 1$，则发生溢出。

对于原码定点小数除法来说，若 $q_n = 1$，则相除结果的数值从小数部分溢出到了整数部分，按道理两个定点小数相除，结果也应是定点小数，故应当作溢出处理。但浮点数尾数溢出时，可通过右规来消除，最终只要阶码不溢出，结果仍然正确。所以，这种情况下，保留最高位的商 $q_n = 1$，继续执行下去。

第二步：若已求得第 i 次的中间余数为 R_i，则第 $i+1$ 次的中间余数为 $R_{i+1} = 2R_i - Y$。若 $R_{i+1} < 0$，则上商 $q_{n-i} = 0$，同时恢复余数，即 $R_{i+1} = R_{i+1} + Y$；若 $R_{i+1} \geqslant 0$，则上商 $q_{n-i} = 1$。

第三步：循环执行第 2 步 n 次，直到求出所有 n 位商 "$q_{n-1} \sim q_0$" 为止。

最终商在 Q 寄存器中、余数在 R 寄存器中。

例 6.4 已知 $[x]_原 = 0.1011$，$[y]_原 = 1.1101$，用恢复余数法计算 $[x/y]_原$。

解 分符号位和数值位两部分进行。商的符号位：$0 \oplus 1 = 1$。

商的数值位采用恢复余数法。减法操作用补码加法实现，是否够减通过中间余数的符号来判断，所以中间余数要加一位符号位。因此，需先计算出 $[|x|]_补 = 0.1011$，$[|y|]_补 = 0.1101$，$[-|y|]_补 = 1.0011$。

因为是原码定点小数，所以在低位扩展 0。虽然实际参加运算的数据是 $[|x|]_补$ 和 $[|y|]_补$，但为简单起见，说明时分别标识为 X 和 Y。

运算过程如下：

R	Q	说　明
0 1 0 1 1	0 0 0 0 □	开始 $R_0 = X$
+ 1 0 0 1 1		$R_1 = X - Y$
1 1 1 1 0	0 0 0 0 0	$R_1 < 0$，则 $q_4 = 0$
+ 0 1 1 0 1		恢复余数：$R_1 = R_1 + Y$
0 1 0 1 1		得 R_1
1 0 1 1 0	0 0 0 0 □	$2R_1$（R 和 Q 同时左移，空出一位商）
+ 1 0 0 1 1		$R_2 = 2R_1 - Y$
0 1 0 0 1	0 0 0 0 1	$R_2 > 0$，则 $q_3 = 1$
1 0 0 1 0	0 0 0 1 □	$2R_2$（R 和 Q 同时左移，空出一位商）
+ 1 0 0 1 1		$R_3 = 2R_2 - Y$
0 0 1 0 1	0 0 0 1 1	$R_3 > 0$，则 $q_2 = 1$
0 1 0 1 0	0 0 1 1 □	$2R_3$（R 和 Q 同时左移，空出一位商）
+ 1 0 0 1 1		$R_4 = 2R_3 - Y$
1 1 1 0 1	0 0 1 1 0	$R_4 < 0$，则 $q_1 = 0$
+ 0 1 1 0 1		恢复余数：$R_4 = R_4 + Y$
0 1 0 1 0	0 0 1 1 0	得 R_4
1 0 1 0 0	0 1 1 0 □	$2R_4$（R 和 Q 同时左移，空出一位商）
+ 1 0 0 1 1		$R_5 = 2R_4 - Y$
0 0 1 1 1	0 1 1 0 1	$R_5 > 0$，则 $q_0 = 1$

商的最高位为 0，说明没有溢出，商的数值部分为 1101。所以，$[x/y]_{原} = 1.1101$（最高位为符号位），余数为 0.0111×2^{-4}。　■

2. 不恢复余数除法

在恢复余数除法运算中，当中间余数与除数相减结果为负时，要多做一次 $+Y$ 操作，因而降低了算法执行速度，又使控制线路变得复杂。在计算机中很少采用恢复余数除法，而普遍采用不恢复余数除法。其实现原理如下。

在恢复余数除法中，第 i 次余数为 $R_i = 2R_{i-1} - Y$。根据下次中间余数的计算方法，有以下两种不同情况：

- 若 $R_i \geqslant 0$，则上商 1，不需恢复余数，直接左移一位后试商，得下次余数 R_{i+1}，即 $R_{i+1} = 2R_i - Y$。
- 若 $R_i < 0$，则上商 0，且需恢复余数后左移一位再试商，得下次余数 R_{i+1}，即 $R_{i+1} = 2(R_i + Y) - Y = 2R_i + Y$。

当第 i 次中间余数为负时，可以跳过恢复余数这一步，直接求第 $i+1$ 次中间余数。这种算法称为不恢复余数法。从上述推导可以发现，不恢复余数法的算法要点就是 6 个字："正、1、减，负、0、加"。其含义就是：若中间余数为正数，则上商为 1，下次做减法；若中间余数为负数，则上商为 0，下次做加法。这样运算中每次循环内的步骤都是规整的，差别仅在做加法还是减法，所以，这种方法也称为"加减交替法"。采用这种方法时有一点要注意，即如果在最后一步上商为 0，则必须恢复余数，把试商时减掉的除数加回去。

例 6.5 已知 $[x]_{原} = 0.1011$，$[y]_{原} = 1.1101$，用不恢复余数法计算 $[x/y]_{原}$。

解 分符号位和数值位两部分进行。商的符号位：$0 \oplus 1 = 1$。

商的数值位采用不恢复余数法。减法操作用补码加法实现，是否够减通过中间余数的符号来判断，所以中间余数要加一位符号位。需先计算出 $X = [|x|]_{补} = 0.1011$，$Y = [|y|]_{补} = 0.1101$，$-Y = [-|y|]_{补} = 1.0011$。

运算过程如下：

R	Q	说　　明
0 1 0 1 1	0 0 0 0 □	开始 $R_0 = X$
+ 1 0 0 1 1		$R_1 = X - Y$
1 1 1 1 0	0 0 0 0 0	$R_1 < 0$，则 $q_4 = 0$，没有溢出
1 1 1 0 0	0 0 0 0 □	$2R_1$（R 和 Q 同时左移，空出一位商）
+ 0 1 1 0 1		$R_2 = 2R_1 + Y$
0 1 0 0 1	0 0 0 0 1	$R_2 > 0$，则 $q_3 = 1$
1 0 0 1 0	0 0 0 1 □	$2R_2$（R 和 Q 同时左移，空出一位商）
+ 1 0 0 1 1		$R_3 = 2R_2 - Y$
0 0 1 0 1	0 0 0 1 1	$R_3 > 0$，则 $q_2 = 1$
0 1 0 1 0	0 0 1 1 □	$2R_3$（R 和 Q 同时左移，空出一位商）
+ 1 0 0 1 1		$R_4 = 2R_3 - Y$
1 1 1 0 1	0 0 1 1 0	$R_4 < 0$，则 $q_1 = 0$
1 1 0 1 0	0 1 1 0 □	$2R_4$（R 和 Q 同时左移，空出一位商）
+ 0 1 1 0 1		$R_5 = 2R_4 + Y$
0 0 1 1 1	0 1 1 0 1	$R_5 > 0$，则 $q_0 = 1$

商的最高位为 0，说明没有溢出，商的数值部分为 1101。所以，$[x/y]_原 = 1.1101$（最高位为符号位），余数为 0.0111×2^{-4}。

从上述给出的几个除法例子以及有关恢复余数法和不恢复余数法的算法流程中可以看出，要得到 n 位无符号数的商，需要循环 $n+1$ 次，其中第一次得到的不是真正的商，而是用来判断溢出的。为了节省运算时间，第一次可以不试商而直接左移，这样只要 n 次循环。因为对于两个 n 位定点整数除法来说，其商一定不会超过 n 位，所以不会发生溢出，因而，n 位定点整数除法第一次无须试商来判断溢出。

除法运算过程与乘法运算比较相似，在理解除法运算的原理后，可以参考乘法器的 Verilog 实现写出除法器的 Verilog 代码。

6.2.8　补码除法运算

补码作为带符号整数的表示形式，需要计算机能实现定点补码整数的除法运算。与补码加减运算、补码乘法运算一样，补码除法也可以将符号位和数值位合在一起进行运算，而且商符直接在除法运算中产生。对于两个 n 位补码除法，被除数需要进行符号扩展。若被除数为 $2n$ 位，除数为 n 位，则被除数无须扩展。

同样，首先要对被除数和除数的取值、大小等进行相应的判断，以确定除数是否为 0、商是否为 0、是否溢出。

因为补码除法中被除数、中间余数和除数都是有符号的，所以，不像无符号除法和原码除法那样可以直接做减法来判断是否够减，而应该根据被除数（中间余数）与除数之间符号的异同或差值的正负来确定下次是做减法还是加法，再根据加或减运算的结果来判断是否够减。表 6.1 给出了判断是否够减的规则。

表 6.1　补码除法判断是否够减的规则

中间余数 R	除数 Y	新中间余数：$R-Y$		新中间余数：$R+Y$	
		0	1	0	1
0	0	够减	不够减		
0	1			够减	不够减
1	0			不够减	够减
1	1	不够减	够减		

从表 6.1 可看出，当被除数（中间余数）与除数同号时做减法，异号时做加法。若加减运算后得到的新余数与原余数符号一致（余数符号未变）则够减，否则不够减。

根据是否立即恢复余数，补码除法也分为恢复余数法和不恢复余数法两种。下面主要给出不恢复余数法的算法要点。

根据表 6.1 给出的补码除法判断是否够减的判断规则，可以得到如下不恢复余数除法的算法要点。

① 操作数的预置：除数装入除数寄存器 Y，被除数符号扩展后装入余数寄存器 R 和余数 / 商寄存器 Q。

② 根据以下规则求第一位商 Q_n：若 X 与 Y 同号，则做减法，即 $R_1 = X-Y$；否则，做加法，即 $R_1=X+Y$，并按以下规则确定商值 Q_n。

● 若新的中间余数 R_1 与 Y 同号，则 Q_n 置 1，转第③步。

● 若新的中间余数 R_1 与 Y 异号，则 Q_n 置 0，转第③步。

Q_n 用来判断是否溢出，而不是真正的商。以下情况下会发生溢出：X 与 Y 同号且上商 $Q_n=1$，或者，X 与 Y 异号且上商 $Q_n = 0$。

③ 对于 $i=1,\cdots,n$，按以下规则求出相应商。

● 若 R_i 与 Y 同号，则 Q_{n-i} 置 1，$R_{i+1} = 2R_i-Y$，$i = i +1$。

● 若 R_i 与 Y 异号，则 Q_{n-i} 置 0，$R_{i+1} = 2R_i+Y$，$i = i +1$。

④ 商的修正：最后一次 Q 寄存器左移一位，将最高位 Q_n 移出，并在最低位置上商 Q_0。若被除数与除数同号，Q 中就是真正的商；否则，将 Q 中的商的末位加 1。

⑤ 余数的修正：若余数符号同被除数符号，则不需修正，余数在 R 中；否则，按下列规则进行修正：当被除数和除数符号相同时，最后余数加除数；否则，最后余数减除数。

与无符号数的不恢复余数法一样，补码不恢复余数法也有一个六字口诀："同、1、减，异、0、加"。所以，其运算过程也是呈加减交替的方式，因此也称为"加减交替法"。

例 6.6　已知 $x = -9$，$y = 2$，要求用补码除法计算 $[x/y]_补$。

解　$X = [x]_补 = 1\,0111$，$Y = [y]_补 = 0\,0010$，计算过程如下：先对被除数进行符号扩展，即

$X = 11111\ 10111$，$-Y = [-y]_{补} = 1\ 1110$。

R	Q	说　　明
1 1 1 1 1	1 0 1 1 1	开始 $R_0 = X$
$+\ 0 0 0 1 0$		$R_1 = X + Y$
0 0 0 0 1	1 0 1 1 1	R_1 与 Y 同号，故 $Q_4 = 1$
0 0 0 1 1	0 1 1 1 1	$2R_1$（R 和 Q 同时左移，空出一位上商 1）
$+1 1 1 1 0$		$R_2 = 2R_1 - Y$
0 0 0 0 1	0 1 1 1 1	R_2 与 Y 同号，故 $Q_3 = 1$
0 0 0 1 0	1 1 1 1 1	$2R_2$（R 和 Q 同时左移，空出一位上商 1）
$+1 1 1 1 0$		$R_3 = 2R_2 - Y$
0 0 0 0 0	1 1 1 1 1	R_3 与 Y 同号，故 $Q_2 = 1$
0 0 0 0 1	1 1 1 1 1	$2R_3$（R 和 Q 同时左移，空出一位上商 1）
$+1 1 1 1 0$		$R_4 = 2R_3 - Y$
1 1 1 1 1	1 1 1 1 1	R_4 与 Y 异号，故 $Q_1 = 0$
1 1 1 1 1	1 1 1 1 0	$2R_4$（R 和 Q 同时左移，空出一位上商 0）
$+0 0 0 1 0$		$R_5 = 2R_4 + Y$
0 0 0 0 1	1 1 1 1 0	R_5 与 Y 同号，故 $Q_0 = 1$
0 0 0 1 1	1 1 1 0 1	$2R_5$（R 和 Q 同时左移，空出一位上商 1）
$+1 1 1 1 0$		$R_6 = 2R_5 - Y$
0 0 0 0 1	1 1 0 1 1	Q 左移，空出一位上商。R_6 与 Y 同号，故 $Q_0 = 1$
$+1 1 1 1 0$	$+\ \ \ \ \ \ \ 1$	商为负，末位加 1；减除数以修正余数
1 1 1 1 1	1 1 1 0 0	

所以，$[x/y]_{补} = 11100$，余数为 11111。

即 $x/y = -0100B = -4$，余数为 $-0001B = -1$。

将各数代入公式“除数 × 商 + 余数 = 被除数”进行验证，得 $2 \times (-4) + (-1) = -9$。　■

对于整数除法运算，由于计算机中的除法运算比较复杂，而且不能用流水线方式实现，所以一次除法运算大致需要几十个时钟周期。为了缩短除法运算的时间，编译器在处理一个整数与一个 2 的幂次整数相除时，常采用右移实现，除以 2^k 相当于右移 k 位。无符号整数采用逻辑右移方式：高位补 0、低位移出；带符号整数采用算术右移方式：高位补符、低位移出。例如，$16/4 = 00010000B \gg 2 = 4$，$-16/4 = 11110000B \gg 2 = -4$。

两个整数相除，结果也一定是整数，在不能整除时，其商采用朝零舍入方式，将小数点后的数直接去掉。这种情况下，当商为负数时，其与右移得到的商不一致。例如，$-7/2 = -3$，但是，$-7 \gg 1 = 11111001B \gg 1 = -4$。因此，编译器在遇到一个负数 x 不能整除 2^k 时，先将 x 加上偏移量（$2^k - 1$），然后再右移 k 位。例如，$-7 \gg 1 = (11111001B + 1) \gg 1 = -3$。

*6.3　浮点数运算

浮点运算主要包括浮点数的加、减、乘、除运算。一般有单精度浮点数和双精度浮点数运算，有些机器还支持 80 位或 128 位扩展浮点数运算。

6.3.1　浮点数加减运算

先看一个十进制数加法运算的例子：$0.123 \times 10^5 + 0.456 \times 10^2$。显然，不可以把 0.123 和 0.456 直接相加，必须把指数调整为相等后才可实现两数相加。其计算过程如下。

$$0.123 \times 10^5 + 0.456 \times 10^2 = 0.123 \times 10^5 + 0.000456 \times 10^5$$
$$= (0.123 + 0.000456) \times 10^5$$
$$= 0.123456 \times 10^5$$

从上面的例子不难理解实现浮点数加减法的运算规则。

设两个规格化浮点数 x 和 y 表示为 $x = M_x \times 2^{E_x}$，$y = M_y \times 2^{E_y}$，M_x、M_y 分别是浮点数 x 和 y 的尾数，E_x、E_y 分别是浮点数 x 和 y 的指数，不失一般性，设 $E_x \leqslant E_y$，那么，

$$x + y = (M_x \times 2^{E_x - E_y} + M_y) \times 2^{E_y}$$
$$x - y = (M_x \times 2^{E_x - E_y} - M_y) \times 2^{E_y}$$

计算机中实现上述计算过程需要经过对阶、尾数加减、规格化和舍入 4 个步骤，此外，还必须考虑溢出判断和溢出处理问题。假定在下面的讨论中 $x \pm y$ 未经规格化的结果表示为 $M_b \times 2^{E_b}$。

1. 对阶

对阶的目的是使 x 和 y 的阶码相等，以使尾数可以相加减。**对阶**的原则是：小阶向大阶看齐，阶小的那个数的尾数右移，右移的位数等于两个阶的差的绝对值。

假设 $\Delta E = E_x - E_y$，则对阶操作可以表示如下：

- 若 $\Delta E \leqslant 0$，则 $E_x \leftarrow E_y$，$M_x \leftarrow M_x \times 2^{E_x - E_y}$，$E_b \leftarrow E_y$。
- 若 $\Delta E > 0$，则 $E_y \leftarrow E_x$，$M_y \leftarrow M_y \times 2^{E_y - E_x}$，$E_b \leftarrow E_x$。

大多数机器采用 IEEE 754 标准来表示浮点数，因此，对阶时需要进行移码减法运算，并且尾数右移时按原码小数方式右移，符号位不参加移位，数值位要将隐含的一位"1"右移到小数部分，空出位补 0。为了保证运算的精度，尾数右移时，低位移出的位不要丢掉，应保留并参加尾数部分的运算。

根据 6.2.3 节介绍的有关移码加减运算规则，可知：

$$[\Delta E]_{\text{补}} = [E_x - E_y]_{\text{补}} = [E_x]_{\text{移}} + [-[E_y]_{\text{移}}]_{\text{补}} \pmod{2^n}$$

因此，只要先对 $[E_y]_{\text{移}}$ 求补，再与 $[E_x]_{\text{移}}$ 相加，就可以计算 $[\Delta E]_{\text{补}}$。对 $[E_y]_{\text{移}}$ 求补时采用"各位取反，末位加 1"即可。然后根据 $[\Delta E]_{\text{补}}$ 的符号，可以判断出 $\Delta E > 0$ 还是 $\Delta E \leqslant 0$。

2. 尾数加减

对阶后两个浮点数的阶码相等，此时，可以进行对阶后的尾数加减。因为 IEEE 754 采用定点原码小数表示尾数，所以，尾数加减实际上是定点原码小数的加减运算，可根据 6.2.2 节介绍的定点原码小数加减运算进行。因为 IEEE 754 浮点数尾数中有一个隐藏位，所以，在进行尾数加减时，必须把隐藏位还原到尾数部分。此外，对阶过程中，在尾数右移时保留的附加位也要参加运算。因此，在用定点原码小数进行尾数加减运算时，在操作数的高位部

分和低位部分都需要进行相应的调整。

3. 尾数规格化

进行加减运算后的尾数不一定是规格化的，因此，浮点数的加减运算需要进一步进行规格化处理。IEEE 754 的规格化尾数形式为：$\pm 1.bb \cdots b$。在进行尾数相加减后可能会得到各种形式的结果，例如，

$$1.bb \cdots b + 1.bb \cdots b = \pm 1b.bb \cdots b$$

$$1.bb \cdots b - 1.bb \cdots b = \pm 0.00 \cdots 01b \cdots b$$

对于上述结果为 $\pm 1b.bb \cdots b$ 的情况，需要进行**右规**：尾数右移一位，阶码加 1。右规操作可以表示为 $M_b \leftarrow M_b \times 2^{-1}$，$E_b \leftarrow E_b + 1$。尾数右移时，最高位 1 被移到小数点前一位作为隐藏位，最后一位移出时，要考虑舍入。阶码加 1 时，直接在末位加 1。

对于上述结果为 $\pm 0.00 \cdots 01b \cdots b$ 的情况，需要进行**左规**：数值位逐次左移，阶码逐次减 1，直到将第一位 1 移到小数点左边。假定 k 为结果中"$\pm$"和最左边第一个 1 之间连续 0 的个数，则左规操作可以表示为 $M_b \leftarrow M_b \times 2^k$，$E_b \leftarrow E_b - k$。尾数左移时数值部分最左 k 个 0 被移出，因此，相对来说，小数点右移了 k 位。因为进行尾数相加时，默认小数点位置在第一个数值位（即隐藏位）之后，所以小数点右移 k 位后被移到了第一位 1 后面，这个 1 就是隐藏位。执行 $E_b \leftarrow E_b - k$ 时，每次都在末位减 1，一共减 k 次。

4. 尾数舍入

在对阶和尾数右规时，可能会对尾数进行右移，为保证运算精度，一般将低位移出的位保留下来，参加中间过程的运算，最后再将运算结果进行舍入，还原表示成 IEEE 754 格式。这里要解决以下两个问题。

- 保留多少附加位才能保证运算的精度？
- 最终如何对保留的附加位进行舍入？

对于第一个问题，可能无法给出一个准确的答案。但是不管怎么说，保留附加位应该得到比不保留附加位更高的精度。IEEE 754 标准规定，所有浮点数运算的中间结果右边都必须至少额外保留两位附加位。这两位附加位中，紧跟在浮点数尾数右边那一位为**保护位**或**警戒位**（guard），用以保护尾数右移的位，紧跟保护位右边的是**舍入位**（round），左规时可以根据其值进行舍入。在 IEEE 754 标准中，为了更进一步提高计算精度，在保护位和舍入位后面还引入了额外的一个数位，称为**粘位**（sticky）。只要舍入位的右边有任何非 0 数字，粘位就被置 1；否则，粘位被置为 0。

对于第二个问题，IEEE 754 提供了以下可选的 4 种模式。

① 就近舍入。舍入为最近可表示的数。当运算结果是两个可表示数的非中间值时，实际上是"0 舍 1 入"方式；当运算结果正好在两个可表示数中间时，根据"就近舍入"的原则就无法操作了。IEEE 754 标准规定这种情况下，结果强迫为偶数。即：若结果的最低有效位（LSB）为 1，则末位加 1；若 LSB 为 0（即偶数），则直接截取。这样，就保证了结果的 LSB

总是 0（偶数）。

使用粘位可减少运算结果正好在两个可表示数中间的情况。不失一般性，我们用一个十进制数计算的例子来说明这样做的好处。

假设计算 $1.24 \times 10^4 + 5.03 \times 10^1$（假定科学记数法的精度保留两位小数），若只使用保护位和舍入位而不使用粘位，则结果为 $1.2400 \times 10^4 + 0.0050 \times 10^4 = 1.2450 \times 10^4$。这个结果位于两个相邻可表示数 1.24×10^4 和 1.25×10^4 的中间，采用就近舍入到偶数，则结果应该是 1.24×10^4；若同时使用保护位、舍入位和粘位，则结果为 $1.24000 \times 10^4 + 0.00503 \times 10^4 = 1.24503 \times 10^4$。这个结果就不在 1.24×10^4 和 1.25×10^4 的中间，而更接近于 1.25×10^4，采用就近舍入方式，结果应该为 1.25×104。显然，后者更精确。

② 朝 $+\infty$ 方向舍入。总是取右边最近可表示数，也称为正向舍入或朝上舍入。

③ 朝 $-\infty$ 方向舍入。总是取左边最近可表示数，也称为负向舍入或朝下舍入。

④ 朝 0 方向舍入。直接截取所需位数，丢弃后面所有位，也称为截取、截断或恒舍法。这种舍入处理最简单。对正数或负数来说，都是取更靠近原点的那个可表示数，是一种趋向原点的舍入，因此，又称为趋向零舍入。

5. 溢出判断

在进行尾数规格化和尾数舍入时，可能会对结果的阶码执行加减运算。因此，必须考虑结果的指数溢出问题。若一个正指数超过了最大允许值（127 或 1023），则发生指数上溢，机器产生异常，也有的机器把结果置为 $+\infty$（数符为 0 时）或 $-\infty$（数符为 1 时）后，继续执行下去。若一个负指数超过了最小允许值（−149 或 −1074），则发生指数下溢，此时，一般把结果置为 +0（数符为 0 时）或 −0（数符为 1 时），也有的机器引起异常。

溢出判断实际上是在上述尾数规格化和尾数舍入过程中进行的，只要涉及阶码求和 / 差，就可以在阶码运算部件中直接用溢出判断电路来实现。在上述运算过程中，涉及阶码求和 / 差的情况有以下几处。

- 右规和尾数舍入。一个数值很大的尾数舍入时，可能因为末位加 1 而发生尾数溢出，此时，可以通过右规来调整尾数和阶码。右规时，阶码加 1，导致阶码增大，因此需要判断是否发生了指数上溢。只有当调整前的阶码为 11111110，加 1 后，才会变成 11111111 而发生上溢。如果右规前阶码已经是 11111111，则右规后变为 00000000，因而会造成判断出错。所以，右规前应先判断阶码是否为全 1，若是，则不需右规，直接置结果为指数上溢；否则，阶码加 1，然后判断阶码是否为全 1 来确定是否指数上溢。
- 左规。左规时数值位逐次左移，阶码逐次减 1，所以左规使阶码减小，故需判断是否发生指数下溢。其判断规则与指数上溢类似，首先判断阶码是否为全 0，若是，则直接置结果为指数下溢；否则，阶码减 1，然后判断阶码是否为全 0 来确定是否指数下溢。

从浮点数加减运算过程可以看出，浮点数的溢出并不以尾数溢出来判断，尾数溢出可以通过右规操作得到纠正。运算结果是否溢出主要看结果的指数是否发生了上溢，因此是由指数上溢来判断的。

图 6.14 是浮点数加减运算部件的逻辑结构示意图（虚线表示控制信号，图中省略了对两个 ALU 的控制信号线）。

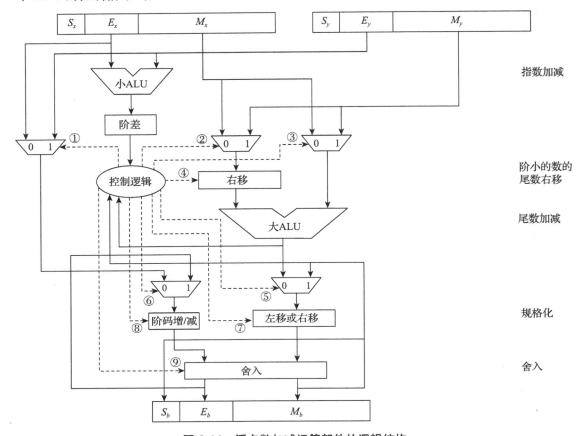

图 6.14   浮点数加减运算部件的逻辑结构

从图 6.14 可看出，主要部件有一个大 ALU 和一个小 ALU，分别执行尾数加减和指数相减。浮点数加减运算器的每一步动作都由控制逻辑进行控制。

第一步：由控制逻辑控制小 ALU 实现指数相减的操作，得到的阶差被送到控制逻辑。

第二步：由控制逻辑根据阶差的符号和绝对值来确定如何进行对阶。其中，控制信号①确定结果的指数是 E_x 还是 E_y，控制信号②和③确定是对 M_x 还是 M_y 进行右移，控制信号④确定右移多少位。

第三步：由控制逻辑控制用对阶后的尾数在大 ALU 中进行加减，运算结果被送到控制逻辑，用于产生用于规格化的控制信号。

第四步：根据大 ALU 运算结果进行规格化。控制信号⑤和⑥确定是对大 ALU 的运算结果进行规格化还是对舍入结果进行规格化，控制信号⑦确定尾数是左移还是右移，控制信号⑧确定阶码是增加还是减少。规格化后的结果被送到舍入部件和控制逻辑。

第五步：由控制信号⑨根据规格化后的结果进行舍入，并将舍入的结果再次送到控制逻辑，以确定舍入后是否还是规格化形式，若不是，则需继续进行一次规格化。

从上述执行过程来看，浮点数加减运算可以用流水化的形式进行。目前 CPU 中的浮点加减运算大多采用流水线执行方式。只要将图 6.14 所示的逻辑结构稍作调整就可以实现流水线方式的浮点运算。

例 6.7　用 IEEE 754 单精度浮点数加减运算计算 $0.5 + (-0.4375)$。

解
$$x = 0.5 = 0.100\cdots0\mathrm{B} = (1.00\cdots0)_2 \times 2^{-1}$$
$$y = -0.4325 = -0.01110\cdots0\mathrm{B} = (-1.110\cdots0)_2 \times 2^{-2}$$

用 IEEE 754 标准单精度格式表示为：

$$[x]_浮 = 0\ 01111110\ 00\cdots0,\quad [y]_浮 = 1\ 01111101\ 110\cdots0$$

所以，$[E_x]_移 = 01111110$，$M_x = 0(1).0\cdots0$，$[E_y]_移 = 01111101$，$M_y = 1(1).110\cdots0$。

尾数 M_x 和 M_y 中小数点前面有两位，第一位为数符，第二位加了括号，是隐藏位 "1"。以下是计算机中进行浮点数加减运算的过程（假定保留两位附加位——保护位和舍入位，在下文中加粗表示）。

（1）对阶

$[\Delta E]_补 = [E_x]_移 + [-[E_y]_移]_补\,(\bmod\ 2^n) = 0111\ 1110 + 1000\ 0011 = 0000\ 0001$。因为 $\Delta E = 1$，所以需要对 y 进行对阶。即 y 的尾数 M_y 右移 1 位，符号不变，数值高位补 0，隐藏位右移到小数点后面，最后移出的位保留两位附加位，即结果为 $E_b = E_y = E_x = 01111110$，$M_y = 10.(1)110\cdots$**000**。

（2）尾数相加

$M_b = M_x + M_y = 01.0000\cdots$**000** $+ 10.1110\cdots$**000**（注意小数点在隐藏位后）。根据 6.2.2 节介绍的原码加减运算规则，得结果为 $01.0000\cdots$**000** $+ 10.1110\cdots$**000** $= 00.00100\cdots$**000**。式中的尾数最左边第一位是符号位，其余都是数值部分，尾数后面两位是附加位。

（3）规格化

所得尾数的数值部分高位有 3 个连续的 0，因此需进行左规操作。即将尾数左移 3 位，并将阶码减 3。尾数左移时数值部分最左 3 个 0 被移出，相当于小数点右移了 3 位，移到了第一位 1 后面。这个 1 就是隐藏位。因此，得 $M_b = 0(1).00\cdots$**000000**。

阶码 $E_b = E_b - 3 = (((\,01111110 - 00000001\,) - 00000001\,) - 00000001\,) = 0111\ 1011$。

在计算机中，每次减 1 可通过加 $[-1]_补$（即 "$+11111111$"）来实现。

（4）舍入

把结果的尾数 M_b 中最后两位附加位舍入掉，从本例来看，不管采用什么舍入法，结果都一样，都是把最后两个 0 去掉，得 $M_b = 0(1).00\cdots$**0000**。

（5）溢出判断

在上述阶码计算和调整过程中，没有发生指数上溢和指数下溢的问题。因此，阶码 $E_b = 0111\ 1011$。

经过上述 5 个步骤，最终得到结果为 $[x+y]_浮 = 0\ 01111011\ 00\cdots0$。

因为 01111011B = 123，所以，结果的指数为 123－127= －4，尾数值为 +1.0···0B = +1.0。因此，

$$x + y = +1.0 \times 2^{-4} = 1/16 = 0.0625$$

从上述过程来看，本例中保留的两位附加位都起到了作用，最终都作为尾数的一部分被保留（即最终 M_b 中粗体的 **00**），如果最初没保留这些附加位，而它们又都是非 0 值的话，则最终结果的精度就要受影响。

6.3.2 浮点数乘除运算

在进行浮点数乘除运算前，首先应对参加运算的操作数进行判 0 处理、规格化操作和溢出判断，确定参加运算的两个操作数是正常的规格化浮点数。

浮点数乘除运算步骤类似于浮点数加减运算步骤，两者的主要区别是，加减运算需要对阶，而对乘除运算来说无须这一步。两者对结果的后处理步骤也一样，都包括规格化、舍入和阶码溢出处理。

已知两个浮点数 $x = M_x \times 2^{E_x}$，$y = M_y \times 2^{E_y}$，则乘除运算的结果如下。

$$x \times y = (M_x \times 2^{E_x}) \times (M_y \times 2^{E_y}) = (M_x \times M_y) \times 2^{E_x + E_y}$$

$$x/y = (M_x \times 2^{E_x})/(M_y \times 2^{E_y}) = (M_x / M_y) \times 2^{E_x - E_y}$$

下面分别给出浮点数乘法和浮点数除法的运算步骤。

1. 浮点数乘法运算

假定 x 和 y 是两个 IEEE 754 标准规格化浮点数，其相乘结果为 $M_b \times 2^{E_b}$，则求 M_b 和 E_b 的过程如下。

（1）尾数相乘、指数相加

尾数的乘法运算 $M_b = M_x \times M_y$ 可以采用 6.2.4 节中介绍的定点原码小数乘法算法。在运算时，需要将隐藏位 1 还原到尾数中，并注意乘积的小数点位置。因为 x 和 y 是规格化浮点数，所以其尾数 M_x 和 M_y 的真值形式都是 $\pm 1.bb\cdots b$。进行尾数相乘时，符号和数值部分分开运算，符号由 x 和 y 两数符号异或得到，数值部分将两个形为 $1.bb\cdots b$ 的定点无符号数进行 n 位数乘法运算，其结果为 $2n$ 位乘积 $bb.bb\cdots b$，小数点应该默认在第二位和第三位之间（这里的 n 取决于机器所设定的运算精度）。

指数的相加运算 $E_b = E_x + E_y$ 采用移码相加算法。假设 E 为指数，因为 IEEE 754 单精度格式浮点数的偏置常数为 127，所以，$[E]_移 = 127 + E$。根据 IEEE 754 标准的阶码定义，得到指数的加法运算规则如下。

$$
\begin{aligned}
[E_x + E_y]_移 &= 127 + E_x + E_y = 127 + E_x + 127 + E_y - 127 \\
&= [E_x]_移 + [E_y]_移 - 127 \\
&= [E_x]_移 + [E_y]_移 + [-127]_补 \\
&= [E_x]_移 + [E_y]_移 + 10000001 \ (\bmod\ 2^8)
\end{aligned}
$$

所以，得到指数加法运算公式为

$$[E_b]_{移} \leftarrow [E_x]_{移} + [E_y]_{移} + 129 \ (\text{mod} \ 2^8)$$

例如，对于指数为 10 和 –5 的两个数，计算其和的过程如下：$[E_x]_{移}$=127+10 =137=1000 1001，$[E_y]_{移}$= 127+（–5）= 122 = 0111 1010，将 $[E_x]_{移}$ 和 $[E_y]_{移}$ 代入上述公式，得 $[E_b]_{移}$=$[E_x]_{移}$+ $[E_y]_{移}$+ 129 = 1000 1001 + 0111 1010 + 1000 0001（mod 2^8）= 1000 0100，对应十进制数为 132，因此，指数的和为 132–127 = 5，正好等于 10 +（–5）= 5。

（2）尾数规格化

对于 IEEE 754 标准的规格化尾数 M_x 和 M_y 来说，一定满足以下条件：$|M_x| \geqslant 1$，$|M_y| \geqslant 1$。因此，两数乘积的绝对值应该满足：$1 \leqslant |M_x \times M_y| < 4$。

也就是说，在得到的 $2n$ 位乘积数值部分 $bb.bb\cdots b$ 中，小数点左边一定至少有一个 1，可能是 01、10、11 三种情况。若是 01，则不需要规格化；若是 10 或 11，则需要右规一次，此时，尾数 M_b 右移一位，阶码 $[E_b]_{移}$ 加 1。规格化后得到的尾数数值部分的形式为 $01.bb\cdots b$，小数点左边的 1 就是隐藏位。对于 IEEE 754 浮点数的乘法运算不需要进行左规处理。

（3）尾数舍入

对 $M_x \times M_y$ 规格化后得到的尾数形式为 $\pm 01.bb\cdots b$，其中小数点后面有 $2n–2$ 位尾数积，最终的结果肯定只能有 24 位尾数（单精度）或 53 位尾数（双精度）。因此，需要对乘积的低位部分进行舍入，其处理方法同浮点数加减运算中的舍入操作。

（4）溢出判断

在进行指数相加、右规和舍入时，要对指数进行溢出判断。右规和舍入时的溢出判断与浮点数加减运算中的溢出判断方法相同。而在进行指数相加时的溢出判断，则要根据 $[E_x]_{移}$、$[E_y]_{移}$ 和 $[E_b]_{移}$ 最高位的取值情况进行判断，其判断规则如下：

① 若 $[E_b]_{移}$ 是全 1，或者 $[E_x]_{移}$ 和 $[E_y]_{移}$ 的最高位都是 1 而 $[E_b]_{移}$ 最高位是 0，则指数上溢。

② 若 $[E_b]_{移}$ 是全 0，或者 $[E_x]_{移}$ 和 $[E_y]_{移}$ 的最高位都是 0 而 $[E_b]_{移}$ 最高位是 1，则指数下溢。

对于情况①，若 $[E_x]_{移}$ 和 $[E_y]_{移}$ 的最高位都是 1，说明两个指数都是正数，相加后只可能更大，并且可能大于最大指数。若相加后 $[E_b]_{移}$ 最高位是 0，说明反而得到了一个负指数，那么，一定发生了指数上溢。对于情况②，若 $[E_x]_{移}$ 和 $[E_y]_{移}$ 的最高位都是 0，说明两个指数都是负数，相加后只可能是更小的负指数，并且可能小于最小指数。所以，若相加后 $[E_b]_{移}$ 最高位是 1，说明得到的是一个正指数，那么，一定发生了指数下溢。

2. 浮点数除法运算

假定 x 和 y 是两个 IEEE 754 标准规格化浮点数，其相除结果为 $M_b \times 2^{E_b}$，则求 M_b 和 E_b 的过程如下。

（1）尾数相除、指数相减

尾数的除法运算 $M_b = M_x / M_y$ 可以采用 6.2.7 节中介绍的定点原码小数除法算法。运算时需将隐藏位 1 还原到尾数中。因为 x 和 y 是规格化浮点数，所以 M_x 和 M_y 的真值形式都是 $\pm 1.bb\cdots b$。进行尾数相除时，符号和数值部分分开运算，符号由 x 和 y 两数符号异或得到，数值部分将两个形为 $1.bb\cdots b$ 的定点无符号数在 n 位无符号数除法运算部件中进行运算，其结果为 n 位商 $b.bb\cdots b$，小数点应该默认在第一位和第二位之间（这里的 n 取决于机器所设定的运算精度）。

指数的相减运算 $E_b = E_x - E_y$ 采用移码相减运算算法。根据 IEEE 754 单精度格式浮点数的阶码定义，其指数的减法运算规则如下。

$$[E_x - E_y]_{移} = 127 + E_x - E_y = 127 + E_x - (127 + E_y) + 127$$
$$= [E_x]_{移} - [E_y]_{移} + 127$$
$$= [E_x]_{移} + [-[E_y]_{移}]_{补} + 0111\,1111 \ (\text{mod } 2^8)$$

所以，得到指数的减法运算公式为

$$[E_b]_{移} \leftarrow [E_x]_{移} + [-[E_y]_{移}]_{补} + 127 \ (\text{mod } 2^8)$$

例如，对于两个指数 10 和 –5，计算其差的过程如下：$[E_x]_{移} = 127 + 10 = 137 = 1000\,1001$，$[E_y]_{移} = 127 + (-5) = 122 = 0111\,1010$，$[-[E_y]_{移}]_{补} = 1000\,0110$，将 $[E_x]_{移}$ 和 $[E_y]_{移}$ 代入上述公式，得 $[E_b]_{移} = [E_x]_{移} + [-[E_y]_{移}]_{补} + 127 = 1000\,1001 + 1000\,0110 + 0111\,1111 \ (\text{mod } 2^8) = 1000\,1110$，对应十进制数为 142，因此，两个指数的差为 142–127 = 15，正好等于 10 – (–5) = 15。

（2）尾数规格化

对于 IEEE 754 标准的规格化尾数 M_x 和 M_y 来说，一定满足以下条件：$|M_x| \geqslant 1$，$|M_y| \geqslant 1$。因此，两数相除的绝对值应该满足：$1/2 \leqslant |M_x / M_y| < 2$。

也就是说，在得到的 n 位商数值部分 $b.bb\cdots b$ 中，小数点左边的数可能是 0，也可能是 1。若是 0，则小数点右边的第一位一定是 1，此时，需要左规一次，即 M_b 左移一位，阶码 $[E_b]_{移}$ 减 1；若是 1，则结果就是规格化形式。规格化后得到的尾数数值部分的形式为 $1.bb\cdots b$，小数点左边的 1 就是隐藏位。对于 IEEE 754 浮点数的除法运算不需要进行右规处理。

（3）尾数舍入

对 M_x / M_y 规格化后得到的尾数形式为 $\pm 1.bb\cdots b$，其中小数点后面有 $n-1$ 位尾数商，因此，需要对商的低位部分进行舍入，其处理方法同浮点数加减运算中的舍入操作。

（4）溢出判断

在进行指数相减、左规和舍入时，要对指数进行溢出判断。左规和舍入时的溢出判断与浮点数加减运算中的溢出判断方法相同。而指数相减时的溢出判断，则要根据 $[E_x]_{移}$、$[E_y]_{移}$ 和 $[E_b]_{移}$ 最高位的取值情况进行判断，其判断规则如下：

① 若 $[E_b]_{移}$ 是全 1，或者 $[E_x]_{移}$ 最高位是 1 且 $[E_y]_{移}$ 和 $[E_b]_{移}$ 的最高位都是 0，则指数上溢。

② 若 $[E_b]_{移}$ 是全 0，或者 $[E_x]_{移}$ 最高位是 0 且 $[E_y]_{移}$ 和 $[E_b]_{移}$ 的最高位都是 1，则指数下溢。

对于情况①，如果一个正指数减掉一个负指数得到一个负指数，那么说明一定发生指数上溢。对于情况②，如果一个负指数减掉一个正指数得到一个正指数，那么说明一定发生指数下溢。

对于浮点数乘除运算来说，虽然不需要对阶，但尾数的乘除运算比较复杂，并且速度较慢，所以，实现起来比加减运算复杂得多。与定点数乘除运算一样，根据机器性能 / 价格的不同要求，可有不同的实现方案。

6.4 本章小结

本章主要介绍计算机中涉及的各种基本运算的算法及其实现部件，分为定点数运算和浮点数运算，它们各自用不同的运算部件实现，其中都要用到具有基本算术运算和逻辑运算功能的 ALU，而 ALU 中的核心电路是加法器，因而，快速加法器的实现是非常重要的。

定点数运算由专门的定点运算器实现，其主要部件是以快速加法器为核心的 ALU。定点数运算包括移位运算、扩展运算和加 / 减 / 乘 / 除运算。逻辑移位对无符号数进行；算术移位对带符号整数进行，移位前后符号位不变，否则溢出。零扩展对无符号整数进行，符号扩展对带符号整数进行。补码加减用于整数加减运算，符号位和数值一起运算，减法可用加法器实现。原码加减用于浮点数尾数的加减运算。乘法运算通过重复进行加法和右移实现。补码乘法用于带符号整数乘法运算，符号位和数值位一起运算，采用布斯算法或 MBA；原码乘法的符号位和数值位分开运算，数值部分用无符号数乘法实现。快速乘法器可用基于 CSA的阵列乘法器、MBA+WT 乘法器等实现。除法运算通过重复进行加减和左移实现。

浮点数运算由专门的浮点运算器实现。浮点加减运算需要经过对阶、尾数加减、规格化、尾数舍入和溢出判断等步骤；浮点数乘除运算时，尾数用定点数乘除运算实现，阶码用定点数加减运算实现。

习题

1. 给出以下概念的解释说明。

算术逻辑部件（ALU）	行波进位加法器	先行进位加法器	零标志 ZF
溢出标志 OF	进位 / 借位标志 CF	符号标志 SF	布斯乘法
改进的布斯算法（MBA）	阵列乘法器	进位保存加法器（CSA）	对阶
保护位	舍入位	粘位	规格化浮点数
右规	左规	指数上溢	指数下溢

2. 简单回答下列问题。

（1）如何进行逻辑移位和算术移位？它们各用于哪种类型的数据？

（2）移位运算和乘除运算具有什么关系？

（3）为什么用 ALU 和移位器就能实现定点数和浮点数的所有加、减、乘、除运算？

（4）影响加法运算速度的关键问题有哪些？可采取什么措施？对于乘法运算呢？

（5）能否用快速乘法器实现除法运算？如何实现？

3. 考虑以下 C 语言程序代码：

```
int func1(unsigned word)
{
    return (int)((word <<24) >> 24);
}
int func2(unsigned word)
{
    return ((int)word <<24) >> 24;
}
```

假设在一个 32 位机器上执行这些函数，该机器使用二进制补码表示带符号整数。无符号数采用逻辑移位，带符号整数采用算术移位。请填写表 6.2，并说明函数 func1 和 func2 的功能。

表 6.2 习题 3 用表

w		func1(w)		func2(w)	
机器数	值	机器数	值	机器数	值
	127				
	128				
	255				
	256				

4. 填写表 6.3，注意对比无符号整数相乘和带符号整数相乘时，在截断操作前（取 6 位乘积）、截断操作后（取低 3 位乘积）的结果。

表 6.3 习题 4 用表

模式	*x*		*y*		*x* × *y*（截断前）		*x* × *y*（截断后）	
	机器数	值	机器数	值	机器数	值	机器数	值
无符号数	110		010					
二进制补码	110		010					
无符号数	001		111					
二进制补码	001		111					
无符号数	111		111					
二进制补码	111		111					

5. 以下是两段 C 语言代码，函数 arith() 是直接用 C 语言写的，而 optarith() 是对函数 arith() 以某个确定的 M 和 N 编译生成的机器代码反编译生成的。根据 optarith()，可以推断函数 arith() 中 M 和 N 的值各是多少？

```
#define  M
#define  N
```

```
int arith(int x, int y)
{
      int result = 0 ;
      result = x*M + y/N;
      return result;
}

int optarith(int x, int y)
{
      int t = x;
      x << = 4;
      x - = t;
      if (y < 0)   y += 3;
      y>>=2;
      return x+y;
}
```

6. 设 $A_4 \sim A_1$ 和 $B_4 \sim B_1$ 分别是 4 位加法器的两组输入，C_0 为低位来的进位。当加法器分别采用串行进位和先行进位时，写出 4 个进位 C_4、C_3、C_2 和 C_1 的逻辑表达式。

7. 请按如下要求计算，并把结果还原成真值。

　（1）设 $[x]_{补}=0101$、$[y]_{补}=1101$，求 $[x+y]_{补}$，$[x-y]_{补}$。

　（2）设 $[x]_{原}=0101$、$[y]_{原}=1101$，用原码一位乘法计算 $[x \times y]_{原}$。

　（3）设 $[x]_{补}=0101$、$[y]_{补}=1101$，用 MBA（基 4 布斯算法）计算 $[x \times y]_{补}$。

　（4）设 $[x]_{原}=0101$、$[y]_{原}=1101$，用不恢复余数法计算 $[x/y]_{原}$ 的商和余数。

　（5）设 $[x]_{补}=0101$、$[y]_{补}=1101$，用不恢复余数法计算 $[x/y]_{补}$ 的商和余数。

8. 若一次加法需要 1ns，一次移位需要 0.5ns。请分别计算用一位乘法、两位乘法、基于 CRA 的阵列乘法、基于 CSA 的阵列乘法四种方式计算两个 8 位无符号二进制数乘积时所需的时间。

9. 在 IEEE 754 浮点数运算中，当结果的尾数出现什么形式时需要进行左规，什么形式时需要进行右规？如何进行左规，如何进行右规？

10. 在 IEEE 754 浮点数运算中，如何判断浮点运算的结果是否溢出？

11. 假设浮点数格式为：阶码是 4 位移码，偏置常数为 8，尾数是 6 位补码（采用双符号位）。用浮点运算规则分别计算在不采用任何附加位和采用 2 位附加位（保护位、舍入位）这两种情况下以下表达式的值。（假定对阶和右规时采用就近舍入到偶数方式。）

　（1）$(15/16) \times 2^7 + (2/16) \times 2^5$ 　　　　　　（2）$(15/16) \times 2^7 - (2/16) \times 2^5$

　（3）$(15/16) \times 2^5 + (2/16) \times 2^7$ 　　　　　　（4）$(15/16) \times 2^5 - (2/16) \times 2^7$

12. 采用 IEEE 754 单精度浮点数格式计算下列表达式的值。

　（1）$0.75+(-65.25)$ 　　　　　　（2）$0.75-(-65.25)$

第**7**章

指 令 系 统

第 6 章介绍了计算机系统抽象层中的功能部件（RTL）层，由功能部件实现处理器、存储器和输入 / 输出构成的微体系结构，而微体系结构又是其上一层——指令集体系结构（ISA）的实现。也就是说，ISA 提出指令系统功能需求，微体系结构则根据功能需求设计由功能部件组成的处理器、存储器和输入 / 输出等计算机硬件模块。因此，本教材在介绍具体的微体系结构之前，先介绍其功能需求，即 ISA 层。

本章将介绍指令系统设计中涉及的各个方面，主要包括：操作数和寻址方式、操作类型和操作码编码、指令系统风格和指令系统实例等。本章给出的指令系统实例是 RISC-V 架构指令系统。

7.1 指令系统概述

指令集体系结构（Instruction Set Architecture，ISA）是一台计算机的抽象模型，是计算机的"功能规范说明书"，通常将指令集体系结构简称为**指令系统**。

从硬件设计的角度来看，指令系统规定了一台计算机需要具备的基本功能，软件将使用这些功能来对计算机的行为进行控制。从软件编程的角度来看，指令系统定义了系统程序员为了对计算机硬件进行编程而需要了解的所有内容。具体来说，这些内容包括指令系统中所包含的每一条指令的功能、指令格式、指令所处理的数据类型及格式、寻址方式、可访问的地址空间、通用寄存器个数和位数、控制寄存器的定义、I/O 空间的编址方式、中断处理机制、机器特权模式和状态的定义与切换、输入 / 输出组织和数据传送方式、存储保护方式等。

指令系统位于软件和硬件之间的交界面，是构成程序的基本元素，也是硬件设计的依据，它衡量硬件的功能，反映硬件对软件支持的程度。指令系统设计的好坏直接决定计算机的性能和成本，因而至关重要。

一条指令中必须明显或隐含地包含以下信息。

- 操作码。指定操作类型，如移位、加、减、乘、除、传送等。
- 源操作数或其地址。指出一个或多个源操作数或其所在的地址，可以是主（虚）存地址、寄存器编号或 I/O 端口，也可在指令中直接给出一个立即操作数。

- 结果的地址。结果所存放的地址，可以是主（虚）存地址、寄存器编号或 I/O 端口。
- 下条指令地址。下条指令所存放的主（虚）存地址。

通常，下条指令地址不在指令中明显给出，而是隐含在程序计数器（PC）中。指令按顺序执行时，只要自动将 PC 的值加上指令的长度，就可以得到下条指令地址，当遇到转移指令而不按顺序执行时，需由指令给出转移到的目标地址，转移指令执行的结果就是将 PC 的内容变成转移目标地址。

综上所述可知，一条指令由一个操作码和几个地址码构成。根据指令显式给出的**地址码**的个数，指令可分为三地址指令、二地址指令、单地址指令和零地址指令。

设计指令格式时应遵循如下几条基本原则。

- 指令应尽量短。每条指令长度应尽量短，使得程序占用存储空间小，降低空间开销。
- 要有足够的操作码位数。向后兼容使指令操作类型不断增加，因此必须预留足够的操作码位数。
- 操作码的编码必须有唯一的解释。**操作码**最终需送到指令译码器进行译码，因此，指令操作码要么是唯一的合法编码，要么是不合法的 0/1 序列。当译码器发现指令操作码是不合法操作码时，抛出"非法指令"异常。
- 指令长度应是字节的整数倍。指令存放在内存，而内存往往按字节编址，因此，指令长度为字节的整数倍，便于指令的读取和指令地址的计算。
- 合理选择地址字段的个数。地址码（即**地址字段**）的个数涉及指令的长度和指令的规整性问题，它是空间开销和时间开销权衡的结果。
- 指令应尽量规整。指令的规整性体现在许多方面：指令长度是否固定、操作码位数是否固定、地址码格式是否一致、指令字中各字段的划分位置是否一致等。规整的指令格式会大大简化微架构层的实现。

7.2 指令系统设计

设计一个指令系统时，需要考虑以下一些基本问题：①如何设定操作码的位数、编码和操作类型？②运算指令能对哪几种数据类型进行操作？③采用什么样的指令格式？④如何规定通用寄存器的个数、功能、长度等？⑤如何设计寻址方式的种类和编码，各种寻址方式下如何计算有效地址？⑥如何确定下条指令的地址？当然，指令系统设计所涉及的远远不限于上述所列问题，其他方面还包括标志信息的生成和使用、异常和中断处理机制、是否采用延迟分支技术等。在具体设计过程中，还需要考虑很多细节问题。

7.2.1 操作数和寻址方式

操作数是指令处理的对象，从高级语言程序所用数据类型来看，指令涉及的基本操作数类型应该包括以下几类：

- 无符号整数。用来表示指针或主（虚）存地址。
- 带符号数值数据，包括带符号整数和浮点数。带符号整数一般用二进制补码表示，浮点数大多用 IEEE 754 标准表示。有些指令系统也提供十进制数运算指令，一般用 NBCD 码（8421 码）表示十进制数。
- 位、位串、字符和字符串。位和位串数据一般用来表示一些标志、控制和状态等信息。字符和字符串数据用来表示文本、流式文件等信息。
- 逻辑（布尔）数据。表示逻辑值。

例如，IA-32 指令系统提供的基本类型有字节、字（16 位）、双字（32 位）、四字（64 位）。对于整数，有 16 位、32 位、64 位三种补码表示的整数和 18 位压缩 BCD 码表示的十进制整数；对于序数（如地址、指针等），有字节、字或双字长的无符号整数；对于浮点数，有用 IEEE 754 表示的 32 位单精度浮点数、64 位双精度浮点数和 80 位扩展精度浮点数。

操作数可能是高级语言程序中的一个常数，或一个简单变量，或数组和结构中的某个元素，也可能是栈（stack）中的元素，还可能是外设 I/O 接口中的状态字或控制字等。从指令的角度来看，操作数存放位置可以是 CPU 中的通用寄存器，或是存储单元和 I/O 端口。

通常把指令中给出的操作数所在存储单元的地址称为**有效地址**，存储单元地址可能是主存物理地址，也可能是虚拟地址。如果不采用虚拟存储机制，有效地址就是主存物理地址；若采用虚拟存储机制，有效地址就是虚拟地址。

指令给出操作数或操作数地址的方式称为**寻址方式**。地址字段长度直接影响指令长度，因而指令地址码要尽量短，但操作数的存放位置又必须灵活，存放空间也应尽量大。因此，指令系统应能提供灵活的寻址方式，并使用尽量短的地址码访问尽可能大的寻址空间。此外，为加快指令执行速度，有效地址计算过程也应尽量简单。

常用的寻址方式有以下几种。

1. 立即寻址

在指令中直接给出操作数本身，这种操作数称为**立即数**。

2. 直接寻址

指令中给出的地址码是操作数的有效地址，这种地址称为**直接地址**或**绝对地址**。

3. 间接寻址

指令中给出的地址码是存放操作数有效地址的存储单元的地址。图 7.1 所示的是单级间接寻址过程，还可有多重间接寻址。格式中的 @ 是间接寻址标志。

4. 寄存器寻址

指令中给出的地址码是操作数所在的寄存器编号，操作数在寄存器中。寄存器寻址有以下优点：

- 寄存器数量远小于存储单元数，故寄存器编号比存储地址短，因而寄存器寻址方式的指令较短；

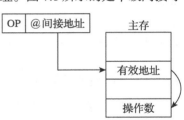

图 7.1 单级间接寻址

● 操作数已在 CPU 中，不用访存，因而指令执行速度快。这种方式也称为寄存器直接寻址方式。

5. 寄存器间接寻址

指令中给出的地址码是一个寄存器编号，该寄存器中存放的是操作数的有效地址。例如，Intel 8086 指令"MOV AX,[BX]"中，寄存器 BX 的内容为有效地址，该有效地址中的内容才是操作数。寄存器间接寻址指令较短，因为只要给出一个寄存器编号而不必给出有效地址。虽然寄存器间接寻址的指令长度和寄存器寻址指令的长度差不多，但由于要访存，所以其执行时间比寄存器寻址指令的执行时间更长。

6. 变址寻址

变址寻址方式主要用于对线性表之类的数组元素进行方便的访问。指令中的地址码字段称为**形式地址**，这里的形式地址是**基准地址** A，而**变址寄存器**中存放的是**偏移量**（或称位移量）。例如，数组的起始地址可以作为形式地址，在指令地址码中明显给出，而数组元素的下标在指令中明显或隐含地由变址寄存器 I 给出，这样，每个数组元素的有效地址就是形式地址（基准地址）加变址寄存器的内容，即数据元素的有效地址 EA=A+(I)。这里，符号 (x) 表示寄存器编号 x 或存储单元地址 x 中的内容。

如果任何一个通用寄存器都可作为变址寄存器，则必须在指令中明确地给出一个通用寄存器的编号，并标明用作变址寄存器；若处理器中有一个专门的变址寄存器，则无须在指令中明确给出。

例如，Intel 8086 指令"MOV AL,[SI+1000H]"中，右边的操作数采用的就是变址寻址方式，其中，SI 为变址寄存器，1000H 为形式地址，操作数的有效地址是 SI 的内容加1000H。

如图 7.2 所示，指令中的地址码 A 为数组在存储器中的首地址，变址寄存器 I 中存放的是数组元素的下标。若存储器按字节编址，且每个数组元素占一个字节，则 C 语句"for (i=0;i<N;i++) { x=A[i]; … }"对应的循环体中，A[i] 的访问可按如下过程实现：第一次变址寄存器 I 的值为 0，执行取数指令取出 A[0] 后，寄存器 I 的内容加 1，第二次执行循环体时，取数指令就能取出 A[1]……如此循环，以实现循环语句的功能。如果数组元素占 4 个字节，则每次 I 的内容加 4。

某些指令系统还允许变址与间址结合使用。假定指令中给出的变址寄存器为 I，形式地址为 A，则先变址后间址时，操作数的有效地址 EA=(A+(I))，称为前变址；先间址后变址时，则操作数的有效地址 EA=(A)+(I)，称为后变址。

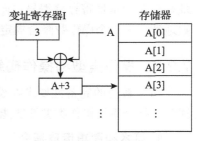

图 7.2　数组元素的变址寻址

7. 相对寻址

如果某指令操作数的有效地址或转移目标地址位于该指令所在位置的前、后某个固定位置上，则该操作数或转移目标可用相对寻址方式。采用相对寻址方式时，指令中的地址码字段 A 给出一个偏移量，基准地址隐含由 PC 给出。也即，操作数有效地址或转移目标地址 EA=（PC）+A。这里的偏移量 A 是形式地址，有效地址或目标地址可以在当前指令之前或之后，因而偏移量 A 是一个带符号整数。

显然，相对寻址方式可用来实现公共子程序（如共享库代码）的浮动或实现相对转移。过程调用属于相对转移，从调用过程跳转到被调用过程执行，一般采用相对寻址；动态链接方式下，共享库代码应该是位置无关的，因而共享库代码多采用相对寻址方式实现。

8. 基址寻址

基址寻址方式下，指令中的地址码字段 A 给出一个偏移量，基准地址可以明显或隐含地由**基址寄存器 B** 给出。操作数有效地址 EA=（B）+A。与变址方式一样，若任意一个通用寄存器都可用作基址寄存器，则指令中必须明确给出通用寄存器编号，并标明用作基址寄存器。

基址寻址过程如图 7.3 所示，其中，基址寄存器 R 可以指定为任何一个通用寄存器。寄存器 R 的内容是基准地址，加上形式地址 A，形成操作数有效地址。基址寻址为逻辑地址到物理地址变换提供了支持，用以实现程序的动态重定位。

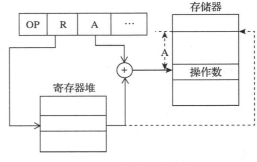

图 7.3　基址寻址过程

变址寻址、基址寻址和相对寻址这三种寻址方式非常类似，都是将某个寄存器的内容与一个形式地址相加来生成操作数的有效地址。通常把它们统称为**偏移寻址**。有些架构还将变址和基址两种寻址方式结合，形成基址加变址的寻址方式。

9. 其他寻址方式

为缩短指令字长度，有些指令采用隐含地址码方式，指令中不明显给出操作数地址或变址寄存器和基址寄存器编号，而是由操作码隐含指出。例如，单地址指令中只给出一个操作数地址，另一个操作数隐含规定为累加器的内容。

7.2.2　操作类型和操作码编码

指令系统的完备性要求在设计指令系统时必须考虑指令系统应支持哪些基本操作类型。通常，指令系统操作类型按功能分为以下几种。

1. 算术和逻辑运算指令

这类指令有加（ADD）、减（SUB）、比较（CMP）、乘（MUL）、除（DIV）、与（AND）、或（OR）、取反（NOT）、取负（NEG）、异或（XOR）、加 1（INC）、减 1（DEC）等。算术运算指令包含整数和浮点数两套指令。

2. 移位指令

这类指令有算术移位、逻辑移位、循环移位、半字交换等。

3. 数据传送指令

传送指令通常有寄存器之间的传送（MOV）、从内存单元读取数据到 CPU 寄存器（LOAD）、从 CPU 寄存器写数据到内存单元（STORE），以及在两个存储区域之间的数据块传送等。

4. 串指令

对字符串进行操作的指令，如串传送、串比较、检索和传送转换等指令。

5. 顺序控制指令

用来控制程序执行的顺序，有条件转移（BRANCH）、无条件转移（JMP）、调用（CALL）、返回（RET）等指令。

顺序控制类指令的功能通过将转移目标地址送到 PC 中来实现。转移目标地址可用直接寻址方式给出（又称**绝对转移**），或由相对寻址方式给出（又称**相对转移**）。有的机器还可以用寄存器寻址方式或寄存器间接寻址方式给出转移目标地址。

无条件转移指令在任何情况下都执行转移操作，而**条件转移指令**（或称分支指令）仅仅在特定条件满足时才执行转移操作。跳步是转移的一种特例，它使 PC 再增加一个定值，这个定值一般是指令字所占用的存储单元数。

调用指令也称**转子指令**，它和转移指令的根本区别在于执行调用指令时必须保存下条指令的地址（称为返回地址）。**调用指令**用于子程序调用（即**过程调用**或**函数调用**），当子程序执行结束时，根据返回地址返回到主程序继续执行；而转移指令则不返回执行，因而无须保存返回地址。

返回指令的功能是在子程序执行完毕时，将事先保存的返回地址送到 PC，这样处理器就能回到原来的主程序继续执行。

6. 系统控制指令

这类指令有停机、开中断、关中断、系统模式切换以及进入特殊处理程序等指令。大多数机器将这类指令划为**特权指令**（也称为**管态指令**），只能在内核代码执行时使用，以防止因用户使用不当而对系统运行造成危害。

7. 输入 / 输出指令

这类指令用于完成 CPU 与外部设备交换数据或传送控制命令及状态信息。大多数机器都设置了这类指令，但是它们的寻址方式一般较少，常见的只有寄存器寻址、直接寻址和寄存器间接寻址等。当外设中的 I/O 地址空间和主存地址空间统一编址时，可以不设置这类指令，而用普通的存储访问指令完成 I/O 操作。因为 I/O 操作大多由操作系统控制实现，因而输入 / 输出指令也是一种特权指令。

指令的操作类型由操作码字段指定。操作码字段长度可固定，也可变化。选择定长操作码还是变长操作码，是时间和空间之间的开销权衡问题。希望降低空间开销时，代码的长度更重要，应采用紧凑的变长操作码和变长指令字；希望降低时间开销以取得更好性能时，应采用定长操作码和定长指令字。

采用定长操作码方案时，指令的操作码为固定长度，这种方式译码方便，指令执行速度快，但有信息冗余。例如，IBM 360/370 采用 8 位定长操作码，最多可有 256 条指令，但指令系统中只提供了 183 条指令，有 73 种为冗余编码。

采用变长操作码方案时，通常将操作码分成几种固定长度，从最短操作码扩展到最长操作码进行编码，因此也称为扩展操作码编码方式。可以采用等长扩展法，例如，按 4-8-12、3-6-9 这种等步长方式扩展；也可采用不等长扩展法。扩展编码方式的操作码长度不固定，是可变的。这种编码方式被大多数非规整型指令集采用。下面用一个例子来说明如何进行扩展操作码编码。

例 7.1   设某指令系统的指令字为 16 位，每个地址码为 6 位。若二地址指令 15 条，单地址指令 34 条，则剩下的零地址指令最多有多少条？

解   扩展编码的基本思想就是操作码按短到长进行扩展编码。二地址指令操作码最短，零地址指令的操作码最长，所以，按照二地址→单地址→零地址的顺序进行编码。

二地址指令的地址码部分占 6+6=12 位，故操作码只有 16-12=4 位，最多有 16 种编码，用去 15 种编码（0000～1110）分别表示 15 条指令，还剩一种编码 1111 未使用。

单地址指令的地址码部分占 6 位，故操作码有 16-6=10 位，最高 4 位为 1111，还剩 6 位未编码，最多可有 2^6=64 种编码，用其中的 32+2=34 种编码（11110 00000～11110 11111 和 11111 00000～11111 00001）分别表示 34 条一地址指令。

剩下的零地址指令共有 16 位操作码，其中高 5 位只能是 11111，且随后的 5 位不能是 00000 和 00001，因此，剩下的零地址指令的操作码编码范围为：11111（00010～11111）（000000～111111）。也即，高 5 位固定为 11111，随后 5 位为 00010～11111，低 6 位为 000000～111111。由此可见，零地址指令最多有 $30×2^6$ 种编码可用。   ■

7.2.3   标志信息的生成与使用

条件转移指令（也称分支指令）通常根据程序当前生成的标志信息进行转移。标志信息也称为**条件码**（Condition Codes，CC）或**状态位**（status）。

常用的标志有零标志 ZF、溢出标志 OF、符号标志 SF 和进位 / 借位标志 CF。对于不同数据类型的运算指令，这些标志信息的含义有一些差别。

生成的标志位可由专门的**条件码寄存器**（或称**状态寄存器**、**标志寄存器**、**程序状态字寄存器**[○]）来存放，也可由指定的通用寄存器来存放。不同指令系统的做法类似，但不一定完全相同。

○ 程序状态字寄存器用来存放条件码和自陷允许标志（trap enable flag）等状态信息。不同计算机对程序状态的描述以及程序状态存放位置可能不一样。但在概念上应该有一个程序状态字（Program Status Word，PSW）。

　　有些指令系统不用专门的标志寄存器来存放标志位，而是用通用寄存器来保存标志位。下面的例子中，就用通用寄存器 r1 来存放标志位。

```
cmp  r1, r2, r3    ; 比较 r2 和 r3, 标志位存储在 r1 中
bgt  r1, label     ; 根据 r1 中标志位判断是否大于, 以控制是否转移到 label 处
```

　　有的指令系统用以下这条"计算并转移"指令来实现上述两条指令的功能，这种情况下就不需要保存标志信息，而只需在电路中直接使用即可。

```
bgt  r1, r2, label ; 根据 r1 和 r2 比较的结果, 直接决定是否转移到 lable 处
```

　　由此可见，标志信息的生成和使用方式有多种，实现条件转移的方式各不相同。不管是否保存标志信息，也不管将标志信息保存在特殊的标志寄存器中还是通用寄存器中，处理器中的运算电路必须能够产生并使用这些标志。

　　为了清楚说明条件转移指令如何根据标志信息进行条件判断，表 7.1 列出了 IA-32 指令系统中常用条件转移指令的转移条件。

表 7.1　IA-32 中常用条件转移指令

序　号	指　令	转移条件	说　明
1	jc label	CF=1	有进位 / 借位
2	jnc label	CF=0	无进位 / 借位
3	je/jz label	ZF=1	相等 / 等于零
4	jne/jnz label	ZF=0	不相等 / 不等于零
5	js label	SF=1	是负数
6	jns label	SF=0	是非负数
7	jo label	OF=1	有溢出
8	jno label	OF=0	无溢出
9	ja/jnbe label	CF=0 AND ZF=0	无符号整数 A>B
10	jae/jnb label	CF=0 OR ZF=1	无符号整数 A≥B
11	jb/jnae label	CF=1	无符号整数 A<B
12	jbe/jna label	CF=1 OR ZF=1	无符号整数 A≤B
13	jg/jnle label	SF=OF AND ZF=0	带符号整数 A>B
14	jge/jnl label	SF=OF OR ZF=1	带符号整数 A≥B
15	jl/jnge label	SF ≠ OF	带符号整数 A<B
16	jle/jng label	SF ≠ OF OR ZF=1	带符号整数 A≤B

　　IA-32 中，不管高级语言程序中定义的变量是带符号整数还是无符号整数类型，对应的加（减）运算指令都是一样的。每条加（减）运算指令或比较指令执行后，会根据运算结果产

生相应的进位 / 借位标志 CF、符号标志 SF、溢出标志 OF 和零标志 ZF 等，并保存到标志寄存器（EFLAGS）中。

IA-32 中，对于比较大小后进行分支转移的情况，通过减法生成标志信息，然后再根据标志信息来判定两个数的大小，从而决定是否跳转到转移目标地址处执行指令。

对于无符号整数的情况，判断大小时使用的是 CF 和 ZF 标志。ZF=1 说明两数相等，CF=1 说明有借位，是"小于"的关系，通过对 ZF 和 CF 的组合，得到表 7.1 中序号 9～12 这 4 条指令中的结论。

对于带符号整数的情况，判断大小时使用 SF、OF 和 ZF 标志。ZF=1 说明两数相等。若 SF=OF，则结果是以下两种情况之一：① 两数之差为正数（SF=0）且结果未溢出（OF=0）；② 两数之差为负数（SF=1）且结果溢出（OF=1）。显然，这两种情况反映的是"大于"关系。若 SF≠OF，则为"小于"关系。带符号整数比较时，对应表 7.1 中序号 13～16 这 4 条指令。

7.2.4　指令系统风格

1. 按操作数位置指定风格来分

按操作数位置指定风格来分，可分为以下 4 种不同风格类型的指令系统。

（1）累加器（Accumulator）型指令系统

在这种类型的指令系统中，总是把其中一个操作数隐含在**累加器**（一般用 AC 表示）中，指令执行的结果也总是送到累加器中。这种设计风格的指令系统只在早期机器中使用过，现在一般不采用。

（2）栈（Stack）型指令系统

Java 虚拟机采用的是栈型指令系统。**栈**是一种采用后进先出（LIFO）或先进后出（FILO）存取方式的特定的存储区。栈型指令系统中，规定指令的操作数总是来自栈顶。往栈里存数叫入（进）栈或压栈，从栈里取数叫出栈或弹出。

栈型指令系统中的指令都是零地址或一地址指令，因此，指令字很短。但是，由于指令所用操作数只能来自栈顶，所以，在对表达式进行编译时，所生成的指令顺序以及操作数在栈中的排列都有严格的顺序规定，因而不灵活，带来指令条数的增加。因此，栈型指令系统很少被通用计算机使用。

（3）通用寄存器（General Purpose Register）型指令系统

这种类型指令系统的特点是，使用**通用寄存器**而不是累加器来存放运算过程中所用的临时数据。其指令的操作数可以是立即数（I），或来自通用寄存器（R），或来自存储单元（S）。指令类型可以是 RR 型（两个操作数都来自寄存器）、RS 型（两个操作数分别来自寄存器和存储单元）、SI 型（两个操作数分别来自存储单元和立即数）、SS 型（两个操作数都来自存储单元）等。

（4）Load/Store 型指令系统

Load/Store 型指令系统也使用通用寄存器来存放运算过程中所用的临时数据。因此，它也是一种通用寄存器型指令系统。同时，它有一个显著的特点：只有取数（Load）指令和存数（Store）指令才可以访问存储器，运算类指令不能访存。Load/Store 型指令系统中的指令比较规整，体现在每条指令的指令字长度和指令执行时间等能够比较一致。

2. 按指令格式的复杂度来分

按指令格式的复杂度来分，可分为 CISC 与 RISC 两种类型指令系统。

（1）CISC 风格指令系统

随着 VLSI 技术的迅速发展，计算机硬件成本不断下降，软件成本不断上升。为此，人们在设计指令系统时增加了越来越多功能强大的复杂命令，以使机器指令的功能接近高级语言语句的功能，给软件提供较好的支持。例如，VAX 11/780 指令系统包含了 16 种寻址方式、9 种数据格式、303 条指令，而且一条指令包含 1～2 个字节的操作码和下续 N 个操作数说明符，而一个操作数说明符的长度可达 1～10 个字节。我们称这类计算机为**复杂指令集计算机**（Complex Instruction Set Computer，CISC）。

复杂的指令系统使得计算机的结构也越来越复杂，不仅增加了研制周期和成本，而且难以保证其正确性，甚至降低了系统性能。

对大量典型的 CISC 程序的调查结果表明，各种指令的使用频率相当悬殊，最常使用的是只占指令系统 20% 的一些简单指令，它们占程序代码的 80% 以上，而需要大量硬件支持的复杂指令在程序中的出现频率却很低，造成了硬件资源的大量浪费。因此，20 世纪 70 年代中期，一些高校和公司开始研究指令系统的合理性问题，提出了**精简指令集计算机**（Reduced Instruction Set Computer，RISC）的概念。

（2）RISC 风格指令系统

RISC 的着眼点不是简单地放在简化指令系统上，而是通过简化指令使计算机结构更加简单合理，从而提高机器的性能。与 CISC 相比，RISC 指令系统的主要特点如下。

- 指令数目少。只包含使用频度高的简单指令。
- 指令格式规整。采用定长指令字方式，操作码和操作数地址等字段的长度和位置固定，寻址方式少，指令格式少。
- 采用 Load/Store 型指令设计风格。
- 采用大量通用寄存器。编译器可将变量分配到寄存器中，以减少访存次数。

采用 RISC 技术后，由于指令系统简单，从而简化了 CPU 微体系结构，指令的执行可以采用性能更好的流水线数据通路，而且控制逻辑大大简化，从而使得 CPU 芯片上可设置更多的通用寄存器。这些都使指令执行速度进一步提高。指令数量少，固然使编译工作量加大，但由于指令系统中的指令都是精选的，编译时间少，反过来对编译程序的优化又是有利的。

虽然 RISC 技术在性能上有优势，但最终 RISC 机并没有在 PC 市场上占优势，反而 Intel x86 架构一直保持处理器市场的较大份额，这是为什么呢？其原因主要有两点：第一，因为软件的向后兼容性，许多用户先期投资购买了在 Intel 系列机上开发的软件，如果换成 RISC

机，就意味着所有软件要重新投资；其次，随着处理器速度和芯片密度等的不断提高，RISC系统也日趋复杂，而 CISC 由于采用了部分 RISC 技术（例如，Intel Pentium 4 中将简单指令直接转换为类 RISC 指令，复杂指令用微码实现），使其性能进一步提高。虽然这种混合方案不如纯 RISC 方案速度快，但它却能在保证软件兼容的前提下达到具有较强竞争力的整体性能。

不过，随着后 PC 时代的到来，个人移动设备的使用和嵌入式系统的应用越来越广泛，像 ARM 处理器等采用 RISC 技术的产品又迎来了新的机遇，在嵌入式系统中占有绝对优势，因而将被更广泛地使用。

7.2.5 异常和中断处理

异常和中断并不是指令，但异常和中断处理机制是指令系统必须考虑的重要内容。在程序正常执行过程中，某些指令的执行会遇到一些异常或特殊情况而无法继续，这种中断 CPU 中程序正常执行的情况主要有"异常"和"中断"两大类。

中断是一种典型的由 I/O 设备触发的、与当前正在执行的指令无关的异步事件；而**异常**是处理器执行一条指令时，由处理器在其内部检测到的、与正在执行的指令相关的同步事件。实际上，异常和中断两者的处理过程基本上是相同的，这是在有些体系结构教材中将两者统称为"中断"或统称为"异常"的原因。

1. 异常

异常（exception）是指处理器在执行某条指令时发生在 CPU 内部的事件，如整除 0、溢出、断点设置、单步跟踪、访问超时、非法操作码、栈溢出、缺页、保护错等。按发生异常的报告方式和返回方式的不同，内部异常可分为故障（fault）、自陷（trap）和终止（abort）三类。

（1）故障

故障也称为**失效**，它是在引起故障的指令启动后、执行结束前被检测到的一类异常事件。例如，指令译码时，遇到"非法操作码"；取指令或数据时，发生"缺页"或"保护错"；执行整数除法指令时，发现"除数为 0"等。显然，"缺页"等异常被处理后，操作系统已将需要的页从外存调到主存，因此可继续返回到发生故障的指令继续执行；对于"非法操作码""保护错""整数除 0"等异常，因为无法通过异常处理程序恢复故障，所以不能回到原断点继续执行，必须终止进程的执行。

（2）自陷

自陷也称为**陷阱**或**陷入**，与故障等其他异常事件不同，它是预先安排的一种"异常"事件，就像预先设定的"陷阱"一样。通常的做法是，事先在程序中用一条特殊指令或通过某种方式设定特殊控制标志来人为设置一个"陷阱"，当执行到满足条件的**自陷指令**时，CPU 自动根据不同"陷阱"类型进行相应的处理，自陷异常处理结束后，将返回到自陷指令的下一条指令执行。

通常，用于程序调试的"单步跟踪"和"断点设置"功能都可以通过"自陷"方式来实现。此外，还有系统调用指令、条件自陷指令等都属于自陷指令。执行到这些指令时，将无条件或有条件地自动调出操作系统内核程序或陷入特定的异常处理程序进行处理。

（3）终止

如果在执行指令过程中发生了严重错误，例如，控制器出现问题，访问 DRAM 或 SRAM 时发生校验错等，则程序将无法继续执行，只好终止发生问题的进程，在有些严重的情况下，甚至要重启系统。显然，这种异常是随机发生的，无法确定发生异常的是哪条指令。

2. 中断

程序执行过程中，若外设完成任务或发生某些特殊事件（如打印机缺纸、定时采样计数时间到、键盘缓冲满等），会向 CPU 发中断（interrupt）请求，要求 CPU 对这些情况进行处理。通常，每条指令执行完后，CPU 都会主动去查询有没有中断请求，有的话，则将下条指令地址作为返回地址（断点）保存，然后转到相应的中断服务程序执行，结束后回到断点继续执行。

这种事件与执行的指令无关，由 CPU 外部的 I/O 设备触发，因此，称为 **I/O 中断**或**外部中断**，需要通过专门的中断请求线向 CPU 请求。

所有异常和中断处理都是由硬件和软件两者协同完成的，整个中断处理包含两大阶段：①检测和响应，由硬件完成；②具体的处理过程，由软件完成。硬件检测到异常和中断请求后，就会立即进行响应，而响应的结果就是中断当前程序的执行，转到**异常处理程序**或**中断服务程序**（本教材将两者统称为**异常 / 中断处理程序**）执行。

异常 / 中断处理程序在进行具体的异常和中断处理之前，需要先保存被中断程序的一些上下文信息，如通用寄存器内容等现场信息。如果在保存这些信息的过程中，又收到新的中断请求，则 CPU 就要响应新中断请求，并转到新的中断服务程序执行，从而导致原被中断程序的现场被破坏。这样就无法回到原被中断程序正确执行。为此，CPU 必须在响应中断后进行"关中断"，也即，使 CPU 禁止响应中断请求。这样，就需要有一个"中断允许"控制位，用于设置并记录 CPU 是处于"中断允许"（也称"开中断"）还是"关中断"状态。

为了能够从被中断程序转到异常 / 中断处理程序执行，CPU 必须能够确切知道异常或中断的原因，从而通过某种方式跳转到相应的异常 / 中断处理程序的入口处执行。并且，在异常 / 中断处理程序中处理完具体的异常或中断请求之后，能够回到原来被中断程序的断点处继续执行。

指令系统必须对以上所述的异常和中断类型的定义、自陷指令、中断允许位、异常 / 中断原因的识别和记录、断点信息的保存、异常 / 中断整个处理过程中软硬件之间的协同等各个方面给出相应的规定。

7.3　指令系统实例：RISC-V 架构

历史上曾出现过许多指令系统，如 Intel x86、AMD Am29000、Digital Alpha、Digital VAX、HP PA-RISC、Intel i860、Intel i960、Motorola 88000 及 Zilog Z8000 等，但绝大多数指令系

统都因为不适应新的要求而被弃用。目前 Intel x86 架构在 PC/ 服务器市场一直保持较大份额，而 ARM 架构则在个人移动设备和嵌入式系统中占有绝对优势。

包括 Intel x86 和 ARM 在内的传统指令集架构都诞生于 20 世纪 70 到 80 年代，都属于增量型 ISA，新处理器采用的指令集中一定要包含老的指令，而新技术、新功能的出现又需要不断地增加新的指令，因而导致 ISA 中的指令数量越来越多。例如，Intel x86 指令集在 1978 年诞生时仅有 80 条指令，到 2015 年达到了 1338 条指令，实际上应该更多。很多新指令已经涵盖了一些老指令的功能，还有一些老指令在实际程序中已很少使用，因而使得一些老指令早已失效，但它们却占用着宝贵的操作码编码空间。显然，这种增量型 ISA 随着时间的推移，其复杂度越来越高，导致处理器及其运行的各类系统软件的设计与开发越来越困难，成本也越来越高。

由美国加州大学伯克利分校在 2011 年推出的具有典型 RISC 特征的 RISC-V（"RISC five"）是一个最新提出的、开放的指令集架构。与以前的增量型 ISA 不同，它遵循"大道至简"的设计哲学，采用模块化设计方法，既保持基础指令集的稳定，也保证扩展指令集的灵活配置，因此，RISC-V 指令集具有模块化特点和非常好的稳定性和可扩展性，在简洁性、实现成本、功耗、性能和程序代码量等各方面都有较显著的优势。本节将 RISC-V 架构作为指令系统实例，详细介绍指令系统所涵盖的各个方面，以及高级语言源程序转换为机器级代码所涉及的一些基本问题。

7.3.1　RISC-V 指令系统概述

RISC-V 的设计者以史为鉴，针对传统增量型 ISA 存在的各种问题，采用模块化设计思想，着重在芯片制造成本、指令集的简洁性和扩展性、程序性能、指令集架构与其实现之间的独立性、程序代码量，以及易于编程 / 编译 / 链接等方面进行权衡，提出了一种全新的指令集体系结构。

1. RISC-V 的设计目标

RISC-V 设计者深入分析了 40 年前推出的各种指令集的优缺点，期望通过"取其精华、去其糟粕"，设计出一个全新的通用指令集体系结构。

RISC-V 的设计目标是：能适应从最袖珍的嵌入式控制器到最快的高性能计算机的实现；能兼容目前各种流行软件栈和各种编程语言；适用于所有实现技术，包括现场可编程门阵列（FPGA）、专用集成电路（ASIC）、全定制芯片，甚至是未来的实现技术；适合各类微架构技术，如微码和硬连线控制器、单发射和超标量流水线、顺序和乱序执行等；支持广泛的异构处理架构，成为定制加速器的基础。此外，它还应该具有稳定的基础指令集架构，能够保证在扩展新功能时不影响基础部分，这样就可避免像以前那些传统指令集架构那样，一旦不适应新的要求就只能被弃用。

2. RISC-V 的开源理念和设计原则

RISC-V 设计者本着"指令集应自由"（Instruction Set Want to be Free）的理念，将 RISC-V

完全公开，希望在全世界范围内得到广泛的支持，任何公司、大学、研究机构和个人都可以开发兼容 RISC-V 指令集的处理器芯片，都可以融入基于 RISC-V 构建的软硬件生态系统中，而无须为指令集付一分钱。

RISC-V 是一个开放指令集架构。它由一个开放的、非营利性质的基金会管理，因而它的未来不受任何单一公司的浮沉的影响。RISC-V 基金会创立于 2015 年，基金会致力于为 RISC-V ISA 的未来发展提供指导意见，积极推动 RISC-V ISA 的应用，RISC-V 基金会成员参与制定并可使用 RISC-V ISA 规范，并参与相关软 / 硬件生态系统的开发。基金会的目标之一就是保持 RISC-V 的稳定性，并力图让它之于硬件就像 Linux 之于操作系统一样受欢迎。目前基金会成员包含谷歌、华为、IBM、微软、三星等几百家成员组织，其中，包含互联网应用、系统软件开发、大型计算机设备制造、通信产品研制、芯片制造等各类 IT 行业的公司、大学和研究机构，并建立了首个开放、协作的软硬件创新者社区，以加速尖端技术的创新。

3. RISC-V 的模块化结构

RISC-V 采用模块化设计思想，将整个指令集分成稳定不变的基础指令集和可选的标准扩展指令集。它的核心是基础的 32 位整数指令集 RV32I，在其之上可以运行一个完整的软件栈。RV32I 是一个简洁、完备的固定指令集，永远不会发生变化。不同的系统可以根据应用的需要，在基础指令集 RV32I 之外，添加相应的扩展指令集模块，例如，可以添加整数乘除（RV32M）、单精度浮点（RV32F）、双精度浮点（RV32D）三个指令集模块，以形成 RV32IMFD 指令集。

RISC-V 还包含一个原子操作扩展指令集（RV32A），它和指令集 RV32MFD 合在一起，成为 32 位 RISC-V 标准扩展指令集，添加到基础指令集 RV32I 后，形成通用 32 位指令集 RV32G。因此，RV32G 代表 RV32IMAFD 指令集。

为了缩短程序的二进制代码的长度，RISC-V 提供了 RV32G 对应的压缩指令集 RV32C，它是指令集 RV32G 的 16 位版本，RV32G 中每条指令都是 32 位，而 RV32C 中每条指令都压缩为 16 位。

这里提到的 16 位指令或 32 位指令，是指指令长度占 16 位或 32 位。32 位的 RV32G 指令和 16 位的 RV32C 指令都属于 32 位架构中的指令，也就是说，这些指令都是在字长为 32 位的机器上执行的指令，其程序计数器（PC）、通用寄存器和定点运算器的长度都是 32 位，针对的是 32 位整数和 32 位地址的处理。

而 64 位架构指令是指在字长为 64 位的机器上执行的指令。对于字长为 64 位的处理器架构，通用寄存器和定点运算器的位数都是 64 位。因为上述指令集 RV32G 和 RV32C 无法实现 64 位运算，因而，需要对相应的 32 位指令集的行为进行调整，将处理的数据从 32 位调整为 64 位，并重新添加少量的 32 位处理指令，以形成对应的 RV64G（即 RV64IMAFD）；对于 RV32C，则是对部分指令进行了替换和调整，从而形成 RV64C。

为了支持数据级并行，RISC-V 提供了扩展的向量计算指令集 RV32V 和 RV64V。RISC-V 采用了**向量计算指令**方式，而不是像 Intel x86 架构那样，采用**单指令多数据**（Single Instruction Multi Data，SIMD）方式支持数据级并行。

此外，为了进一步减少芯片面积，RISC-V 架构还提供了一种"嵌入式"架构 RV32E，它是 RV32I 的子集，仅支持 16 个 32 位通用寄存器。该架构主要用于追求极少面积和极低功耗的深嵌入式场景。

基于 RISC-V 架构规定的各种指令集模块，芯片设计者可以选择不同的组合来满足不同的应用场景。例如，嵌入式应用场景下可以采用 RV32EC 架构，高性能服务器场景下可以采用 RV64G 架构。

7.3.2 RISC-V 指令参考卡

RISC-V 的一个主要特点是模块化和简洁性，因此，用两张指令参考卡就可以概述所有指令。图 7.4 为指令参考卡①。其中，给出了 RISC-V 基础整数指令集（Base Integer Instructions）RV32I 和 RV64I、RV 特权指令集（Privileged Instructions）、可选的压缩指令扩展（Optional Compressed Instruction Extension）RV32C 和 RV64C 中的指令列表以及 RV 伪指令举例（Examples of the Pseudoinstructions）。

在指令参考卡①中，每个基础指令集和扩展指令集中的指令分成了多个类别（Category），每个类别包含多条指令。每条指令通过一个指令名（Name）简单地给出一个功能描述，对每条指令的说明包括指令的功能描述、格式（Format，Fmt 为 Format 的缩写）和汇编指令表示。

例如，RV32I 基础指令集中，包含移位（Shifts）、算术运算（Arithmetic）、逻辑运算（Logical）、比较（Compare）、分支（Branches）、跳转并链接（Jump & Link）、同步（Synch）、环境（Environment）、控制状态寄存器（Control Status Register）、取数（Loads）、存数（Stores）等类别。移位类指令中，第一行指令的功能为逻辑左移（Shift Left Logical），指令格式为 R- 型，对应汇编指令为"SLL rd, rs1, rs2"。

汇编指令中用容易记忆的英文单词或缩写来表示指令操作码的含义，这些英文单词或其缩写被称为**助记符**。例如，汇编指令"SLL rd, rs1, rs2"中的"SLL"就是逻辑左移指令的助记符。也可用小写字母表示助记符，上述汇编指令也可以写成"sll rd, rs1, rs2"。本书采用小写字母表示助记符。每条指令的功能将在后续对应章节中介绍。

从指令参考卡①可以看出，64 位架构 RV64I 中包含的指令，除了 RV32I 以外，还有 6 条 32 位移位类指令、3 条 32 位加减运算指令、2 条 64 位取数（Load）指令和 1 条 64 位存数（Store）指令。

在指令参考卡①的右上角，给出了 RISC-V 的 4 条特权指令，其中，MRET 和 SRET 是陷阱（Trap）指令对应的返回指令，WFI 是等待中断（Wait for Interrupt）指令，"SFENCE. VMA rs1, rs2"是存储器管理部件（Memory Management Unit，MMU）类指令，用于虚拟存储器的同步操作。

Base Integer Instructions: RV32I and RV64I

Category / Name	Fmt	RV32I Base	+RV64I
Shifts Shift Left Logical	R	SLL rd,rs1,rs2	SLLW rd,rs1,rs2
Shift Left Log. Imm.	I	SLLI rd,rs1,shamt	SLLIW rd,rs1,shamt
Shift Right Logical	R	SRL rd,rs1,rs2	SRLW rd,rs1,rs2
Shift Right Log. Imm.	I	SRLI rd,rs1,shamt	SRLIW rd,rs1,shamt
Shift Right Arithmetic	R	SRA rd,rs1,rs2	SRAW rd,rs1,rs2
Shift Right Arith. Imm.	I	SRAI rd,rs1,shamt	SRAIW rd,rs1,shamt
Arithmetic ADD	R	ADD rd,rs1,rs2	ADDW rd,rs1,rs2
ADD Immediate	I	ADDI rd,rs1,imm	ADDIW rd,rs1,imm
SUBtract	R	SUB rd,rs1,rs2	SUBW rd,rs1,rs2
Load Upper Imm	U	LUI rd,imm	
Add Upper Imm to PC	U	AUIPC rd,imm	
Logical XOR	R	XOR rd,rs1,rs2	
XOR Immediate	I	XORI rd,rs1,imm	
OR	R	OR rd,rs1,rs2	
OR Immediate	I	ORI rd,rs1,imm	
AND	R	AND rd,rs1,rs2	
AND Immediate	I	ANDI rd,rs1,imm	
Compare Set <	R	SLT rd,rs1,rs2	
Set < Immediate	I	SLTI rd,rs1,imm	
Set < Unsigned	R	SLTU rd,rs1,rs2	
Set < Imm Unsigned	I	SLTIU rd,rs1,imm	
Branches Branch =	B	BEQ rs1,rs2,imm	
Branch ≠	B	BNE rs1,rs2,imm	
Branch <	B	BLT rs1,rs2,imm	
Branch ≥	B	BGE rs1,rs2,imm	
Branch < Unsigned	B	BLTU rs1,rs2,imm	
Branch ≥ Unsigned	B	BGEU rs1,rs2,imm	
Jump & Link J&L	J	JAL rd,imm	
Jump & Link Register	I	JALR rd,rs1,imm	
Synch Synch thread	I	FENCE	
Synch Instr & Data	I	FENCE.I	
Environment CALL	I	ECALL	
BREAK	I	EBREAK	

Control Status Register (CSR)

Name	Fmt	
Read/Write	I	CSRRW rd,csr,rs1
Read & Set Bit	I	CSRRS rd,csr,rs1
Read & Clear Bit	I	CSRRC rd,csr,rs1
Read/Write Imm	I	CSRRWI rd,csr,imm
Read & Set Bit Imm	I	CSRRSI rd,csr,imm
Read & Clear Bit Imm	I	CSRRCI rd,csr,imm

Category / Name	Fmt	
Loads Load Byte	I	LB rd,rs1,imm
Load Halfword	I	LH rd,rs1,imm
Load Byte Unsigned	I	LBU rd,rs1,imm
Load Half Unsigned	I	LHU rd,rs1,imm
Load Word	I	LW rd,rs1,imm
+RV64I		LWU rd,rs1,imm
		LD rd,rs1,imm
Stores Store Byte	S	SB rs1,rs2,imm
Store Halfword	S	SH rs1,rs2,imm
Store Word	S	SW rs1,rs2,imm
		SD rs1,rs2,imm

RV Privileged Instructions

Category / Name	Fmt	RV mnemonic
Trap Mach-mode trap return	R	MRET
Supervisor-mode trap return	R	SRET
Interrupt Wait for Interrupt	R	WFI
MMU Virtual Memory FENCE	R	SFENCE.VMA rs1,rs2

Examples of the 60 RV Pseudoinstructions

	Fmt	RV mnemonic
Branch = 0 (BEQ rs,x0,imm)	B	BEQZ rs,imm
Jump (uses JAL x0,imm)	J	J imm
MoVe (uses ADDI rd,rs,0)	R	MV rd,rs
RETurn (uses JALR x0,0,ra)	I	RET

Optional Compressed (16-bit) Instruction Extension: RV32C

Category / Name	Fmt	RVC	RISC-V equivalent
Loads Load Word	CL	C.LW rd',rs1',imm	LW rd',rs1',imm*4
Load Word SP	CI	C.LWSP rd,imm	LW rd,sp,imm*4
Float Load Word SP	CL	C.FLW rd',rs1',imm	FLW rd',rs1',imm*8
Float Load Word	CI	C.FLWSP rd,imm	FLW rd,sp,imm*8
Float Load Double	CL	C.FLD rd',rs1',imm	FLD rd',rs1',imm*16
Float Load Double SP	CI	C.FLDSP rd,imm	FLD rd,sp,imm*16
Stores Store Word	CS	C.SW rs1',rs2',imm	SW rs1',rs2',imm*4
Store Word SP	CSS	C.SWSP rs2,imm	SW rs2,sp,imm*4
Float Store Word	CS	C.FSW rs1',rs2',imm	FSW rs1',rs2',imm*8
Float Store Word SP	CSS	C.FSWSP rs2,imm	FSW rs2,sp,imm*8
Float Store Double	CS	C.FSD rs1',rs2',imm	FSD rs1',rs2',imm*16
Float Store Double SP	CSS	C.FSDSP rs2,imm	FSD rs2,sp,imm*16
Arithmetic ADD	CR	C.ADD rd,rs1	ADD rd,rd,rs1
ADD Immediate	CI	C.ADDI rd,imm	ADDI rd,rd,imm
ADD SP Imm * 16	CI	C.ADDI16SP rd,imm	ADDI sp,sp,imm*16
ADD SP Imm * 4	CIW	C.ADDI4SPN rd',imm	ADDI rd',sp,imm*4
SUB	CR	C.SUB rd,rs1	SUB rd,rd,rs1
AND	CR	C.AND rd,rs1	AND rd,rd,rs1
AND Immediate	CI	C.ANDI rd,imm	ANDI rd,rd,imm
OR	CR	C.OR rd,rs1	OR rd,rd,rs1
eXclusive OR	CR	C.XOR rd,rs1	AND rd,rd,rs1
MoVe	CR	C.MV rd,rs1	ADD rd,rd,rs1
Load Immediate	CI	C.LI rd,imm	ADDI rd,x0,imm
Load Upper Imm	CI	C.LUI rd,imm	LUI rd,imm
Shifts Shift Left Imm	CI	C.SLLI rd,imm	SLLI rd,rd,imm
Shift Right Ari. Imm.	CI	C.SRAI rd,imm	SRAI rd,rd,imm
Shift Right Log. Imm.	CI	C.SRLI rd,imm	SRLI rd,rd,imm
Branches Branch=0	CB	C.BEQZ rs1',imm	BEQ rs1',x0,imm
Branch≠0	CB	C.BNEZ rs1',imm	BNE rs1',x0,imm
Jump Jump	CJ	C.J imm	JAL x0,imm
Jump Register	CR	C.JR rd,rs1	JALR x0,rs1,0
Jump & Link J&L	CJ	C.JAL imm	JAL ra,imm
Jump & Link Register	CR	C.JALR rs1	JALR ra,rs1,0
System Env. BREAK	CI	C.EBREAK	EBREAK

Optional Compressed Extension: RV64C

All RV32C (except C.JAL, 4 word loads, 4 word strores) plus:

ADD Word (C.ADDW)	Load Doubleword (C.LD)
ADD Imm. Word (C.ADDIW)	Load Doubleword SP (C.LDSP)
SUBtract Word (C.SUBW)	Store Doubleword (C.SD)
	Store Doubleword SP (C.SDSP)

图 7.4 RISC-V 指令参考卡①

在指令参考卡①中的特权指令下面，给出了 RV **伪指令**（Pseudoinstructions）举例。RISC-V 中定义了 60 条伪指令，每条伪指令对应一条或多条真正的机器指令。引入伪指令的目的，是增加汇编语言程序的可读性，在汇编语言程序中可以用伪指令一目了然地表示一些功能。例如，在 RISC-V 中，没有专门的传送指令，而是通过加法指令"ADDI rd,rs,0"来实现"将 rs 的内容传送到 rd"的功能。因此，可以用相当于加法指令"ADDI rd,rs,0"的伪指令"MV rd,rs"明显地表示传送功能。在将汇编语言源程序转换成机器语言程序时，汇编器将每条伪指令转换为对应的机器指令序列。

在指令参考卡①的右侧中部，给出了 16 位压缩指令集 RV32C 和 RV64C 中的指令列表。每条 16 位压缩指令都有一条等价的 32 位指令对应。

RISC-V 在基础指令集 RV32I 和 RV64I 的基础上，提供了一组可选扩展指令集。如图 7.5 所示，可选扩展指令集包括乘除指令扩展（Multiply-Divide Instruction Extension）RVM、原子指令扩展（Atomic Instruction Extension）RVA、浮点指令扩展（Floating-Point Instruction Extension）RVF 和 RVD、向量指令扩展（Vector Instruction Extension）RVV。此外，图 7.5 中还给出了 32 个定点通用寄存器 x0～x31 和 32 个浮点寄存器 f0～f31 的**调用约定**（Calling Convention）。

Optional Multiply-Divide Instruction Extension: RVM

Category	Name	Fmt	RV32M (Multiply-Divide)		+RV64M	
Multiply	MULtiply	R	MUL	rd,rs1,rs2	MULW	rd,rs1,rs2
	MULtiply High	R	MULH	rd,rs1,rs2		
	MULtiply High Sign/Uns	R	MULHSU	rd,rs1,rs2		
	MULtiply High Uns	R	MULHU	rd,rs1,rs2		
Divide	DIVide	R	DIV	rd,rs1,rs2	DIVW	rd,rs1,rs2
	DIVide Unsigned	R	DIVU	rd,rs1,rs2		
Remainder	REMainder	R	REM	rd,rs1,rs2	REMW	rd,rs1,rs2
	REMainder Unsigned	R	REMU	rd,rs1,rs2	REMUW	rd,rs1,rs2

Optional Atomic Instruction Extension: RVA

Category	Name	Fmt	RV32A (Atomic)		+RV64A	
Load	Load Reserved	R	LR.W	rd,rs1	LR.D	rd,rs1
Store	Store Conditional	R	SC.W	rd,rs1,rs2	SC.D	rd,rs1,rs2
Swap	SWAP	R	AMOSWAP.W	rd,rs1,rs2	AMOSWAP.D	rd,rs1,rs2
Add	ADD	R	AMOADD.W	rd,rs1,rs2	AMOADD.D	rd,rs1,rs2
Logical	XOR	R	AMOXOR.W	rd,rs1,rs2	AMOXOR.D	rd,rs1,rs2
	AND	R	AMOAND.W	rd,rs1,rs2	AMOAND.D	rd,rs1,rs2
	OR	R	AMOOR.W	rd,rs1,rs2	AMOOR.D	rd,rs1,rs2
Min/Max	MINimum	R	AMOMIN.W	rd,rs1,rs2	AMOMIN.D	rd,rs1,rs2
	MAXimum	R	AMOMAX.W	rd,rs1,rs2	AMOMAX.D	rd,rs1,rs2
	MINimum Unsigned	R	AMOMINU.W	rd,rs1,rs2	AMOMINU.D	rd,rs1,rs2
	MAXimum Unsigned	R	AMOMAXU.W	rd,rs1,rs2	AMOMAXU.D	rd,rs1,rs2

Two Optional Floating-Point Instruction Extensions: RVF & RVD

Category	Name	Fmt	RV32{F|D} (SP,DP Fl. Pt.)		+RV64{F|D}	
Move	Move from Integer	R	FMV.W.X	rd,rs1	FMV.D.X	rd,rs1
	Move to Integer	R	FMV.X.W	rd,rs1	FMV.X.D	rd,rs1
Convert	ConVerT from Int	R	FCVT.{S|D}.W	rd,rs1	FCVT.{S|D}.L	rd,rs1
	ConVerT from Int Unsigned	R	FCVT.{S|D}.WU	rd,rs1	FCVT.{S|D}.LU	rd,rs1
	ConVerT to Int	R	FCVT.W.{S|D}	rd,rs1	FCVT.L.{S|D}	rd,rs1
	ConVerT to Int Unsigned	R	FCVT.WU.{S|D}	rd,rs1	FCVT.LU.{S|D}	rd,rs1
Load	Load	I	FL{W,D}	rd,rs1,imm		
Store	Store	S	FS{W,D}	rs1,rs2,imm		
Arithmetic	ADD	R	FADD.{S|D}	rd,rs1,rs2		
	SUBtract	R	FSUB.{S|D}	rd,rs1,rs2		
	MULtiply	R	FMUL.{S|D}	rd,rs1,rs2		
	DIVide	R	FDIV.{S|D}	rd,rs1,rs2		
	SQuare RooT	R	FSQRT.{S|D}	rd,rs1		
Mul-Add	Multiply-ADD	R	FMADD.{S|D}	rd,rs1,rs2,rs3		
	Multiply-SUBtract	R	FMSUB.{S|D}	rd,rs1,rs2,rs3		
	Negative Multiply-SUBtract	R	FNMSUB.{S|D}	rd,rs1,rs2,rs3		
	Negative Multiply-ADD	R	FNMADD.{S|D}	rd,rs1,rs2,rs3		
Sign Inject	SIGN source	R	FSGNJ.{S|D}	rd,rs1,rs2		
	Negative SIGN source	R	FSGNJN.{S|D}	rd,rs1,rs2		
	Xor SIGN source	R	FSGNJX.{S|D}	rd,rs1,rs2		
Min/Max	MINimum	R	FMIN.{S|D}	rd,rs1,rs2		
	MAXimum	R	FMAX.{S|D}	rd,rs1,rs2		
Compare	compare Float =	R	FEQ.{S|D}	rd,rs1,rs2		
	compare Float <	R	FLT.{S|D}	rd,rs1,rs2		
	compare Float ≤	R	FLE.{S|D}	rd,rs1,rs2		
Categorize	CLASSify type	R	FCLASS.{S|D}	rd,rs1		
Configure	Read Status	R	FRCSR	rd		
	Read Rounding Mode	R	FRRM	rd		
	Read Flags	R	FRFLAGS	rd		
	Swap Status Reg	R	FSCSR	rd,rs1		
	Swap Rounding Mode	R	FSRM	rd,rs1		
	Swap Flags	R	FSFLAGS	rd,rs1		
	Swap Rounding Mode Imm	I	FSRMI	rd,imm		
	Swap Flags Imm	I	FSFLAGSI	rd,imm		

Calling Convention

Register	ABI Name	Saver
x0	zero	---
x1	ra	Caller
x2	sp	Callee
x3	gp	---
x4	tp	---
x5-7	t0-2	Caller
x8	s0/fp	Callee
x9	s1	Callee
x10-11	a0-1	Caller
x12-17	a2-7	Caller
x18-27	s2-11	Callee
x28-31	t3-t6	Caller
f0-7	ft0-7	Caller
f8-9	fs0-1	Callee
f10-11	fa0-1	Caller
f12-17	fa2-7	Caller
f18-27	fs2-11	Callee
f28-31	ft8-11	Caller
zero	Hardwired zero	
ra	Return address	
sp	Stack pointer	
gp	Global pointer	
tp	Thread pointer	
t0-0,ft0-0	Temporaries	
s0-11,fs0-11	Saved registers	
a0-7,fa0-7	Function args	

Optional Vector Extension: RVV

Category	Name	Fmt	RV32V/R64V	
	SET Vector Len.	R	SETVL	rd,rs1
	MULtiply High	R	VMULH	rd,rs1,rs2
	REMainder	R	VREM	rd,rs1,rs2
	Shift Left Log.	R	VSLL	rd,rs1,rs2
	Shift Right Log.	R	VSRL	rd,rs1,rs2
	Shift R. Arith.	R	VSRA	rd,rs1,rs2
	LoaD	I	VLD	rd,rs1,imm
	LoaD Strided	R	VLDS	rd,rs1,rs2
	LoaD indeXed	R	VLDX	rd,rs1,rs2
	STore	S	VST	rd,rs1,imm
	STore Strided	R	VSTS	rd,rs1,rs2
	STore indeXed	R	VSTX	rd,rs1,rs2
	AMO SWAP	R	AMOSWAP	rd,rs1,rs2
	AMO ADD	R	AMOADD	rd,rs1,rs2
	AMO XOR	R	AMOXOR	rd,rs1,rs2
	AMO AND	R	AMOAND	rd,rs1,rs2
	AMO OR	R	AMOOR	rd,rs1,rs2
	AMO MINimum	R	AMOMIN	rd,rs1,rs2
	AMO MAXimum	R	AMOMAX	rd,rs1,rs2
	Predicate =	R	VPEQ	rd,rs1,rs2
	Predicate ≠	R	VPNE	rd,rs1,rs2
	Predicate <	R	VPLT	rd,rs1,rs2
	Predicate ≥	R	VPGE	rd,rs1,rs2
	Predicate AND	R	VPAND	rd,rs1,rs2
	Pred. AND NOT	R	VPANDN	rd,rs1,rs2
	Predicate OR	R	VPOR	rd,rs1,rs2
	Predicate XOR	R	VPXOR	rd,rs1,rs2
	Predicate NOT	R	VPNOT	rd,rs1
	Pred. SWAP	R	VPSWAP	rd,rs1
	MOVe	R	VMOV	rd,rs1
	ConVerT	R	VCVT	rd,rs1
	ADD	R	VADD	rd,rs1,rs2
	SUBtract	R	VSUB	rd,rs1,rs2
	MULtiply	R	VMUL	rd,rs1,rs2
	DIVide	R	VDIV	rd,rs1,rs2
	SQuare RooT	R	VSQRT	rd,rs1,rs2
	Multiply-ADD	R	VFMADD	rd,rs1,rs2,rs3
	Multiply-SUB	R	VFMSUB	rd,rs1,rs2,rs3
	Neg. Mul.-SUB	R	VFNMSUB	rd,rs1,rs2,rs3
	Neg. Mul.-ADD	R	VFNMADD	rd,rs1,rs2,rs3
	SiGN inJect	R	VSGNJ	rd,rs1,rs2
	Neg SiGN inJect	R	VSGNJN	rd,rs1,rs2
	Xor SiGN inJect	R	VSGNJX	rd,rs1,rs2
	MINimum	R	VMIN	rd,rs1,rs2
	MAXimum	R	VMAX	rd,rs1,rs2
	XOR	R	VXOR	rd,rs1,rs2
	OR	R	VOR	rd,rs1,rs2
	AND	R	VAND	rd,rs1,rs2
	CLASS	R	VCLASS	rd,rs1
	SET Data Conf.	R	VSETDCFG	rd,rs1
	EXTRACT	R	VEXTRACT	rd,rs1,rs2
	MERGE	R	VMERGE	rd,rs1,rs2
	SELECT	R	VSELECT	rd,rs1,rs2

图 7.5　RISC-V 指令参考卡②

RISC-V 采用 32 位定长指令字格式。如图 7.6 所示，共有 6 种指令格式：R-型为寄存器操作数指令，I-型为短立即数操作或取数（Load）指令，S-型为存数（Store）指令，B-型为条件跳转指令，U-型为长立即数操作指令，J-型为无条件跳转指令。

	31 27	26 25 24 20	19 15	14 12	11 7	6 0
R	funct7	rs2	rs1	funct3	rd	opcode
I	imm[11:0]		rs1	funct3	rd	opcode
S	imm[11:5]	rs2	rs1	funct3	imm[4:0]	opcode
B	imm[12|10:5]	rs2	rs1	funct3	imm[4:1|11]	opcode
U	imm[31:12]				rd	opcode
J	imm[20|10:1|11|19:12]				rd	opcode

图 7.6　32 位 RISC-V 指令格式

从图 7.6 可看出，所有格式指令的低 7 位都是操作码字段 opcode；字段 rd、rs1 和 rs2 给出的是通用寄存器编号。因为 32 位 RISC-V 架构共有 32 个 32 位通用寄存器 x0～x31（编号为 0～31），因而通用寄存器编号占 5 位，0 号寄存器 x0 的内容永远是 0；imm 字段给出的是一个立即数，其位数在括号 [ ] 中表示；字段 funct3 和 funct7 分别表示 3 位功能码和 7 位功能码，它们和 opcode 字段一起定义指令的操作功能。

为了缩短程序的二进制代码的长度，RISC-V 提供了压缩指令集 RVC，其中，每条指令的长度都是 16 位，对应的指令格式如图 7.7 所示。

	15 14 13	12	11 10 9 8 7	6 5 4 3 2	1 0
CR	funct4		rd/rs1	rs2	op
CI	funct3	imm	rd/rs1	imm	op
CSS	funct3		imm	rs2	op
CIW	funct3		imm	rd′	op
CL	funct3	imm	rs1′	imm　rd′	op
CS	funct3	imm	rs1′	imm　rs2′	op
CB	funct3	offset	rs1′	offset	op
CJ	funct3		jump target		op

图 7.7　16 位 RISC-V 压缩指令格式

16 位压缩指令共有 8 种指令格式。与 32 位指令相比，16 位指令中的一部分寄存器编号还是占 5 位，但操作码 op、功能码 funct、立即数 imm 和另一部分寄存器编号的位数都减少了。

7.3.3　基础整数指令集

为简化对指令功能的说明，本书将采用**寄存器传送级**（Register Transfer Level，RTL）**语言描述指令功能。本书所用的 RTL 语言约定为**：R[r] 表示通用寄存器 r 的内容，M[addr] 表示存储单元 addr 的内容；M[R[r]] 表示寄存器 r 的内容所指存储单元的内容；PC 表示 PC 的内容，M[PC] 表示 PC 所指存储单元的内容；SEXT[imm] 表示对 imm 进行符号扩展，

ZEXT[imm] 表示对 imm 进行零扩展；传送方向用←表示，即传送源在右，传送目的在左。

RISC-V 基础整数指令集 RV32I 中包含整数运算、控制转移、存储器访问和系统控制几大类指令。

1. 整数运算类指令

指令集 RV32I 中的整数运算类指令包括移位、算术运算、逻辑运算和比较指令，共 21 条。图 7.8 给出了这些整数运算指令的格式以及操作码及功能码的编码。

31　　　　　　　 25	24　　 20	19　 15	14　 12	11　　　　 7	6　　　　 0	
imm[31:12]				rd	0110111	U lui
imm[31:12]				rd	0010111	U auipc
imm[11:0]		rsl	000	rd	0010011	I addi
imm[11:0]		rsl	010	rd	0010011	I slti
imm[11:0]		rsl	011	rd	0010011	I sltiu
imm[11:0]		rsl	100	rd	0010011	I xori
imm[11:0]		rsl	110	rd	0010011	I ori
imm[11:0]		rsl	111	rd	0010011	I andi
0000000	shamt	rsl	001	rd	0010011	I slli
0000000	shamt	rsl	101	rd	0010011	I srli
0100000	shamt	rsl	101	rd	0010011	I srai
0000000	rs2	rsl	000	rd	0110011	R add
0100000	rs2	rsl	000	rd	0110011	R sub
0000000	rs2	rsl	001	rd	0110011	R sll
0000000	rs2	rsl	010	rd	0110011	R slt
0000000	rs2	rsl	011	rd	0110011	R sltu
0000000	rs2	rsl	100	rd	0110011	R xor
0000000	rs2	rsl	101	rd	0110011	R srl
0100000	rs2	rsl	101	rd	0110011	R sra
0000000	rs2	rsl	110	rd	0110011	R or
0000000	rs2	rsl	111	rd	0110011	R and

图 7.8　整数运算类指令

U-型指令共有两条，一条是"lui rd, imm20"指令，其功能为：将立即数 imm20 存到 rd 寄存器的高 20 位，并使 rd 低 12 位为 0。该指令和"addi rd, rs1, imm12"指令结合，可以实现对一个 32 位变量赋初值。另一条 U-型指令为"auipc rd, imm20"，其功能为：将 20 位立即数 imm20 加到 PC 的高 20 位上，结果存 rd。可用指令"auipc x10, 0"将当前 PC 的内容存入寄存器 x10 中。该指令采用相对寻址方式，可用于生成动态链接所需的共享库中的位置无关代码（PIC），实现动态库代码等公共子程序的浮动。

I-型指令助记符都带"i"，表示一个操作数为立即数。例如，I-型加法指令"addi rd, rs1, imm12"的功能为：将 12 位立即数 imm12 符号扩展到 32 位，再与 rs1 寄存器内容相加，结果存 rd，用 RTL 语言描述为：R[rd]←R[rs1]+SEXT[imm12]。因为 addi 指令可以直接加一个负数，因而无须提供 subi 指令。

R-型指令的两个操作数所在寄存器总是 rs1 和 rs2，结果寄存器为 rd。例如，减法指令"sub rd, rs1, rs2"的功能为：R[rd]←R[rs1]-R[rs2]。

例 7.2 假定变量 x 分配在寄存器 x5 中，请给出 C 语句"int x=-8191;"所对应的 RISC-V 机器级代码。

解 因为无法在 RISC-V 指令中直接给出一个 32 位立即数，所以需要将常数 -8191 分解为两个立即数。-8191 对应的 32 位机器数为 1111 1111 1111 1111 1110 0000 0000 0001，因此，可以先将其高 20 位 1111 1111 1111 1111 1110 装入 x5 的高 20 位（低 12 位清 0），再在 x5 中加上低 12 位 0000 0000 0001 即可。

C 语句"int x=-8191;"对应的 RISC-V 机器指令和汇编指令为：

```
1111 1111 1111 1111 1110 00101 0110111   lui x5, 1048574   # R[x5]←FFFF E000H
0000 0000 0001 00101 000 00101 0010011   addi x5, x5, 1    # R[x5]←R[x5]+SEXT[001H]
```

RV32I 指令集提供了与（and、andi）、或（or、ori）和异或（xor、xori）三种共 6 条逻辑运算指令。

移位指令"sll rd, rs1, rs2"和"slli rd, rs1, shamt"的 opcode 字段编码不同，前者属于 R-型格式，指令的第 24～20 位为 5 位寄存器编号，而后者为 I-型格式，指令的第 24～20 位为 5 位立即数。两条指令的功能都是：将 rs1 的内容左移若干位后存到 rd 中。前者用 rs2 存放左移位数，后者用立即数 shamt 指定左移位数。

因为逻辑左移和算术左移的结果完全相同，因而 RV32I 中没有算术左移指令。而逻辑右移和算术右移分别采用高位补 0 和高位补符方式，移位后结果不同，因而必须分别提供两种右移指令。右移位数的指定和左移位数一样，可用寄存器或立即数两种方式指定。

例 7.3 假定变量 x 分配在寄存器 x5 中，请给出 C 语句"int x=8191;"所对应的 RISC-V 机器级代码。

解 8191 对应的 32 位机器数为 0000 0000 0000 0000 0001 1111 1111 1111，这里，低 12 位中第一位为 1，是一个负数，addi 指令按符号扩展进行立即数相加，若采用以下两条指令实现，则 x5 中的结果为 4095，而不是 8191。

```
0000 0000 0000 0000 0001 00101 0110111   lui x5, 1      # R[x5]←0000 1000H
1111 1111 1111 00101 000 00101 0010011   addi x5, x5, -1  # R[x5]←R[x5]+SEXT[FFFH]
```

事实上，可以利用 addi 进行符号扩展的特性来完成该立即数的分配：先通过 lui 指令装入一个距离目标常数小于 2048 的数，然后通过 addi 的符号扩展特性，对结果进行加法或减法操作来修正。由于需要修正的范围小于 2048，位于 12 位立即数的范围内，因此总是可以修正成功。在本例中，由于 8191=8192-1，因此可以先将 8192（其高 20 位为 00002H）装入 x5，再通过 addi 对 x5 减 1 即可。

C 语句"int x=8191;"对应的 RISC-V 机器指令和汇编指令为：

```
0000 0000 0000 0000 0010 00101 0110111   lui x5, 2      # R[x5]←0000 2000H
1111 1111 1111 00101 000 00101 0010011   addi x5, x5, -1  # R[x5]←R[x5]+SEXT[FFFH]
```

RV32I 提供了 4 条比较指令，它们是"带符号整数小于"（slt、slti）和"无符号整数小于"（sltu、sltiu）指令。这里，slti 和 sltiu 指令中的 12 位立即数 imm12 都按符号扩展。例如，"sltiu rd,rs1,imm12"的功能为：将 rs1 寄存器中的内容与 imm12 的符号扩展结果按无符号整数比较，若小于，将 1 存入 rd 中；否则，将 0 存入 rd 中。因此，sltiu 指令中 imm12 的值应小于 2048。若需比较的数据大于等于 2048，则应先将该数存入某寄存器，然后用 sltu 指令实现比较。

例 7.4 假定变量 x、y 和 z 都是 long long 型，占 64 位，x 的高、低 32 位分别存放在寄存器 x13、x12 中；y 的高、低 32 位分别存放在寄存器 x15、x14 中；z 的高、低 32 位分别存放在寄存器 x11、x10 中，请写出 C 语句"z=x+y;"所对应的 32 位字长 RISC-V 机器级代码。

解 可通过 sltu 指令将低 32 位的进位加入高 32 位中。"z=x+y;"所对应的机器级代码如下：

```
0000000 01110 01100 000 01010 0110011   add  x10, x12, x14    # R[x10]←R[x12]+R[x14]
0000000 01100 01010 011 01011 0110011   sltu x11, x10, x12    # 若 R[x10]<R[x12]，则 R[x11]←1
0000000 01111 01101 000 10000 0110011   add  x16, x13, x15    # R[x16]←R[x13]+R[x15]
0000000 10000 01011 000 01011 0110011   add  x11, x11, x16    # R[x11]←R[x11]+R[x16]
```

2. 控制转移类指令

RV32I 中的控制转移（也称顺序控制）类指令包括 6 条分支指令和两条无条件跳转并链接指令。图 7.9 给出了控制转移类指令的格式以及操作码的编码。

31	25 24	20 19	15 14	12 11	7 6	0	
imm[20|10:1|11|19:12]				rd	1101111		J jal
imm[11:0]		rs1	000	rd	1100111		I jalr
imm[12|10:5]	rs2	rs1	000	imm[4:1|11]	1100011		B beq
imm[12|10:5]	rs2	rs1	001	imm[4:1|11]	1100011		B bne
imm[12|10:5]	rs2	rs1	100	imm[4:1|11]	1100011		B blt
imm[12|10:5]	rs2	rs1	101	imm[4:1|11]	1100011		B bge
imm[12|10:5]	rs2	rs1	110	imm[4:1|11]	1100011		B bltu
imm[12|10:5]	rs2	rs1	111	imm[4:1|11]	1100011		B bgeu

图 7.9 控制转移类指令

从图 7.9 可看出，控制转移类指令中，6 条分支指令采用 B- 型格式，其功能为：若 rs1 和 rs2 两个寄存器内容比较的结果满足条件，则跳转到转移目标地址处执行；否则，执行下一条指令。比较条件包括相等（beq）、不等（bne）、带符号整数小于（blt）、带符号整数大于等于（bge）、无符号整数小于（bltu）、无符号整数大于等于（bgeu）。因为指令的宽度总是 4 字节（对于 RV32G）或 2 字节（对于 RV32C），因而总是 2 的倍数，即指令地址最低位总是 0。转移目标地址采用相对寻址方式，其偏移量为 imm[12:1] 乘 2，相当于在 imm[12:1] 后面添一个 0，再符号扩展为 32 位，因此，转移目标地址 = PC+SEXT[imm[12:1]<<1]。

RISC-V 硬件不包含整数算术运算的溢出检测电路，因而也不会生成溢出标志 OF，需由编译器确定是否检测溢出，并生成溢出检测的机器级代码。

例 7.5 假定变量 x、y、z 分别存放在寄存器 x5、x6、x7 中，请写出 x、y、z 都为 int 类型时，C 语句"z=x+y;"所对应的 RISC-V 机器级代码，要求检测是否溢出。

解 当 x、y 为 int 类型时，若"y<0 且 x+y≥x"或者"y≥0 且 x+y<x"，则 x+y 溢出。实现"z=x+y;"并判断溢出的 RISC-V 机器指令、汇编指令及注释如下：

```
0000000 00110 00101 000 00111 0110011   add x7, x5, x6       # R[x7]←R[x5]+R[x6]
0000 0000 0000 00110 010 11100 0010011   slti x28, x6, 0      # 若R[x6]<0，则R[x28]←1
0000000 00101 00111 010 11101 0110011   slt x29, x7, x5      # 若R[x7]<R[x5]，则R[x29]←1
0000010 11101 11100 001 10000 1100011   bne x28,x29,overflow # 若R[x28]≠R[x29]，则转溢出处理
......
overflow:
```

这里，假定标号为 overflow 的指令与"bne x28, x29, overflow"之间相距 20 条指令，每条指令为 32 位，则"bne x28, x29, overflow"指令中的偏移量应为 80，因此，指令中的立即数为 40=0000 0010 1000B，按照 B-型格式，该指令的机器码为"0000010 11101 11100 001 10000 1100011"。 ▪

RV32I 中的两条跳转并链接（Jump & Link）指令 jal 和 jalr 分别采用 J-型和 I-型格式。

指令"jal rd, imm20"的功能为：R[rd]←PC+4；PC←PC+SEXT[imm[20:1]<<1]。它具有双重功能：①若将返回地址（PC+4）保存到寄存器 x1，则可实现过程调用；②若目的寄存器 rd 指定为 x0，则可实现无条件跳转，因为 x0 不能更改。过程调用或无条件跳转的转移目标地址为 PC+SEXT[imm[20:1]<<1]。

指令"jalr rd, rs1, imm12"的功能为：R[rd]←PC+4；PC←R[rs1]+SEXT[imm12]。指令"jalr x0, x1, 0"可以实现过程调用的返回。将目的寄存器 rd 设为 x0 时，可以用 jalr 指令实现 switch-case 语句的地址跳转。若先通过 U-型指令装入 rs1，则可实现 32 位地址空间的绝对或相对跳转。

3. 存储器访问类指令

RV32I 中的存储器访问类指令包括 5 条取数（Load）指令和 3 条存数（Store）指令。图 7.10 给出了存储器访问类指令的格式以及操作码的编码。

31	25	24	20	19	15	14	12	11	7	6	0		
imm[11:0]				rs1		000		rd		0000011		I	lb
imm[11:0]				rs1		001		rd		0000011		I	lh
imm[11:0]				rs1		010		rd		0000011		I	lw
imm[11:0]				rs1		100		rd		0000011		I	lbu
imm[11:0]				rs1		101		rd		0000011		I	lhu
imm[11:5]		rs2		rs1		000		imm[4:0]		0100011		S	sb
imm[11:5]		rs2		rs1		001		imm[4:0]		0100011		S	sh
imm[11:5]		rs2		rs1		010		imm[4:0]		0100011		S	sw

图 7.10 存储器访问类指令

RV32I 除了提供 32 位字的取数（lw）和存数（sw）指令外，还支持带符号整数的字节、半字取数（lb、lh）和无符号整数的字节、半字取数（lbu、lhu）指令，以及字节、半字存数（sb、sh）指令。对于 64 位架构，RISC-V 还具有支持 64 位双字为单位的存储器读写操作。

取数指令的功能为：R[rd]←M[R[rs1]+SEXT[imm12]]。带符号整数的字节、半字取数指令，对取出数据按符号扩展为 32 位后，再写入目的寄存器 rd 中；无符号整数的字节、半字取数指令，对取出数据按零扩展为 32 位后，再写入目的寄存器 rd 中。

存数指令的功能为：M[R[rs1]+ SEXT[imm12]]←R[rs2]。字节、半字存数指令分别将源寄存器 rs2 的低 8 位、低 16 位写入存储单元中。采用小端方式存放。

取数指令和存数指令的汇编形式中，存储器操作数的存储地址可以写成"imm12(rs1)"，例如，指令"lw rd, rs1, imm12"的汇编形式也可以写成"lw rd, imm12(rs1)"；指令"sw rs1, rs2, imm12"的汇编形式也可以写成"sw rs2, imm12(rs1)"。

与 ARM-32 和 MIPS-32 内存数据按自然边界对齐的要求不同，RISC-V 没有边界对齐要求，处理器可以根据性能要求选择是否支持按边界对齐。

此外，为了不增加 ISA 的复杂性，与 x86-32 不同，RISC-V 没有专门的入栈（push）和出栈（pop）指令，而是使用普通的取数（相当于出栈）和存数（相当于入栈）指令实现栈操作。为了降低处理器设计难度，RISC-V 的 Load 和 Store 指令不支持地址自增和自减模式。

4. 系统控制类指令

RV32I 提供了相应的系统控制类指令，用于指令执行流和数据流的同步、控制从用户程序陷入调试环境或操作系统内核执行，以及对控制状态寄存器（Control and Status Register, CSR）的读写等方面。

RISC-V 架构支持多核（multi-core）及多线程（multi-threading）技术。一个 CPU 芯片中可以有多个 RISC-V 处理器核（core），每个处理器核中可设计多个硬件线程（hardware thread，简称 hart），每个 hart 有自己独立的寄存器组等现场上下文资源，运算资源是核内所有 hart 共享，而主存储器则是所有核共享。因此，对于这种共享存储器的硬件多线程处理器，就存在与多核系统和多处理器系统相同的存储器一致性模型（memory consistency model）问题。因此需要有支持同步等机制的指令。

CSR 用于配置或记录程序性能和状态信息，是处理器核的内部寄存器，使用内部地址编码空间，和主存地址的编码区间没有关系，也与通用寄存器的编码没有关系。程序可以通过执行 6 条专用的 CSR 指令（csrrw、csrrs、csrrc、csrrwi、csrrsi、csrrci），设置相应的控制信息或读取状态信息。对这些系统控制类指令的理解涉及机器特权级、硬件线程、异常、中断、存储管理和输入/输出等与操作系统相关的概念。

系统控制类指令涉及的概念已超出本书涵盖的范围，感兴趣的读者可以查阅相关资料。

7.3.4 可选扩展指令集

RISC-V 采用模块化设计思想，以整数指令集 RV32I 为基础，在其之上增加可选的扩展指令集模块，来满足不同应用系统的需要。

1. RISC-V 标准的扩展指令集

RISC-V 扩展集中包含的具体指令集如下。

① 针对 64 位架构的需要，在原来具有 47 条指令的 RV32I 指令集基础上，增加了 12 条整数指令，其中有 6 条 32 位移位指令、3 条 32 位加减运算指令、两条 64 位取数（Load）指令和 1 条 64 位存数（Store）指令。具体指令类型可参见图 7.4 中的 "+RV64I" 指令集，因此，64 位基础整数指令集 RV64I 共有 59 条指令。

例 7.6 在 64 位 RISC-V 架构中，如何实现将一个 32 位常数 00000000 00111101 00000101 00000000 装入 64 位寄存器 a0 中？

解 首先，可以用 lui 指令将常数中的第 31～12 位 0000 0000 0011 1101 0000（对应十进制数 976）装入 a0 寄存器的第 31～12 位，同时，a0 寄存器的第 11～0 位为全 0，高 32 位按符号（第 31 位为符号）扩展为全 0。然后，再将常数的低 12 位 0101 0000 0000（对应十进制数 1280）加到 a0 寄存器中。

因此，实现上述功能对应的汇编指令序列为：

```
lui  a0, 976
addi a0, a0, 1280
```

② 针对整数乘除运算的需要，提供了 32 位架构乘除运算指令集 RV32M 中的 8 条指令，并在此基础上增加了 4 条 RV64M 专用指令（+RV64M）。如图 7.5 所示，RV32M 中有 4 条乘法指令和 4 条除法指令。

需要特别说明的是，很多处理器架构中，整除 0 和除法结果溢出会触发异常，但是，RISC-V 架构中不会触发异常，而是通过产生特殊的商和余数来表示，这样做的好处是可简化处理器流水线的硬件实现。若整数 x 除以 0，则指令执行结果为：商为全 1，余数为 x。对于带符号整数除法，当最小的负整数除以 −1 时，会发生结果溢出，此时，相应指令执行结果为：商为被除数（即最小负整数），余数为 0。如果编译器软件需要对异常进行处理，可以通过查看商和余数所在寄存器中的数值，来判断是否发生了除 0 异常或结果溢出。

③ 针对浮点数运算的需要，提供了 32 位架构的单精度浮点处理指令集 RV32F 和双精度浮点处理指令集 RV32D，并在此基础上分别增加了 RV64F 和 RV64D 专用指令集（+RV64F）和（+RV64D）。

④ 针对事务处理和操作原子性的需要，提供了 32 位架构原子操作指令集 RV32A 以及 RV64A 专用指令集（+RV64A）。

2. RISC-V 可选的压缩指令集

为了缩短程序的二进制代码的长度，RISC-V 提供了 RV32G 对应的压缩指令集 RV32C，RV32G 中每条指令都是 32 位，而 RV32C 中每条指令都缩短为 16 位。为了减少相应指令集的实现开销，每条 16 位指令都在 RV32G 中有对应的指令。这样，处理器中只需包含 RV32G

的实现电路和 16 位指令转 32 位指令的解码电路，在执行 16 位指令前，先转换成对应的 32 位指令，然后再送到 RV32G 的实现电路执行。将 16 位 RV32C 指令转换为 32 位 RV32G 指令的解码电路只需 400 个逻辑门，这在最简单的 RISC-V 实现中也仅占百分之几，因此，解码电路的开销很小。

在提供 RV32C 指令解码电路的 RV32G 架构处理器中，可以执行 RV32G 中的 32 位指令，也可以执行 RV32C 中的 16 位指令，因此，一个程序中可以同时有 32 位指令和 16 位压缩指令，通常把这种同时包含 32 位和 16 位指令的混合指令集称为 RV32GC。

3. RISC-V 向量处理指令集

为了支持**数据级并行**，RISC-V 提供了扩展的向量处理指令集 RV32V 和 RV64V。RISC-V 采用了传统的**向量处理机**所用的基于向量寄存器的向量处理指令方式，而不是像 Intel x86 架构那样，采用单指令多数据（Single Instruction Multi Data，SIMD）方式支持数据级并行。RISC-V 中将处理数据的类型和长度显式地记录在**向量寄存器**中，而不是像 SIMD **指令**那样，将处理数据的类型和长度隐含在指令操作码中，这样既可以增加汇编语言程序的可读性，也可以降低编译器生成目标代码的难度。

4. RISC-V 未来可选扩展指令集

RISC-V 具有开放、标准的模块化扩展方式，意味着可以在扩展的指令集最终确定之前，得到充分的反馈和讨论，而且新扩展的指令集模块不会导致原模块的改变，因而 RISC-V 未来还有较大的可扩展空间。

目前正在考虑中的可选扩展指令集包括：位操作（RV32B、RV64B）、嵌入式（RV32E、RV64E）、虚拟机管理（RV32H、RV64H）、即时编译（RV32J、RV64J）、十进制浮点（RV32L、RV64L）、用户态中断（RV32N、RV64N）、紧缩 SIMD 指令（RV32P、RV64P）、四倍精度浮点数（RV32Q、RV64Q）、事务内存（RV32T、RV64T）等指令集。

7.4　本章小结

指令系统是软件和硬件之间的接口，指令系统直接决定计算机的性能和成本，因而至关重要。指令类型主要包括数据传送、算术和逻辑运算、顺序控制和系统控制等；指令涉及的操作数类型主要有无符号整数、带符号整数、浮点数、位串等；常用指令寻址方式有立即、直接、间接、寄存器直接、寄存器间接、堆栈和偏移（包括相对、变址和基址）寻址方式。采用定长指令字和定长操作码，可以方便指令地址计算、取指和译码操作，而采用变长指令字和变长操作码，则指令各字段编码紧凑，且程序占空间少。按指令格式的复杂度来分，可以分成 CISC（复杂指令集计算机）和 RISC（精简指令集计算机）两种不同指令系统风格。

RISC-V 是最新提出的、开放的指令集架构，由一个开放的、非营利性质的基金会管理，任何机构和个人都可以开发兼容 RISC-V 指令集的处理器芯片，或融入基于 RISC-V 构建的软硬件生态系统中，而无须为指令集付一分钱。针对传统的增量型 ISA 存在的各种问题，RISC-V 采用模块化设计思想，以固定不变的整数指令集 RV32I/RV64I 为基础，根据需要选用不同的指令集模块实现处理器。

习题

1. 给出以下概念的解释说明。

指令集体系结构（ISA）　　指令　　　　　　　　操作码　　　　　　　地址码
程序计数器（PC）　　　　程序状态字（PSW）　　程序状态字寄存器　　标志寄存器
栈（stack）　　　　　　　寻址方式　　　　　　　有效地址　　　　　　立即寻址
直接寻址　　　　　　　　间接寻址　　　　　　　寄存器寻址　　　　　寄存器间接寻址
变址寻址　　　　　　　　变址寄存器　　　　　　相对寻址　　　　　　基址寻址
基址寄存器　　　　　　　通用寄存器（GPR）　　内部异常　　　　　　故障（fault）
自陷（trap）　　　　　　外部中断　　　　　　　断点　　　　　　　　异常处理程序
关中断　　　　　　　　　SIMD 指令　　　　　　CISC　　　　　　　　RISC
伪指令

2. 简单回答下列问题。
   （1）一条指令中应该显式或隐式地给出哪些信息？
   （2）什么是汇编过程？什么是反汇编过程？这两个操作都需要用到什么信息？
   （3）CPU 如何确定指令中各个操作数的类型、长度以及所在地址？
   （4）哪些寻址方式下的操作数在寄存器中？哪些寻址方式下的操作数在存储器中？
   （5）基址寻址方式和变址寻址方式的作用各是什么？有何相同点和不同点？
   （6）RISC 处理器有哪些特点？
   （7）CPU 中标志寄存器的功能是什么？有哪几种基本标志？
   （8）为何跳转指令和调用（转子）指令的转移目标地址通常都用相对寻址方式？
   （9）转移跳转和调用指令的区别是什么？返回指令是否需要有地址码字段？

3. 假定某计算机中有一条转移指令，采用相对寻址方式，共占两个字节，第一字节是操作码，第二字节是相对位移量（用补码表示），CPU 每次从内存只能取一个字节。假设执行到某转移指令时 PC 的内容为 258，执行该转移指令后要求转移到 220 开始的一段程序执行，则该转移指令第二字节的内容应该是多少？

4. 假设地址为 1200H 的内存单元中的内容为 12FCH，地址为 12FCH 的内存单元的内容为 38B8H，而 38B8H 单元的内容为 88F9H。说明以下各情况下操作数的有效地址是多少。
   （1）操作数采用变址寻址，变址寄存器的内容为 252，指令中给出的形式地址为 1200H。
   （2）操作数采用一次间接寻址，指令中给出的地址码为 1200H。
   （3）操作数采用寄存器间接寻址，指令中给出的寄存器编号为 8，8 号寄存器的内容为 1200H。

5. 通过查资料了解 RISC-V、MIPS 和 IA-32 指令系统中各自提供了哪些加法指令，说明每条加法指令的指令格式、功能和二进制表示，并比较加、减运算指令在这三种指令系统中不同的设计方式，包括不同的溢出处理方式。

6. 某计算机指令系统采用定长指令字格式，指令字长 16 位，每个操作数的地址码长 6 位。指令分二地址、单地址和零地址三类。若二地址指令有 $k2$ 条，零地址指令有 $k0$ 条，则单地址指令最多有多少条？

7. 某计算机字长为 16 位，每次存储器访问宽度为 16 位，CPU 中有 8 个 16 位通用寄存器。现为该计算机设计指令系统，要求指令长度为字长的整数倍，至多支持 64 种不同操作。每个操作数都支持 4 种寻址方式：立即（I）、寄存器直接（R）、寄存器间接（S）和变址（X）。存储器地址位数和立即数均为 16 位，任何一个通用寄存器都可作为变址寄存器。支持以下 7 种二地址指令格式：RR 型、RI 型、RS 型、RX 型、XI 型、SI 型、SS 型。请设计该指令系统的 7 种指令格式，给出每种格式的指令长度、各字段所占位数和含义，并说明每种格式指令需要几次存储器访问。

8. 某计算机字长为 16 位，主存地址空间大小为 128KB，按字编址。采用单字长定长指令格式，指令各字段定义如下：

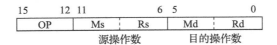

转移指令采用相对寻址方式，相对位移量用补码表示。寻址方式定义如表 7.2 所示。

表 7.2　习题 8 中定义的寻址方式及其含义

Ms/Md	寻址方式	助记符	含　义
000B	寄存器直接	Rn	操作数 =R[Rn]
001B	寄存器间接	(Rn)	操作数 =M[R[Rn]]
010B	寄存器间接、自增	(Rn)+	操作数 =M[R[Rn]]，R[Rn]←R[Rn]+1
011B	相对	D(Rn)	转移目标地址 =PC+R[Rn]

注：M[x] 表示存储器地址 x 中的内容，R[x] 表示寄存器 x 中的内容。

请回答下列问题：

（1）该指令系统最多可有多少条指令？最多可有多少个通用寄存器？存储器地址寄存器（MAR）和存储器数据寄存器（MDR）至少各需要多少位？

（2）转移指令的目标地址范围是多少？

（3）若操作码 0010B 表示加法操作（助记符为 add），寄存器 R4 和 R5 的编号分别为 100B 和 101B，R4 的内容为 1234H，R5 的内容为 5678H，地址 1234H 中的内容为 5678H，地址 5678H 中的内容为 1234H，则汇编语句 "add (R4),(R5)+"（逗号前为第一源操作数，逗号后为第二源操作数和目的操作数）对应的机器码是什么（用十六进制表示）？该指令执行后，哪些寄存器和存储单元的内容会改变？改变后的内容是什么？

9. 假定 A 是一个 32 位的地址，A_upper20 和 A_lower12 分别表示地址 A 的高 20 和低 12 位，以下 RV32I 指令用来将存放在存储器地址 A 处的机器数读入寄存器 t1 中。

```
lui   t0, A_upper20_adjusted   # 将 A_upper20_adjusted 的低位添加 12 个 0，送 t0
xori  t0, t0, A_lower12        # 将 A_lower12 的高 20 位符号扩展后与 t0 的内容"异或"，送 t0
lw    t1, 0(t0)                # 将 t0 的内容和 0 相加得到有效地址，从中取数送 t1
```

请问上述第一条指令中 A_upper20_adjusted 的值是如何由 A_upper20 得到的？

上述功能也能用以下两条 RV32I 指令来实现。请问以下第一条指令中 A_upper20_adjusted 的值又是如何得到的？

```
lui   t0, A_upper20_adjusted
```

```
lw    t1, A_lower12(t0)        # 将 A_lower12 进行符号扩展后, 和 t0 的内容相加, 得到有效地址,
                               # 从中取数送 t1
```

10. 对于远距离的过程调用, 使用伪指令 "call offset" 作为调用指令, 它对应以下两条真实指令:

```
auipc x1, offset[31:12]+offset[11]    # R[x1] ← PC+ (offset[31:12]+offset[11]) <<12
jalr  x1, x1, offset[11:0]            # PC ← R[x1]+offset[11:0], R[x1] ← PC+4
```

　　请说明为什么在 auipc 指令中高 20 位的位移量计算时 offset[31:12] 需要加上 offset[11]？

11. 除了硬件乘法器外, 还可以用移位和加法指令来实现乘法运算。在乘以较小的常数时, 这种办法很有效。假设要将 t0 的内容与 7 相乘, 乘积存入 t1 中。请写出一段指令条数最少且不包括乘法指令的 RV32I 代码。

12. 有些计算机提供了专门的指令, 能从一个 32 位寄存器中抽取其中任意一个位串置于另一个寄存器的低位有效位上, 并在高位补 0, 如图 7.11 所示。RISC-V 指令系统中没有这样的指令, 请写出最短的一个 RV32I 指令序列来实现这个功能, 要求 $i=5$, $j=22$, 操作前后的寄存器分别为 t1 和 t2。

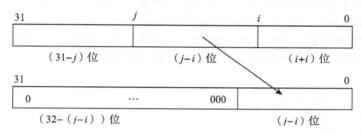

图 7.11　习题 12 图

13. 以下程序段是某个过程对应的指令序列。入口参数 int a 和 int b 分别置于 a0 和 a1 中, 返回参数是该过程的结果, 置于 a0 中。要求为以下 RV32I 指令序列加注释, 并简单说明该过程的功能。

```
        add   t0, zero, zero
loop:   beq   a1, zero, finish
        add   t0, t0, a0
        addi  a1, a1, -1
        j     loop              # "jal x0,loop" 指令的伪指令
finish: addi  t0, t0, 100
        add   a0, t0, zero
```

14. 下列指令序列用来对两个数组进行处理, 并将结果存放在 a0 中返回, 已知 4 个入口参数中, 两个数组的基地址分别存放在 a0 和 a1, 数组长度分别存放在 a2 和 a3。要求为以下每条 RV32I 指令加注释, 并写出该过程对应的 C 语言程序, 且说明该 C 程序中的变量和寄存器之间的对应关系。假定每个数组有 2500 个字, 其数组下标为 0 到 2499, 该指令序列运行在一个时钟频率为 2GHz 的处理器上, add、addi 和 slli 指令的 CPI 为 1, lw 和 bne 指令的 CPI 为 2, 则最坏情况下运行该段指令所需时间是多少秒？

```
        slli  a2, a2, 2
        slli  a3, a3, 2
        add   t5, zero, zero
        add   t0, zero, zero
outer:  add   t4, a0, t0
```

```
            lw    t4, 0(t4)
            add   t1, zero, zero
inner:      add   t3, a1, t1
            lw    t3, 0(t3)
            bne   t3, t4, skip
            addi  t5, t5, 1
skip:       addi  t1, t1, 4
            bne   t1, a3, inner
            addi  t0, t0, 4
            bne   t0, a2, outer
            mv    a0, t5
```

15. 假定编译器将 a 和 b 分别分配到 t0 和 t1 中，用一条 RV32I 指令或最短的 RV32I 指令序列实现以下 C 语言语句：b=31&a。如果把 31 换成 65535，即 b=65535&a，则用 RV32I 指令或指令序列如何实现？

16. 以下程序段是某个过程对应的 RV32I 指令序列，其功能为复制一个存储块数据到另一个存储块中，存储块中每个数据的类型为 int，sizeof(int)=4，源数据块和目的数据块的首地址分别存放在 a0 和 a1 中，复制的数据个数存放在 t0 中，最终作为返回值返回给调用过程。假定在复制过程中遇到 0 就停止复制，最后一个 0 也需要复制，但不被计数。已知程序段中有多个 bug，请找出它们并修改之。

```
            addi  t0, zero, 0
loop:       lw    t1, 0(a0)
            sw    t1, 0(a1)
            addi  a0, a0, 4
            addi  a1, a1, 4
            beq   t1, zero, loop
            mv    a0, t0
```

17. 请说明 RV32I 中 beq 指令的含义，并解释为什么汇编程序在对下列汇编语言源程序中的 beq 指令进行汇编时会遇到问题，应该如何修改该程序段？

```
here:   beq  t0, t2, there
        ......
there:  addi t1, a0, 4
```

18. 某 C 语言源程序中的一个 while 语句为 "while(save[i] == k) i+=1;"，若对其编译时，编译器将 i 和 k 分别分配在寄存器 s3 和 s5 中，数组 save 的基址存放在 s6 中，则生成的 RV32I 汇编代码段如下。

```
loop:  slli t1, s3, 2      # R[t1] ← R[s3]<<2, 即 R[t1]=i×4
       add  t1, t1, s6     # R[t1] ← R[t1]+R[s6], 即 R[t1]=address of save[i]
       lw   t0, 0(t1)      # R[t0] ← M[R[t1]+0], 即 R[t0]=save[i]
       bne  t0, s5, exit   # if R[t0] ≠ R[s5]=k then goto exit
       addi s3, s3, 1      # R[s3] ← R[s3]+1, 即 i=i+1
       j    loop           # goto loop
exit:
```

假设从 loop 处开始的指令存放在内存 40000 处，则上述循环对应的 RV32I 机器码如图 7.12 所示。

	7 位	5 位	5 位	3 位	5 位	7 位
40000	0	2	19	1	6	19
40004	0	22	6	0	6	51
40008	0		6	2	5	3
40012	0	21	5	1	12	99
40016	1		19	0	19	19
40020	1043967				0	111
40024						

图 7.12　习题 18 图

根据上述叙述，回答下列问题，要求说明理由或给出计算过程。

（1）RISC-V 的编址单位是多少？数组 save 每个元素占几个字节？

（2）为什么指令“slli t1, s3, 2”能实现 4×i 的功能？

（3）该指令序列中，哪些指令是 R-型？哪些指令是 I-型？哪些指令是 B-型？哪些指令是 J-型？

（4）t0 和 s6 的编号各为多少？

（5）指令“j loop”是哪条指令的伪指令？其操作码的二进位表示是什么？

（6）标号 exit 的值是多少？如何根据 40012 处的指令计算得到？

（7）标号 loop 的值是多少？如何根据 40020 处的指令计算得到？

第 8 章

中央处理器

第 7 章介绍了指令集体系结构（ISA），在计算机系统抽象层中，位于 ISA 层下面的是实现 ISA 的微体系结构（简称微架构）层。微架构层设计的任务就是，根据 ISA 提出的指令系统功能需求，设计出由功能部件组成的中央处理器（简称处理器或 CPU）、存储器和输入/输出等计算机硬件模块。本章将介绍微架构层设计中的中央处理器设计。

CPU 中控制指令执行的部件是控制器，指令执行过程中数据所经过的路径，包括路径上的部件，称为数据通路。本章主要介绍 CPU 的基本功能和基本结构、单周期 CPU 中数据通路和控制器的设计、多周期 CPU 及有限状态机控制器和微程序控制器、指令流水线的工作原理、流水线数据通路的设计、指令流水线中的各种冲突（冒险）现象及其处理，并简要介绍一些高级流水线技术。

8.1 CPU 概述

8.1.1 CPU 的基本功能

CPU 的基本职能是周而复始地执行指令。CPU 在执行指令过程中可能会遇到一些异常情况和外部中断。例如，对指令操作码译码时，可能会发现有不存在的"非法操作码"；在访问指令或数据时可能发现"缺页"（即要访问的信息不在主存）；外部设备可能会请求中断 CPU 的执行等。因此，CPU 除了执行指令外，还要能够发现和处理异常情况和中断请求。

程序由指令序列和所处理的数据组成。指令按顺序存放在内存连续单元中，将要执行的指令的地址由 PC 给出。CPU 取出并执行一条指令的时间称为**指令周期**，不同指令的指令周期可能不同。

通常，CPU 执行一条指令的大致过程如下。

① 取指令。从 PC 指出的内存单元中取出指令送到指令寄存器（IR）。

② 对 IR 中的指令操作码译码并计算下条指令地址。不同指令的功能不同，即指令涉及的操作过程不同，因而需要不同的操作控制信号。

③ 计算源操作数地址并取源操作数。根据寻址方式确定源操作数地址计算方式，若源操

作数是**存储器数据**，则需要一次或多次访存。例如，对于间接寻址或两个操作数都在存储器中的指令，需要多次访存；若源操作数是**寄存器数据**，则直接从寄存器取数。

④ 对操作数进行相应的运算。在 ALU 或加法器等运算部件中对取出的操作数进行运算。

⑤ 计算目的操作数地址并存结果。根据寻址方式确定目的操作数的地址计算方式，将运算结果存入存储单元中，或存入通用寄存器中。

对于上述过程的第①步和第②步，所有指令的操作都一样，都是取指令、指令译码并修改 PC ；而对于第③～⑤步，不同指令的操作可能不同，它们完全由第②步译码得到的控制信号控制，也即每条指令的功能由第②步译码得到的控制信号决定。

上述这些基本操作可以用形式化的方式来描述，所用的描述语言称为寄存器传送级（Register Transfer Level，RTL）语言。本书 RTL 语言规定：R[r] 表示通用寄存器 r 的内容，M[addr] 表示存储单元 addr 的内容；M[R[r]] 表示寄存器 r 的内容所指存储单元的内容；PC 表示 PC 的内容，M[PC] 表示 PC 所指存储单元的内容；SEXT[imm] 表示对 imm 进行符号扩展，ZEXT[imm] 表示对 imm 进行零扩展；传送方向用←表示，即传送源在右，传送目的在左。

此外，为了更好地表示逻辑电路与硬件描述语言之间的关系，本章中电路的逻辑表达式以 Verilog 中的表示形式给出。

8.1.2 CPU 的基本组成

随着超大规模集成电路技术的发展，更多的功能模块被集成到 CPU 芯片中，包括 cache、MMU、浮点运算逻辑、异常和中断处理逻辑等，因而 CPU 的内部组成越来越复杂，甚至在一个 CPU 芯片中集成了多个处理器核。但是，不管 CPU 多复杂，**数据通路**（datapath）和**控制器**（control unit）是其两大基本组成部分。控制器也称为控制部件。

通常把数据通路中专门进行数据运算的部件称为**执行部件**（execution unit）。指令执行所用到的元件有两类：**组合逻辑元件**（也称**操作元件**）和**存储元件**（也称**状态元件**）。连接这些元件的方式有两种：总线方式和分散连接方式。数据通路就是由操作元件和存储元件通过总线或分散方式连接而成的进行数据存储、处理和传送的路径。

1. 组合逻辑元件

组合逻辑元件的输出只取决于当前的输入。如图 8.1 所示，数据通路中最常用的组合逻辑元件有多路选择器（MUX）、加法器（Adder）、算术逻辑部件（ALU）等。

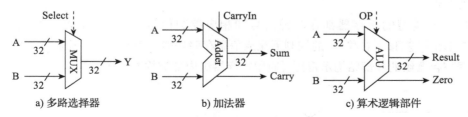

图 8.1 数据通路中的常用组合逻辑元件

图中虚线表示控制信号。多路选择器需要控制信号 Select，以确定选择哪个输入被输出；加法器不需要控制信号控制，因为它的操作是确定的；ALU 需要有操作控制信号 OP，由它确定 ALU 进行哪种操作。

2. 状态元件

状态元件属于时序逻辑电路，具有存储功能，输入状态在时钟控制下被写到电路中，并保持电路的输出值不变，直到下一个时钟到达。输入端状态由时钟信号决定何时被写入，输出端状态随时可以读出。最简单的状态元件是 D 触发器，它由时钟输入 Clk、状态输入端 D 和状态输出端 Q 组成。图 8.2 是 D 触发器的定时示意图。

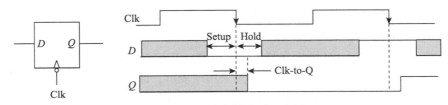

图 8.2　D 触发器定时示意图

图 8.2 所示 D 触发器采用下降沿触发，要使输出状态能正确随输入状态改变，须满足以下时间约束：

- 在时钟下降沿到达前的一段时间内，输入端 D 的状态必须稳定有效，这段时间称为**建立时间**（setup time）。
- 在时钟下降沿到达后的一段时间内，输入端 D 的状态须继续保持稳定不变，这段时间称为**保持时间**（hold time）。

在满足上述两个约束条件的情况下，经过时钟下降沿到来后的一段**锁存延迟**（Clk-to-Q 时间），输出端 Q 的状态改变为输入端 D 的状态，并一直保持不变，直到下个时钟到来。

数据通路中的寄存器是一种典型的状态存储元件，n 个 D 触发器可构成一个 n 位寄存器。根据功能和实现方式的不同，有各种不同类型的寄存器。例如：①带"写使能"输入信号的暂存寄存器，可用于实现指令寄存器、通用寄存器组（General Purpose Register set，GPRs）等；②输出端带一个三态门的寄存器，通常用于与总线相连，可通过三态门来控制信息是否送到总线上；③带复位（即清 0）功能的寄存器；④带计数（自增）功能的寄存器；⑤带移位功能的寄存器。

这些不同类型的寄存器都在时钟信号和相应控制信号（如"写使能""三态门开启""清 0""自增""左移／右移"）的控制下完成信息存储功能。图 8.3 是数据通路中的**暂存寄存器**和**通用寄存器组**的外部结构示意图（通用寄存器组内部结构参见图 4.24b）。

⊖ 通用寄存器组简称 GPRs，有的英文原版教材用 Register Files 表示，可译为寄存器组或寄存器堆。

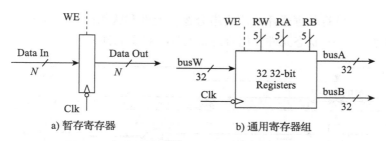

图 8.3　暂存寄存器和通用寄存器组的外部结构

（1）暂存寄存器

如图 8.3a 所示，暂存寄存器有一个**写使能**（Write Enable）信号 WE。当 WE=0 时，时钟信号（Clk）边沿到来不会改变输出值；当 WE=1 时，时钟边沿到来后，经过 Clk-to-Q 时间的延迟，输出端（DataOut）开始变为输入端（DataIn）的值，表示输入信息被写入寄存器。若数据通路中某个寄存器在每个时钟到来时都需要写入信息，则该寄存器无须 WE 信号。

（2）通用寄存器组

32 个暂存寄存器可以构成一个如图 8.3b 所示的通用寄存器组，每个寄存器地址是一个 5 位的二进制编码。它有以下两个读口：busA 和 busB 分别由 RA 和 RB 给出地址。读操作属于组合逻辑操作，无须时钟控制。即当地址 RA 和 RB 到达后，经过一个"取数时间"的延迟，在 busA 和 busB 上的信息开始有效。它还有一个写口：busW 上的信息写入的地址由 RW 指定。写操作属于时序逻辑操作，需要时钟信号 Clk 的控制。在 WE 为 1 的情况下，时钟触发边沿到来后经过 Clk-to-Q 时间延迟，从 busW 传来的值开始写入 RW 指定的寄存器中。

8.1.3　数据通路与时序控制

指令执行过程中的每个操作步骤都有先后顺序，为了使计算机能正确执行指令，CPU 必须按正确的时序产生操作控制信号。由于不同指令对应的操作序列长短不一，序列中各操作的执行时间也不相同，因此，需要考虑用怎样的时序方式来控制。

1. 早期计算机的三级时序系统

早期计算机通常采用**机器周期**、**节拍**和**脉冲**三级时序对数据通路操作进行定时控制。一个指令周期可分为取指令、读操作数、执行并写结果等多个基本工作周期，称为机器周期。

一个机器周期内要进行若干步操作。例如，存储器读周期有送主存地址、发送读写命令、检测数据有无准备好、取数据等步骤。因此，有必要将一个机器周期再划分成若干节拍，每个动作在一个节拍内完成。为了产生操作控制信号并使某些操作能在一拍时间内配合工作，常在一个节拍内再设置一个或多个工作脉冲。

2. 现代计算机的时钟信号

现代计算机中，已不再采用上述三级时序系统，机器周期的概念已逐渐消失。整个数据通路中的定时信号就是时钟信号，一个**时钟周期**就是一个节拍。

如图 8.4 所示，可将数据通路看成由组合逻辑元件和状态元件交替组合而成，即数据通路的基本结构为"……－状态元件－组合逻辑元件－状态元件－……"。

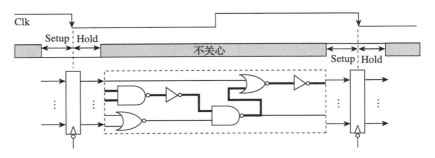

图 8.4 数据通路和时钟周期

只有状态元件能存储信息，所有组合逻辑元件都须从状态元件接收输入，并将输出写入状态元件中。所有状态元件在同一时钟控制下写入信息。假定采用下降沿（负跳变）触发，则所有状态元件在时钟下降沿到来时开始写入信息，经过触发器的锁存延迟（即 Clk-to-Q）后输出开始有效。假定每个时钟的下降沿是一个时钟周期的开始时刻，则一个时钟周期内整个处理过程如下：经过 Clk-to-Q 时间，前一个时钟周期内生成的信号被写入状态元件，并输出到随后的组合逻辑元件进行处理。经过若干级门延迟，得到的处理结果被送到下一级状态元件的输入端，然后必须稳定一段时间（setup time）才能开始下个时钟周期，并在时钟信号到达后还要保持一段时间（hold time）。

假定各级组合逻辑电路的传输延迟（即最长延迟）为 longest delay，考虑时钟偏移（clock skew）[一]，根据上述分析可知，数据通路的时钟周期（cycle time）应为：cycle time = Clk-to-Q + longest delay + setup time + clock skew。假定各级组合逻辑电路的最短延迟为 shortest delay，为了使数据通路能正常工作，则应满足以下时间约束：Clk-to-Q + shortest delay > hold time。

8.1.4 计算机性能与 CPU 时间

吞吐率（throughput）和**响应时间**（response time）是考量计算机系统性能的两个基本指标。吞吐率表示在单位时间内所完成的工作量，类似的概念是**带宽**（bandwidth），它表示单位时间内所传输的信息量。响应时间是指从作业提交开始到作业完成所用的时间，类似的概念是**执行时间**（execution time）和**等待时间**（latency），它们都是用来表示一个任务所用时间的度量值。

如果不考虑应用背景而直接比较计算机性能，则大都用程序的执行时间来衡量。操作系

○ 时钟偏移：由于器件工艺和走线延迟等原因造成的同步系统中时钟信号的偏差，这种时间偏差使得时钟信号不能同时到达不同的状态元件而导致同步定时错误，所以需要在时钟周期中增加时钟偏移时间来避免这种错误。也有人把 clock skew 翻译为时钟扭斜或时钟歪斜。

统在对处理器进行调度时，一段时间内往往会让多个程序（更准确地说是进程）轮流使用处理器，因此在某个用户程序执行过程中，可能同时还会有其他用户程序和操作系统程序在执行。所以，通常情况下，一个程序的执行时间除了程序包含的指令在 CPU 上执行所用的时间外，还包括磁盘访问时间、输入/输出操作所需时间以及操作系统运行这个程序所用的额外开销等。也即，用户感觉到的某个程序的执行时间并不是其真正的执行时间。

通常把用户感觉到的执行时间分成以下两部分：**用户 CPU 时间**和其他时间。用户 CPU 时间指 CPU 用于执行本程序包含的所有指令的时间，其他时间指操作系统程序执行时间以及等待 I/O 操作完成的时间或 CPU 用于执行其他用户程序的时间。

计算机系统的性能评价主要考虑的是 **CPU 性能**。系统性能和 CPU 性能不等价，两者有一些区别。系统性能是指系统的响应时间，它与 CPU 性能相关，同时也与 CPU 外的其他部分有关；而 CPU 性能是指用户 CPU 时间，它只包含 CPU 运行用户程序代码的时间。

在对 CPU 时间进行计算时，需要用到以下几个重要的概念和指标。

- **时钟周期**。CPU 执行一条指令的过程被分成若干步骤来完成，每一步有相应的控制信号进行控制，这些控制信号何时发出、作用时间多长，都要有相应的定时信号进行同步。用于 CPU 操作定时的时钟信号的宽度称为时钟周期（clock cycle，tick，clock tick，clock）。
- **时钟频率**。CPU 时钟周期的频率（clock rate）是时钟周期的倒数，通常称为主频。
- **CPI**。CPI（Cycles Per Instruction）表示执行一条指令所需的时钟周期数。由于不同指令的功能不同，所需的时钟周期数也不同。因此，对于一条特定指令而言，其 CPI 指执行该条指令所需的时钟周期数，此时 CPI 是一个确定的值；对于一个程序或一台机器来说，CPI 指执行该程序或该机器指令集中的所有指令所需的平均时钟周期数，此时，CPI 是一个平均值。

可以通过以下公式计算用户程序的 **CPU 执行时间**，即用户 CPU 时间。

用户 CPU 时间 = 程序总时钟周期数 ÷ 时钟频率 = 程序总时钟周期数 × 时钟周期

上述公式中，程序总时钟周期数可由程序总指令条数和相应的 CPI 求得。

如果已知程序总指令条数和平均 CPI，则可用如下公式计算程序总时钟周期数。

程序总时钟周期数 = 程序总指令条数 × CPI

如果已知程序中共有 n 种不同类型的指令，第 i 种指令的条数和 CPI 分别为 C_i 和 CPI_i，则

$$程序总时钟周期数 = \sum_{i=1}^{n}(CPI_i \times C_i)$$

程序的平均 CPI 也可由以下公式求得：

$$CPI = \sum_{i=1}^{n}(CPI_i \times F_i) = 程序总时钟周期数 ÷ 程序总指令条数$$

其中，F_i 表示第 i 种指令在程序中所占的比例。

有了用户 CPU 时间，就可以评判两台计算机性能的好坏。可以将计算机的性能看成用户 CPU 时间的倒数，因此，两台计算机性能之比就是用户 CPU 时间之比的倒数。若计算机

M1 和 M2 的性能之比为 n，则说明"计算机 M1 的速度是计算机 M2 的速度的 n 倍"，也就是说，"在计算机 M2 上执行程序的时间是在计算机 M1 上执行程序的时间的 n 倍"。

最早用来衡量计算机性能的指标是每秒完成单个运算（如加法运算）指令的条数。当时大多数指令的执行时间是相同的，并且加法指令能反映乘、除等运算性能，其他指令的时间大体与加法指令相当，故加法指令的速度有一定的代表性。指令速度所用的计量单位为 MIPS（Million Instructions Per Second），其含义是平均每秒执行多少百万条指令。与定点指令运行速度 MIPS 相对应的用来表示浮点操作速度的指标是 MFLOPS（Million FLOating-point operations Per Second）或 Mflop/s。它表示每秒所执行的浮点运算有多少百万（10^6）次，是基于所完成的操作次数而不是指令数来衡量的。类似的浮点操作速度还有 GFLOPS 或 Gflop/s（10^9）、TFLOPS 或 Tflop/s（10^{12}）、PFLOPS 或 Pflop/s（10^{15}）以及 EFLOPS 或 Eflop/s（10^{18}）等。

8.2 单周期 CPU 设计

CPU 设计涉及数据通路和控制部件的设计，过程如下。

第 1 步：分析每条指令的功能。

第 2 步：根据指令的功能给出所需的基本功能部件，并将它们互连，以实现每条指令的数据通路。

第 3 步：确定每个基本功能部件所需控制信号的取值。

第 4 步：汇总所有指令涉及的控制信号，生成反映指令操作码与控制信号之间关系的真值表。

第 5 步：根据真值表，得到每个控制信号的逻辑表达式，据此设计控制器。

一个指令系统常常有几十到几百条指令，实现一个完整指令系统的 CPU 是一项非常复杂、烦琐的任务。为了能清楚说明 CPU 的设计过程与方法，本节以实际的 RISC-V 指令系统 RV32I 为例来介绍。

有关 RISC-V 指令系统参见 7.3 节，图 8.5 再次给出 RISC-V 非压缩方式下的六种指令格式。

	31	27 26 25	24	20 19	15 14	12 11	7 6	0
R	funct7		rs2	rs1	funct3	rd	opcode	
I	imm[11:0]			rs1	funct3	rd	opcode	
S	imm[11:5]		rs2	rs1	funct3	imm[4:0]	opcode	
B	imm[12|10:5]		rs2	rs1	funct3	imm[4:1|11]	opcode	
U	imm[31:12]					rd	opcode	
J	imm[20|10:1|11|19:12]					rd	opcode	

图 8.5 RISC-V 指令格式

由于篇幅的限制，本教材选择了具有代表性的以下 9 条 RV32I 指令作为实现目标。

● 3 条 R - 型指令：

```
add   rd, rs1, rs2
slt   rd, rs1, rs2
sltu  rd, rs1, rs2
```

- 2 条 I - 型指令：

```
ori  rd, rs1, imm12
lw   rd, rs1, imm12
```

- 1 条 U - 型指令：

```
lui  rd, imm20
```

- 1 条 S - 型指令：

```
sw  rs1, rs2, imm12
```

- 1 条 B - 型指令：

```
beq  rs1, rs2, imm12
```

- 1 条 J - 型指令：

```
jal  rd, imm20
```

这些指令比较具有代表性，涵盖了 R - 型、I - 型、U - 型、S - 型、B - 型和 J - 型 6 种类型：既有算术 / 逻辑运算指令，又有取数 / 存数指令；既有短立即数指令，又有长立即数指令；既有条件转移指令，又有无条件转移指令；既有对带符号数判断大小的指令，又有对无符号数判断大小的指令。关于实现这些指令的数据通路和相应控制器的内容介绍，涵盖了大部分指令的实现技术。

8.2.1　指令功能的描述

设计处理器的第一步先要确认每条指令的功能，表 8.1 给出了上述 9 条 RV32I 指令功能的 RTL 描述。其 RTL 描述采用 8.1.1 节中的规定。因为每条指令的第一步都是取指令并使 PC 加 4，使 PC 指向下条指令，所以表中除第一条 add 指令外，其余指令都省略了对第一步的描述。

在对所有指令进行功能分析的基础上，可以进行数据通路的设计。

表 8.1　9 条目标指令功能的 RTL 描述

指　令	功　能	说　明
add rd,rs1,rs2	M[PC]，PC←PC + 4 R[rd]←R[rs1]+R[rs2]	从 PC 所指的内存单元中取指令，并使 PC 加 4 从 rs1、rs2 中取数后相加，结果送 rd（不进行溢出判断）
slt rd,rs1,rs2	if (R[rs1]<R[rs2]) R[rd]←1 else R[rd]←0	从 rs1、rs2 中取数后按带符号整数来判断两数大小，小于则 rd 中置 1，否则，rd 中清 0（不进行溢出判断）
sltu rd,rs1,rs2	if (R[rs1]<R[rs2]) R[rd]←1 else R[rd]←0	从 rs1、rs2 中取数后按无符号数来判断两数大小，小于则 rd 中置 1，否则，rd 中清 0（不进行溢出判断）

（续）

指 令	功 能	说 明
ori rd,rs1,imm12	R[rd]←R[rs1] | SEXT (imm12)	从 rs1 取数，将 imm12 进行符号扩展，然后两者按位或，结果送 rd
lui rd,imm20	R[rd]←imm20||000H	rd 高 20 位为 imm20，低 12 位为 0，符号 | 表示"拼接"
lw rd,rs1,imm12	Addr←R[rs1]+SEXT(imm12) R[rd]←M[Addr]	从 rs1 取数，将 imm12 进行符号扩展，然后两者相加，结果作为访存地址 Addr，从 Addr 中取数并送 rd
sw rs1,rs2,imm12	Addr←R[rs1]+SEXT(imm12) M[Addr]←R[rs2]	从 rs1 取数，将 imm12 进行符号扩展，然后两者相加，结果作为访存地址 Addr，将 rs2 中内容送 Addr
beq rs1,rs2,imm12	Cond←R[rs1]–R[rs2] if(Cond eq 0) PC←PC+(SEXT(imm12)×2)	做减法以比较 rs1 和 rs2 中内容的大小，并计算下条指令地址，然后根据比较结果修改 PC。转移目标地址采用相对寻址，基准地址为当前指令地址（即 PC），偏移量为立即数 imm12 经符号扩展后的值的 2 倍。因此在 RV32I 中，beq 指令转移目标的范围为当前指令的前 1024 到后 1023 条指令
jal rd,imm20	R[rd]←PC+4 PC←PC+(SEXT(imm20)×2)	实现过程调用的转移并链接指令。PC+4（返回地址）送 rd，然后计算跳转目标指令地址（转移地址）。转移地址采用相对寻址方式，基准地址为当前指令地址（即 PC），偏移量为立即数 imm20 经符号扩展后的值的 2 倍。因此在 RV32I 中，jal 指令转移目标的范围为当前指令的前 262 144 到后 262 143 条指令

8.2.2 单周期数据通路的设计

为简化数据通路设计，本章假定所用的**数据存储器**和**指令存储器**皆为理想存储器。如图 8.6 所示，理想存储器有一个 32 位数据输入端 DataIn，一个 32 位数据输出端 DataOut，还有一个读写公用的地址输入端 Address。控制信号有一个写使能信号 WE，写操作受时钟信号 Clk 的控制，假定采用下降沿触发，即在时钟下降沿开始写入信息。

理想存储器的读操作是组合逻辑操作，即在地址 Address 到达后，经过一个"取数时间"，数据输出端 DataOut 上数据有效；写操作是时序逻辑操作，即在 WE 为 1 的情况下，当时钟 Clk 边沿到来时，从 DataIn 输入的数据开始写入存储单元中。

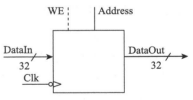

图 8.6 理想存储器外部结构

1. 扩展器部件的设计

上述 9 条指令覆盖了 RISC-V 中的 6 种指令格式，除了 R- 型指令，其余的 5 种指令格式皆带有立即数。因此，立即数是算术逻辑部件（ALU）的一个输入源。这 5 种指令格式中的立即数编码方式各不相同，为了支持这 9 条指令的功能，扩展器部件需要根据不同的指令格式生成正确的立即数。

图 8.7 给出了上述 9 条指令涉及的立即数扩展器。该扩展器的输入为指令，立即数拼接

器将根据指令格式对指令中的立即数编码进行拼接和扩展，以形成 32 位的立即操作数，然后在扩展操作码 ExtOp 的控制下，选择与输入指令对应的立即操作数输出。带有立即数字段的指令格式有 5 种，可以归纳出与指令格式对应的 5 种立即数扩展操作：immI、immU、immS、immB、immJ。因此控制信号 ExtOp 共有 3 位。

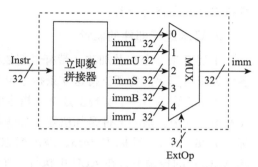

　　根据图 8.5 给出的 RISC-V 指令格式，可得各指令类型对应立即数的逻辑表达式。为了方便表示立即数中的位拼接功能，此处给出各逻辑表达式的 Verilog 代码如下：

图 8.7　9 条目标指令的扩展器实现

```
assign immI = {20{Instr[31]}, Instr[31:20]};
assign immU = {Instr[31:12], 12'b0};
assign immS = {20{Instr[31]}, Instr[31:25], Instr[11:7]};
assign immB = {20{Instr[31]}, Instr[7], Instr[30:25], Instr[11:8], 1'b0};
assign immJ = {12{Instr[31]}, Instr[19:12], Instr[20], Instr[30:21], 1'b0};
```

　　根据表 8.1 列出的每条指令的功能，可以了解各条指令的立即数编码类型以及在扩展器中所进行的扩展操作，由此可列出各条指令对应的扩展操作控制信号 ExtOp 的取值，如表 8.2 所示。

表 8.2　9 条目标指令对应的扩展操作控制信号 ExtOp 的取值

指　令	功　能	立即数编码类型	ExtOp<2:0>
add rd,rs1,rs2	$R[rd] \leftarrow R[rs1] + R[rs2]$		
slt rd,rs1,rs2	if $(R[rs1] < R[rs2])$ $R[rd] \leftarrow 1$ else $R[rd] \leftarrow 0$	无立即数	×××
sltu rd,rs1,rs2	if $(R[rs1] < R[rs2])$ $R[rd] \leftarrow 1$ else $R[rd] \leftarrow 0$		
ori rd,rs1,imm12	$R[rd] \leftarrow R[rs1] \mid SEXT(imm12)$	I-型立即数（immI）	000
lui rd,imm20	$R[rd] \leftarrow imm20 \parallel 000H$	U-型立即数（immU）	001
lw rd,rs1,imm12	$Addr \leftarrow R[rs1] + SEXT(imm12)$ $R[rd] \leftarrow M[Addr]$	I-型立即数（immI）	000
sw rs1,rs2,imm12	$Addr \leftarrow R[rs1] + SEXT(imm12)$ $M[Addr] \leftarrow R[rs2]$	S-型立即数（immS）	010
beq rs1,rs2,imm12	$Cond \leftarrow R[rs1] - R[rs2]$ if $(Cond\ eq\ 0)$ 　$PC \leftarrow PC + (SEXT(imm12) \times 2)$	B-型立即数（immB）	011
jal rd,imm20	$R[rd] \leftarrow PC + 4$ $PC \leftarrow PC + (SEXT(imm20) \times 2)$	J-型立即数（immJ）	100

　　注：× 表示无论取什么值都不影响运算结果。

根据上述逻辑表达式以及表 8.2 中的扩展操作控制信号取值，不难实现图 8.7 中的立即数拼接器和多路选择器。

2. 算术逻辑部件的设计

上述 9 条指令涉及加法、带符号整数的大小判断、无符号数的大小判断、相等判断以及各种逻辑运算等。为了支持这 9 条指令包含的运算，ALU 必须具有相应的功能。

图 8.8 给出了一个实现上述 9 条指令中运算的 ALU。该 ALU 的输入为两个 32 位操作数 A 和 B，其中，核心部件是加法器，加法器的输出除了两数之和 Add-Result 以外，还有进位标志 Add-Carry、零标志 Zero、溢出标志 Add-Overflow 和符号标志 Add-Sign。在操作控制端 ALUctr 的控制下，在 ALU 中执行"加法""按位或""操作数 B 选择""带符号整数比较小于置 1"和"无符号数比较小于置 1"等运算，Result 作为 ALU 运算的结果被输出，同时，零标志 Zero 作为 ALU 的结果标志信息被输出。

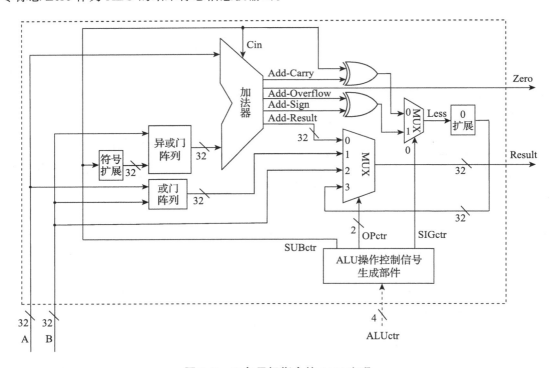

图 8.8   9 条目标指令的 ALU 实现

从图 8.8 可以看出，ALU 的操作由一个 ALU 操作控制信号生成部件产生的控制信号来控制，该控制逻辑电路的输入是 ALUctr 信号。输出有以下三个控制信号：SUBctr 用来控制 ALU 执行加法还是减法运算，当 SUBctr=1 时，做减法，当 SUBctr=0 时，做加法；OPctr 用来控制选择哪种运算的结果作为 Result 输出，因为所实现的 9 条指令中只可能有加、按位或、操作数 B 选择、小于置 1 这 4 种运算，所以 OPctr 需要两位；SIGctr 信号控制 ALU 是执行"带符号整数比较小于置 1"还是"无符号数比较小于置 1"功能，当 SIGctr=0 时执行"无符号数比较小于置 1"，当 SIGctr=1 时执行"带符号整数比较小于置 1"。

　　根据表 8.1 列出的每条指令的功能，可以了解各条指令在 ALU 中所进行的运算，由此可列出各条指令对应的三种 ALU 操作控制信号的取值，如表 8.3 所示。

表 8.3　9 条目标指令对应的 3 种 ALU 操作控制信号取值

指　　令	功　　能	运算类型	SUBctr	SIGctr	OPctr<1:0>
add rd,rs1,rs2	R[rd]←R[rs1]+R[rs2]	加	0	×	00
slt rd,rs1,rs2	if (R[rs1]<R[rs2]) R[rd]←1 else R[rd]←0	减 带符号整数比较大小	1	1	11
sltu rd,rs1,rs2	if (R[rs1]<R[rs2]) R[rd]←1 else R[rd]←0	减 无符号数比较大小	1	0	11
ori rt,rs1,imm12	R[rt]←R[rs1] | SEXT(imm12)	按位或	×	×	01
lui rd,imm20	R[rt]←imm20‖000H	操作数 B 选择	×	×	10
lw rd,rs1,imm12	Addr←R[rs1]+SEXT(imm12) R[rd]←M[Addr]	加	0	×	00
sw rs1,rs2,imm12	Addr←R[rs1]+SEXT(imm12) M[Addr]←R[rs2]	加	0	×	00
beq rs1,rs2,imm12	Cond←R[rs1]−R[rs2]	减（判 0）	1	×	××
	if (Cond eq 0) 　　PC←PC+(SEXT(imm12)×2)	加	0	×	00
jal rd,imm20	R[rd]←PC+4 PC←PC+(SEXT(imm20)×2)	加	0	×	00

　　从表 8.3 可知：指令 add、lw、sw、beq 和 jal 转移目标地址计算的 ALU 控制信号取值一样，都是进行加法运算，记为 add 操作；指令 beq 判 0 操作需要进行减法运算，记为 sub 操作；指令 lui 在扩展器部件中已经将 32 位立即数还原出来，该立即数将会输入 ALU 的操作数 B 端，因此在 ALU 中无须进行额外的运算，只需直接将操作数 B 输出即可，记为 srcB 操作。因此，这 9 条指令可以归纳为以下 6 种操作：add、or、sub、sltu、slt、srcB。对这些操作进行编码至少需要三位，因而 ALU 的操作控制输入端 ALUctr 至少需三位。

　　ALU 的操作控制与指令中的 funct3 字段（指令格式见图 8.5）存在较强关系，因此，在对 ALUctr 进行编码时，可以根据 funct3 字段进行优化，使后续控制器的设计变得更简单。表 8.4 给出了 ALUctr 的一种四位编码方案。

表 8.4　ALUctr 的四位编码及其对应的操作类型和 ALU 控制信号

ALUctr<3:0>	操作类型	SUBctr	SIGctr	OPctr<1:0>	OPctr 的含义
0000	add	0	×	00	选择加法器结果输出
0001	（未用）				

（续）

ALUctr<3:0>	操作类型	SUBctr	SIGctr	OPctr<1:0>	OPctr 的含义
0010	slt	1	1	11	选择小于置位结果输出
0011	sltu	1	0	11	选择小于置位结果输出
0100	（未用）				
0101	（未用）				
0110	or	×	×	01	选择"按位或"结果输出
0111	（未用）				
1000	sub	1	×	00	选择加法器结果输出
其余	（未用）				
1111	srcB	×	×	10	选择操作数 B 直接输出

根据表 8.4 得到各输出控制信号的逻辑表达式如下：

```
SUBctr = (~ALUctr<3> & ~ALUctr<2> & ALUctr<1>) | ALUctr<3>
SIGctr = ~ALUctr<0>
OPctr<1> = (~ALUctr<3> & ~ALUctr<2> & ALUctr<1>) |          (slt, sltu)
           (ALUctr<3> & ALUctr<2> & ALUctr<1> & ALUctr<0>)   (srcB)
OPctr<0> = (~ALUctr<3> & ~ALUctr<2> & ALUctr<1>) |          (slt, sltu)
           (~ALUctr<3> & ALUctr<2> & ALUctr<1> & ~ALUctr<0>) (or)
```

根据上述逻辑表达式，不难实现图 8.8 中的 ALU 操作控制信号生成部件。

如果要实现更多指令，则 ALU 必须支持更多的运算，如与（and）、异或（xor）、逻辑左移（sll）等。如果在 ALU 中考虑所有这些情况的话，需在图 8.8 所示的 ALU 中增加相应的按位与、按位异或、逻辑左移等逻辑电路，同时 ALU 输出结果选择控制信号 OPctr 的位数需扩充到至少三位。

3. 取指令部件的设计

从上述指令功能的 RTL 描述中可以看出，每条指令的第一步都是完成取指令并计算下条指令地址的功能。因此，在数据通路中，需要专门设计一个取指令部件来完成上述功能。

图 8.9 是取指令部件的示意图。假定指令专门存放在指令存储器中，它只有读操作，读指令操作可被看成组合逻辑操作，因此无须控制信号的控制，只要给出指令地址，经过一定的"取数时间"后，指令就被送出。指令的地址来自 PC，有专门的下地址逻辑来计算下条指令的地址，然后送 PC。因为是单周期处理器，每个时钟周期执行一条指令，所以每来一个时钟信号 Clk，PC 的值都会被更新一次，因而，PC 无须"写使能"信号控制。下地址逻辑中，要区分是顺序执

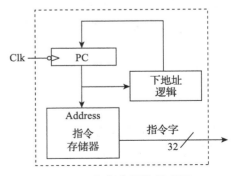

图 8.9　取指令部件示意图

行还是转移执行。若是顺序执行，则执行 PC+4；若是转移执行，则要根据当前指令是分支指令还是无条件跳转指令来计算转移目标地址。

4. R-型指令的数据通路

图 8.10 是 R-型指令相关的数据通路示意图，用它可以完成对两个寄存器 Rs1 和 Rs2 内容的运算并将结果写入 Rd 寄存器。

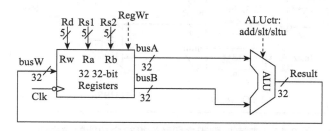

图 8.10　支持 R-型指令功能的数据通路

指令中 Rs1 和 Rs2 是两个源操作数寄存器编号，Rd 是目的寄存器编号，因此，寄存器组的两个读地址端 Ra 和 Rb 应分别与 Rs1 和 Rs2 相连，写地址端 Rw 与 Rd 相连。ALU 运算结果连到寄存器组的写数据端 busW，控制信号 RegWr 为"写使能"信号，只有在 RegWr 信号为 1 的情况下，运算结果才写入寄存器组，显然 R-型指令执行时，RegWr 信号应该为 1。

9 条目标指令中，有三条 R-型指令 add、slt 和 sltu，根据表 8.3 可知，它们分别对应 ALU 的三种操作 add、slt 和 sltu，因此，根据不同的指令，控制可将不同的 4 位编码（0000、0010 或 0011）送到 ALU 操作控制端 ALUctr，以在 ALU 中进行不同指令所对应的运算。

当前时钟周期内执行的运算结果总是在下一个时钟到来时，开始写到寄存器组中。为了能写入正确的稳定结果，ALU 操作控制信号 ALUctr 必须稳定一段时间保持不变。

5. I-型运算指令的数据通路

I-型带立即数的运算类指令都涉及对 12 位立即数进行符号扩展，然后和 Rs1 的内容进行运算，最终把 ALU 的运算结果送目的寄存器 Rd。

9 条目标指令中，ori 指令是 I-型带立即数的运算类指令，涉及的操作为 or，ALUctr 取值为 0110。图 8.11 是在图 8.10 的基础上增加了 I-型立即数运算类指令功能而得到的数据通路示意图，因此，它同时也能完成 R-型指令的执行。

与图 8.10 相比，图 8.11 有以下两处变动：

① I-型指令的立即数只有 12 位，需要将其扩展为 32 位才能送到 32 位 ALU 进行运算。因此，在数据通路中应增加一个扩展器，其输入端为从取指令部件取得的指令，并由控制信号 ExtOp 控制扩展器的扩展操作。对于 I-型指令，扩展操作的输出为 immI，其控制信号 ExtOp 的取值为 000。扩展器的实现见图 8.7。

② 因为 R-型指令和 I-型指令在 ALU 的 B 口的操作数来源不同，所以，在 ALU 的 B

输入端增加了一个多路选择器，由控制信号 ALUBSrc 控制选择 busB 还是扩展器输出 imm 作为 ALU 的 B 口操作数。

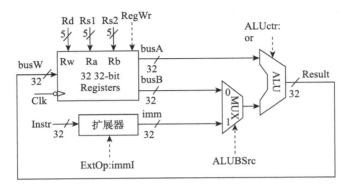

图 8.11 支持 I - 型带立即数运算指令功能的数据通路

6. U - 型指令的数据通路

U - 型指令涉及对 20 位立即数进行低位补零，结果送目的寄存器 Rd。9 条目标指令中，lui 指令是 U - 型指令，涉及的扩展器操作为 immU，ALU 操作为 srcB，ALUctr 取值为 1111。图 8.12 是在图 8.11 的基础上增加 lui 指令功能而得到的数据通路示意图，因此，它同时也能完成 R - 型和 I - 型运算指令的执行。与图 8.11 相比，数据通路无须改动，只需给出生成正确扩展器操作的控制信号 ExtOp 和 ALU 控制信号 ALUctr。这里，控制信号 ExtOp 的取值为 001。

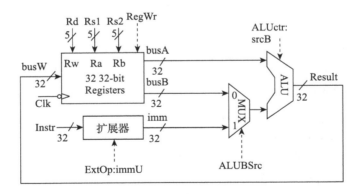

图 8.12 支持 lui 指令功能的数据通路

RV32I 中还有另一条 U - 型指令 auipc，其功能是对 20 位立即数进行低位补零，并与当前 PC 相加，运算结果送目的寄存器 Rd。若要实现 auipc 指令，还需要对图 8.12 中的数据通路进行修改，具体改动留给读者思考。

7. Load/Store 指令的数据通路

lw 指令是 I - 型指令，其功能为 R[Rd]←M[R[Rs1]+SEXT(imm12)]；sw 指令是 S - 型

指令，其功能为 M[R[Rs1]+SEXT(imm12)]←R[Rs2]。Load 和 Store 属于不同类型的指令，其立即数编码不同，因而需要通过不同的扩展器操作控制信号 ExtOp 选择相应的立即数扩展结果。但两者的地址计算过程一样，都是让立即数和寄存器 Rs1 的内容相加，得到访存地址。Load 指令从该地址中读取一个 32 位数，送到寄存器 Rd 中；Store 指令则相反。

图 8.13 是在图 8.12 的基础上增加了 Load/Store 指令功能而得到的数据通路示意图，因此，它同时也能完成 R-型、I-型运算指令以及 lui 指令的执行。

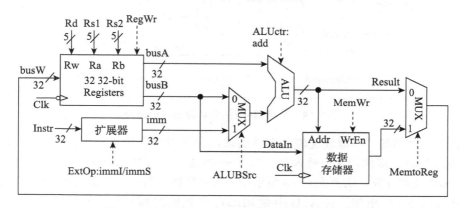

图 8.13　支持 Load/Store 指令功能的数据通路

与图 8.12 相比，图 8.13 有以下两处变动：

① 因为运算类指令和 Load 指令写入目的寄存器的来源不同，所以在寄存器组的写数据端 busW 处增加了一个多路选择器，由控制信号 MemtoReg 控制将 ALU 结果还是存储器读出数据写入目的寄存器。

② 因为 Load/Store 指令需要读写数据存储器，故增加了数据存储器。访存地址在 ALU 中计算，因此数据存储器的地址端 Addr 连到 ALU 的输出。Store 指令将 Rs2 内容送存储器，所以直接将 busB 连到数据存储器的 DataIn 输入端，而将数据输出端连到 busW 端的多路选择器上。控制信号 MemWr 用作"写使能"信号。Load、Store 指令的地址运算要求对立即数 imm12 分别进行 immI、immS 扩展操作，控制信号 ExtOp 的取值分别是 000、010，ALUctr 控制 ALU 进行的操作是加法 add，ALUctr 取值是 0000。

8. B- 型指令的数据通路

分支指令属于 B- 型指令，能根据不同的条件进行分支转移。例如，相等转移指令 beq 的功能为 if (R[Rs1]=R[Rs2]) PC←PC+(SEXT(imm12)×2) else PC←PC+4。图 8.14 是在图 8.13 基础上增加 beq 指令功能而得到的数据通路。与图 8.13 相比，图 8.14 主要增加了取指令部件，转移目标地址计算在下地址逻辑中实现，在 ALU 中执行减法操作 sub，ALUctr 取值为 1000。

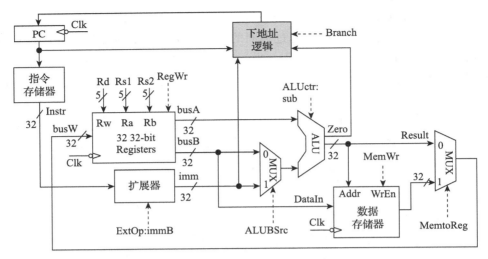

图 8.14　支持 B-型指令功能的数据通路

图 8.14 中上部的"下地址逻辑"部件的输出是下条指令地址，因而被送到 PC 的输入端。"下地址逻辑"部件的 4 个输入是 PC、Zero 标志、立即数 imm 和控制信号 Branch。对于转移目标地址的计算，需要先对 B - 型指令中的立即数进行 immB 扩展操作以形成偏移量，然后和基准地址 PC 相加。在 ALU 中对 R[Rs1] 和 R[Rs2] 做减法得到一个 Zero 标志，根据 Zero 标志可判断是否转移。所以，ALU 的输出 Zero 标志需送到"下地址逻辑"，立即数 imm 和 PC 也要送到"下地址逻辑"，控制信号 Branch 表示当前指令是否是分支指令，也应送到"下地址逻辑"，以决定是否按分支指令方式计算下条指令地址。

下条指令地址的计算方法如下：如果是分支指令（Branch=1）且比较相等（Zero=1），则转移执行，即 PC←PC+imm；否则，顺序执行，即 PC←PC+4。

图 8.15 给出了"下地址逻辑"部件的具体电路，从图中可看出，每来一个时钟 Clk，当前 PC 作为指令地址被送到指令存储器的地址端 Addr 去取指令的同时，"下地址逻辑"部件将计算下条指令的地址，并送 PC 的输入端，在下个时钟到来后被写入 PC。

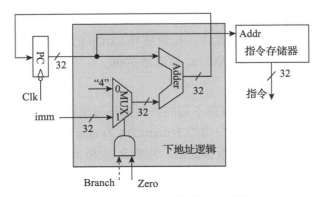

图 8.15　分支指令的下地址逻辑设计

9. J-型指令的数据通路

无条件转移指令是 J-型指令，指令中给出了 20 位相对地址，其功能是将 PC+4 送到寄存器 Rd 中，并且无条件将跳转目标地址设置到 PC 中。跳转目标地址的具体计算方法为 PC←PC+(SEXT(imm20)×2)。

目标指令中的 jal 指令为 J-型指令。图 8.16 是在图 8.14 基础上增加 jal 指令功能而得到的数据通路。与图 8.14 相比，图 8.16 有以下两处改动：

① 为了在 ALU 中计算 PC + 4，需要在 ALU 的 A 输入端增加一个多路选择器，由控制信号 ALUASrc 选择是 busA 还是当前 PC 作为 ALU 的 A 口操作数。

② 同时也需要将 ALU 的 B 输入端的多路选择器进行扩充，加入常量"4"。由于目前 ALU 的 B 口操作数来源有 busB、扩展器输出 imm 以及常量"4"三种情况，控制信号 ALUBSrc 需要扩充为 2 位。

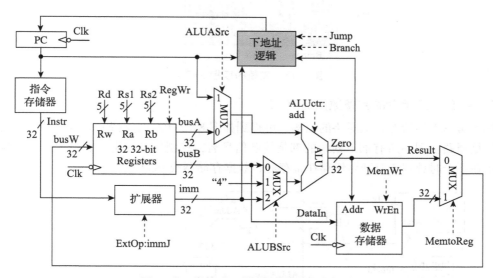

图 8.16　支持 J-型指令功能的数据通路

图 8.17 给出了在图 8.15 的基础上加上无条件转移指令功能的完整的取指令部件示意图。对于转移目标地址的计算，需要先对 J-型指令中的立即数进行 immJ 扩展操作以形成偏移量，然后和基准地址 PC 相加。控制信号 Jump 表示当前指令是否是无条件跳转指令，Jump 信号作为下地址逻辑的输入信号，用于决定是否按无条件跳转指令方式计算下条指令的地址。

取指令阶段开始时，新指令还未被取出和译码，因此取指令部件中的控制信号（Branch、Jump）的值还是上条指令产生的旧值。此外，新指令还未被执行，因而标志（Zero）也为旧值。但是，由这些旧控制信号值确定的地址只被送到 PC 输入端，并不会写入 PC，因此不会影响取指令功能。只要保证在下个时钟 Clk 到来前的建立（Setup）时间之前，能产生正确的下条指令地址并保持稳定不变即可。单周期方式下，所有指令都在单个时钟周期内完成执行，因而下个时钟会在足够长的时间（最长的指令周期）后到来，此时，控制信号早就是新取出的当前指令对应的控制信号了，因而，取指令部件能得到正确的下条指令地址，并在下个时钟到来前的建立时间之前被送到 PC 的输入端。一旦下个时钟到来，该地址就开始写入 PC，并作为新指令的地址从指令存储器中取出新的指令。

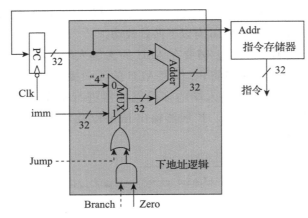

图 8.17 完整的取指令部件

10. 综合 9 条指令的完整数据通路

综合考虑上述所有数据通路的结构，可得到如图 8.18 所示的支持 9 条目标指令的完整单周期数据通路。图中所有加下划线的都是控制信号名，控制信号线用虚线表示。指令执行结果总是在下个时钟到来时开始保存在寄存器、数据存储器或 PC 中。

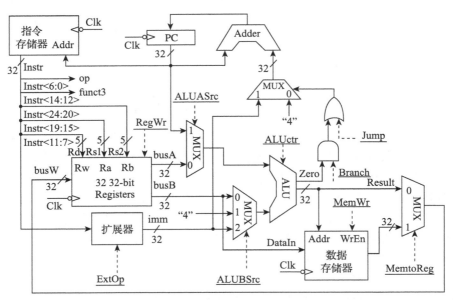

图 8.18 支持 9 条目标指令的完整单周期数据通路

至此，已完成了所有 9 条指令所用到的数据通路的设计，包括所用元件及其互连，并给出了控制信号。下一步应考虑如何产生控制信号，这就是控制器的设计问题。

8.2.3　控制器的设计

控制器输入的是指令操作码 op（图 8.5 中的 opcode 字段）和功能码（图 8.5 中的 funct3 字段），输出的是控制信号。控制器的主要部件是指令译码器，其主要设计步骤如下。

① 根据每条指令的功能，分析控制信号的取值，并在表中列出。

② 根据列出的指令和控制信号之间的关系，写出每个控制信号的逻辑表达式。

1. 控制信号取值分析

根据对取指令阶段执行情况的分析可知，Clk 信号到来后，经锁存延迟（Clk-to-Q），PC 的值作为访存地址被送到指令存储器，经过"取数时间"后，指令被取出，然后送控制器，经指令译码器译码，送出控制信号。随后，每条指令便在控制信号的控制下，完成相应的功能。

以下分析每条指令的执行阶段各控制信号的取值情况。

（1）R-型指令执行阶段

图 8.19 是 R-型指令执行过程示意图，其中的粗线描述了 R-型指令的数据在数据通路中的执行路径：Registers(Rs1, Rs2)→busA，busB→ALU→Registers(Rd)。

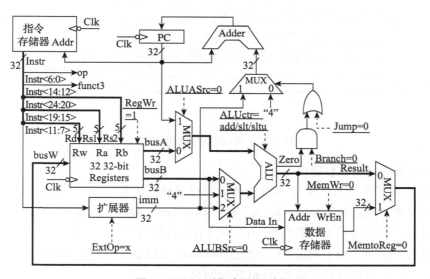

图 8.19　R-型指令执行过程

各个控制信号的取值及其相关分析如下。

● Branch=Jump=0：因为不是分支指令和无条件跳转指令。

● ALUASrc=0：保证选择 busA 作为 ALU 的 A 口操作数。

- ALUBSrc=00：保证选择 busB 作为 ALU 的 B 口操作数。
- ALUctr=add/slt/sltu：三条 R-型指令的操作各不相同，因而对应三种类型。
- MemtoReg=0：保证选择 ALU 的输出送到目的寄存器。
- RegWr=1：保证在下个时钟到来时，结果被写到目的寄存器。
- MemWr=0：保证在下个时钟到来时，不会有信息写到数据存储器。
- ExtOp=x：因为 ALUBsrc=00，所以不会选择扩展器的输出送到 ALU 的输入端，即扩展器的输出不会影响执行结果，因而 ExtOp 取任意值均可。

图 8.20 给出了 R-型指令的操作定时过程。从图中可以看出，下条指令地址 PC+4 将在下个 Clk 到来时开始写入 PC，指令执行结果（ALU 输出）也将在下个 Clk 到来时开始写入目的寄存器 Rd。

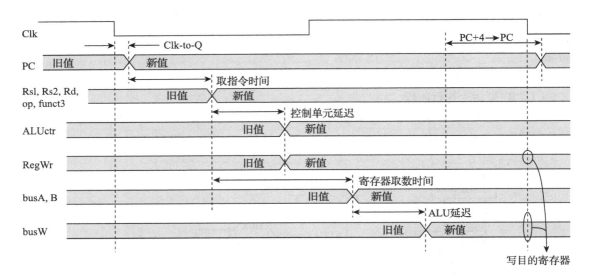

图 8.20　R-型指令的操作定时

（2）I-型运算指令执行阶段

图 8.21 中的粗线给出了 I-型运算指令的执行过程，从图中可以看出其数据在数据通路中的执行路径为：Registers(Rs1)→busA，扩展器 (imm)→ALU→Registers(Rd)。

对于目标指令中的 I-型运算指令 ori，不难看出各控制信号的取值如下。

Branch=Jump=0，ALUASrc=0，ALUBSrc=10，ALUctr=or，MemtoReg=0，RegWr=1，MemWr=0，ExtOp=000（控制输出 immI 扩展结果）。

（3）lui 指令执行阶段

图 8.22 中的粗线给出了 lui 指令的执行过程，从图中可以看出其数据在数据通路中的执行路径为：扩展器 (imm)→ALU→Registers(Rd)。

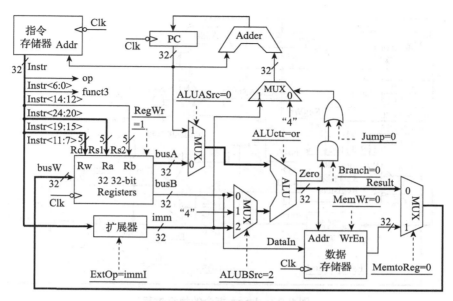

图 8.21 I-型运算指令执行过程

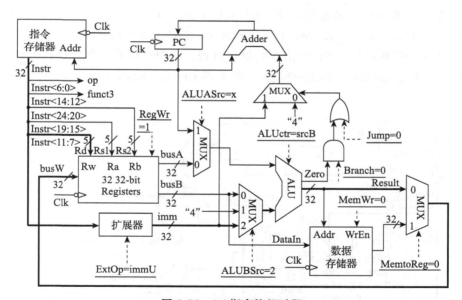

图 8.22 lui 指令执行过程

lui 指令各控制信号的取值如下：Branch=Jump=0，ALUASrc=x，ALUBSrc=10，ALUctr= srcB，MemtoReg=0，RegWr=1，MemWr=0，ExtOp=001（控制输出 immU 扩展结果）。

（4）Load/Store 指令执行阶段

图 8.23 中的粗线给出了 Load 指令的执行过程，从图中可以看出其数据在数据通路中的执行路径为：Registers(Rs1)→busA，扩展器 (imm)→ALU(add)→数据存储器→Registers(Rd)。

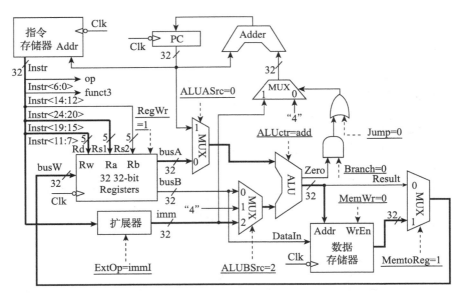

图 8.23　Load 指令的执行过程

　　Load 指令各控制信号的取值如下：Branch=Jump=0，ALUASrc=0，ALUBSrc=10，ALUctr=add，MemtoReg=1，RegWr=1，MemWr=0，ExtOp=000（控制输出 immI 扩展结果）。

　　图 8.24 中的粗线给出了 Store 指令的执行过程，从图中可看出其数据在数据通路中的执行路径为：Registers(Rs1, Rs2)→busA，扩展器 (imm)，busB→ALU(add)，busB→数据存储器。

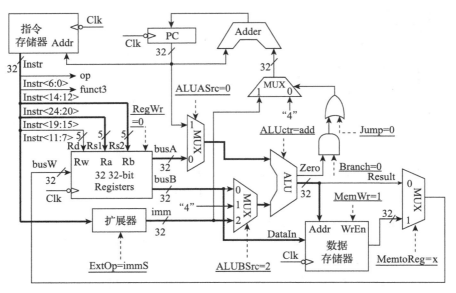

图 8.24　Store 指令的执行过程

Store 指令各控制信号的取值如下：Branch=Jump=0，ALUASrc=0，ALUBSrc=10，ALUctr= add，MemtoReg=x，RegWr=0，MemWr=1，ExtOp=010（控制输出 immS 扩展结果）。

（5）B-型指令执行阶段

分支指令 beq 通过做减法来得到 Zero 标志，然后将 Zero 标志送到取指令部件，和控制信号 Branch 一起进行"与"操作，以控制下条指令地址的计算。图 8.25 是 beq 指令的执行过程示意图。从图中可看出其数据在数据通路中的执行路径为：Registers(Rs1, Rs2)→busA，busB→ALU(sub)→Zero 标志→取指令部件。若 Zero=0，则执行 PC←PC+4；若 Zero=1，则执行 PC←PC+imm。

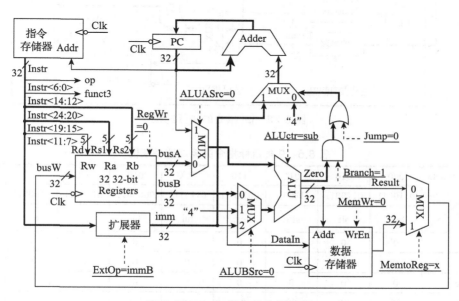

图 8.25　beq 指令的执行过程

beq 指令各控制信号的取值如下：Branch=1，Jump=0，ALUASrc=0，ALUBSrc=00，ALUctr=sub，MemtoReg=x，RegWr=0，MemWr=0，ExtOp=011（控制输出 immB 扩展结果）。

（6）J-型指令执行阶段

J-型指令 jal 除了改变 PC 的值外，还需要将 PC+4 送目标寄存器 Rd。图 8.26 是 jal 指令的执行过程示意图。jal 指令各控制信号的取值如下：Branch=0，Jump=1，ALUASrc=1，ALUBSrc=01，ALUctr=add，MemtoReg=0，RegWr=1，MemWr=0，ExtOp=100（控制输出 immJ 扩展结果）。

综上所述，得到各目标指令的控制信号取值，如表 8.5 所示。

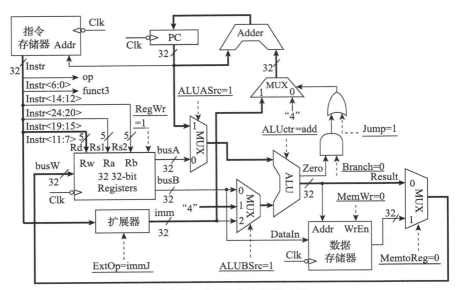

图 8.26 jal 指令的执行过程

表 8.5 9 条目标指令的控制信号取值

	funct3	000	010	011	110	无关	010	010	000	无关
	op	0110011	0110011	0110011	0010011	0110111	0000011	0100011	1100011	1101111
控制信号		add	slt	sltu	ori	lui	lw	sw	beq	jal
Branch		0	0	0	0	0	0	0	1	0
Jump		0	0	0	0	0	0	0	0	1
ALUASrc		0	0	0	0	×	0	0	0	1
ALUBSrc<1:0>		00	00	00	10	10	10	10	00	01
ALUctr<3:0>		0000 (add)	0010 (slt)	0011 (sltu)	0110 (or)	1111 (srcB)	0000 (add)	0000 (add)	1000 (sub)	0000 (add)
MemtoReg		0	0	0	0	0	1	×	×	0
RegWr		1	1	1	1	1	1	0	0	1
MemWr		0	0	0	0	0	0	1	0	0
ExtOp<2:0>		×	×	×	000 immI	001 immU	000 immI	010 immS	011 immB	100 immJ

　　表 8.5 中给出了不同指令的操作码编码 op 和功能码 funct3 与控制信号之间的关系。有关各条指令的 op 与 funct3 的取值，请参考 7.3.3 节。在表 8.5 中，有三个为多值控制信号，它们是 ALU 的 B 口操作数选择信号 ALUBSrc、ALU 运算控制信号 ALUctr 和扩展器操作控制信号 ExtOp，分别占 2、4 和 3 位。其中，控制信号 ALUctr 的取值由表 8.4 中给定的 4 位编码定义得到，控制信号 ExtOp 的取值由表 8.2 中给定的编码定义得到。

2. 控制器设计

在分析每条指令对应控制信号取值的基础上，可以设计控制器。图 8.27 给出了支持 9 条目标指令的单周期 CPU 结构。控制器的两个输入端为 7 位指令操作码 op 和 3 位功能码 funct3，输出为各种控制信号，用虚线表示，加下划线的是控制信号名。

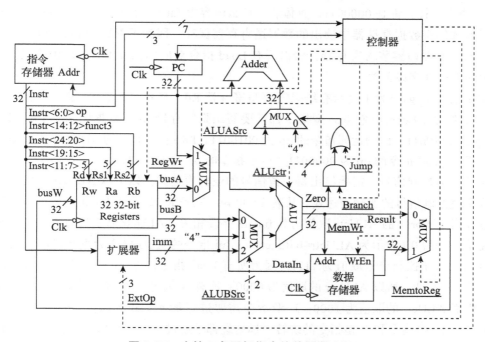

图 8.27　支持 9 条目标指令的单周期 CPU

可根据表 8.5 写出控制器输出的各个控制信号的逻辑表达式。假定操作码 op 的各位分别表示为 op<6> op<5> op<4> op<3> op<2> op<1> op<0>，则部分单值控制信号的逻辑表达式如下：

```
Branch = op<6> & op<5> & ~op<4> & ~op<3> & ~op<2> & op<1> & op<0>         (B-型)
Jump = op<6> & op<5> & ~op<4> & op<3> & op<2> & op<1> & op<0>             (J-型)
MemtoReg = ~op<6> & ~op<5> & ~op<4> & ~op<3> & ~op<2> & op<1> & op<0>     (Load)
RegWr = (~op<6> & op<5> & op<4> & ~op<3> & ~op<2> & op<1> & op<0>)        (R-型)
      | (~op<6> & ~op<5> & op<4> & ~op<3> & ~op<2> & op<1> & op<0>)       (I-型-ALU)
      | (~op<6> & op<5> & op<4> & ~op<3> & op<2> & op<1> & op<0>)         (lui)
      | (~op<6> & ~op<5> & ~op<4> & ~op<3> & ~op<2> & op<1> & op<0>)      (Load)
      | (op<6> & op<5> & ~op<4> & op<3> & op<2> & op<1> & op<0>)          (J-型)
```

需要说明的是，表 8.5 给出的是 9 条目标指令的控制信号取值，在生成控制信号的逻辑表达式时，可以根据 ISA 中的指令编码规则，对同一类指令进行扩充。

例如，表 8.5 中的 beq 指令是 B-型指令的一个特例，根据 B-型指令编码规则（参见图 7.9），所有 B-型指令的 op 字段和 beq 一样，都是 1100011，具体的比较类型由 funct3 指定。因为所有 B-型指令都是分支指令,所以 Branch 控制信号的取值都是 1,因而,在考虑 Branch 控制信号的取值时,可以仅考虑 B-型指令的 op 字段,而不用考虑 funct3 字段。J-型指令没有 funct3 字段,因而 Jump 控制信号仅与 J-型指令的 op 字段相关。

表 8.5 中的 lw 指令是 Load 指令的一个特例,根据图 7.10 可知,所有 Load 指令的 op 字段与 lw 指令一样,都是 0000011,具体装入什么内容由 funct3 指定。MemtoReg 为 1 表示多路选择器选择将数据存储器中读出的数据送寄存器保存。因为不管哪种 Load 指令,都需要将读出的存储器内容装入寄存器,所以所有 Load 指令对应的 MemtoReg 取值都是 1,而与指令中的 funct3 字段无关。

控制信号 RegWr 为 1 表示有结果需要写寄存器 Rd。显然,所有 R-型指令、I-型运算指令、lui 指令、Load 指令和 J-型指令都需要写结果寄存器 Rd。根据图 7.8 可知,R-型指令的 op 为 0110011,I-型运算指令的 op 为 0010011,lui 指令的 op 为 0110111;根据图 7.10 可知,所有 Load 指令的 op 为 0000011,J-型指令的 op 为 1101111。

对于多值控制信号,需要给出每一位信号的逻辑表达式。以下以 ALUctr 为例,介绍如何生成多值控制信号的逻辑表达式。从表 8.5 可知:三条 R-型指令(add、slt、sltu)和一条 I-型运算指令(ori)的 ALUctr 取值与其 funct3 字段相关,ALUctr 后三位与 funct3 的编码相同,而第一位为 0(表示为 ALUctr=0||funct3);lui 指令的 ALU 操作为直接将输入端 B 输出(srcB),ALUctr 控制信号取值为 1111;因为所有 Load 指令和 Store 指令都需要通过做加法(add)来计算地址,所以 ALUctr 的取值为 0000;所有 B-型指令都需要做减法(sub)来进行比较,因而 ALUctr 的取值为 1000;J-型指令需要进行加 4(add)运算,因而 ALUctr 的取值为 0000。B-型指令和 J-型指令的跳转目标地址都不通过 ALU 计算,而在下地址逻辑中计算,因而与 ALUctr 没有关系。综上可得 ALUctr 的编码分配表,如表 8.6 所示。

表 8.6　ALUctr 的编码分配

	R-型	I-型-ALU	lui	Load/Store	B-型	J-型
ALUctr<3:0>	0 || funct3(|| 为串接操作)		1111	0000	1000	0000

假定功能码 funct3 字段的各位分别表示为 fn<2> fn<1> fn<0>,根据表 8.5 和表 8.6,可得 ALUctr 各位信号的逻辑表达式如下:

```
ALUctr<3> = (~op<6> & op<5> & op<4> & ~op<3> & op<2> & op<1> & op<0>)        (lui)
          | (op<6> & op<5> & ~op<4> & ~op<3> & ~op<2> & op<1> & op<0>)       (B-型)
ALUctr<2> = ((~op<6> & op<5> & op<4> & ~op<3> & ~op<2> & op<1> & op<0>)
          | (~op<6> & ~op<5> & op<4> & ~op<3> & ~op<2> & op<1> & op<0>)) & fn<2>
          | (~op<6> & op<5> & op<4> & ~op<3> & op<2> & op<1> & op<0>)
                                              (R-型 + I-型-ALU)&fn<2> + (lui)
ALUctr<1> = ((~op<6> & op<5> & op<4> & ~op<3> & ~op<2> & op<1> & op<0>)
          | (~op<6> & ~op<5> & op<4> & ~op<3> & ~op<2> & op<1> & op<0>)) & fn<1>
          | (~op<6> & op<5> & op<4> & ~op<3> & op<2> & op<1> & op<0>)
                                              (R-型 + I-型-ALU)&fn<1> + (lui)
```

```
ALUctr<0> = ((~op<6> & op<5> & op<4> & ~op<3> & ~op<2> & op<1> & op<0>)
            | (~op<6> & ~op<5> & op<4> & ~op<3> & ~op<2> & op<1> & op<0>)) & fn<0>
            | (~op<6> & op<5> & op<4> & ~op<3> & op<2> & op<1> & op<0>)
```
$$（\text{R-型}+\text{I-型-ALU}）\&\text{fn<0>}+（\text{lui}）$$

根据上述各控制信号的逻辑表达式，可方便地画出控制器的逻辑电路。如图 8.28 所示，控制器可用一个 PLA 电路实现，其中的 "与" 阵列是指令译码器。

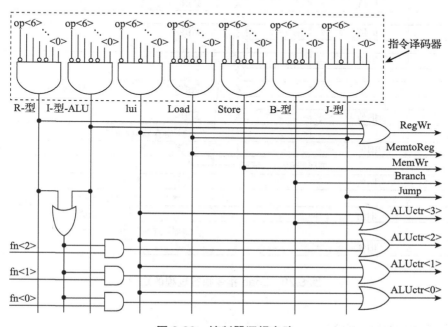

图 8.28　控制器逻辑电路

上述过程并未对 ALUASrc、ALUBSrc 和 ExtOp 这三个控制信号进行分析，读者理解上述过程后，可尝试列出其逻辑表达式，并画出相应的逻辑电路。若要实现完整的 RV32I 指令，则部分 R-型指令还需要考虑 funct7 字段。

8.2.4　时钟周期的确定

计算机性能主要考虑 CPU 执行时间，它由以下三个关键因素决定：指令数目、时钟周期和 CPI。其中，指令数目由编译器和指令系统等决定，而时钟周期和 CPI 由处理器的设计与实现决定。因此，处理器的设计与实现非常重要，它直接影响计算机的性能。单周期处理器的每条指令在一个时钟周期内完成，所以 CPI 为 1，而时钟周期往往很长，通常取最复杂指令所用的指令周期。在给出的 9 条指令中，很显然，最长的是 lw 指令周期。

图 8.29 给出了 lw 指令执行过程的定时，从图中可以看出，lw 指令周期所包含的时间为 "PC 锁存延迟（Clk-to-Q）+ 取指令时间 + 寄存器取数时间 +ALU 延迟 + 存储器取数时间 + 寄存器建立时间 + 时钟偏移"。

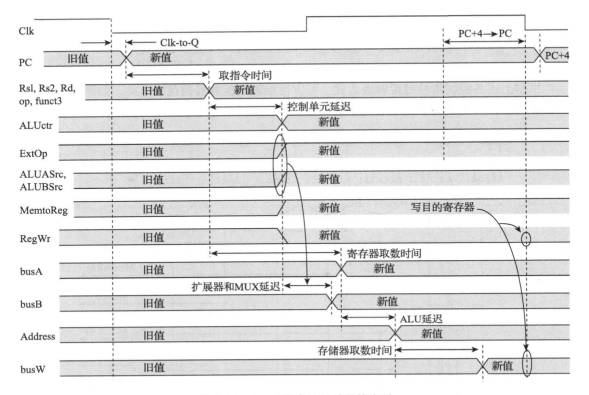

图 8.29 Load 指令执行过程的定时

8.3 多周期 CPU 设计

单周期处理器时钟周期取最复杂指令所用指令周期，因而时钟周期远远大于许多指令实际所需执行时间。由此可见，受时钟周期宽度的影响，单周期处理器的效率低下、性能极差，实际上很少用单周期方式设计 CPU。前面介绍单周期 CPU 的设计实现，是为了有助于理解实际的多周期和流水线执行方式。早期处理器多采用多周期执行方式，而现代处理器则采用流水线执行方式。

8.3.1 多周期数据通路的设计

多周期处理器的基本思想为：把每条指令的执行分成多个阶段，每个阶段在一个或多个时钟周期内完成；每个时钟周期称为一个状态，期间最多完成一次访存或一次寄存器读写或一次 ALU 操作；每个时钟内的执行结果在下个时钟到来时，保存到相应存储元件或稳定地保持在组合电路中；时钟周期的宽度以最复杂阶段所用的时间为准。

本节介绍一个简单指令系统对应的多周期数据通路和控制器设计。假定一个指令系统只有如图 8.30 所示的一种指令格式。

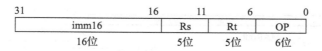

31		16	11	6	0	

图 8.30 32 位定长指令格式

其中，OP 为指令操作码，Rs 是第 1 个源操作数所在寄存器编号；Rt 是第 2 个源操作数寄存器和目的寄存器编号；imm16 是 16 位立即数，它可以作为运算类指令的第二个源操作数，也可以作为 Load/Store 指令中的操作数地址偏移量或跳转指令中的转移地址偏移量。

该指令格式可以实现以下几类指令功能。

① R - 型指令：R[Rt]←R[Rs] op R[Rt]，两个寄存器内容进行运算，结果送寄存器。

② I - 型运算指令：R[Rt]←R[Rs] op EXT[imm16]，一个寄存器内容和立即数运算，结果送寄存器。

③ Load 指令：R[Rt]←M[R[Rs] + SEXT[imm16]]，存储单元地址为寄存器内容加立即数。

④ Store 指令：M[R[Rs]+SEXT[imm16]]←R[Rt]，存储单元地址为寄存器内容加立即数。

⑤ Jump 指令：PC←PC+SEXT[imm16]，跳转到的目标地址为 PC 内容加立即数。

第②种指令功能描述中，EXT[imm16] 是指对 16 位立即数 imm16 进行扩展，转换为 32 位操作数。具体是符号扩展还是 0 扩展，由指令操作码决定，对于逻辑运算和无符号整数算术运算，可以采用零扩展；对于带符号整数算术运算，则采用符号扩展。第③、④和⑤种指令功能描述中的 SEXT[imm16] 是符号扩展。

该指令系统对应的数据通路如图 8.31 所示。图中带双向箭头的宽线条为连接 CPU 和主存及 I/O 接口的系统总线；CPU 中数据通路部分主要包括（通用）寄存器组、加法器、扩展器、算术逻辑部件（ALU）、标志生成逻辑和若干多路选择器，以及专用寄存器 MAR、MDR、PC、IR、ALUout、CC（条件码寄存器，存放标志溢出标志 O、零标志 Z 等信息）；寄存器组的写口地址 Rw 与读口地址 Rb 共用同一个端口，每个寄存器（包括寄存器组中的寄存器）都有一个时钟信号 Clk。CPU 中的控制部件是一个有限状态机，其中包含指令译码器，通过对指令操作码 OP 进行译码，再和当前条件码（Condition Codes，CC）寄存器中的标志信息进行组合，以生成每个时钟内对应的控制信号。

图中带小三角（←）的地方为数据通路中的控制点，由相应的控制信号进行控制。例如，控制信号 PCout 和 MARout 分别控制 PC 和 MAR 的输出端三态门是否开启，从而控制将相应寄存器的内容送入系统总线。每个寄存器都有一个写使能信号（如 MARWr、PCWr、IRWr、CCWr、MDRWr、ALUoutWr 和 RegWr），当写使能信号有效时，输入端的信息被写入相应寄存器，并在锁存延迟（Clk-to-Q 时间）后输出开始有效。每个多路选择器都有一个控制信号（如 MDRMUX、RegMUX、BMUX、Add1MUX、Add2MUX），以控制选择哪个输入作为输出；ExtOp 控制扩展器按 0 扩展（ExtOp=0）还是按符号扩展（ExtOp=1）；ALUOp 控制 ALU 进行何种运算；MemWr 用于控制存储器操作，MemWr=1 进行主存写操作，MemWr=0 进行主存读操作。

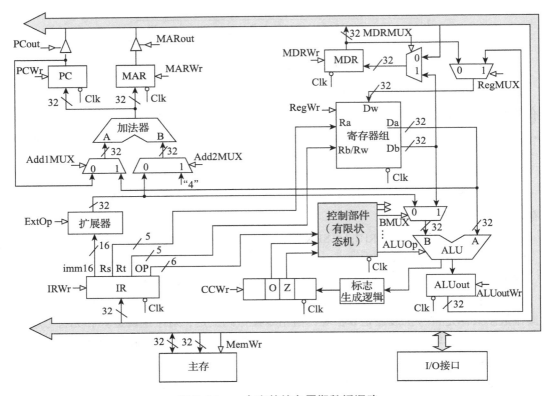

图 8.31　一个完整的多周期数据通路

多周期处理器中，一条指令的执行过程由多个状态组成。在指令被译码之前，每条指令所完成的操作都是一样的，因此，取指令、指令译码并取数是所有指令译码之前的公共操作，与指令译码结果没有关系。指令译码后不同的指令有不同的执行过程。

在图 8.31 所示的多周期数据通路中，一条指令的执行过程包含以下几个阶段。完成每个阶段的功能需要相应控制信号的控制，在以下描述中，给出了每个状态中的有效控制信号及其取值。这里的有效控制信号指在相应状态内对所完成功能有用的控制信号，没有列出来的都是无效控制信号，可以取任意值。

（1）取指令并计算下条指令地址

该阶段对应状态记为 IFetch。因为采用定长指令字，故 PC 增量操作可在取指令阶段完成。取指阶段的功能是：将 PC 内容作为地址访问主存以取出指令，将指令存入指令寄存器 IR 中，并将 PC+4 作为下条指令地址送 PC。实现上述功能的有效控制信号及其取值如下。

- R[IR]←M[PC]：PCout=1，MARout=0，MemWr=0，IRWr=1。
- PC←PC+4：Add1MUX=0，Add2MUX=1，PCWr=1。
- 其他寄存器写使能信号（如 MARWr、CCWr、MDRWr、ALUoutWr、RegWr）全部为 0。

（2）译码并取数

该阶段对应状态记为 RFetch/ID。取指令阶段结束时，指令已经取到 IR 中。随后，IR 中的 OP 字段被送到控制部件中的指令译码器进行译码；Rs 和 Rt 字段分别送到通用寄存器组的 Ra 和 Rb 输入端，因为读操作属于组合逻辑操作，故无须时钟控制，当 Ra 和 Rb 端的输入到达后，经过一个"取数时间"，在 Da 和 Db 端分别输出 Ra、Rb 寄存器的内容 R[Ra] 和 R[Rb]；同时，IR 中的 imm16 字段被送到扩展器的输入端。显然，译码和取数操作无须控制信号的控制。

因为该阶段加法器是空闲的，因此，可以利用它"投机"进行 Load/Store 指令的地址计算，并将地址暂存在 MAR 中。如果译码以后发现是 Load/Store 指令，则投机成功，使得 Load/Store 指令减少一个时钟周期；如果不是 Load/Store 指令，则只要保证 MAR 的内容不送总线，就对指令的执行没有影响。有效控制信号及其取值为：ExtOp=1，Add1MUX=1，Add2MUX=0，MARWr=1，其他寄存器写使能信号全部为 0。

（3）执行指令

控制部件对指令译码后，会和条件码中的标志信息组合生成控制信号，从而使 CPU 在控制信号的控制下执行指令。针对不同指令的功能，其对应的有效控制信号如下。

① R - 型指令：R[Rt]←R[Rs] op R[Rt]

R - 型指令的执行需要两个时钟周期，对应状态分别记为 RExec 和 RFinish。

RExec 状态的功能为：进行 ALU 运算并将结果存入 ALUout 和 CC 寄存器。其有效控制信号其取值为：BMUX=1，ALUOp=xxx，ALUoutWr=1，CCWr=1，其他寄存器写使能信号全部为 0。其中，ALUOp 的取值由指令操作码决定，以控制 ALU 进行不同的运算。

RFinish 状态的功能为：将 ALUout 的内容存入 Rt。其有效控制信号及其取值为：RegMUX=1，RegWr=1，其他寄存器写使能信号全部为 0。

② I - 型运算指令：R[Rt] ← R[Rs] op EXT[imm16]

I - 型运算指令的执行需要两个时钟周期，对应状态分别记为 IExec 和 IFinish。

IExec 状态的功能为：进行 ALU 运算并将结果存入 ALUout 和 CC 寄存器。其有效控制信号及其取值为：ExtOp=0 或 1，BMUX=0，ALUOp=xxx，ALUoutWr=1，CCWr=1，其他寄存器写使能信号全部为 0。与 R- 型指令一样，ALUOp 的取值由指令操作码决定，不同的取值控制 ALU 进行不同的运算。

IFinish 状态的功能为：将 ALUout 的内容存入 Rt。其有效控制信号及其取值为：RegMUX=1，RegWr=1，其他寄存器写使能信号全部为 0。经分析可知，IFinish 和 RFinish 两个状态的功能完全一样，因此，可以将两个状态合并成一个状态：RIFinish。

③ Load 指令：R[Rt]←M[R[Rs] + SEXT[imm16]]

Load 指令的执行包含三个子功能，需要三个时钟周期。因为在"译码并取数"阶段已经计算出地址并存入 MAR 中，因而还需要两个时钟周期，对应状态分别记为 lwExec 和 lwFinish。

lwExec 状态的功能为：读主存内容并保存到 MDR。其有效控制信号及其取值为：MARout=1，PCout=0，MemWr=0，MDRMUX=0，MDRWr=1，其他寄存器写使能信号全部为 0。

lwFinish 状态的功能为：将 MDR 内容存入 Rt。其有效控制信号及其取值为：RegMUX=0，RegWr=1，其他寄存器写使能信号全部为 0。

④ Store 指令：M[R[Rs] + SEXT[imm16]]←R[Rt]

Store 指令的执行包含三个子功能，需要至少三个时钟周期。因为在"译码并取数"阶段已经计算出地址并存入 MAR 中，因而只需要两个时钟周期，对应状态分别记为 swExec 和 swFinish。

swExec 状态的功能为：将 Rt 存入 MDR 并直送总线。其有效控制信号及其取值为：MDRMUX=1，MDRWr=1，MARout=1，PCout=0，MemWr=0，其他寄存器写使能信号全部为 0。

swFinish 状态的功能为：将 MDR 送入总线的数据写入主存。其有效控制信号及其取值为：MARout=1，PCout=0，MemWr=1，其他寄存器写使能信号全部为 0。

⑤ Jump 指令：PC←PC+SEXT[imm16]

Jump 指令的功能为：进行转移目标地址计算并送 PC。它只需要一个时钟周期，对应状态记为 JFinish。其有效控制信号及其取值为：ExtOp=1，Add1MUX=0，Add2MUX=0，PCWr=1，其他寄存器写使能信号全部为 0。

根据上述对每条指令执行过程的分析，得到一个状态转换图。图 8.32 是一个支持 R- 型指令、I- 型运算指令、Load/Store 指令和 Jump 指令执行的状态转换示意图。图中每个状态用一个状态编号和状态名标识，例如，0:IFetch 表示第 0 状态，执行取指令（IFetch）操作，圆圈中示意性地给出了该状态下部分控制信号的取值，其中，有取值为 0 和取值为 1 的两种有效控制信号，以及多值有效控制信号 ALUOp，ALUOp=xxx 表示根据操作码 OP 译码得到的一个 ALU 操作控制信号取值为 xxx。此外，图中的 x 表示取值为任意的无效控制信号。

在图 8.31 所示的多周期数据通路中，每条指令的执行过程就是图 8.32 所示的状态转换过程。每来一个时钟，进入下一个状态。从图 8.32 可看出，R- 型指令、I- 型运算指令、Load 和 Store 指令的 CPI 都为 4，跳转指令 Jump 的 CPI 为 3。如果不在译码 / 取数阶段"投机"计算访存地址，则 Load 和 Store 指令的 CPI 为 5。

8.3.2　硬连线控制器设计

由于多周期数据通路中每条指令的执行有多个时钟周期，每个时钟周期的控制信号取值不同，所以，不能像设计单周期控制器那样用简单的真值表描述的方式。多周期控制器通常采用基于有限状态机描述和微程序描述两种方式来实现。

有限状态机描述方式实现的控制器称为有限状态机控制器，其基本思想为：用一个有限状态机描述指令执行过程，由当前状态和操作码确定下一状态，每来一个时钟发生一次状态改变，不同状态输出不同的控制信号值，然后送到数据通路相应的控制点，以控制数据通路中数据的运算、存储和传送。对于图 8.32 所示的状态转换图，假定每个状态编号如图中所设，分别为 0～9，共 10 个状态，因此，状态变量至少需要 4 位。

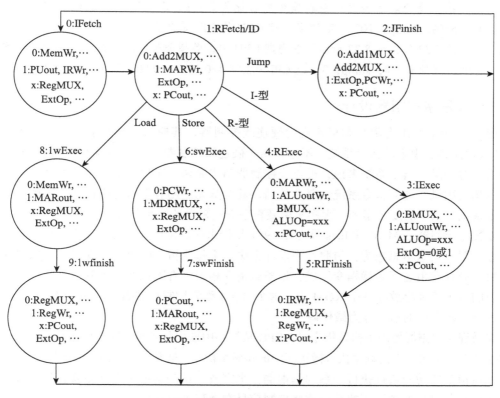

图 8.32 指令执行状态转换图

图 8.33 描述了采用这种方式实现的控制器结构，它由两部分组成：一个组合逻辑控制器和一个状态寄存器。通常用 PLA 电路实现组合逻辑控制器。所以，这种控制器也称为**组合逻辑控制器**或 PLA 控制器或硬连线控制器。

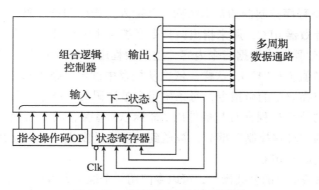

图 8.33 有限状态机控制器结构

例 8.1   假定某个多周期 CPU 采用图 8.31 所示的数据通路，并按照图 8.32 所示的状态转换过程执行指令。若程序中各类指令所占比例为：Load，22%；Store，18%；R-型和 I-型运算，50%；Jump，10%。则该多周期 CPU 的 CPI 是多少？

解   由图 8.32 知，图 8.32 所示的多周期 CPU 中，各指令时钟周期数为：Load，4；Store，4；R-型和 I-型运算，4；Jump，3。故 CPI=0.22×4+0.18×4+0.50×4+0.10×3 = 3.9。   ■

8.3.3   微程序控制器设计

图 8.33 所示的用有限状态机实现的硬连线控制器，其控制信号的生成速度较快，适合 RISC 这种简单、规整的指令系统。不过，由于硬连线控制器是一个多输入 / 多输出的巨大逻辑网络，对于复杂指令系统来说，硬连线控制器结构庞杂，实现困难，维护不易，扩充和修改指令相当困难。如果指令系统太复杂的话，甚至都无法用有限状态机描述。因此，对于复杂指令系统或其中的复杂指令，大多采用微程序方式来设计控制器。

微程序控制器是 M. V. Wilkes 最先在 1951 年提出的。用微程序方式实现的控制器称为微程序控制器，其基本思想为：仿照程序设计方法，将每条指令的执行过程用一个**微程序**来表示，每个微程序由若干条**微指令**组成，每条微指令相当于有限状态机中的一个状态。所有指令对应的微程序都存放在一个 ROM 中，这个 ROM 称为**控制存储器**（Control Storage，CS），简称**控存**，控存中的信息称为**微代码**。

在微程序控制器控制下执行指令时，CPU 从控存中取出每条指令对应的微程序，在时钟信号的控制下，按照一定的顺序执行微程序中的每条微指令。通常一个时钟周期执行一条微指令。

一条指令的功能通过执行一系列基本操作来完成，这些基本操作称为**微操作**。每个微操作在相应控制信号的控制下执行，这些控制信号在微程序设计中称为**微命令**。例如，前面提到的控制信号 PCWr 就是一个微命令，可以控制将信息写入 PC。

微程序是一个微指令序列，一个微程序对应一条机器指令的功能。每条微指令是一个 0/1 序列，其中包含若干个微命令，相当于控制信号，每个微命令完成一个基本运算或传送功能。有时也将微指令字称作**控制字**（Control Word，CW）。

图 8.34 给出了微程序控制器的基本结构。其输入是指令和条件码，输出是微命令。图中使用了一个**微程序计数器** μPC，用来指出微指令在控存中的地址。每次把新指令装入 IR 时，"起始和转移地址发生器"将根据指令内容，生成微程序入口地址放入 μPC 中，以后每来一个时钟，μPC 自动增值（+"1"），这样，依次从控存中读出一条条微指令执行。μIR 为**微指令寄存器**，存放从控存取出的微指令，每条微指令被译码后，产生一系列微命令，送到数据通路中。机器指令的执行过程常常与条件码（即标志）有关，因此微程序中也引入了条件转移概念。微指令中的"转移控制"部分，被送到转移地址发生器，根据条件码及相应微命令产生新的微指令地址送入 μPC。

取指令过程是每条指令的公共操作，可以专门用一个取指令微程序来实现。因此，微程序控制器的工作流程就是不断地执行取指令微程序和执行相应指令功能对应的微程序的过程。

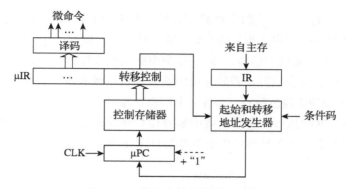

图 8.34　微程序控制器基本结构

微程序由微指令组成，微程序的执行要解决与程序的执行类似的两个问题：①微指令格式和微命令编码问题；②下条微指令地址确定问题。

为了加快指令执行速度，通常采用定长微指令字格式。与指令由操作码和地址码组成类似，微指令由**微操作码**和**微地址码**两部分组成。**微操作码**格式设计主要由微命令编码方式决定。**微命令编码**方式主要有不译法（直接控制法）和字段直接编码法两种，早期还有字段间接编码法和最小（最短、垂直）编码法，现在基本不用了。

当前微指令执行结束后，必须确定下一条执行的微指令。可以通过在微指令中明显或隐含地指定下条微指令在控存中的地址（简称下条微地址）来解决下条微指令的确定问题。下条微指令地址的确定方式有两种：计数器法（即增量法）和断定法（即下址字段法）。前者通过微程序计数器 μPC 自动加 1 确定下条微指令地址，后者在微指令中增加一个下址字段来直接给出下条微指令地址。

微程序设计的思想给计算机控制器的设计和实现技术带来了巨大的影响。与硬连线设计相比，它大大降低了控制器设计的复杂性，提高了设计的标准化程度。由于机器指令的执行过程用微程序控制，因而提供了很大的灵活性，使得设计的变更、修改以及指令系统的扩充都成为不太困难的事情。它与传统的软件设计有许多类似之处，但是，由于微程序相对固定，且通常不放在主存内，因此通常利用工作速度较高的 ROM 存放微程序，从而缩短微程序的运行时间。这是一种固化了的微程序，称为**固件**（Firmware）。

微程序控制器的主要缺点是：比相同或相近指令系统的硬布线控制器慢。因此，RISC 大都采用硬连线控制器，而 IA-32 等 CISC 则采用硬连线和微程序相结合的方式来实现控制器。

8.3.4　带异常处理的 CPU 设计

在 7.2.5 节中提到，异常和中断处理机制是指令系统必须考虑的重要内容。异常和中断的整个处理过程如图 8.35 所示。图中反映了从 CPU 检测到发生异常或中断事件，到 CPU 改变指令执行控制流而转到操作系统中的异常或中断处理程序执行，再到从异常或中断处理程序返回用户进程执行的过程。从图中可看出，异常和中断处理的大致过程如下：当 CPU 在执行当前程序或任务（即用户进程）的第 i 条指令时，若检测到一个异常事件，或在执行第 i 条指令后发现有一个中断请求信号，则 CPU 会中断当前程序的执行，跳转到操作系统中相应的异常或中断处理程序去执行。若异常或中断处理程序能够解决相应问题，则在异常或中断处理程序的最后，CPU 通过执行"异常 / 中断返回指令"回到被打断的用户进程的第 i 条指令或第 $i+1$ 条指令继续执行；若异常或中断处理程序发现是不可恢复的致命错误，则终止用户进程。通常情况下，对于异常和中断事件的具体处理过程全部由操作系统软件来完成。

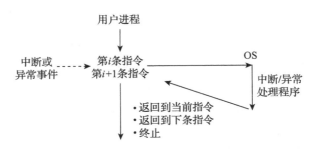

图 8.35　中断和异常处理过程

在 CPU 执行指令过程中，如果发生了异常事件或中断请求，则 CPU 必须进行相应的处理。CPU 对异常 / 中断的处理过程可分为以下两个步骤：保存断点和程序状态、识别异常事件并转异常 / 中断处理。

1. 保存断点和程序状态

对于不同的异常事件，其返回地址（即断点）不同。例如，故障的断点是发生故障的当前指令处，自陷的断点则是自陷指令后面一条指令处。显然，断点的值由异常类型和发生异常时 PC 的值决定。例如，对于图 8.31 所示的多周期数据通路，如果在执行 Load 或 Store 指令时发生"缺页"异常，则说明需要读写的指令或数据所在页面不在主存，需要操作系统内核程序进行相应处理，以便将所需页面调入内存；"缺页"处理结束后，显然应该回到发生缺页的指令重新执行一遍，因而其断点应该是当前 PC 减 4。因为，在发现"缺页"时，已在取指令状态执行了 PC+4，所以，PC 必须减 4 才能保证"缺页"异常处理返回后重新执行 Load 或 Store 指令。

为了能在异常处理后正确返回到原来被中断的程序继续执行，数据通路必须能正确计算断点值。假定计算出的断点存放在 PC 中，则保存断点时，只要将 PC 送到内核栈或特定的寄存器中即可。

因为异常处理后可能还要回到原来被中断的程序继续执行，所以，被中断时原程序的状态（如产生的各种标志信息等）都必须保存起来。通常每个正在运行程序的状态信息存放在一个专门的寄存器中，这个专门的寄存器统称为**程序状态字寄存器**（PSWR），存放在 PSWR 中的信息称为**程序状态字**（Program Status Word，PSW）。例如，在 RISC-V 架构中，程序状态字寄存器就是 CSR 寄存器 mstatus 或 sstatus ；在 IA-32 架构中，程序状态字寄存器就是标志寄存器 EFLAGS。与断点一样，PSW 也要被保存到内核栈或特定寄存器中，在异常返回时，将保存的 PSW 恢复到 PSWR 中。

2. 识别异常 / 中断源并转相应处理程序执行

在调出异常处理程序之前，必须知道发生了什么异常。一般来说，内部异常事件和外部中断源的识别方式不同，大多数 CPU 会将两者分开来处理。内部异常事件的识别大多采用软件识别方式，而外部中断源则可以采用软件识别或硬件识别方式。

软件识别方式是指 CPU 中设置一个异常原因寄存器，用于记录异常的原因。操作系统使用一个统一的异常查询程序，该程序按一定的优先级顺序来查询异常原因寄存器，先查询到的异常先被处理。例如，RISC-V 架构可以采用软件识别方式，在 M 模式下，mcause 寄存器用于记录异常 / 中断原因，对应的异常 / 中断处理程序基地址记录在 mtvec 寄存器中。特别地，RISC-V 架构也支持通过硬件识别方式来识别外部中断源。

异常和中断处理是处理器设计中最具挑战性的任务之一，为了说明在 CPU 中如何处理异常和中断，这里以 8.3.1 节给出的指令系统及对应的带异常处理的多周期数据通路（如图 8.36 所示）为例，简单说明带异常处理的数据通路的设计。

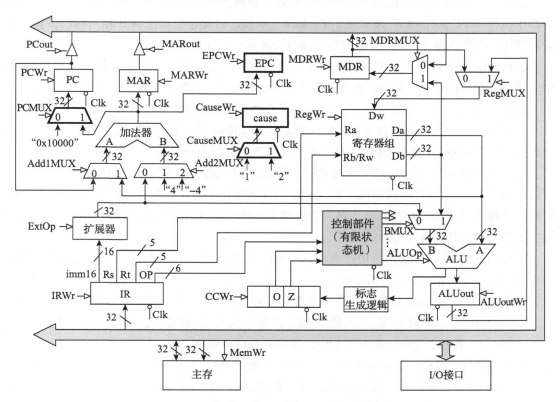

图 8.36　带异常处理的多周期数据通路

为简单起见，假定该系统中的断点信息保存在一个特殊的 32 位断点寄存器 EPC 中。写入 EPC 的断点值可能是正在执行中的异常指令的地址（故障时），也可能是异常指令的下条指令的地址（自陷时）。根据该系统指令执行状态转换图（如图 8.32 所示）可知，每条指令的第一个状态 IFetch 都是执行取指令功能，实现指令读取并 PC 加 4，因此，对于故障类异常的断点保存，需要 PC 减 4 后再送 EPC；对于自陷类异常或外部中断的断点保存，则直接将 PC 送 EPC。

假定该系统采用软件识别异常方式，处理器中有一个 cause 寄存器，在指令执行过程中，处理器一旦发现异常，则将异常原因记录在 cause 寄存器中。异常查询程序位于地址 0x10000 开始的一段存储区，它通过查询 cause 寄存器来检测异常类型，然后转到操作系统内核中相应的异常处理程序进行具体的处理。处理器能处理的异常类型有两种：非法操作码（cause=1）和溢出（cause=2）。则在图 8.31 所示的多周期数据通路中加入相应异常处理后，得到如图 8.36 所示的带异常处理多周期数据通路。其中加粗的部件是与异常处理相关的部分。

图 8.36 中对两个寄存器 EPC 和 cause 分别加入了以下两个"写使能"控制信号。

EPCWr：在需要保存断点时，该信号有效，使断点值"PC 减 4"写入 EPC。通过在加法器中执行"PC 加（-4）"来实现"PC 减 4"功能。因此，在加法器 B 输入端的多路选择器需增加一个输入端"-4"，控制信号 Add2MUX 从一位变成两位。

CauseWr：CPU 发现异常（非法指令、溢出）时，该信号有效，使异常类型写入 cause 中。若是"非法操作码"异常，则将 1 存入 cause 寄存器，否则将 2 存入 cause 寄存器。

此外，还需要一个控制信号 CauseMUX 来选择将正确的异常原因写入 cause 中。

发现异常后，需将异常查询程序的入口地址 0x10000 写入 PC，因此，需要在原来的 PC 输入端加一个多路选择器，用 PCMUX=0 来控制选择将 0x10000 写入 PC。

为了支持图 8.36 所示的带异常处理的多周期数据通路，必须对相应的控制器进行修改，可以在图 8.32 所示的有限状态机中增加异常响应状态，从而得到带异常处理的有限状态机。针对非法操作码和溢出两种异常，各自需要增加一个状态进行对应的异常响应处理。带异常响应处理的有限状态机如图 8.37 所示。

图 8.32 所示的有限状态机中已有状态 0～9，因此，将两种异常处理对应的状态分别用状态 10 和 11 来表示（加粗的两个状态）。

- 状态 10，"非法操作码"异常响应周期。若在状态 1 进行指令译码时发现 OP 字段是一个未定义的编码，则进入状态 10。其控制信号用来控制完成以下操作：①将 1 送 cause 寄存器；② PC 减 4 送 EPC；③将 0x10000 送 PC。
- 状态 11，"溢出"异常响应周期。当 R - 型指令或 I - 型运算指令执行后在 ALU 输出端的 overflow 为 1 时，则进入状态 11。其控制信号用来控制完成以下操作：①将 2 送 cause 寄存器；② PC 减 4 送 EPC；③将 0x10000 送 PC。

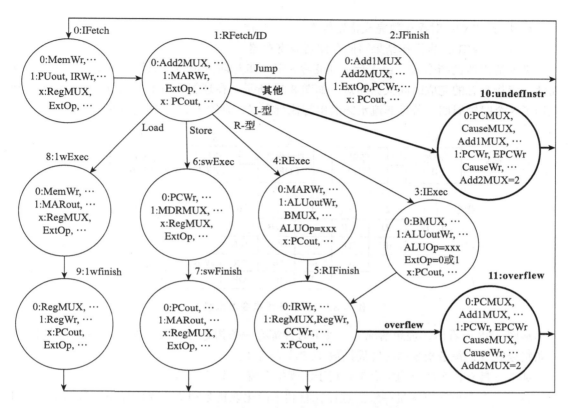

图 8.37 带异常响应处理的有限状态机示意图

8.4 流水线 CPU 设计

单周期处理器和多周期处理器的指令执行都是采用串行方式。串行方式下，CPU 总是在执行完一条指令后才取出下条指令执行。显然，这种串行方式没有充分利用执行部件的并行性，因而指令执行效率低。与现实生活中的许多情况一样，指令的执行也可以采用流水线方式，将多条指令的执行相互重叠起来，以提高 CPU 执行指令的效率。

8.4.1 流水线 CPU 概述

一条指令的执行过程可被分成若干个阶段，每个阶段由相应的功能部件完成。如果将各阶段看成相应的流水段，则指令的执行过程就构成了一条**指令流水线**。例如，假定一条指令流水线由如下 5 个流水段组成。

- 取指令（IF）：从存储器取指令。
- 指令译码（ID）：产生指令执行所需的控制信号。
- 取操作数（OF）：读取存储器操作数或寄存器操作数。

- 执行（EX）：对操作数完成指定操作。
- 写回（WB）：将操作结果写回存储器或寄存器。

进入流水线的指令流，由于后一条指令的第 i 步与前一条指令的第 $i+1$ 步同时进行，从而使一串指令总的完成时间大为缩短。如图 8.38 所示，在理想状态下，完成 4 条指令的执行只用了 8 个时钟周期，若是非流水线的串行执行方式，则需要 20 个时钟周期。

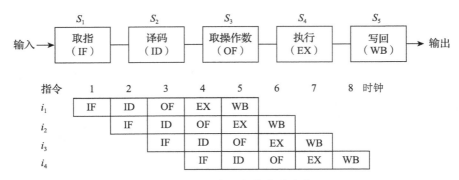

图 8.38　一个 5 段指令流水线

从图 8.38 可看出，理想情况下，每个时钟都有一条指令进入流水线；每个时钟周期都有一条指令完成；每条指令的时钟周期数（CPI）都为 1。

那么，具有什么特征的指令集有利于实现指令流水线呢？

首先，指令长度应尽量一致。这样，有利于简化取指令和指令译码操作。若每条指令都占 4 字节，则每次取指令都取 4 字节且下条指令地址计算只要 PC+4 即可。

其次，指令格式应尽量规整，如保证每条指令中源寄存器编号字段的位置相同。这样，有利于在指令未被译码时就可取寄存器操作数。

最后，采用 Load/Store 型指令风格，可以保证除 Load/Store 指令外的其他指令（如运算指令）都不访问存储器，这样，可把 Load/Store 指令的地址计算和运算指令的执行步骤规整在同一个周期中，因此，有利于减少操作步骤，规整流水线。此外，数据和指令在存储器中要"对齐"存放。这样，有利于减少访存次数，使所需数据在一个流水段内就能从存储器中得到。

总之，规整、简单和一致等特性有利于指令的流水线执行。

8.4.2　指令的流水段分析

为便于和非流水线 CPU 进行比较，假定下面介绍的流水线 CPU 的实现目标与 8.2 节一样，也是同样的 9 条 RV32I 指令。以下主要介绍支持该 9 条指令的流水线数据通路和控制器的实现。

指令流水线设计的第一步是要对每条指令的执行过程进行分析，以确定流水线每个功能段的功能和执行时间。

参考 8.2 节单周期数据通路的设计，指令的执行过程可以划分为如下 5 个功能段。

- 取指令（IF）：从主存取指令并计算 PC+4。
- 指令译码（ID）：产生指令执行所需的控制信号，并生成操作数，包括寄存器取数和立即数扩展。
- 执行（EX）：对操作数完成指定操作。
- 访存（M）：访问存储器。
- 写回（WB）：将结果写回寄存器。

每条指令的前两个功能段都一样，后面的功能段随各指令功能的不同而不同。

1. R- 型指令功能段划分

所有 R - 型指令都涉及在 ALU 中对 Rs1 和 Rs2 的内容进行运算，最终把 ALU 的运算结果送目的寄存器 Rd。R - 型指令的功能段划分如图 8.39 所示，在 IF 和 ID 两个公共功能段后，其余的是：EX 功能段用于在 ALU 中计算，WB 功能段用于将 ALU 中的计算结果写回寄存器。

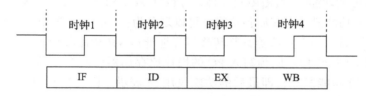

图 8.39　R- 型指令的功能段划分

2. I- 型运算指令功能段划分

I - 型带立即数的运算类指令都涉及对 12 位立即数进行符号扩展，然后和 Rs1 的内容进行运算，最终把 ALU 的运算结果送目的寄存器 Rd。显然，I - 型运算指令的功能段划分与 R - 型指令相同。

3. U- 型指令功能段划分

U - 型指令涉及对 20 位立即数进行低位补零，结果送目的寄存器 Rd。显然，U - 型指令的功能段划分与 R - 型指令相同。

4. lw 指令功能段划分

lw 指令的功能为 R[Rd] ← M[R[Rs1]+SEXT(imm12)]。其功能段的划分如图 8.40 所示，除公共的 IF 和 ID 两个功能段外，其余的是：EX 功能段用于在 ALU 中计算地址，M 功能段用于从存储器中读数据，WB 功能段用于将从存储器读出的数据写入寄存器。

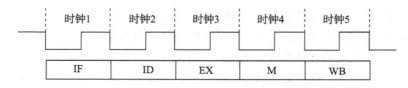

图 8.40　lw 指令的功能段划分

5. S-型指令功能段划分

S-型指令 sw 的功能为 M[R[Rs1]+SEXT(imm12)]←R[Rs2]，即把寄存器内容写入存储器中，与 lw 指令相比，少了最后一步写寄存器的工作，其功能段划分如图 8.41 所示。其中，后面两个功能段的功能是：EX 功能段用于在 ALU 中计算地址；M 功能段用于将数据写入存储器中。

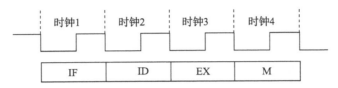

图 8.41　sw 指令的功能段划分

6. B-型指令功能段划分

B-型指令 beq 的功能为 if (R[Rs1]=R[Rs2]) PC←PC+(SEXT(imm12)×2) else PC←PC+4。除了前面两个公共功能段外，其后各功能段可以划分为：EX 功能段用于在 ALU 中做减法以比较是否相等，同时用一个加法器计算转移目标地址；WB 功能段用于在比较相等的情况下将转移目标地址写到 PC 中。因为写入 PC 的操作比存储器访问操作的时间短，所以，可以将 WB 功能段向 M 功能段靠，即最后的功能段用 M 表示。因此，beq 的功能段划分类似于 sw 指令，如图 8.41 所示。

7. J-型指令功能段划分

jal 指令是无条件转移指令，指令中给出了 20 位相对地址，其功能是将 PC+4 送到寄存器 Rd 中，并且无条件将转移目标地址设置到 PC 中。转移目标地址的具体计算方法为 PC←PC+(SEXT(imm20)×2)。除了前面两个公共功能段外，其后各功能段可以划分为：EX 段用于在 ALU 中计算 PC+4，同时用一个加法器计算转移目标地址；WB 段用于将 ALU 中的计算结果写回寄存器 Rd，并将转移目标地址写到 PC 中。因此，jal 的功能段划分类似于 R-型指令，如图 8.38 所示。

流水线设计的原则是：指令流水段个数以最复杂指令所用的功能段个数为准，流水段的长度以最复杂的操作所用的时间为准。从以上对各指令功能段的分析可看出，最复杂的是 lw 指令，它有 5 个功能段，其他指令都可以通过加入"空"功能段来向 lw 指令靠齐。

在插入"空"段时，应遵循以下两个原则：①每个功能部件每条指令只能用一次（如寄存器写口不能用两次或以上）；②每个功能部件必须在相同的阶段被使用（如寄存器写口总是在第 5 阶段被使用）。

因此，R-型指令、I-型运算指令、U-型指令和 J-型指令需在 WB 之前加一个空的 M 段，使得其 WB 段和 lw 指令的 WB 对齐，都在第 5 段；S-型指令和 B-型指令在第 4 个功能段后加一个空的 WB 段。这样，所有指令都有 5 个功能段。因此，该处理器的指令流水线可以设计成 5 个流水段。插入"空"段后，有些指令的某些功能可能会在插入的"空"段内完成。例如，J-型指令插入 M 段后，则转移目标地址可以在 M 功能段内写入 PC，而不必等到 WB 功能段才写 PC。

8.4.3 流水线数据通路的设计

根据对 9 条目标指令的分析，可以得到相应的 5 段流水线数据通路基本框架，如图 8.42 所示。

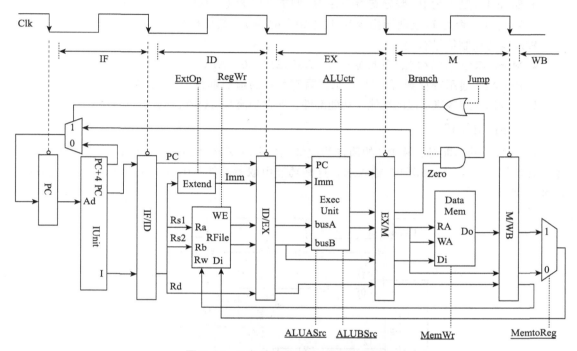

图 8.42　5 段流水线数据通路基本框架

在图 8.42 所示的流水线数据通路中，指令执行经历 5 个流水段 IF、ID、EX、M 和 WB，每个流水段都在不同的功能部件中执行。流水段之间有一个**流水段寄存器**，例如，IF/ID 寄存器是介于 IF 段和 ID 段之间的寄存器。每个流水段寄存器用来存放从当前流水段传到后面所有流水段的信息。因为每个段间传递的信息不一样，所以各流水段寄存器的长度也不一样。

图 8.42 中给出了数据通路的控制信号，控制信号通过点虚线连到所控制的功能部件。可以看出，PC 和各个流水段寄存器都没有写使能信号。这是因为每个时钟都会改变 PC 的值，所以 PC 不需要写使能控制信号；每个流水段寄存器在每个时钟都会写入一次，因此，流水段寄存器也不需要写使能控制信号。此外，IF 段的功能对于每条指令都相同，是公共流水段，因此，也不需控制信号。其余段的控制信号如下。

ID 段的控制信号有 1 个。

- ExtOp（扩展器类型）：3 位编码。

EX 段的控制信号有 3 个。

- ALUASrc（ALU 的 A 口来源）：1，来源于 PC；0，来源于 busA。
- ALUBSrc（ALU 的 B 口来源）：00，来源于 busB；01，来源于常数 4；10，来源于扩展器。
- ALUctr（ALU 运算类型）：4 位编码。

M 段的控制信号有 3 个。

- MemWr (数据存储器 DM 的写信号): S - 型指令时为 1, 其他指令为 0。
- Branch (是否为 B - 型分支指令): B - 型指令时为 1, 其他指令为 0。
- Jump (是否为 J - 型跳转指令): J - 型指令时为 1, 其他指令为 0。

WB 段的控制信号有两个。

- MemtoReg (寄存器的写入源): 1, DM 输出; 0, ALU 输出。
- RegWr (通用寄存器写信号): 结果写寄存器的指令都为 1, 其他指令为 0。

以下分别介绍各流水段的功能、功能部件、保存到流水段寄存器的信息以及控制信号取值。

1. 取指 (IF) 段

IF 流水段的功能是: 将 PC 的值作为地址到指令存储器 IM (Instruction Memory) 中取指令, 并计算 PC+4, 结果送 PC 输入端。这些功能由**取指部件** (IUnit) 来完成, 其具体实现如图 8.43 所示。

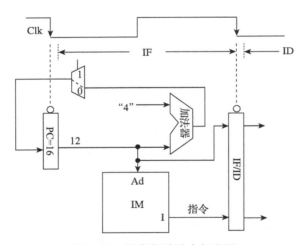

图 8.43 取指部件的内部实现

假定当前指令地址为 12, 则当时钟 Clk 的下降沿到来时, 在 PC 输入端的值 12 经过 "Clk-to-Q" 时延后, 被送到 IM 的地址输入端 Ad, 并同时送加法器。在 IM 中经过一段存取时间后, 指令被送到 IM 的输出端 I。在加法器中 PC 与 4 相加后送到一个多路选择器, 若是顺序执行, 则下个时钟到来时 PC 为 16。但指令不总是顺序执行, 当执行到分支指令或无条件转移指令时, PC 的值可能被修改, 因此 PC 的输入来自一个多路选择器。当需要转移时, 可控制选择转移目标地址送 PC。

IF 段执行的结果被送到 IF/ID 寄存器的输入端, 下个时钟到来时, 在 IF/ID 寄存器输入端的信息开始送到 ID 段继续被处理。那么, IF/ID 寄存器中需要保存的结果是哪些呢? 显然, 从 IM 中取出的指令要被继续处理, 因而, 需要保存在 IF/ID 寄存器中; 此外, 如果当前指令是 B - 型指令, 则 PC 的值在后面的流水段中需要用来计算转移目标地址, 所以, PC 的值也需要保存在 IF/ID 寄存器中。

该段唯一的控制点是多路选择器的控制端，从图 8.42 可以看出，多路选择器的控制端由在 M 阶段产生的 Branch 信号和 Zero 标志相与的结果或直接由 Jump 信号来控制。显然，Branch 信号只有在对 B-型指令译码后才取值为 1，Jump 信号只有在对 J-型指令译码后才取值为 1，所以，在 IF 阶段 Branch=Jump=0，此时多路选择器的输出为 PC+4。在执行 B-型指令时，在 M 阶段将得到转移目标地址，此时，若 Zero=1，则将转移目标地址选择送到 PC 的输入端；在执行 J-型指令时，在 M 阶段将得到转移目标地址，此时直接将转移目标地址选择送到 PC 的输入端。

2. 指令译码（ID）段

ID 流水段的功能是：对指令中的操作码 op 字段和 funct3 字段进行译码，生成相应的控制信号，同时生成运算用的操作数。这些操作数包括根据指令中的 Rs1 和 Rs2 的值到通用寄存器组（图 8.42 中的 RFile）中取出的相应寄存器内容，以及通过扩展器（图 8.42 中的 Extend）对指令中的立即数字段进行扩展后生成的完整 32 位立即数。

可将通用寄存器组看成**寄存器读口**和**寄存器写口**两个功能部件。如图 8.42 所示，ID 段的功能可由控制器、寄存器读口和扩展器完成。

ID 段执行的结果被送到 ID/EX 寄存器的输入端，下个时钟到来时，在 ID/EX 寄存器输入端的信息开始送到 EX 段继续被处理。这些信息包括：R[Rs1]、R[Rs2]、Rd、Imm、PC 等。

该段唯一的控制点在扩展器（Extend）中，控制信号 ExtOp 可以控制扩展器进行特定的扩展处理，以生成一个 32 位的立即数 Imm。

3. 执行（EX）段

EX 段的功能由具体指令确定，不同指令经 ID 段译码后得到不同的控制信号，用来控制执行部件进行不同的操作。图 8.44 是执行部件（图 8.42 中的 Exec Unit）的示意图。

根据每类指令的功能，综合考虑图 8.44 和图 8.42，得到每条指令在 EX 段中的执行流程及其控制信号取值如下。

（1）R-型指令的执行

9 条目标指令中的 add、slt 和 sltu 都是 R-型指令，它们在 ALU 中由 ALUctr 控制分别执行 add、slt 和 sltu 运算，ALUctr 操作控制信号由 ID 段译码时产生。对于 R-型指令，ALU 的操作数来自 busA 和 busB。最终，将 ALU 得到的结果和 Zero 标志一起送到 EX/M 寄存器的输入端。综上所述，该阶段的控制信号取值为：ALUASrc=0，ALUBSrc=0，ALUctr 与指令的 funct3 字段相关。

（2）I-型运算指令的执行

9 条目标指令中的 ori 是 I-型运算指令，它在 ALU 中由 ALUctr 控制执行 or 运算。对于 I-型运算指令，ALU 的操作数来自 busA 和扩展器的输出。与 R-型指令一样，最终将 ALU 中得到的结果和 Zero 标志一起送到 EX/M 寄存器的输入端。综上所述，ori 指令的控制信号取值为：ALUASrc=0，ALUBSrc=2，ALUctr=or。

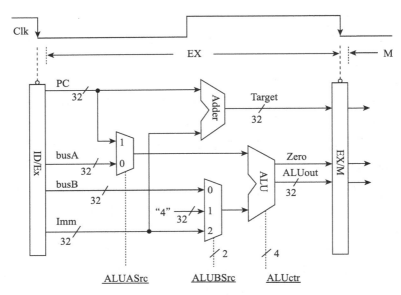

图 8.44　执行部件的内部实现

（3）U-型指令的执行

9 条目标指令中的 lui 是 U-型指令，它在 ALU 中由 ALUctr 控制执行 srcB 运算。对于 lui 指令，ALU 的 A 操作数不使用，B 操作数来自扩展器的输出。与 R-型指令一样，最终将 ALU 中得到的结果和 Zero 标志一起送到 EX/M 寄存器的输入端。综上所述，lui 指令的控制信号取值为：ALUASrc=x，ALUBSrc=2，ALUctr=srcB。

（4）lw 指令的执行

首先要在 ALU 中进行地址计算，ALU 的操作数来自 busA 和扩展器输出，在 ALU 中由 ALUctr 控制执行 add 运算。最终在 ALU 中得到的存储器地址被送到 EX/M 寄存器的输入端。综上所述，得到控制信号的取值为：ALUASrc=0，ALUBSrc=2，ALUctr=add。

（5）S-型指令的执行

同 lw 指令一样，需要进行存储器地址计算并送下一级流水线寄存器。可得控制信号的取值为：ALUASrc=0，ALUBSrc=2，ALUctr=add。

（6）B-型指令的执行

beq 指令需要比较寄存器 Rs1 和 Rs2 的值，通过在 ALU 中做减法生成 Zero 标志来实现比较。因此，ALU 两个操作数的来源是 busA 和 busB，ALUctr 操作控制信号为 sub；同时将 Imm 和 PC 相加，生成相对转移目标地址 Target。执行阶段生成的 Zero 标志和转移目标地址 Target 被送到 EX/M 寄存器的输入端。综上所述，得到控制信号的取值为：ALUASrc=0，ALUBSrc=0，ALUctr=sub。

（7）J-型指令的执行

jal 指令需要在 ALU 中计算 PC+4，并将结果送 Rd 寄存器，因此，ALU 两个操作数的来源是 PC 和常数 "4"，ALUctr 操作控制信号为 add；同时将 Imm 和 PC 相加，生成相对转移目标地址 Target，并送到 EX/M 寄存器的输入端。综上所述，得到控制信号的取值为：ALUASrc=1，ALUBSrc=1，ALUctr=add。

4. 访存（M）段

M 流水段的功能也与具体指令相关。从图 8.42 可知，这个流水段有 Branch、Jump 和 MemWr 三个控制信号。各条指令在 M 段的执行流程和控制信号取值如下。

- 若是 R-型指令、I-型运算指令或 U-型指令，则在 M 段是 "空" 操作，只要把相应信息继续传递到下一个流水段即可。控制信号取值为：Branch=Jump=0，MemWr=0。
- 若是 lw 指令，则进行取数操作。在 EX 段得到的地址被送到 DM 的读地址端 RA，经过一段存取时间，数据从 DM 的输出端 Do 送到 M/WB 寄存器的输入端。控制信号取值为：Branch=Jump=0，MemWr=0。
- 若是 S-型指令，则进行存数操作。在 EX 段得到的地址被送到数据存储器 DM 的写地址端 WA，同时把 EX/M 寄存器送来的要存的数据 R[Rs2] 送 DM 的输入端 Di，经过一段存取时间后，数据被存入 DM 中。控制信号取值为：Branch=Jump=0，MemWr=1。
- 若是 B-型指令，则将 EX 段生成的转移目标地址 Target 更新到 PC 中。控制信号取值为：Branch=1，Jump=0，MemWr=0。此时，若在 EX 段生成的 Zero 为 1，则会控制 PC 输入端的多路选择器选择将转移目标地址送 PC 的输入端。
- 若是 J-型指令，则将 EX 段生成的转移目标地址 Target 更新到 PC 中。控制信号取值为：Branch=0，Jump=1，MemWr=0。

5. 写回（WB）段

如图 8.42 所示，寄存器写口是 WB 段的主要功能部件，寄存器组 RFile 的写地址端口 Rw 来源于 M/WB 寄存器中的目的寄存器 Rd 的输出，写数据端口 Di 来源于一个多路选择器的输出，写使能信号 WE 由控制信号 RegWr 确定。WB 流水段的功能也由具体指令确定，各条指令在 WB 段的执行流程和控制信号取值如下。

- 若是 R-型指令、I-型运算指令、U-型指令或 J-型指令，则选择将 ALU 的输出结果送寄存器组的输入端 Di，目的寄存器 Rd 送写地址端 Rw。控制信号取值为：MemtoReg=0，RegWr=1。
- 若是 lw 指令，则选择将 DM 读出结果送寄存器组的输入端 Di，目的寄存器 Rd 送写地址端 Rw。控制信号取值为：MemtoReg=1，RegWr=1。
- 若是 S-型指令或 B-型指令，则任何寄存器的值都不改变，即不能写寄存器。控制信号取值为：MemtoReg=x，RegWr=0。

8.4.4 流水线控制器的设计

从上述分析可以看出，某一时刻各流水段执行的是不同指令的某个阶段，因而某一时刻每个流水段中的控制信号应该是正在执行指令所对应功能段的控制信号。

如图 8.45 所示，假定有三条指令 lw、ori 和 add 依次在时钟 1、2 和 3 开始进入流水线执行，则流水线中控制信号的传递情况如下：第 2 时钟对 lw 指令译码，产生的控制信号在下个时钟（第 3 时钟）送到 EX 段，在第 4 时钟送到 M 段，在第 5 时钟送到 WB 段；在第 3 时钟对 ori 指令译码，产生的控制信号在第 4 时钟送 EX 段，第 5 时钟送 M 段，第 6 时钟送 WB 段……由此可见，在某个时钟期间，不同的流水段受不同指令的控制信号控制，执行不同指令的不同功能段。例如，在第 5 时钟内，WB 段由 lw 指令的信号控制，M 段由 ori 指令的信号控制，EX 段由 add 指令的信号控制。

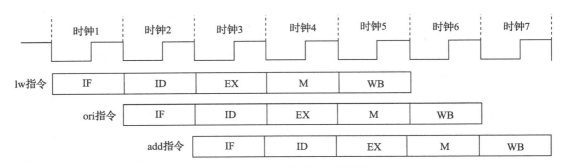

图 8.45　流水线执行情况举例

从上述例子可看出：在 ID 阶段由控制器产生的指令各流水段的所有控制信号，分别在随后的各个时钟周期内被使用（控制信号 ExtOp 除外，它在 ID 阶段立即被使用）。具体来说，EX 阶段的信号（ALUASrc，ALUBSrc，ALUctr）在下个周期使用；M 阶段的信号（MemWr，Branch，Jump）在随后第二个周期使用；WB 阶段的信号（MemtoReg，RegWr）在随后第三个周期使用。因此随后各流水段寄存器中都要保存相应的控制信号，如图 8.46 所示。

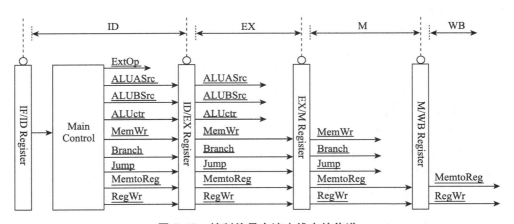

图 8.46　控制信号在流水线中的传递

综上所述，每个流水段寄存器中保存的信息包括两类：一类是后面阶段需要用到的所有数据信息，包括 PC、立即数、目的寄存器、ALU 运算结果、标志信息等，它们是前面阶段在数据通路中执行的结果；还有一类是前面传递过来的后面各阶段要用到的所有控制信号。

前文介绍过单周期处理器的控制器设计。单周期处理器中，每条指令的控制信号在指令执行期间是不变的。同样，在流水线处理器中，控制信号一旦在 ID 段由控制器生成就不会改变，并和数据信息同步地依次传递到后面的流水段中。显然，流水线控制器的设计可以完全按照单周期控制器设计的思路进行，故在此不赘述。

虽然单周期 CPU 和流水线 CPU 的 CPI 都是 1，但是因为时钟周期不同，两者的指令吞吐率相差较大。为了更加清楚地了解流水线的执行效率，下面用一个例子来比较流水线 CPU 和单周期 CPU 的指令执行情况。

例 8.2 对于 8.2 节具有 9 条指令的单周期 CPU（其结构如图 8.27 所示），假设最复杂的 lw 指令的 5 个阶段所用时间如下。① 取指：200ps；② 寄存器读：50ps；③ ALU 操作：100ps；④ 存储器读：200ps；⑤ 寄存器写：50ps。假定采用图 8.42 所示的 5 段流水线数据通路实现相同的 9 条指令，在不考虑控制器、PC 访问、信号传递等延迟的情况下，比较单周期 CPU 和流水线 CPU 两种方式下的指令吞吐率。

解 对于单周期 CPU，因为最复杂的 lw 指令的总执行时间为 200+50+100+200+50=600ps，因而，在不考虑控制器、PC 访问、信号传递等延迟的情况下，时钟周期为 600ps，指令吞吐率为 1/600ps=1/(600×10^{-12})=1.67GIPS（1GIPS 表示每秒钟执行 10^9 条指令）。

对于流水线 CPU，最复杂的指令有 5 个功能段，最复杂的功能段的时间为 200ps，流水段寄存器延时为 50ps。因此，在不考虑控制器、PC 访问、信号传递等延迟的情况下，时钟周期为 200+50=250ps。在理想情况下，因为每个时钟周期有一条指令执行完，所以指令吞吐率为 1/(250×10^{-12})=4GIPS，大约是单周期 CPU 的 4/1.67=2.4 倍。■

*8.5 流水线冒险及其处理

指令流水线中，可能会遇到一些情况，使得流水线无法正确执行后续指令而引起流水线阻塞或停顿（stall），这种现象称为流水线冒险（hazard）。根据导致冒险的原因的不同，有结构冒险、数据冒险和控制冒险三种。以下分别介绍其原因和对策。

8.5.1 结构冒险

结构冒险（structural hazard）也称为**硬件资源冲突**（hardware resource conflict），引起结构冒险的原因在于同一个部件同时被不同指令所用，也就是说它是由硬件资源竞争造成的。

如图 8.47a 所示，若不区分指令存储器和数据存储器而只用一个存储器的话，则 Load 指令在 M 阶段取数据的同时，随后的指令 3（Instr3）正好取指令，此时发生访存冲突。同样，如果不对寄存器组的写口和读口独立设置的话，Load 和随后的指令 3 也会发生寄存器访问冲突。

解决结构冒险的策略有两个方面：①通过前面 8.4.2 节提到过的流水线功能段划分原则（一个部件每条指令只能使用一次，且只能在特定时钟周期使用），可以避免一部分结构冒险；②通过设置多个独立的部件来避免硬件资源冲突。例如，对于寄存器访问冲突，可将寄存器读口（Rrd）和写口（Rwr）独立开来；对于存储器访存冲突，可把指令存储器（IM）和数据存储器（DM）分开，从而使指令和数据的访问各自独立，这样就不会发生结构冒险，如图 8.47b 所示。事实上，现代计算机都引入了 cache 机制，而且 L1 cache 通常采用数据 cache 和代码 cache 分离的方式，因而也就避免了结构冒险的发生。

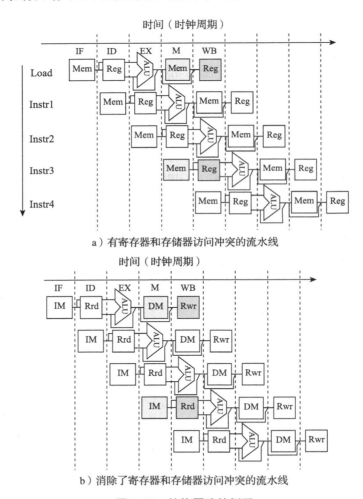

图 8.47　结构冒险的例子

8.5.2　数据冒险

数据冒险（data hazard）也称为**数据相关**（data dependencies）。引起数据冒险的原因在于后面指令用到前面指令的结果时，前面指令的结果还没产生。图 8.48 所示是一个存在数据冒险的流水线例子。

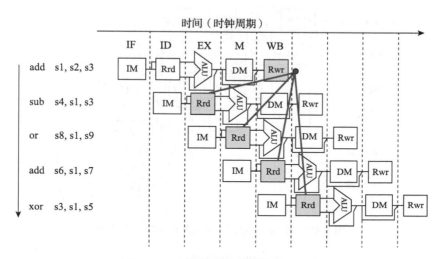

图 8.48　存在数据冒险的流水线例子

在图 8.48 中，第 1 条指令的目的寄存器 s1 是后面 4 条指令的源寄存器。第 1 条指令在 WB 阶段结束才将结果写到 s1 中，而第 2、3、4 条指令分别在第 1 条指令的 EX、M 和 WB 阶段就要取 s1 的内容，显然，如果不采取任何措施的话，这几条指令取到的是 s1 的旧值，只有第 5 条指令 xor 能取到 s1 的新值。从图 8.48 可看出，所有的数据冒险都是由于前面指令写结果之前后面指令就需要读取而造成的，这种数据冒险称为写后读（Read After Write，RAW）数据冒险。在非"乱序"执行的基本流水线中，所有数据冒险都属于 RAW **数据冒险**。对于 RAW **数据冒险**，可以采取以下几个措施。

1. 插入空操作指令

在软件上采取措施，使相关指令延迟执行。最简单的做法是，在编译时预先插入空操作指令 nop。这样做的好处是硬件控制简单，但浪费了指令存储空间和指令执行时间。如图 8.49 所示，共浪费了三条指令的空间和时间。

2. 插入气泡

在硬件上采取措施，使相关指令延迟执行，通过硬件阻塞（stall）方式阻止后续指令执行。这种硬件阻塞的方式称为"插入气泡"（bubble），如图 8.50 所示。

这种方式的控制比较复杂，需要修改数据通路。通常要在数据通路中检测哪两条指令发生了相关，以确定是否进行阻塞。阻塞时，可将控制信号清 0 来阻止结果的写入；也可将指令清 0 以使后续指令执行空操作；或让 PC 写使能信号清 0 以使 PC 值不变，从而使当前指令重复执行。这种方式不增加指令条数，但有额外时间开销。

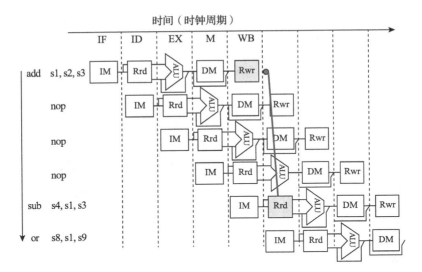

图 8.49　用插入 nop 指令的方式解决数据冒险

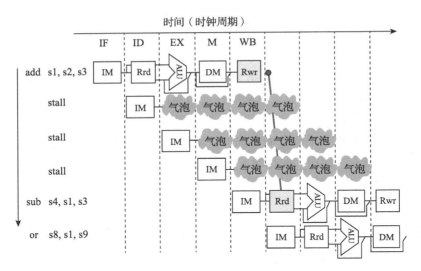

图 8.50　用流水线阻塞的方式解决数据冒险

3. 采用转发技术

将数据通路中生成的中间数据直接转发到 ALU 的输入端。从图 8.48 可看出，第一条指令在 EX 段结束时已经得到 s1 的新值，被存放在 EX/M 流水段寄存器中，因此，可以直接从该流水段寄存器中取出数据送到 ALU 的输入端，这样，在第二条指令执行时 ALU 中用的是 s1 的新值。同样，第三条指令在 ALU 中用到的 s1 也可以直接从 M/WB 流水段寄存器中取。如图 8.51 所示。这种技术称为**转发**（forwarding）或**旁路**（bypassing）技术。第 4 条指令所需的 s1 值，在第一条指令的 WB 阶段将从寄存器写口直接送读口，使读口得到 s1 的新值。

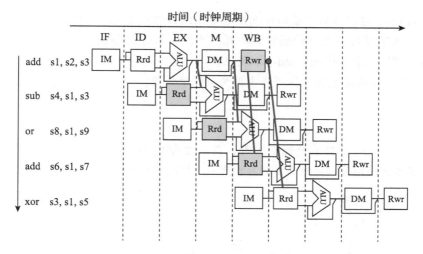

图 8.51　用转发技术解决数据冒险

4. Load-use 数据冒险的检测和处理

　　转发能够解决大部分 RAW 数据冒险，那么，lw 指令随后跟 R - 型指令或 I - 型运算指令的相关性问题，能否通过转发来解决呢？如图 8.52 所示，lw 指令只有在 M 段结束时才能得到 DM 中的结果，然后送 M/WB 寄存器，在 WB 段 s1 中才能存入新值，但随后的 sub 指令在 EX 阶段就要取 s1 的值，因此，只能得到旧值。若采用转发技术，最早也只能在 lw 指令的 M 段结束时，从 M/WB 寄存器中把数据转发出来，可这时随后的 sub 指令已经在 ALU 中完成了运算，显然在 ALU 中进行运算的 s1 寄存器的内容并不是上条 lw 指令读出来的内容。由此可知，用转发技术无法解决 lw 指令和随后运算类指令之间的数据相关问题。通常把这种情况称为 **Load-use 数据冒险**。从图 8.52 可以看出，lw 指令与随后第 2 条及以后指令（如图中的 or 和 add 指令）之间的数据相关问题可以通过转发技术解决。

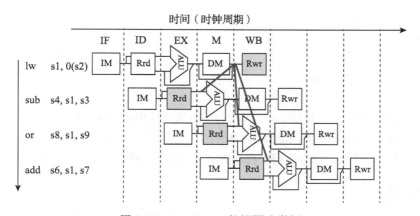

图 8.52　Load-use 数据冒险举例

对于 Load-use 数据冒险，最简单的做法是由编译器在 Load 指令之前插入 nop 指令来解决，这样，就无须硬件来处理数据冒险问题。当然，最好的办法是在程序编译时进行优化，通过调整指令顺序以避免出现 Load-use 现象。

例 8.3 以下是某高级语言源程序中的两条赋值语句。

```
a = b + c;
d = e - f;
```

假定 a、b、c、d、e、f 都被分配在内存，其地址分别用 [a]、[b]、[c]、[d]、[e]、[f] 表示，通过编译器编译后，生成的汇编目标代码（为说明方便起见，在第一列加了序号）如下。

```
1    lw     t2,   [b]
2    lw     t3,   [c]
3    add    t1,   t2,   t3
4    sw     t1,   [a]
5    lw     t5,   [e]
6    lw     t6,   [f]
7    sub    t4,   t5,   t6
8    sw     t4,   [d]
```

请分析上述目标代码中的数据相关性，并说明哪些相关性引起的数据冒险可通过转发技术解决，哪些不能。并要求进行代码优化，以尽量减少 Load-use 数据冒险。

解 上述目标代码中，发生数据相关的指令对是 1-3、2-3、3-4、5-7、6-7、7-8。其中，2-3 和 6-7 两个指令对之间出现了 Load-use 数据冒险，它们不能通过转发技术解决，其他指令对之间的相关性引起的数据冒险都可通过转发技术解决。

可通过调整指令顺序，将一条无关指令插入 Load 和 R-型指令之间来优化代码，以避免 Load-use 现象。本例中通过将第 5 条指令和第 4 条指令分别插入 2-3 和 6-7 指令对中间来优化。以下是编译优化得到的目标代码。

```
1    lw     t2,   [b]
2    lw     t3,   [c]
5    lw     t5,   [e]
3    add    t1,   t2,   t3
6    lw     t6,   [f]
4    sw     t1,   [a]
7    sub    t4,   t5,   t6
8    sw     t4,   [d]
```

显然，优化后的指令序列比优化前的指令序列在流水线中执行速度快。据统计，优化调度后，Load-use 冒险引起的阻塞现象大约能降低 1/3～1/2。由此可见，编译优化对程序的性能是非常重要的，而了解指令的功能、指令执行流程和流水线结构等对构造良好的编译器又是极其必要的。

8.5.3 控制冒险

正常情况下，指令在流水线中总是按顺序执行，当遇到分支指令、跳转指令等这种改变指令执行顺序的情况时，流水线中指令的正常执行会被阻塞。这种由于发生了指令执行顺序改变而引起的流水线阻塞称为**控制冒险**（control hazard）。各类转移指令（包括调用指令、返回指令等）的执行，以及异常和中断的出现都会改变指令执行顺序，因而都可能会引发控制冒险。

1. 转移指令引起的控制冒险

图 8.53 所示是一个由于分支指令（条件转移指令）引起的控制冒险的流水线例子。

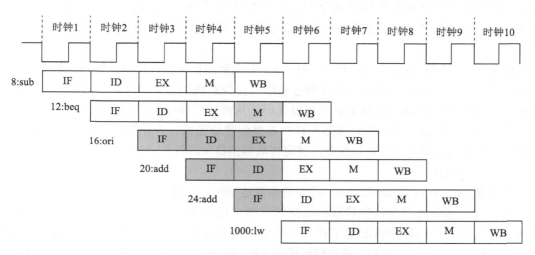

图 8.53　分支指令引起的控制冒险的流水线例子

图 8.53 中，假定 beq 指令的地址为 12，条件满足时其转移目标地址为 1000。从图 8.42 和图 8.44 可以看出，分支指令 beq 的转移目标地址计算操作在 EX 段，并在 M 段由标志 Zero 和控制信号 Branch 来控制，以确定是否将 PC 的值更新为转移目标地址。因此，在图 8.53 所示的例子中，只有当 beq 指令执行到时钟 5 结束才能将转移目标地址 1000 送到 PC 的输入端，在时钟 6 到来后，取出 1000 号单元开始的指令送流水线中执行。此时，紧跟在 beq 后面的第 16、20 和 24 三个单元的指令已在流水线中被执行了一部分。显然，正确的执行顺序应该是第 12 单元中的 beq 指令执行完之后转移到第 1000 单元执行。因此，如果不采取相应措施，则指令流水线的执行便会发生问题。通常把由于流水线阻塞而带来的延迟执行周期数称为**延迟损失时间片** C。显然，图 8.53 中的延迟损失时间片 $C=3$。

由于指令分支而引起的控制冒险也称为**分支冒险**（branch hazard）。对于分支冒险，可采用和前面解决数据冒险一样的硬件阻塞方式（插入气泡）或软件阻塞方式（插入空操作指令）。也即，假设延迟损失时间片为 C，则在数据通路中检测到分支指令时，就在分支指令后插入 C 个气泡，或在编译时在分支指令后填入 C 条 nop 指令。

不过，插入气泡和插入空操作指令这两种都是消极的方式，效率较低。结合分支预测可以降低由于分支冒险带来的时间损失，分支预测有简单（静态）预测和动态预测两种。此外，延迟分支方式也可部分解决分支冒险问题。

（1）简单预测

简单预测与指令执行历史无关，因此，它是一种**静态预测**方式。可以简单预测分支指令的条件总是不满足（not taken）或总是满足（taken）。对于预测不满足的情况，流水线总是按顺序继续执行分支指令的后续指令。如果在数据通路中检测到实际条件确实不满足，则预测正确，没有任何时间损失；如果检测到实际条件满足，则预测不正确，此时，对分支指令后续不该执行的指令（如图 8.53 中的第 16、20、24 单元中的指令）进行冲刷，通过相应的**冲刷**（Flush）控制信号将指令或指令的控制信号清 0（主要保证写信号 RegWr 和 MemWr 清 0）来实现。

RISC-V 指令集手册给出了一种简单的静态分支预测机制，其预测规则为：若 B- 型指令的偏移量为负数，即向后跳转，则预测总是满足；否则预测总是不满足。RISC-V 架构师建议编译器也按照这种预测机制生成机器级代码，从而使得即使采用简单预测的低端 CPU 也能有较好的性能。因为 RISC-V 采用简洁、规整的指令格式，并用带符号整数表示偏移量，所以静态分支预测硬件很容易从指令的固定位取得偏移量的符号，从而快速进行预测。

（2）动态预测

动态预测（dynamic prediction）的准确率可达 90%，现在几乎所有高端处理器都采用动态预测。它利用分支指令发生转移的历史情况来进行预测，并根据实际执行情况动态调整预测位。转移发生的历史情况记录在一个表中，这个表有不同的名称，如**分支历史记录表**（Branch History Table，BHT）、**分支预测缓冲**（Branch Prediction Buffer，BPB）、**分支目标缓冲**（Branch Target Buffer，BTB）等。图 8.54 给出了动态预测和调整过程。

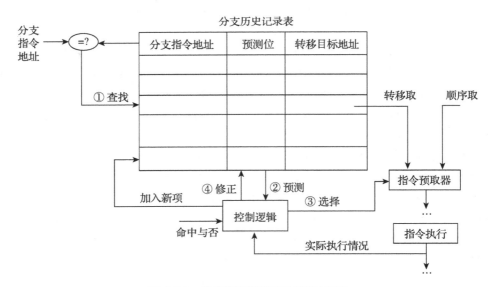

图 8.54　动态预测和调整过程示意图

分支历史记录表的每个表项由分支指令地址作为索引，故在分支指令的 IF 阶段就可取到对应表项中的预测位。因此，完全来得及在分支指令进入 ID 阶段时去取被预测执行的指令。

首先，根据当前分支指令的地址低位查找 BHT 中对应的项。若未找到（即"未命中"），说明该分支指令是第一次执行，则由控制逻辑加入一个新项，将该分支指令的地址低位、转移目标地址和初始预测位填入表项中；若找到（即"命中"），则控制逻辑根据预测位，确定是"转移取"还是"顺序取"。在分支指令执行时，控制逻辑根据实际情况来修改和调整预测位。预测位的宽度对动态预测准确率有影响。有一位、两位预测位，也有的系统采用两位以上的预测位。

（3）延迟分支

除了上述介绍的分支预测结合硬件阻塞和软件插入空指令的方法外，还可以采用**延迟分支**（delayed branch）的方法来解决分支冒险。其主要思想是，采用编译优化来调整指令顺序，把分支指令前与分支指令无关的指令调到分支指令后面执行，以填充延迟损失时间片，不够时用 nop 操作填充。分支指令后面被填的指令位置称为**分支延迟槽**（branch delay slot），需要填入的指令条数（即分支延迟槽数）等于延迟损失时间片。不管分支指令是否满足条件，处理器都会执行在分支延迟槽中填入的指令，而不用在硬件上阻塞流水线的执行。

因为延迟分支技术通过编译器重排指令顺序来实现，所以属于**静态调度**技术。图 8.55 给出了一个分支延迟调度的例子。该例假定流水线的分支延迟损失时间片为 2。从图 8.55 可看出，在 beq 指令前的所有指令中，可以插到 beq 指令后、add 指令前的只有第一条 lw 指令和 sub 指令，但是，如果把这两条指令都调过去的话，则第 2 条 lw 指令和 beq 指令就会形成 Load-use 数据冒险，因此，只能有一条指令填入分支延迟槽，另外还需再加一条 nop 指令，以填充分支延迟损失时间片。

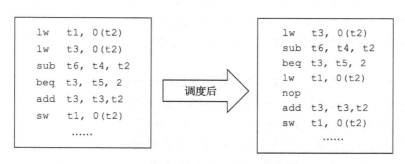

图 8.55　延迟分支调度的一个例子

对于分支冒险来说，分支延迟损失时间片是影响流水线执行效率的重要因素。分支延迟损失时间片越小，插入的气泡或 nop 指令越少，在预测错误时后退的指令条数越少，在分支延迟方式下，调度到分支延迟槽的无关指令条数越少。例如，图 8.55 中假定分支延迟损失时间片减少为 1，则不需填入 nop 指令。

虽然延迟分支技术利用较小的软件代价解决了流水线阻塞问题，但是，当采用一些高级流水线技术和处理异常等情况时，延迟分支技术还是存在一些问题。因此，RISC-V 在设计分支指令的时候决定不采用延迟分支技术。

2. 异常或中断引起的控制冒险

除了上述介绍的由于分支指令引起的控制冒险外，还有异常或中断引起的控制冒险。

异常和中断的出现会改变程序的执行流程，使得流水线执行发生阻塞。与分支冒险一样，当某条指令执行过程中发现异常或中断时，可能它后面的多条指令已经被取到流水线中正在执行。例如，ALU 运算类指令发现"溢出"时，已经到 EX 阶段的结束了，此时，它后面已有两条指令进入了流水线。

通过在数据通路的不同流水段中加入相应的检测逻辑可检测出哪条指令发生了异常。例如，"无效指令"可在 ID 段检出，"无效指令地址"可在 IF 段检出，"无效数据地址"可在 Load/Store 指令的 M 段检出。检测出异常的那个流水段正在执行的指令，就是发生异常的指令。外部中断的检测可以放在第一个流水段 IF 或最后一个流水段 WB 中进行。若放在 IF 中检测，因为可在取指令前进行，若发现有中断请求发生，则能确保在该时钟周期就开始执行中断服务程序，并让已经在流水线中的指令继续执行完，不需要进行指令冲刷；若放在 WB 段进行，则需要将刚执行完的指令后面的几条指令从流水线中清除。

至此已经讨论了单周期、多周期和流水线三种处理器实现方式，指令在这三种处理器上采用不同的执行方式，得到不同的执行效率。从下面的例子中可以看出，虽然单周期和理想流水线两种方式下的 CPI 都是 1，但时钟周期的宽度相差很大，因而，在不同的处理器中执行同样的程序，所用时间相差很大。

例 8.4 假设数据通路中各主要功能单元的操作时间如下。存储器：400ps；ALU 和加法器：200ps；寄存器组读口或写口：100ps。假设 MUX、控制器、PC、扩展器和传输线路等的延迟忽略不计，程序中指令的组成比例为：Load 指令占 25%，Store 指令占 10%，ALU 运算类指令占 52%，Branch 指令占 11%，Jump 指令占 2%。则下面的实现方式中，哪个更快？快多少？

① 单周期方式下，每条指令在一个固定长度的时钟周期内完成。

② 多周期方式下，每类指令的时钟数为：取数，5；存数，4，ALU，4；分支，3；跳转，3。

③ 流水线方式下，每条指令分取指令、取数/译码、执行、存储器访问和写回 5 个阶段。假定没有结构冒险；数据冒险采用"转发"技术处理；分支延迟损失时间片为 1，预测准确率为 75%；不考虑异常、中断等引起的流水线阻塞。

解 CPU 执行时间 = 指令条数 × CPI × 时钟周期，对于同一个程序，三种方式的指令条数都一样，因此只要比较 CPI 和时钟周期即可。

根据已知条件，得到各类指令实际需要的执行时间，大约计算如下。

Load 指令：取指 400ps+寄存器读 100ps+ALU 运算 200ps+取数 400ps+寄存器写 100ps=1.2ns。

Store 指令：取指 400ps+寄存器读 100ps+ALU 运算 200ps+存数 400ps=1.1ns。

ALU 指令：取指 400ps+寄存器读 100ps+ALU 运算 200ps+寄存器写 100ps=800ps。

Branch 指令：取指 400ps+寄存器读 100ps+ALU 运算 200ps=700ps。

Jump 指令：取指 400ps+ALU 运算 200ps=600ps。

① 单周期方式下，时钟周期由最长的 Load 指令确定为 1.2ns。因此，N 条指令的执行时间为 $1.2N$ ns。

② 多周期方式下，以功能部件最长所需时间作为时钟周期，因为存储器访问操作时间最长，为 400ps，所以时钟周期为 400ps。根据各类指令的频度，得到平均 CPI 为 $5 \times 25\% + 4 \times 10\% + 4 \times 52\% + 3 \times 11\% + 3 \times 2\% = 4.12$，因此，$N$ 条指令的执行时间为 $4.12 \times 400\text{ps} \times N = 1.648N$ ns。

③ 流水线方式下，流水线的时钟周期取功能部件最长所需时间，为 400ps。每类指令所需的时钟数如下。

Load 指令：当发生 Load-use 冒险时，执行时间为 2 个时钟周期，否则为 1 个时钟周期，故平均执行时间为 1.5 个时钟周期。

Store 指令、ALU 指令：因为采用了"转发"机制，所以流水线不会被阻塞，故只需 1 个时钟周期。

Branch 指令：分支延迟损失时间片为 1，因而预测错误时阻塞 1 个时钟周期。这样，预测成功时需 1 个时钟周期，预测错误时需 2 个时钟周期。平均约为 $0.75 \times 1 + 0.25 \times 2 = 1.25$ 个时钟周期。

Jump 指令：需等到译码阶段结束才能得到转移地址，故需 2 个时钟周期。

因此，平均 CPI 为 $1.5 \times 25\% + 1 \times 10\% + 1 \times 52\% + 1.25 \times 11\% + 2 \times 2\% = 1.17$，$N$ 条指令的执行时间为 $1.17 \times 400\text{ps} \times N = 0.468N$ ns。

综上所述，流水线方式的执行速度最快，与单周期相比，约为 1.2ns/0.468ns=2.56 倍；与多周期相比，约为 1.648ns/0.468ns=3.52 倍，都要快一倍以上。 ■

*8.6 高级流水线技术

高级流水线技术充分利用**指令级并行**（ILP）来提高流水线的性能。有两种增加指令级并行的策略。

一种是**超流水线**（super-pipelining）技术，通过增加流水线级数来使更多的指令同时在流水线中重叠执行。超流水线并没有改变 CPI 的值，CPI 还是 1，但是，因为理想情况下流水线的加速比与流水段的数目成正比，因此，流水段越多，时钟周期越短，指令吞吐率越高。因此，超流水线的性能比普通流水线好。但是，流水线级数越多，用于流水段寄存器的开销就越大，同时分支预测错误的代价也会上升，因而流水线级数是有限制的，不可能无限增加。

另一种是**多发射流水线**（multiple issue pipelining）技术，通过同时启动多条指令（如整数运算指令、浮点运算指令、存储器访问指令等）独立运行来提高指令并行性。采用多发射流水线技术的处理器称为**超标量**（superscalar）处理器。要实现多发射流水线，其前提是数据通路中有多个执行部件，如定点加减运算、浮点运算、乘/除、取数/存数等各类部件。多发射流水线的 CPI 能达到小于 1，因此，有时用 CPI 的倒数 IPC 来衡量其性能。IPC（Instructions Per Cycle）是指每个时钟周期内完成的指令条数。例如，4 路多发射流水线的理想 IPC 为 4。

实现多发射流水线必须完成以下两个任务：指令打包和冒险处理。**指令打包**任务就是将能够并行处理的多条指令同时发送到发射槽中，因此处理器必须知道每个周期能发射几条指令，哪些指令可以同时发射。这通过**推测**（speculation）技术来完成，可以由编译器或处理器通过猜测指令执行结果来调整指令执行顺序，使指令的执行达到最大可能的并行。指令打包的决策依赖于"推测"的结果，主要根据指令间的相关性来进行推测，与前面指令不相关的指令可以提前执行。例如，如果可以推测出一条 Load 指令和它之前的 Store 指令引用的不是同一个存储地址，则可以将 Load 指令提前到 Store 指令之前执行；也可对分支指令进行推测以提前执行分支目标处的指令。不过，和分支预测技术一样，推测也仅是"猜测"，有可能推测错误，故需有推测错误检测和回退机制，在检测到推测错误时，能回退掉被错误执行的指令。因此，错误推测会导致额外开销。需要结合软件推测和硬件推测来进行，软件推测指编译器通过推测来静态地重排指令顺序，此种推测一定要正确，而硬件推测指处理器在程序执行过程中通过推测来动态地调度指令。

根据推测打包任务主要由编译器静态完成还是由处理器动态执行，可将多发射技术分为两类：静态多发射和动态多发射。

8.6.1　静态多发射处理器

静态多发射处理器主要通过编译器静态推测来辅助完成"指令打包"和"冒险处理"。指令打包的结果可被看成将同时发射的多条指令合并到一个长指令中。通常将同一个周期内发射的多个指令看成一条包含多个操作的长指令，称为一个"**发射包**"。所以，静态多发射指令最初被称为"**超长指令字**"（Very Long Instruction Word，VLIW），采用这种技术的处理器被称为 **VLIW 处理器**。Intel 的 IA-64 架构采用这种方法，Intel 称其为 EPIC（Explicitly Parallel Instruction Computer，显式并行指令计算机）。

因为数据通路中的功能部件及其个数是确定的，所以，同一时钟周期内可发射的指令类型和指令条数是受限的。例如，如果 ALU 运算部件和存储访问部件独立设置，并只各提供一套，则只能同时发射一条 ALU 指令/分支指令和一条 Load/Store 指令。

静态多发射处理器的冒险处理主要是数据冒险和控制冒险。处理冒险的方式可有两种。一种是完全由编译器通过代码调度和插入 nop 指令来静态地消除所有冒险，无须硬件实现冒险检测和流水线阻塞；另一种是由编译器通过静态指令分析和代码调度来消除打包指令的内部依赖，而由硬件检测打包指令之间的数据冒险并进行流水线阻塞。

为了使读者对静态多发射处理器有一定的感性认识，以下以一个简单的 2- 发射 RV32I 处理器为例来分析静态多发射处理器的基本实现。

要使原来的 RV32I 处理器能够同时处理两条流水线，数据通路必须进行一些改进。

① 因为需要同时读取并译码两条指令，所以可将两条指令打包成 64 位的长指令，前面为 ALU/beq 指令，后面为 Load/Store 指令，没有配对指令时，就用 nop 指令代替，将 64 位长指令中的两个操作码同时送到控制器（指令译码器）进行译码。

② 因为两条指令可能同时读两个寄存器（和 Store 指令配对时）或同时写两个寄存器（和 Load 指令配对时），所以通用寄存器组需要增加一个寄存器读口和一个寄存器写口。

③ 因为 ALU/beq 指令进行 ALU 运算时，Load/Store 指令也要计算地址，所以需要增加一个加法器或 ALU 运算部件，包括 ALU 的两组输入总线和一组输出总线。

④ 流水段寄存器要增宽，这是因为两条指令的数据信息和控制信号在流水段寄存器中需要被分别传送。

2- 发射处理器的潜在性能将提高大约两倍，但由于各种原因，实际上达不到。静态多发射处理器的缺点是，为了消除结构冒险，需增加额外部件；此外，由于多条流水线同时发射执行，使得一旦发生数据冒险或控制冒险，便会有更多的指令被阻塞在流水线中，因而增加了潜在的性能损失。而且，为了更有效地利用多发射处理器的并行性，必须要有更强大的编译器，能够充分消除指令间的依赖关系，使指令序列达到最大的并行性。

以下用一个例子来说明编译器如何进行静态指令调度。假设有一个程序段用来实现对一个数组中的所有元素依次进行"加 1"操作，该程序段在 2- 发射 RV32I 机器上对应的机器级代码段如下：

```
loop:   lw   t0, 0(s1)      # 从存储单元取数，送 t0
        addi t0, t0, 1      # t0 加 1
        sw   t0, 0(s1)      # t0 送回存储单元
        addi s1, s1, -4     # 存储单元地址减 4
        bne  s1, zero, loop # 若存储单元地址不为 0，则继续循环
```

由于受 2- 发射 RV32I 流水线处理器结构的限制，指令被分成两类，一类是 ALU/ 分支指令，一类是 Load/Store 指令。为了能在 2- 发射 RV32I 流水线中有效执行上述程序，需重新排列指令序列。因为前三条指令与 t0 相关，后两条指令与 s1 相关，因此，可把第 4 条指令调到第一条后面，但因为 s1 先被减 4，故第三条指令 sw 的偏移量应改为 4。这里，考虑到 Load-use 冒险，无法把 "addi t0,t0,1" 指令再往前调度。调度后得到的指令代码序列如图 8.56 所示。

	ALU/分支指令	Load/Store指令	时钟周期
loop:	nop	lw t0, 0(s1)	1
	addi s1, s1, -4	nop	2
	addi t0, t0, 1	nop	3
	bne s1, zero, loop	sw t0, 4(s1)	4

图 8.56　2- 发射 RV32I 流水线指令代码调度的例子

上述调度结果是循环体内 5 条指令在 4 个时钟周期内完成，因此，实际 CPI 为 0.8，即 IPC=1.25。这个结果与理想情况相比，相差很大。对于在循环结构中的代码，更好的调度技术是"循环展开"。

循环展开的基本思想是，将循环体展开生成多个副本，在展开的指令中统筹调度。例如，对于上例，若循环执行次数是 4 的倍数，则可循环展开 4 次，其最佳调度序列如图 8.57 所示。

	ALU/分支指令	Load/Store指令	时钟周期
loop:	addi s1, s1, -16	lw t0, 0(s1)	1
	nop	lw t1, 12(s1)	2
	addi t0, t0, 1	lw t2, 8(s1)	3
	addi t1, t1, 1	lw t3, 4(s1)	4
	addi t2, t2, 1	sw t0, 16(s1)	5
	addi t3, t3, 1	sw t1, 12(s1)	6
	nop	sw t2, 8(s1)	7
	bne s1, zero, loop	sw t3, 4(s1)	8

图 8.57　2- 发射 RV32I 流水线指令代码"循环展开"调度的例子

循环展开 4 次后，每次循环体内对 4 个数组元素进行操作，数组首地址在 s1 中。由于第一条 addi 指令先将 s1 减 16，使得 s1 指向了数组元素 4，因此，如 8.58 所示，循环内被操作的 4 个数组元素的地址分别是 R[s1]+16、R[s1]+12、R[s1]+8、R[s1]+4。因为第 1 个时钟周期中的 lw 指令进行地址计算时，addi 指令的执行结果还没写到 s1 中，所以，此时 s1 中还是原来的值，因此，该 lw 指令的地址偏移是 0 而不是 16。

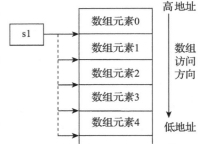

图 8.58　循环展开后的数组元素

循环展开 4 次后，循环内与数组元素的访问和操作相关的三条指令（lw, addi, sw）各有 4 条，再加上一条 addi 指令和一条 bne 指令，共 14 条指令，用了 8 个时钟周期，CPI 达到 8/14=0.57，即 IPC=1.75，显然，比未进行循环展开时的执行效率高。

在循环展开过程中，用到了**寄存器重命名**（也称**寄存器换名**）技术，多用了三个临时寄存器 t1、t2 和 t3 来消除名字依赖关系。名字依赖是一种非真实依赖，只是寄存器名相同而已，实际上存放的并不是同一个数据，因此，可以用另一个寄存器名替换。例如，上述例子中循环展开 4 次后，如果不进行"寄存器重命名"，循环内处理的 4 个数组元素都存放在临时寄存器 t0 中，从而形成寄存器名字依赖关系。实际上 t0 中每次存放的是不同的数组元素，因而可以换用其他临时寄存器来存放。

在循环展开时，需要注意尽量不引起新的数据冒险，例如，指令"addi t0,t0,1"

不能放在第 2 个时钟周期，否则，会引起 Load-use 数据冒险。

从上述例子可以看出，循环展开确实能提高程序执行效率。事实上，即使是在单周期处理器中，使用循环展开技术也有好处。因为循环展开之后，分支指令执行的次数也会减少。例如上例中循环展开了 4 次，那么分支指令执行的次数就减小到原来的 25%。这对一些循环体很小但循环次数很多的代码来说，会有明显的性能提升。比如，对于标准 C 库中的 memcpy 和 memset 等简单函数，通常都用循环展开技术来提升性能。

但是，循环展开技术也是有代价的，使用时需要权衡。本例的代价是多用了三个临时寄存器，并增加了程序的代码长度，因为循环体变长使程序所占的存储空间变大了。如果循环体比较复杂，展开后可能会导致寄存器不足而需要把临时变量分配到栈上，这样反而降低了程序的性能。此外，如果上述例子中循环次数不是 4 的倍数，那么也会有问题。这种情况下，除了调整循环次数外，还要对多出来的不足 4 次的循环另外进行处理。

以上对静态多发射流水线技术做了简要介绍，可以看出，计算机的底层结构和编译器的关系非常密切，编译器的好坏直接影响程序的性能。实现编译器的程序员必须对机器结构非常了解，才能开发出质量优良的编译器。

8.6.2 动态多发射处理器

动态多发射流水线处理器在指令执行时由处理器硬件动态进行流水线调度来完成"指令打包"和"冒险处理"，能在一个时钟周期内执行一条以上指令。

在动态多发射处理器上要达到较好的性能，也需要由编译器进行静态调度，以尽量消除依赖关系，使处理器达到较高的发射速率。但这种静态调度和静态多发射处理器和 VLIW 处理器的静态调度有一些不同。对于 VLIW 处理器的静态调度来说，编译结果与机器结构密切相关；而对于动态调度来说，编译器仅进行指令顺序调整，不需要根据机器结构进行指令打包，而是完全由硬件来决定某个时钟周期发射哪几条指令。

目前**超标量处理器**大多采用动态多发射流水线，在简单的超标量处理器中，指令按顺序发射，每个周期由处理器决定是发射一条还是多条指令，显然，在这种处理器上要达到较好的性能，很大程度上依赖于编译器。为了更好地发挥超标量处理器的性能，多数超标量处理器都结合**动态流水线调度**（dynamic pipeline scheduling）技术，处理器通过指令相关性检测和动态分支预测等手段，投机性地不按指令顺序执行，当发生流水线阻塞时，根据指令的依赖关系，动态地到后面找一些没有依赖关系的指令提前执行。这种指令执行方式称为**乱序执行**（out-of-order scheduling）。

例如，对于以下一段 RV32I 指令序列：

```
lw    t0, 0(s1)
add   t2, t0, t1
sub   s2, s2, t3
addi  t4, s2, 20
```

第一条和第二条指令存在 Load-use 数据冒险，因此，可以采用动态流水线调度方式，将 sub 指令调到第二条指令前面提前执行，不需等 lw 和 add 指令执行完。addi 指令也可以提前，但因为和 sub 指令有依赖关系，所以一定要保证它在 sub 指令后执行。

为了实现动态多发射和动态流水线调度，处理器中需要提供一些必要的机制和相应的处理部件，如指令预取部件、指令调度与分派部件、多个功能部件、重排序缓存等。图 8.59 是动态多发射流水线处理器的通用模型示意图。

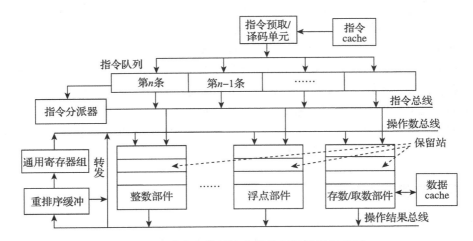

图 8.59   动态多发射流水线处理器的通用模型

如图 8.59 所示，动态多发射流水线处理器主要由以下几个部分组成。

① 指令预取和译码单元。为了保证流水线中有足够的指令执行，必须要有指令预取功能。预取的指令经译码后，放到一个指令队列中。图中的指令 cache 是专门存放指令的高速缓存。有关 cache 存储器的概念请参见第 9 章。

② 指令分派（dispatch）器。通过分析指令功能和指令间的依赖关系，并根据功能部件的空闲情况，确定何时、发射哪条指令、到哪个功能单元中。

③ 功能部件。超标量处理器中一定有多个功能部件，它们各自完成独立的操作，如整数加、整数乘、整数除、浮点加、浮点乘、浮点除、存数/取数等部件。每个功能单元都具有一定的操作性能，通常用两个周期数来刻画之。一个是**执行周期数**（latency），表示完成特定操作所用的时钟周期数；另一个是**发射时间**（issue time），表示连续、独立的两次操作之间的最短周期数。表 8.7 是 Pentium Ⅲ 的部分功能部件性能列表，从表中可看出，整数加、整数乘、浮点加、取数、存数这 5 种部件是流水化的，浮点乘部件是部分流水化的，而整数除和浮点除是完全没有流水化的。每个功能部件有各自的缓冲器，称为保留站，用于保存操作数和操作命令。

④ **重排序缓冲**（ReOrder Buffer，ROB）。ROB 用于保存已完成指令的执行结果，等待在可能时写回通用寄存器中。功能部件一旦完成操作，则将结果同时送其他等待该结果的保

留站和 ROB。指令结果也可在 ROB 中被"转发"。当指令发射时，其源操作数可能是其他指令的运算结果，因而可能正在通用寄存器或 ROB 中，此时，可立即将操作数复制到相应的保留站中；若操作数不在通用寄存器或 ROB 中，则一定会在某个时刻由一个功能部件计算出来，硬件通过定位该功能部件，将结果从旁路转发到相应的保留站。

表 8.7 Pentium Ⅲ 的功能部件性能

操作类型	执行周期数	发射时间
整数加法	1	1
整数乘法	4	1
整数除法	36	36
浮点数加法	3	1
浮点数乘法	5	2
浮点数除法	38	38
取数（cache 命中）	3	1
存数（cache 命中）	3	1

动态多发射流水线的执行模式有三种：按序发射、按序完成；按序发射、无序完成；无序发射、无序完成。动态调度可在流水线发生阻塞时，动态地提前执行无关指令。前面说过，超标量处理器除了需要编译器进行静态指令调度外，还要依靠处理器进行动态调度，因为并不是所有阻塞都能事先由编译器确定。例如，cache 缺失是编译器无法事先预见的阻塞，只有在动态执行时，才能发现是否发生了 cache 缺失；此外，动态分支预测也需要根据执行的真实情况进行预测。

采用动态调度可使硬件将处理器细节屏蔽起来。不同处理器的发射宽度、流水线延时等可能不同，流水线的结构也会影响循环展开的深度，通过动态调度屏蔽处理器细节后，软件发行商无须针对同一指令集的不同处理器发行相应的编译器，并且，以前的代码也可在新的处理器上运行，无须重新编译。

8.7 本章小结

CPU 的基本功能是周而复始地执行指令，并处理异常和中断。CPU 最基本的部分是数据通路（datapath）和控制器（control unit）。数据通路中包含组合逻辑元件和存储信息的状态元件。组合逻辑元件（如加法器、ALU、扩展器、多路选择器以及状态元件的读操作逻辑等）用于对数据进行处理；状态元件包括触发器、寄存器和存储器等，用于对指令执行的中间状态或最终结果进行保存。控制器对取出的指令进行译码，生成对数据通路进行控制的控制信号。

指令执行过程主要包括取指、译码、取数、运算、存结果、查中断。现代计算机的每个指令周期直接由若干个时钟周期组成。每条指令的功能不同，因此每条指令执行时数据在数据通路中所经过的部件和路径也可能不同。

指令流水线是指将每条指令的执行规整化为若干个流水阶段，每个流水阶段的执行时间以最慢的流水段所需时间为准，等于一个时钟周期。理想情况下，每个时钟有一条指令进入流水线，并有一条指令执行结束。指令译码得到的控制信号通过流水段寄存器与本指令的数据信息一起，同步传送到后面各个流水段。

指令在资源冲突、数据相关或控制相关时会发生流水线阻塞，因而影响指令执行效率。结构冒险（资源冲突）是指多条指令同时要求使用同一个功能部件；数据冒险（数据相关）是指前面指令的目的操作数是后面指令的源操作数；控制冒险（控制相关）是指指令不按顺序执行时导致的冒险，如转移指令和异常 / 中断等都会引起控制冒险。

在时间和空间上进一步提高指令级并行性的高级流水线技术通常有三种措施：超流水线、多发射流水线（超标量处理器）和动态流水线调度。动态调度是指处理器通过指令相关性检测和动态分支预测等手段，投机性地不按指令顺序执行，当发生流水线阻塞时，根据指令的依赖关系，动态地到后面找一些没有依赖关系的指令提前执行。

习题

1. 给出以下概念的解释说明。

指令周期	数据通路	控制器（控制部件）	执行部件
操作元件	状态元件	多路选择器	扩展器
程序计数器（PC）	指令寄存器（IR）	指令译码器（ID）	时钟周期
转移目标地址	控制信号	硬连线控制器	微程序控制器
微程序	微指令	控制存储器（CS）	微代码
固件	指令流水线	指令吞吐量	流水段寄存器
流水线冒险	流水线阻塞	结构冒险	数据冒险
气泡	空操作（nop）	转发（旁路）	控制冒险
分支预测	静态分支预测	动态分支预测	延迟时间损失片
分支延迟槽	IPC	超流水线	静态多发射
超长指令字（VLIW）	动态多发射	超标量流水线	动态流水线调度
按序发射	乱序执行	重排序缓冲（ROB）	

2. 简单回答下列问题。

（1）CPU 的基本组成和基本功能各是什么？

（2）取指令部件的功能是什么？

（3）控制器的功能是什么？

（4）单周期处理器的 CPI 是多少？时钟周期如何确定？为什么单周期处理器的性能差？

（5）多周期处理器的设计思想是什么？每条指令的 CPI 是否相同？

（6）在控制器的设计方法上，单周期处理器和多周期处理器的差别是什么？

（7）为什么 CISC 大多用微程序控制器实现，RISC 大多用硬连线控制器实现？

（8）CPU 是如何发现内部异常和外部中断的？两者最本质的不同是什么？

（9）流水线方式下，一条指令的执行时间是缩短了还是加长了？程序的执行时间是缩短了还是加长了？

（10）流水线处理器中的时钟周期如何确定？理想情况下单条流水线处理器的 CPI 为多少？

（11）具有什么特征的指令集易于实现指令流水线？

（12）流水线处理器的控制器实现方式更类似于单周期控制器还是多周期控制器？为什么？

（13）为什么要在各流水段之间加寄存器？各流水段寄存器的宽度是否都一样？为什么？

（14）超流水线和多发射流水线的主要区别是什么？

（15）静态多发射流水线和动态多发射流水线的主要区别是什么？

3. 某计算机字长为 16 位，标志寄存器 Flag 中的 ZF、SF 和 OF 分别是零标志、符号标志和溢出标志，采用双字节定长指令字。假定该计算机中有一条 Bgt（大于零转移）指令，其指令格式如下：第一个字节指明操作码和寻址方式，第二个字节为偏移地址 Imm8。其功能是：若 ZF+（SF $\oplus$ OF）==0 则 PC=PC+2+Imm8，否则 PC=PC+2。回答如下问题：

（1）该计算机存储器的编址单位是多少位？

（2）画出实现 Bgt 指令的数据通路。

4. 假定图 8.18 给出的单周期数据通路对应的控制逻辑发生错误，使得控制信号 RegWr、ALUASrc、Branch、Jump、MemWr、MemtoReg 中的某一个在任何情况下总是为 0，则该控制信号为 0 时哪些指令不能正确执行（要求对题目中列出的每一个控制信号分别讨论）？

5. 假定图 8.18 给出的单周期数据通路对应的控制逻辑发生错误，使得控制信号 RegWr、ALUASrc、Branch、Jump、MemWr、MemtoReg 中的某一个在任何情况下总是为 1，则该控制信号为 1 时哪些指令不能正确执行（要求对题目中列出的每一个控制信号分别讨论）？

6. 若要在 RV32I 指令集中增加一条 swap 指令（功能是实现两个寄存器内容的互换），可以有两种方式。一种是采用伪指令（即软件）方式，这种情况下，当执行到 swap 指令时，用若干条已有指令构成的指令序列来代替实现；另一种做法是直接改动硬件来实现 swap 指令，这种情况下，当执行到 swap 指令时，则可直接在 swap 指令对应的数据通路（硬件）上执行。

（1）写出用伪指令方式实现 "swap rs, rt" 时的指令序列（提示：伪指令对应的指令序列中不能使用其他额外寄存器，以免破坏这些寄存器的值）。

（2）假定用硬件实现 swap 指令时会使每条指令的执行时间增加 10%，则 swap 指令要在程序中占多大的比例才值得用硬件方式来实现，而不是用（1）中给出的伪指令方式实现？

（3）采用硬件方式实现时，在不对通用寄存器组进行修改的情况下，能否在单周期数据通路中实现 swap 指令？对于多周期数据通路的情况又怎样？

7. 假定 RV32 系统中提供一条伪指令 "Bcmp t1,t2,t3"，其功能是实现对两个主存块数据的比较，t1 和 t2 中分别存放两个主存块的首地址，t3 中存放数据块的长度，每个数据占 4 个字节。若所有数据都相等，则将 0 置入 t1；否则，将第一次出现不相等时的地址分别置在 t1 和 t2 中，并结束比较。若 t4 和 t5 是两个空闲寄存器，请给出实现该伪指令的指令序列。

8. 假定图 8.31 所示的多周期数据通路对应的有限状态机控制器发生错误，使得控制信号 PCWr、MARWr、RegWr、BMUX、PCout 中的某一个在任何情况下总是为 0，则该控制信号为 0 时哪些指令不能正确执行（要求对题目中列出的每一个控制信号分别讨论）？

9. 假定图 8.31 所示的多周期数据通路对应的有限状态机控制器发生错误，使得控制信号 PCWr、MARWr、RegWr、BMUX、PCout 中的某一个在任何情况下总是为 1，则该控制信号为 1 时哪些指令不能正确执行（要求对题目中列出的每一个控制信号分别讨论）？

10. 对于多周期 CPU 的异常和中断处理，回答以下问题。

（1）对于除数为 0、溢出、无效指令操作码、无效指令地址、无效数据地址、缺页、访问越权和外部中断，CPU 在哪些指令的哪个时钟周期能分别检测到这些异常或中断？

（2）在检测到某个异常或中断后，CPU 通常要完成哪些工作？简要说明 CPU 如何完成这些工作。

11. 假定在一个 5 级流水线（如图 8.42 所示）处理器中，各主要功能单元的操作时间为：存储单元，200ps；ALU 和加法器，150ps；通用寄存器组的读口或写口，50ps。请问：

（1）若 EX 阶段所用的 ALU 操作时间缩短 20%，则能否加快流水线执行速度？如果能的话，能加快多少？如果不能的话，为什么？

（2）若 ALU 操作时间增加 20%，对流水线的性能有何影响？

（3）若 ALU 操作时间增加 40%，对流水线的性能又有何影响？

12. 假定某计算机工程师想设计一个新的 CPU，一个典型程序的核心模块有 100 万条指令，每条指令的执行时间为 100ps。请问：

（1）在非流水线处理器上执行该程序需要花多长时间？

（2）若新 CPU 采用 20 级流水线，执行上述同样的程序，理想情况下，它比非流水线处理器快多少？实际流水线并不是理想的，流水段之间的数据传送会有额外开销。这些开销是否会影响指令执行时间和指令吞吐率？

13. 假定最复杂的一条指令所用的组合逻辑分成 6 个部分，依次为 A~F，其延迟分别为 80ps、30ps、60ps、50ps、70ps、10ps。在这些组合逻辑块之间插入必要的流水段寄存器就可实现相应的指令流水线，寄存器延迟为 20ps。理想情况下，以下各种方式所得到的时钟周期、指令吞吐率和指令执行时间各是多少？应该在哪里插入流水段寄存器？

（1）插入一个流水段寄存器，得到一个两级流水线。

（2）插入两个流水段寄存器，得到一个三级流水线。

（3）插入三个流水段寄存器，得到一个四级流水线。

（4）吞吐量最大的流水线。

14. 以下指令序列中，哪些指令对之间会发生数据相关？假定采用"取指、译码/取数、执行、访存、写回"5 段流水线方式，那么不用转发技术的话，需要在发生数据相关的指令前加入几条 nop 指令才能使这段程序避免数据冒险？如果采用转发，是否可以完全解决数据冒险？不行的话，需要在发生数据相关的指令前加入几条 nop 指令才能使这段 RV32I 程序不发生数据冒险？

```
add  s3, s1, s0
add  t2, s3, s3
lw   t1, 0(t2)
add  t3, t1, t2
```

15. 假定以下 RV32I 指令序列在图 8.42 所示的流水线数据通路中执行：

```
add  s3, s1, s0
sub  t2, s3, s3
lw   t1, 0(t2)
add  t3, t1, t2
add  t1, s4, s5
```

请问：

（1）上述指令序列中，哪些指令的哪个寄存器需要转发，转发到何处？

（2）上述指令序列中，是否存在 Load-use 数据冒险？

（3）第 5 周期结束时，各指令的执行状态是什么？哪些寄存器的数据正被读出？哪些寄存器将被写入？

16. 假定有一个程序的指令序列为"lw, add, lw, add, ..."，add 指令仅依赖它前面的 lw 指令，而 lw 指令也仅依赖它前面的 add 指令，寄存器写口和寄存器读口分别在一个时钟周期的前、后半个周期内独立工作。请问：

（1）在带转发的 5 段流水线中执行该程序，其 CPI 为多少？

（2）在不带转发的 5 段流水线中执行该程序，其 CPI 为多少？

17. 假定在一个带转发的 5 段流水线中执行以下 RV32I 程序段，应怎样调整指令序列以使其性能达到最好？

```
lw    s2, 100(s6)
add   s2, s2, s3
lw    s3, 200(s7)
add   s6, s4, s7
sub   s3, s4, s6
lw    s2, 300(s8)
beq   s2, s8, Loop
```

18. 在一个采用"取指、译码 / 取数、执行、访存、写回"的 5 段流水线中，若检测相减结果是否为"零"的操作在执行阶段进行，则分支延迟损失时间片（即分支延迟槽）为多少？以下一段 RV32I 指令序列中，在考虑数据转发的情况下，哪些指令执行时会发生流水线阻塞？各需要阻塞几个时钟周期？

```
loop: add   t1, s3, s3
      add   t1, t1, t1
      add   t1, t1, s6
      lw    t0, 0(t1)
      bne   t0, s5, Exit
      add   s3, s3, s4
      j     Loop
Exit:
```

19. 假设数据通路中各主要功能单元的操作时间为：存储单元，200ps；ALU 和加法器，100ps；通用寄存器组的读口或写口，50ps。程序中指令的组成比例为：取数，25%；存数，10%；ALU，52%；分支，11%；跳转，2%。假设时钟周期取存储操作时间的一半，MUX、控制器、PC、扩展器和传输线路等的延迟都忽略不计，则下面的实现方式中，哪个更快？快多少？

（1）单周期方式。每条指令在一个固定长度的时钟周期内完成。

（2）多周期方式。每类指令的 CPI 为：取数，7；存数，6；ALU，5；分支，4；跳转，4。

（3）流水线方式。采用"取指 1、取指 2、取数 / 译码、执行、存取 1、存取 2、写回"7 段流水线；没有结构冒险；数据冒险采用转发技术处理；Load 指令与后续各指令之间存在依赖关系的概率分别 1/2、1/4、1/8 等；分支延迟损失时间片为 2，预测准确率为 75%；不考虑异常、中断和访问缺失引起的流水线冒险。

存储器层次结构

在计算机系统的微架构层中，除了第 8 章介绍的中央处理器外，还包括存储器和 I/O 部件。计算机中的存储器不仅有主存，还有寄存器、高速缓存、磁盘、磁带、光盘等，它们各自有不同的速度、容量和价格，各类存储器按照层次化方式构成层次结构。

本章主要介绍各类存储器的工作原理和组织形式。主要包括：半导体随机存取存储器、磁盘存储器等不同类型存储器的基本读写原理和组织结构，存储器芯片和 CPU 的连接，高速缓存的基本原理和实现技术，以及虚拟存储器系统的实现技术。

9.1 存储器概述

9.1.1 存储器的基本元件

存储元件必须具有两个截然不同的物理状态，才能被用来表示二进制代码 0 和 1。目前使用的存储元件主要有半导体器件、磁性材料和光介质。用半导体器件构成的存储器称为**半导体存储器**；磁性材料存储器主要是**磁表面存储器**，如磁盘存储器和磁带存储器；光介质存储器有 CD、DVD 和 BD（蓝光）等光盘存储器。

1. 半导体存储器

半导体存储器有**随机存取存储器**（Random Access Memory，RAM）、**只读存储器**（Read Only Memory，ROM）和闪存（Flash）等几种。

RAM 和 ROM 都采用随机存取方式进行访问。随机存取方式的特点是通过对地址译码来访问存储单元，因为每个地址译码的时间相同，所以，在不考虑芯片内部缓冲的前提下，每个单元的访问时间是一个常数，与地址无关。

Flash 存储元是在 EPROM 存储元基础上发展起来的。Flash 存储器的读操作速度和写操作速度不同，其读取速度与半导体 RAM 芯片相当，而写数据（快擦 - 编程）的速度则比 RAM 芯片慢很多。

由 NAND 闪存组成的**固态硬盘**（Solid State Disk，SSD）也被称为**电子硬盘**。它与 U 盘没有本质差别，只是容量更大，存取性能更好。它用闪存颗粒代替磁盘作为存储介质，利用闪存的特点，以区块写入和抹除的方式进行数据的读取和写入。

2. 磁盘存储器

磁盘存储器由磁盘驱动器和磁盘控制器组成。**磁盘驱动器**由多张盘片、主轴、主轴电机、移动臂、磁头和控制电路等部分组成，通过在接口插座上的电缆与**磁盘控制器**连接。每个盘片的两个面上各有一个磁头，因此，**磁头号**就是盘面号。磁头和盘片相对运动形成的圆，构成一个**磁道**（track），磁头位于不同的半径上，则得到不同的磁道。多个盘面上的相同磁道形成一个**柱面**（cylinder），所以，**磁道号**就是柱面号。信息存储在每个盘面的磁道上，每个磁道被分成若干**扇区**（sector），以扇区为单位进行磁盘读写。假定按每个扇区 512 字节算，则磁盘实际数据容量（也称格式化容量）的计算公式为：

磁盘实际数据容量＝2× 盘片数 × 磁道数 / 面 × 扇区数 / 磁道 ×512B / 扇区

早期扇区大小一直是 512 字节，但现在大多为 4096 字节扇区，通常称为 4KB 扇区。

磁盘响应读写请求的过程如下：首先将读写请求在队列中排队，出队列后由磁盘控制器解析请求命令，然后进行寻道、旋转等待和读写数据三个过程。磁盘上的信息以扇区为单位进行读写，磁盘**平均存取时间为平均寻道时间、平均等待时间、**一个扇区传输时间三者之和。

平均等待时间取磁盘旋转一周所需时间的一半，大约 4～6ms。假如磁盘转速为 6000 转 / 分，则平均等待时间约为 5ms。因为数据传输时间相对于寻道时间和等待时间来说非常短，所以，磁盘的平均存取时间通常近似等于平均寻道时间和平均等待时间之和。

3. 光盘存储器

光介质存储技术以其极大的存储容量、较高的可靠性和低廉的价格，成为音 / 视频等多媒体信息存储以及海量数据备份场景下所用的一种存储技术。

光盘存储器由光盘片和光盘驱动器两个部分组成。光盘片用于存储数据，利用在盘面上压制凹坑的机械办法来记录信息，凹坑的边缘处表示"1"，凹坑和非凹坑的平坦部分表示"0"，主要有 CD、DVD 和 BD（蓝光）三种光盘片，所有光盘片都需要使用激光读出信息。光盘驱动器简称光驱，用于驱动光盘片旋转并读出信息。

4. 易失性和非易失性

存储器按断电后信息的可保存性分成**非易失性**（不挥发）存储器（nonvolatile memory）和**易失性**（挥发）存储器（volatile memory）。非易失性存储器的信息可一直保留，不需电源维持，如 ROM、磁表面存储器、光存储器等都属于非易失性存储器。易失性存储器在电源关闭时信息自动丢失，如主存和高速缓存都属于易失性存储器。

9.1.2 存储器的层次结构

存储器容量指它能存放的二进制位数或字节数。存储器的访问时间也称为**存取时间**（access time），是指访问一次数据所用的时间。存储器容量和访问时间应能随着处理器速度的提高而同步提高，以保持系统性能的平衡。然而，随着时间的推移，处理器和存储器在性能上的差异越来越大。为了缩小存储器和处理器两者之间的差距，通常在计算机系统中采用层次化存储结构。

　　应用对计算机存储器的需求是大容量、高速度和低成本，但从现有技术看，某一种存储元件制造的存储器很难同时满足这些要求。例如，半导体存储器的存取速度快，但是难以构成大容量存储器。而大容量、低成本的磁表面存储器的存取速度又远低于半导体存储器，并且难以实现随机存取。因此，在计算机中把各种不同容量和不同存取速度的存储器按一定的结构有机地组织在一起，以形成层次化存储结构，使得整个存储系统在速度、容量和价格等方面具有较好的综合性能指标。图 9.1 是存储系统层次结构示意图。

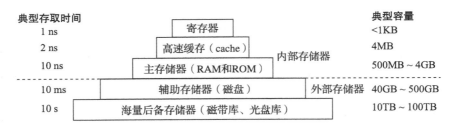

图 9.1　存储器层次结构

　　图 9.1 中给出的典型存取时间和存储容量会随时间变化，但图中这些数据反映了速度和容量之间的关系，以及层次化结构存储器的构成思想。速度越快则容量越小、越靠近 CPU。

　　数据一般只在相邻两层之间复制传送，而且总是从慢速存储器复制到快速存储器。不同层次间传送的定长块的大小不同，靠近 CPU 的相邻层之间的传送块小，远离 CPU 的相邻层之间的传送块大。

　　主存是存储器层次结构中的核心存储器，用来存放系统中被启动运行的程序及其数据。把系统运行时直接和主存交换信息的存储器称为**外部辅助存储器**，简称**辅存**或**外存**。磁盘存储器相对于磁带和光盘存储器速度更快，因此，目前大多用磁盘存储器和固态硬盘作为辅存，辅存的内容需要调入主存后才能被 CPU 访问。磁带存储器和光盘存储器的容量大、速度慢，主要用于信息的备份和脱机存档，因此被用作海量后备存储器。

9.2　主存储器的基本结构

　　CPU 可以直接访问寄存器、cache 和主存这些内部存储器，而外部存储器的信息则要先取到主存，然后才能被 CPU 访问。因此，主存作为 CPU 和外部存储器之间的桥梁，在整个存储器层次结构中起着非常重要的作用。

9.2.1　主存储器的组成和基本操作

　　图 9.2 所示是**主存储器**（Main Memory，MM）的基本框图。其中由一个个存储 0 或 1 的

记忆单元（cell）构成的存储阵列是存储器的核心部分。这种**记忆单元**也称为**存储元、位元**，它是具有两种稳态的能表示二进制 0 和 1 的物理器件。**存储阵列**（bank）也被称为**存储体、存储矩阵**。为了存取存储体中的信息，必须对存储单元编号，所编号码就是地址。对各**存储单元**进行编号的方式称为**编址方式**（addressing mode），可以**按字节编址**，也可以**按字编址**。**编址单位**（addressing unit）是指具有相同地址的那些位元构成的一个单位，可以是一个字节（按字节编址）或一个字（按字编址）。现在大多数通用计算机都采用按字节编址方式，因此，存储体内一个地址中有一个字节。也有许多专用于科学计算的大型计算机采用 64 位编址，这是因为科学计算中的数据大多是 64 位浮点数。

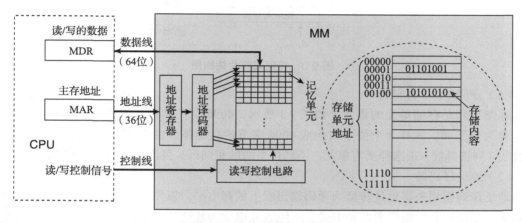

图 9.2 主存储器基本框图

指令执行过程中需要访问主存时，CPU 首先把被访问单元的地址送到**主存地址寄存器**（MAR）中，然后通过地址线将主存地址送到主存中的地址寄存器，以便地址译码器进行译码并选中相应单元，同时，CPU 将读 / 写信号通过控制线送到主存的读写控制电路。如果是写操作，CPU 同时将要写的信息送到**主存数据寄存器**（MDR）中，在读写控制电路的控制下，经数据线将信息写入选中的单元；如果是读操作，则主存读出选中单元的内容送数据线，然后送到 MDR 中。数据线的宽度与 MDR 的宽度相同，地址线的宽度与 MAR 的宽度相同。图 9.2 中采用 64 位数据线，所以在字节编址方式下，每次最多可以存取 8 个单元的内容。地址线的位数决定了主存地址空间的**最大可寻址范围**，例如，36 位地址的最大寻址范围为 $0 \sim 2^{36}-1$，地址从 0 开始编号。

9.2.2 SRAM 芯片和 DRAM 芯片

存储器芯片中的存储阵列由基本存储元件构成。静态 MOS 管存储元件构成的芯片称为静态 RAM（SRAM）芯片，动态 MOS 管存储元件构成的芯片称为动态 RAM（DRAM）芯片。有关存储元件的基本原理见 5.1.2 节。

如图 9.3 所示，存储器芯片由存储矩阵、I/O 电路、地址译码和控制电路等部分组成。

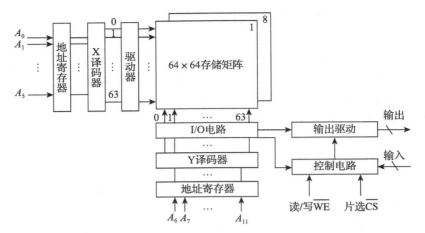

图 9.3 存储器芯片结构图

（1）存储矩阵（存储体）

存储矩阵是存储单元的集合。如图 9.3 所示，4096 个存储单元被排成 64×64 的存储阵列，称为位平面，这样 8 个位平面构成 4096 字节的存储体。由 X 选择线（行选择线）和 Y 选择线（列选择线）来选择所需单元，不同位平面的相同行、列上的位同时被读出或写入。

（2）地址译码器

地址译码器用来将地址转换为译码输出线上的高电平，以便驱动相应的读写电路。地址译码有一维译码和二维译码两种方式。一维方式也称为**线选法**或**单译码法**，适用于小容量的 SRAM；二维方式也称为**重合法**或**双译码法**，适用于容量较大的 DRAM。

在单译码方式下，只有一个行译码器，同一行中所有存储单元的字线连在一起，接到地址译码器的输出端，这样，选中一行中的各单元构成一个字，被同时读出或写入，这种结构的存储器芯片被称为**字片式芯片**。

地址位数 n 较大时，地址译码器输出线太多。比如，$n=12$ 时单译码结构要求译码器有 4096 根输出线（字选择线），因此，大容量的 DRAM 芯片不宜采用一维单译码方式的字片式芯片结构。目前，DRAM 芯片大多采用双译码结构。地址译码器分为 X 和 Y 方向两个译码器。图 9.3 采用的就是二维双译码结构，其存储阵列组织如图 9.4 所示。

图中的存储阵列有 4096 个单元，需要 12 根地址线 $A_{11} \sim A_0$，其中，$A_{11} \sim A_6$ 送至 X 地址译码器，有 64 条译码输出线 $x_0 \sim x_{63}$，各连接存储矩阵中相应一行所有记忆单元的字选择线；$A_5 \sim A_0$ 送至 Y 地址译码器，它也有 64

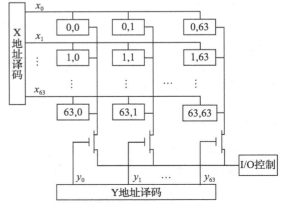

图 9.4 二维双译码结构（位片式芯片）

条译码输出线 $y_0 \sim y_{63}$，分别控制一列单元的位线控制门。假如输入的 12 位地址为 $A_{11}A_{10}\cdots$ A_0=000001 000000，则 X 地址译码器的第 2 根译码输出线（x_1）为高电平，于是与它相连的 64 个存储单元的字选择线为高电平。Y 地址译码器的第 1 根译码输出线（y_0）为高电平，打开第一列的位线控制门。在 X、Y 译码的联合作用下，存储矩阵中的（1，0）单元被选中。

在选中的行和列交叉点上的单元只有一位，因此，采用二维双译码结构的存储器芯片被称为**位片式芯片**。有些芯片的存储阵列采用**三维结构**，用多个**位平面**构成存储阵列，不同位平面在同一行和列交叉点上的多位构成一个**存储字**，被同时读出或写入。

（3）驱动器

在双译码结构中，一条 X 方向的选择线要控制在其上的各个存储单元的字选择线，所以负载较大，因此需要在译码器输出后加驱动器。

（4）I/O 控制电路

用以控制被选中的单元的读出或写入，具有放大信息的作用。

（5）片选控制信号 $\overline{CS}$

单个芯片容量太小，往往满足不了计算机对存储器容量的要求，因此需将一定数量的芯片按特定方式连接成一个完整的存储器。在访问某个字时，必须"选中"该字所在芯片，而其他芯片不被"选中"。因而芯片上除了地址线和数据线外，还应有片选控制信号。在地址选择时，由芯片外的地址译码器的输入信号以及控制信号（如"访存控制"信号）来产生片选控制信号，选中要访问的存储字所在的芯片。$\overline{CS}$ 表示当片选信号为低电平时选中所在芯片。

（6）读/写控制信号 $\overline{WE}$

根据 CPU 给出的是读命令还是写命令，控制被选中存储单元进行读或写。$\overline{WE}$ 表示当读/写信号为低电平时进行写操作，为高电平时进行读操作。

图 9.5 是典型的 4M×4 位 DRAM 芯片示意图。DRAM 芯片采用**地址引脚复用**技术，行地址和列地址通过相同的引脚分先后两次输入，这样地址引脚数可减少一半。

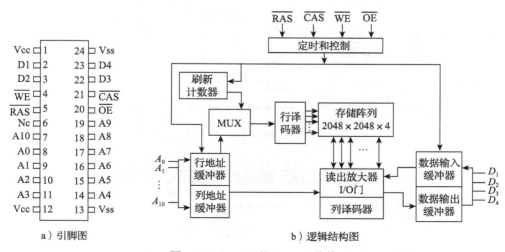

a）引脚图　　　　　　　　　　b）逻辑结构图

图 9.5　4M×4 位 DRAM 芯片

如图 9.5a 所示，4M×4 位 DRAM 芯片共有 11 根地址引脚线 $A_0 \sim A_{10}$，4 根数据引脚线 $D_1 \sim D_4$，可同时读出 4 位数据。如图 9.5b 所示，该芯片存储阵列采用三维结构，容量为 2048×2048×4 位，因此，行地址和列地址各 11 位，有 4 个位平面，在每个行、列交叉处的 4 个位平面数据同时进行读写。

DRAM 芯片需要**刷新**。由于刷新是针对一行中所有存储元进行的，所以无须进行列寻址。芯片内部有一个行地址生成器（也称**刷新计数器**），由它自动生成刷新行地址。行地址缓冲器和刷新计数器通过一个多路选择器将选择的行地址输出到行译码器，刷新计数器的位数也是 11 位，一次刷新相当于对一行数据进行一次读操作，每次读后再生，即某单元读出是 0 则充分放电，读出是 1 则进行充电。

刷新周期定义为从上次对整个存储器的刷新结束，到下次对整个存储器全部刷新一遍为止的时间间隔，也就是对某一个特定的行进行相邻两次刷新的时间间隔。目前公认的刷新周期标准是 64ms，但有些器件也不一定是 64ms。

9.2.3　存储器芯片的扩展

由若干个存储器芯片可构成一个内存条，通常需要在字方向和位方向上进行扩展。例如，用 16K×4 位的存储芯片在字方向上扩展 4 倍、位方向上扩展 2 倍，可构成一个 64K×8 位的内存条。

图 9.6 是用 8 个 16M×8 位的 DRAM 芯片扩展构成一个 128MB 内存条的示意图。每片 DRAM 芯片中有一个 4096×4096×8 位的存储阵列，所以，行地址和列地址各 12 位（2^{12}=4096），有 8 个位平面。

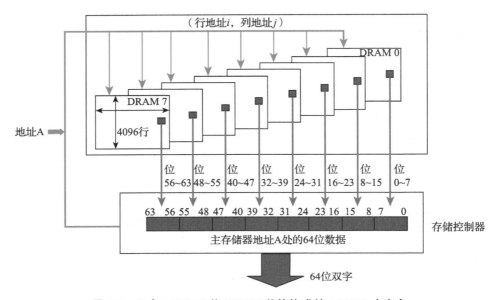

图 9.6　8 个 16M×8 位 DRAM 芯片构成的 128MB 内存条

内存条通过存储器总线连接到**存储器控制器**（简称**存控**），CPU 通过存控对内存条中的 DRAM 芯片进行读写。CPU 要读写的存储单元地址通过总线被送到存控，然后由存控将存储单元地址转换为 DRAM 芯片的行地址 i 和列地址 j，分别在**行地址选通**（RAS）信号和**列地址选通**（CAS）信号的控制下，通过 DRAM 芯片的地址引脚，分时送到 DRAM 芯片内部的**行地址译码器**和**列地址译码器**，以选择行、列地址交叉点 (i, j) 的 8 位数据同时进行读写。8 个芯片就可同时读取 64 位，组合成总线所需的 64 位传输宽度，再通过存储器总线进行传输。

现代通用计算机大多按字节编址，因此，在图 9.6 所示的存储器结构中，同时读出的 64 位只可能是第 0～7 单元，第 8～15 单元，…，第 $8k$～$8k+7$ 单元，以此类推，且同时读出的 8 个字节分别位于 8 个芯片中。因此，如果访问的一个 int 型数据不对齐，例如，起始地址为 6，即在第 6、7、8、9 这 4 个存储单元中，则需要访问两次存储器：第 1 次读取 6、7 两个单元，第 2 次读取 8、9 两个单元。如果数据对齐的话，即起始地址是 4 的倍数，则只要访问一次即可。这就是数据需要对齐的原因。

9.3　高速缓冲存储器

通过提高存储芯片本身的速度或采用并行存储器结构可以缓解 CPU 和主存之间的速度匹配问题。除此以外，在 CPU 和主存之间设置**高速缓存**（cache）也可以提高 CPU 读写指令和数据的速度。

9.3.1　程序访问的局部性

对大量典型程序运行情况的分析结果表明，在较短时间间隔内，程序产生的地址往往集中在存储器的一个很小范围内，这种现象称为程序访问的局部性，包括时间局部性和空间局部性。**时间局部性**指被访问的存储单元在较短的时间内很可能被重复访问。**空间局部性**指被访问的存储单元的邻近单元在较短的时间间隔内很可能被访问。

出现程序访问局部性的原因不难理解。程序由指令和数据组成，指令在主存按顺序存放，其地址连续，循环程序段或子程序段通常被重复执行，因此，指令的访问具有明显的局部化特性；而数据在主存一般也是连续存放，特别是数组元素，常常被按序重复访问，因此，数据也具有明显的访问局部化特征。

例 9.1　假定数组元素按行优先方式存放在主存，则以下两段伪代码程序 A 和 B 中：①对于数组 a 的访问，哪一个空间局部性更好？哪一个时间局部性更好？②变量 sum 的空间局部性和时间局部性各如何？③对于指令访问来说，for 循环体的空间局部性和时间局部性如何？

```
程序段 A
1   int sum-array-rows (int a[M][N])
2   {
3       int i, j, sum=0;
4       for (i= 0; i<M; i++)
5           for (j= 0; j<N; j++)
6               sum+=a[i][j];
7       return sum;
8   }
```

```
程序段 B
1   int sum-array-cols (int a[M][N])
2   {
3       int i, j, sum=0;
4       for (j= 0; j<N; j++)
5           for (i=0; i<M; i++)
6               sum+=a[i][j];
7       return sum;
8   }
```

解 假定 M、N 都为 2048, 按字节编址, 每个数组元素占 4 个字节, 则指令和数据在主存的存放情况如图 9.7 所示。

① 对于数组 a, 程序段 A 和 B 的空间局部性相差较大。程序 A 对数组 a 的访问顺序为 a[0][0], a[0][1], …, a[0][2047]; a[1][0], a[1][1], …, a[1][2047]…。由此可见, 访问顺序与存放顺序是一致的, 故空间局部性好。程序 B 对数组 a 的访问顺序为 a[0][0], a[1][0], …, a[2047][0]; a[0][1], a[1][1], …, a[2047][1]…。由此可见, 访问顺序与存放顺序不一致, 每次访问都要跳过 2048 个数组元素, 即 8192 个单元, 因而没有空间局部性。

时间局部性在程序 A 和 B 中都差, 因为每个数组元素都只被访问一次。

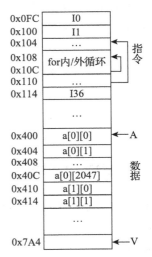

图 9.7 指令和二维数组在主存的存放

② 对于变量 sum, 在程序段 A 和 B 中的访问局部性是一样的。空间局部性对单个变量来说没有意义; 而时间局部性在 A 和 B 中都较好, 因为 sum 变量在 A 和 B 的每次循环中都要被访问。不过, 通常编译器都将其分配在寄存器中, 循环执行时只要取寄存器内容进行运算, 最后再把寄存器中的内容写回到存储单元中。

③ 对于 for 循环体, 程序段 A 和 B 中的访问局部性是一样的。因为循环体内指令按序连续存放, 所以空间局部性好; 内循环体被连续重复执行 2048×2048 次, 因此时间局部性也好。

从上述分析可以看出, 虽然程序 A 和 B 的功能相同, 但因为内、外两重循环的顺序不同而导致两者对数组 a 访问的空间局部性相差较大, 从而带来执行时间的不同。曾有人将这两段程序 (M=N=2048) 放在 2GHz Pentium 4 上执行以进行比较, 实际运行结果为: 程序 A 的执行只需要 59 393 288 个时钟周期, 而程序 B 则需要 1 277 877 876 个时钟周期。程序 A 比程序 B 快 21.5 倍!

9.3.2　cache 的基本工作原理

cache 是一种小容量高速缓冲存储器，由快速的 SRAM 记忆元件组成，直接制作在 CPU 芯片内，速度几乎与 CPU 一样快。在 CPU 和主存之间设置 cache，总是把主存中被频繁访问的活跃程序块和数据块复制到 cache 中。

为便于 cache 和主存间交换信息，cache 和主存空间都被划分为大小相等的区域。主存中的区域称为**块**（block），也称为**主存块**，它是 cache 和主存之间的信息交换单位；cache 中存放一个主存块的区域称为 **cache 行**（line）或**槽**（slot）。

为了更好地利用程序访问的空间局部性，通常把当前访问单元以及邻近单元作为一个主存块一起调入 cache。由于程序访问的局部性，大多数情况下，CPU 能直接从 cache 中取得指令和数据，而不必访问主存。

1. cache 的有效位

在系统启动或复位时，每个 cache 行都为空，其中的信息无效，只有装入了主存块后信息才有效。为了说明 cache 行中的信息是否有效，每个 cache 行需要一个**有效位**（valid bit）。

有了有效位，就可通过将有效位清 0 来淘汰某 cache 行中的主存块，称为**冲刷**（flush），装入一个新主存块时，再使有效位置 1。

2. CPU 在 cache 中的访问过程

CPU 执行程序过程中，需要从主存取指令或读数据时，先检查 cache 中有没有要访问的信息，若有，就直接从 cache 中读取，而不用访问主存储器；若没有，再从主存中把当前访问信息所在的一个主存块复制到 cache 中，因此，cache 中的内容是主存中部分内容的副本。

图 9.8 给出了带 cache 的 CPU 执行一次访存操作的过程。

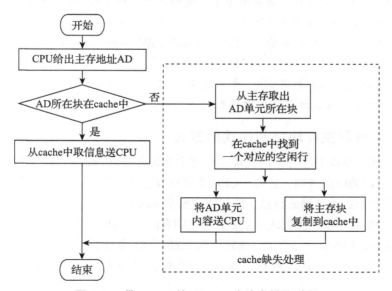

图 9.8　带 cache 的 CPU 一次访存操作过程

如图 9.8 所示，整个访存过程包括：判断信息是否在 cache，从 cache 取信息或从主存取一个主存块到 cache 等工作，甚至在对应 cache 行已满的情况下还要替换 cache 中的信息。这些工作要求在一条指令执行过程中完成，因而只能由硬件实现。因此，cache 对程序员来说是透明的，即程序员编程时不用考虑信息存放在主存还是在 cache。

3. cache - 主存层次的平均访问时间

如图 9.8 所示，在访存过程中，CPU 需要判断所访问信息是否在 cache 中。若 CPU 访问单元所在的块在 cache 中，则称为 **cache 命中**（hit），命中的概率称为**命中率**（hit rate）p，它等于命中次数与访问总次数之比；若不在 cache 中，则称为**不命中或缺失**（miss）[⊖]，其概率称为**缺失率**（miss rate），它等于不命中次数与访问总次数之比。命中时，CPU 在 cache 中直接存取信息，所用的时间开销就是 cache 访问时间 T_c，称为**命中时间**（hit time）；缺失时，需要从主存读取一个主存块送 cache，并同时将所需信息送 CPU，因此，所用时间开销为主存访问时间 T_m 和 cache 访问时间 T_c 之和。通常把从主存读入一个主存块到 cache 的时间 T_m 称为**缺失损失**（miss penalty）。

CPU 在 cache - 主存层次的平均访问时间为 $T_a = p \times T_c + (1-p) \times (T_m + T_c) = T_c + (1-p) \times T_m$。

由于程序访问的局部性特点，cache 的命中率可以达到很高，接近于 1。因此，虽然缺失损失 >> 命中时间，但最终的平均访问时间仍可接近 cache 的访问时间。

例 9.2 假定 CPU 时钟周期为 2ns，某程序由 1000 条指令组成，每条指令执行一次，其中的 4 条指令在取指令时没有在 cache 中找到，其余指令都能在 cache 中取到。在执行指令过程中，该程序需要 3000 次主存数据访问，其中，6 次没有在 cache 中找到。试问：

① 执行该程序得到的 cache 命中率是多少？

② 若 cache 中存取一个信息的时间为 1 个时钟周期，缺失损失为 4 个时钟周期，则 CPU 在 cache - 主存层次的平均访问时间为多少？

解 ① 执行该程序时的总访问次数为 1000+3000=4000，未命中次数为 4+6=10，故 cache 命中率为（4000-10）/ 4000=99.75%。

② cache - 主存层次的平均访问时间为 1 + （1-99.75%）×4 = 1.01 个时钟周期，即 1.01×2ns = 2.02ns，与 cache 的访问时间相近。   ∎

9.3.3 cache 行和主存块之间的映射方式

cache 行中的信息取自主存中的某块。在将主存块复制到 cache 行时，主存块和 cache 行之间必须遵循一定的映射规则，这样，CPU 要访问某个主存单元时，可以依据映射规则，到 cache 对应的行中查找要访问的信息，而不用在整个 cache 中查找。

根据不同的映射规则，主存块和 cache 行之间有以下三种映射方式。

- **直接**（direct）**映射**：每个主存块映射到 cache 的固定行中。
- **全相联**（fully associate）**映射**：每个主存块映射到 cache 的任意行中。

⊖ 国内教材对"不命中"的说法有多种，如"失效""失靶""缺失"等，其含义一样，本教材使用"缺失"一词。

- 组相联（set associate）映射：每个主存块映射到 cache 的固定组的任意行中。

以下分别介绍三种映射方式。

1. 直接映射

直接映射的基本思想是把每一个主存块映射到固定的 cache 行中，也称**模映射**，其映射关系如下：

$$\text{cache 行号} = \text{主存块号} \bmod \text{cache 行数}$$

例如，假定 cache 共有 16 行，根据 100 mod 16=4 可知，主存第 100 块应映射到 cache 的第 4 行中。

通常 cache 的行数是 2 的幂次，假定 cache 有 2^c 行，主存有 2^m 块，这个映射函数的直观含义很简单，即以 m 位主存块号中的后 c 位作为对应的 cache 行号来进行 cache 映射。也就是说，m 位块号中低 c 位相同的那些内存块，即"同余"内存块，将被映射到同一个 cache 行，形成一个"多对一"的映射关系。

简言之，主存块以 2^c 为模，被映射到 cache 的固定行中，如图 9.9a 所示。由映射函数可看出，主存块号的低 c 位正好是它要装入的 cache 行号。在 cache 中，给每一个行设置一个 t 位长的标记（tag），此处 $t=m-c$，主存某块调入 cache 后，就将其块号的高 t 位设置在对应 cache 行的标记中，表示该行中存放的信息来自主存中哪个对应主存块。

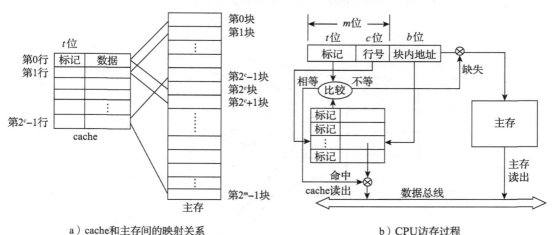

a）cache 和主存间的映射关系   b）CPU 访存过程

图 9.9   cache 和主存之间的直接映射方式

根据以上分析可知，主存地址被分成以下三个字段：

标记	cache行号	块内地址

其中，高 t 位为**标记**，中间 c 位为 **cache 行号**（也称**行索引**），剩下的低位地址为**块内地址**，若一个主存块占 2^b 个单元，则块内地址占 b 个二进位。CPU 访存过程如图 9.9b 所示。

如图 9.9b 所示，访存过程如下：首先将访存地址中间 c 位作为索引，直接找到对应的 cache 行，将对应 cache 行中的标记和主存地址高 t 位标记进行比较，若相等并有效位为 1，则访问 cache 命中，此时，根据主存地址中最低 b 位的块内地址，在对应的 cache 行中存取信息；若不相等或有效位为 0，则 cache 缺失，此时，CPU 从主存中读出该地址所在的一块信息，送到对应的 cache 行中，将有效位置 1，并将标记设置为地址中的高 t 位，同时将该地址中的内容送 CPU。

CPU 访存时，读操作和写操作的过程有一些不同，相对来说，读操作比写操作简单。因为 cache 行中的信息是主存某块的副本，所以，在写操作时会出现 cache 行和主存块数据的一致性问题，这将在 9.3.5 节中详细介绍。

例 9.3 假定主存和 cache 之间采用直接映射方式，块大小为 512 字节，按字节编址。cache 数据区容量为 8KB，主存空间大小为 1MB。请问主存地址应如何划分？要求用图表示主存块和 cache 行之间的映射关系，假定 cache 当前为空，说明 CPU 对主存单元 0220CH 的访问过程。

解 cache 数据区容量为 8KB=2^{13}B=2^4 行 ×512B/行＝16 行 ×512B/行。因为主存每 16 块和 cache 的 16 行一一对应，所以可将主存每 16 块看成一个块群，因而，得到主存空间地址划分为 1MB=2^{20}B=2^{11} 块 ×512B/块 =2^7 块群 ×2^4 块 / 块群 ×2^9B/块。所以，主存地址位数 n=20，其中，标记位数 t=7，行号位数 c=4，块内地址位数 b=9。

主存地址划分以及主存块和 cache 行的对应关系如图 9.10 所示。

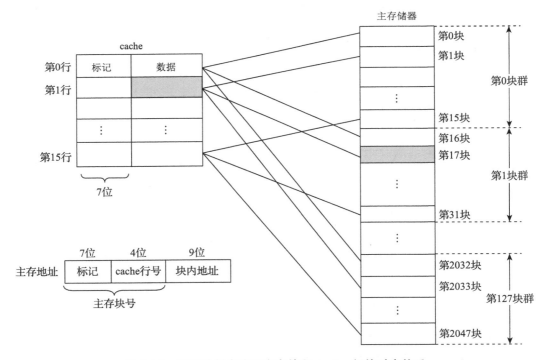

图 9.10　直接映射方式下主存块和 cache 行的对应关系

主存地址 0220CH 对应的二进制数为 0000 0010 0010 0000 1100，主存地址划分为以下三个部分：

0000 001	0001	0 0000 1100

根据主存地址划分可知：该地址所在块号是 0000 001 0001（第 17 块），所属块群号为 0000 001（第 1 块群），映射到的 cache 行号为 0001（第 1 行）。

假定 cache 为空，访问 0220CH 单元的过程为：首先根据地址中间 4 位 0001，找到 cache 第 1 行，因为 cache 为空，所以，每个 cache 行的有效位都为 0，因此，不管第 1 行的标记是否等于 0000 001，都不命中。此时，将 0220CH 单元所在的主存第 17 块复制到 cache 第 1 行，并置有效位为 1，置标记为 0000 001（表示信息取自主存第 1 块群）。■

例 9.4 假定主存和 cache 之间采用直接映射方式，块大小为一个字节。cache 数据区容量为 4 个字节，主存地址为 32 位，按字节编址。请问主存地址应如何划分？根据程序访问的局部性原理说明块大小设置为一个字节时的缺陷。

解 块大小为一个字节，故块内无须寻址，即块内地址位数为 0。cache 的数据区存放 4 个字节，共有 4 行。因此，32 位主存地址被划分为两个字段：标记位数 $t=30$，行号位数 $c=2$。

块大小设置为一个字节会产生以下两方面的问题。

① 邻近单元很可能被访问，但由于没有跟着该字节调入 cache，因此邻近单元的访问会发生缺失。也就是说，块大小为一个字节时，程序访问的空间局部性没有被利用。

② 在 cache 行数不变的情况下，块太小使得映射到同一个 cache 行的主存块数增加，发生冲突的概率增大，引起频繁的信息交换。■

例 9.5 假定主存和 cache 之间采用直接映射方式，块大小为 16B。cache 的数据区容量为 64KB，主存地址为 32 位，按字节编址。请问主存地址应如何划分？说明访存过程，并计算 cache 的总容量。

解 cache 数据区容量为 $64KB=2^{16}B=2^{12}$ 行 $\times 2^4B$/ 行。

因为主存的每 2^{12} 块和 cache 的 2^{12} 行一一对应，所以可将主存的每个 2^{12} 块看成一个块群，因而，得到主存地址空间划分为 $2^{32}B=2^{28}$ 块 $\times 2^4B$/ 块 $= 2^{16}$ 块群 $\times 2^{12}$ 块 / 块群 $\times 2^4B$/ 块。因此，主存地址位数 $n=32$，其中，标记位数 $t=16$，行号位数 $c=12$，块内地址位数 $b=4$。

主存地址的划分以及访存过程实现如图 9.11 所示。图中 Tag 表示标记字段；Index 表示 cache 行索引，即行号；块内地址分为两部分，高两位（Word 字段）为字偏移量，低两位（Byte 字段）为字节偏移量。

整个访存过程由硬件实现，分为以下 5 个步骤。

① 根据 12 位 cache 行索引找到对应行；② 将 16 位标记与对应行中的标记信息比较；③ 比较相等且有效位 V 为 1 时，Hit 为 1；④ 由两位字偏移量从 4 个 32 位字中选择一个字输出；⑤ 由两位字节偏移量从 1 个 32 位字中选择一个字节输出。在 Hit 为 1 的情况下，

CPU 根据要访问的是字还是字节选择从第④步还是第⑤步得到结果。若 Hit 不为 1，则 CPU 要启动一次"cache 行读"总线事务操作，通过总线到主存读一个主存块到 cache 行中。

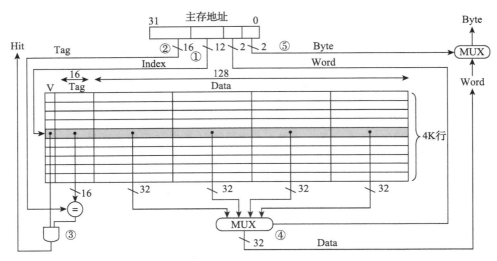

图 9.11 直接映射方式的实现

从图 9.11 中可看出，每个 cache 行由一位有效位 V、16 位标记（Tag）和 4 个 32 位的数据（Data）组成，共有 2^{12}=4K 行，因此，cache 的总容量为 $2^{12} \times （4 \times 32+16+1）$ = 4K $\times$ 145 = 580Kbits=72.5KB。其中，数据占总容量的 64KB/72.5KB = 88.3%。

直接映射的优点是容易实现，命中时间短，但由于多个块号"同余"的主存块只能映射到同一个 cache 行，当访问集中在"同余"主存块时，就会引起频繁的调进调出，即使其他 cache 行都空闲，也毫无帮助。很显然，直接映射方式不够灵活，使得 cache 存储空间得不到充分利用，命中率较低。例如，在例 9.3 中，若需将主存第 0 块与第 16 块同时调入 cache，由于它们都只对应 cache 第 0 行，即使其他行空闲，也总有一个主存块不能调入 cache，因此会产生频繁的调进调出。

如果主存块不是固定映射到某一个 cache 行，而是 cache 行只要空闲就可存放任意主存块，那么就不会发生多个主存块只能竞争同一个 cache 行的情况，从而避免频繁的调进调出。

2. 全相联映射

全相联映射的基本思想是：一个主存块可装入 cache 的任意一行中。全相联映射 cache 中，每行的标记用于指出该行的信息来自哪个主存块。因为一个主存块可能在任意一行中，所以需要比较所有 cache 行的标记。因此，主存地址中只有标记和块内地址两个字段。全相联映射方式下，只要有空闲 cache 行，就不会发生冲突，因而块冲突概率低。

例 9.6 假定主存和 cache 之间采用全相联映射，块大小为 512 字节，按字节编址。cache 数据区容量为 8KB，主存地址空间为 1MB。请问主存地址应如何划分？要求用图表示主存块和 cache 行之间的映射关系，并说明 CPU 对主存单元 0240CH 的访问过程。

解 cache 数据区容量为 8KB=2^{13}B=2^4 行 ×512B/ 行 =16 行 ×2^9B/ 行。

主存地址空间为 1MB=2^{20}B=2^{11} 块 ×512B/ 块。

20 位的主存地址划分为两个字段：标记位数 t=11，块内地址位数 b=9。

主存地址划分以及主存块和 cache 行之间的对应关系如图 9.12 所示。

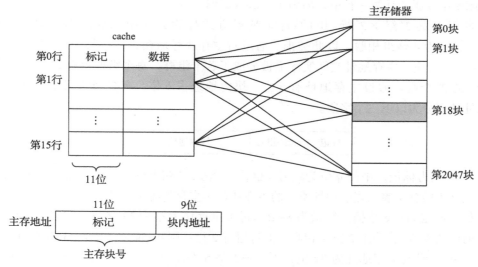

图 9.12　全相联映射方式下主存块和 cache 行的对应关系

主存地址 0240CH 展开成二进制数为 0000 0010 0100 0000 1100，所以主存地址划分为：

0000 0010 010	0 0000 1100

访问 0240CH 单元的过程为：首先将高 11 位标记 0000 0010 010 与 cache 中每一行的标记进行比较，若有一个相等并且对应有效位为 1，则命中，此时，CPU 根据块内地址 0 0000 1100 从该行中取出信息；若都不相等，则不命中，此时，需要将 0240CH 单元所在的主存第 0000 0010 010 块（即第 18 块）复制到 cache 的一个空闲行（假设第 1 行）中，并置有效位为 1，置标记为 0000 0010 010（表示信息取自主存第 18 块）。 ■

为了加快比较的速度，通常每个 cache 行都设置一个比较器，比较器位数等于标记字段的位数。全相联 cache 访存时根据标记字段的内容来访问 cache 行中的主存块，也即它查找主存块的过程是一种"按内容访问"的存取方式，因此，它是一种**相联存储器**。相联映射方式的时间开销和比较器元件开销都较大，不适合容量较大的 cache。

3. 组相联映射

前面介绍了直接映射和全相联映射，它们的优缺点正好相反，二者结合可以取长补短。因此将两种方式结合起来产生了**组相联映射**方式。

组相联映射的主要思想是：将 cache 所有行分成 2^q 个大小相等的组，每组有 2^s 行。每个主存块被映射到 cache 固定组中的任意一行，也即，组间模映射、组内全映射。映射关系如下。

cache 组号 = 主存块号 mod cache 组数

例如，假定 8K 字的 cache 划分为 2^3 组 ×2^1 行 / 组 ×512 字 / 行，则主存第 100 块应映射到 cache 第 4 组的任意一行中，因为 100 mod 2^3=4。

如此设置的 2^q 组 ×2^s 行 / 组的 cache 映射方式称为 2^s 路组相联映射，即 s=1 为 2 路组相联，s=2 为 4 路组相联，以此类推。通过对主存块号取模，使得每 2^q 个主存块与 2^q 个 cache 组一一对应，主存地址空间实际上被分成了若干组群，每个组群中有 2^q 个主存块对应于 cache 的 2^q 个组。假设主存地址有 n 位，块内地址占 b 位，有 2^m 个组群，则 $n=m+q+b$，主存地址被划分为以下三个字段。

标记	cache组号	块内地址

其中，高 m 位为标记，中间 q 位为组号（也称组索引），剩下的 b 位低位地址部分为块内地址。标记字段的含义表示当前地址所在的主存块位于主存的哪个组群。

例如，假定 cache 数据区容量为 8KB，每个主存块大小为 32 字节，按字节编址，则块内地址的位数 b=5；若采用 2 路组相联，即每组有 2 行，则 cache 有 8KB/（32B×2）=128 组，即 q=7，s=1。假定主存地址为 32 位，则 m=32-7-5=20，即主存共有 2^{20} 个组群，每个组群有 2^7=128 块，每块有 2^5=32 字节，因而主存地址划分为：标记 20 位，组号 7 位，块内地址 5 位。

s 的选取决定了**块冲突**的概率和相联比较的复杂性。s 越大，则 cache 发生块冲突的概率越低，相联比较电路越复杂。选取适当的 s，可使组相联映射的成本比全相联的低得多，而性能上仍可接近全相联方式。早几年，由于 cache 容量不大，所以通常 s=1 或 2，即 2 路或 4 路组相联较常用，但随着技术的发展，cache 容量不断增加，s 的值有增大的趋势，目前有许多处理器的 cache 采用 8 路或 16 路组相联方式。

图 9.13 所示的是采用 2 路组相联映射的 cache，整个访存过程如下。① 根据主存地址中的 cache 组号找到对应组；② 将地址中的标记与对应组中每一行的标记 Tag 进行比较；③ 将比较结果和有效位 V 相 "与"；④ 若有一路比较相等且有效位为 1，则 Hit 为 1，并选中这一路 cache 行中的主存块；⑤ 在 Hit 为 1 的情况下，根据主存地址中的块内地址从选中的一块内取出对应单元的信息，若 Hit 不为 1，则 CPU 要到主存去读一块信息到 cache 行中。

例 9.7 假定主存和 cache 之间采用 2 路组相联映射，块大小为 512 字节，按字节编址。cache 数据区容量为 8KB，主存地址空间为 1MB。请问主存地址应如何划分？要求用图表示主存块和 cache 行之间的映射关系，并说明 CPU 对主存单元 0120CH 的访问过程。

解 cache 数据区容量为 8KB=2^{13}B=2^3 组 ×2^1 行 / 组 ×512B/ 行。

主存地址空间为 1MB=2^{20}B=2^{11} 块 ×512B/ 块 =2^8 组群 ×2^3 块 / 组群 ×2^9B/ 块。

所以，主存地址位数 n=20，标记位数 m=8，组号位数 q=3，块内地址位数 b=9。

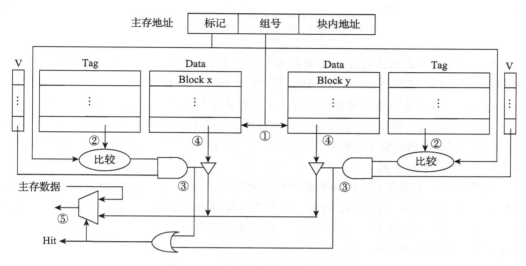

图 9.13 组相联映射方式的硬件实现

主存地址划分以及主存块和 cache 行的对应关系如图 9.14 所示。

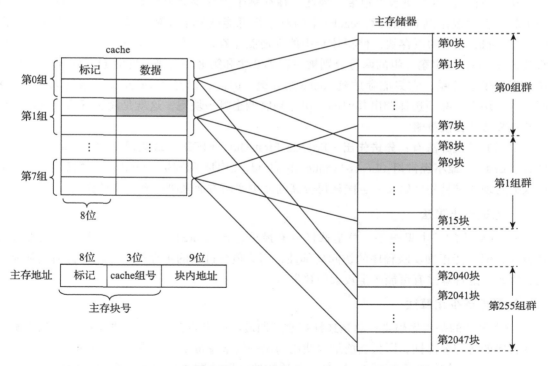

图 9.14 组相联映射方式下主存块和 cache 行的对应关系

主存地址 0120CH 展开为二进制数为 0000 0001 0010 0000 1100，所以主存地址划分为：

0000 0001	001	0 0000 1100

访问 0120CH 单元的过程为：首先根据地址中间 3 位 001，找到 cache 第 1 组，将标记 0000 0001 与第 1 组中两个 cache 行的标记同时进行比较，若有一个相等并且有效位是 1，则命中。此时，根据低 9 位块内地址从对应行中取出单元内容送 CPU。若都不相等或有一个相等但有效位为 0，则不命中。此时，将 0120CH 单元所在的主存第 0000 0001 001 块（即第 9 块）复制到 cache 第 001 组（即第 1 组）的任意一个空行中，并置有效位为 1，置标记为 0000 0001（表示信息取自主存第 1 组群中对应的主存块）。 ∎

组相联映射方式结合了直接映射和全相联映射的优点。当 cache 的组数为 1 时，变为全相联映射；当每组只有一个 cache 行时，则变为直接映射。组相联映射的冲突概率比直接映射低，由于只有组内各行采用全相联映射，所以比较器的位数和个数都比全相联映射少，易于实现，查找速度也快得多。

9.3.4 cache 中主存块的替换算法

cache 行数比主存块数少很多，因此，往往多个主存块会映射到同一个 cache 行中。当一个新主存块复制到 cache 时，cache 中的对应行可能已经全部被占满，此时，必须选择淘汰一个 cache 行中的主存块，使得该行中能存放新主存块。例如，对于例 9.7 中的 2 路组相联映射 cache，假定第 0 组的两行分别被主存第 0 块和第 8 块占满，此时若需调入主存第 16 块，根据映射关系，它只能存放到 cache 第 0 组，因此，已经在 cache 第 0 组的第 0 和第 8 两个主存块中，必须选择调出其中的一块，到底调出哪一块呢？这就是**淘汰策略**问题，也称为**替换算法**或替换策略。

常用的替换算法有：**先进先出**（First-In-First-Out，FIFO）、**最近最少用**（Least-Recently Used，LRU）、**最不经常用**（Least-Frequently Used，LFU）和**随机**（random）**替换**算法等。可以根据实现的难易程度以及是否能获得较高的命中率两方面来决定采用哪种算法。

1. 先进先出算法

FIFO 算法的基本思想是：总是选择替换最早进入 cache 的主存块。这种算法实现起来较方便，但不能正确反映程序的访问局部性，因为最先进入的主存块也可能是目前经常要用的，因此，这种算法有可能产生较大的缺失率。

2. 最近最少用算法

LRU 算法的基本思想是：总是选择替换近期最少使用的主存块。这种算法能比较正确地反映程序的访问局部性，因为当前最少使用的块一般来说也是将来最少被访问的。

采用 LRU 算法的每个 cache 行有一个计数器，用计数值来记录主存块的使用情况，通过硬件修改计数值，并根据计数值选择淘汰某个 cache 行中的主存块。淘汰时，只要将被淘汰行的有效位清 0 即可。这个计数值称为 **LRU 位**，其位数与 cache 组大小有关。理论上，n

路组相联的 LRU 位的位数为 $\log_2 n$。因此，2 路时 LRU 位的位数为 1，4 路时 LRU 位的位数为 2。

下面用一个例子来说明 LRU 算法的具体实现。假定 cache 采用 4 路组相联映射方式，有 5 个主存块 {1，2，3，4，5} 映射到 cache 的同一组，则对于主存块访问地址流 {1，2，3，4，1，2，5，1，2，3，4，5} 来说，采用 LRU 算法的访问过程如图 9.15 所示。图中每一列左边的数字是对应 cache 行的计数值，右边的数字是存放在该行中的主存块号。

1	2	3	4	1	2	5	1	2	3	4	5
0|1	1|1	2|1	3|1	0|1	1|1	2|1	0|1	1|1	2|1	3|1	0|5
	0|2	1|2	2|2	2|2	3|2	0|2	1|2	2|2	0|2	1|2	2|2	2|2	3|4
		0|3	1|3	2|3	3|3	3|3	0|5	1|5	2|5	3|5	0|4	2|3
			0|4	1|4	2|4	3|4	3|4	3|4	3|4	0|3	1|3	1|2

图 9.15　用计数器实现 LRU 算法

计数器的变化规则如下：

① 命中时，被访问行的计数器清 0，比其低的计数器加 1，其余不变。

② 未命中且该组还有空闲行时，则新装入行的计数器设为 0，其余全加 1。

③ 未命中且该组无空闲行时，计数值为 3 的那一行中的主存块被淘汰，新装入行的计数器设为 0，其余加 1。从计数器变化规则可以看出，计数值越大的行中的主存块越是最近最少用。

为简化 LRU 位计数的硬件实现，通常采用一种近似的 LRU 位计数方式来实现 LRU 算法。**近似 LRU 计数方法仅区分哪些是新调入的主存块，哪些是较长时间未用的主存块**，然后，在较长时间未用的主存块中选择一个被替换出去。

3. 最不经常用算法

LFU 算法的基本思想是：替换 cache 中引用次数最少的块。LFU 也用与每行相关的计数器来实现。这种算法与 LRU 有点类似，但不完全相同。

4. 随机替换算法

随机替换算法的基本思想是：从候选行的主存块中随机选取一个淘汰掉，与使用情况无关。模拟试验表明，随机替换算法在性能上只稍逊于基于使用情况的算法，而且代价低。

例 9.8　假定主存空间大小为 32K×16 位，按字编址，每字 16 位。cache 采用 4 路组相联映射方式，数据区大小为 4K 字，主存块大小为 64 字。假定 cache 开始为空，处理器按顺序访问主存单元 0，1，…，4351，一共重复访问 10 次。假设 cache 比主存快 10 倍，采用 LRU 替换算法。试分析采用 cache 后速度提高了多少。

解　主存空间大小为 32K 字 =512 块 ×64 字 / 块，cache 采用 4 路组相联方式，其数据区容量为 4K 字 =16 组 ×4 行 / 组 ×64 字 / 行，所以，cache 共有 64 行，分成 16 组，每组 4 行。

因为每块为 64 字，4352/64=68，所以主存单元 0～4351 应该对应前 68 块（第 0～67 块），即处理器的访问过程是对主存前 68 块连续访问 10 次。

图 9.16 给出了前两次循环的主存块替换情况，图中列方向是 cache 的 16 个组，行方向是每组的 4 个 cache 行。

	第0行	第1行	第2行	第3行
第0组	0/64/48	16/0/64	32/16	48/32
第1组	1/65/49	17/1/65	33/17	49/33
第2组	2/66/50	18/2/66	34/18	50/34
第3组	3/67/51	19/3/67	35/19	51/35
第4组	4	20	36	52
⋮	⋮	⋮	⋮	⋮
第15组	15	31	47	63

图9.16　例9.8中主存块的替换情况

对于第一次循环,根据组相联映射的特点,cache 行和主存块之间的映射关系如下:主存第 0～15 块分别对应 cache 第 0～15 组,可以放在对应组的任一行中,在此,假定按顺序存放在第 0 行;主存第 16～31 块也分别对应 cache 的第 0～15 组,假定放到第 1 行;同理,主存第 32～47 块分别放到 cache 第 0～15 组的第 2 行;第 48～63 块分别放到 cache 第 0～15 组的第 3 行。这样,第 0～63 块都没有冲突,每块都是第一个字在 cache 中没有找到,调到 cache 对应组的某一行后,其余每个字都能在 cache 中找到。因此每一块只有第一字未命中,其余的 63 个字都命中。

主存的第 64～67 块分别对应 cache 的第 0～3 组,此时,这 4 组的 4 行都不空闲,所以每一组都要选择淘汰一个 cache 行中的主存块。因为采用 LRU 算法,所以,分别将最近最少用的第 0～3 块从第 0～3 组的第 0 行中替换出来。再把第 64～67 块分别放到对应 cache 行中,每块也都是第一个字在 cache 中没有找到,调入后其余 63 个字都能在 cache 中找到。

综上所述,第一次循环时,对于所有 68 块都只有第一字未命中,其余 63 字都命中。

以后 9 次循环中,因为 cache 第 4～15 组中的 4×12=48 个 cache 行内的主存块一直没有被替换,所以只有 68-48=20 个主存块的第一字未命中,其余都命中。

访问总次数为 4352×10=43520,未命中次数为 68+9×20=248,命中率 $p=$(43520-248)/43520=99.43%。

假定 cache 和主存的访问时间分别为 t_m 和 t_m,根据题意可知 $t_m=10t_c$。采用 cache 后,cache-主存层次的平均访问时间为 $T_a=T_c+(1-p)\times T_m=T_c+(1-p)\times 10T_c$。

因此,采用 cache 后速度提高的倍数为 $T_m/T_c=10T_c/(T_c+(1-p)\times 10T_c)=10/(1+(1-p)\times 10)\approx 9.5$。

9.3.5　cache 的一致性问题

因为 cache 中内容是主存块的副本,所以对 cache 中的内容进行更新时,就存在 cache 和主存如何保持一致的问题。解决 cache 一致性问题的关键是处理好写操作。通常有两种写操作方式。

1. 通写法

通写法（write through）的基本做法是：写操作时，若写命中，则同时写 cache 和主存；若写不命中，则有以下两种处理方式。

① **写分配法**（write allocate）。先在主存块中更新相应存储单元，然后分配一个 cache 行，将更新后的主存块装入到分配的 cache 行中。这种方式可以充分利用空间局部性，但每次写不命中都要从主存读一个块到 cache 中，增加了读主存块的开销。

② **非写分配法**（not write allocate）。仅更新主存单元而不将主存块装入 cache 中。这种方式可以减少读入主存块的时间，但没有很好地利用空间局部性。

由此可见，通写法实际上采用的是对主存块信息及其所有副本信息全都直接同步更新的做法，因此，该方式通常也被称为**全写法**或**直写法**，也有教材称之为**写直达法**。

显然，采用通写法使得 cache 和主存的一致性得到充分保证。但是，这种方法会大大增加写操作的开销。例如，假定一次写主存需要 100 个 CPU 时钟周期，那么 10% 的存数指令就使得 CPI 增加了 $100 \times 10\% = 10$ 个时钟。

为了减少写主存的开销，通常在 cache 和主存之间加一个**写缓冲**（write buffer）。在 CPU 写 cache 的同时，也将信息写入写缓冲，然后由存储控制器将写缓冲中的内容写主存。写缓冲是一个 FIFO 队列，一般有 4 项，在写操作频率不是很高的情况下，由于 CPU 只需将信息写入快速的写缓冲而无须写慢速的主存，因而效果较好。但是，如果写操作频繁发生，则会使写缓冲饱和而发生阻塞。

2. 回写法

回写法（write back）的基本做法是：当 CPU 执行写操作时，若写命中，则信息只被写入 cache 而不被写入主存；若写不命中，则在 cache 中分配一行，将主存块调入该 cache 行中并更新相应单元的内容。因此，该方式下在写不命中时，通常采用写分配法进行写操作。

由此可见，该方式实际上采用的是回头再写回或最后一次性写的做法，因此，该方式通常被称为**一次性写方式**或**写回法**。

在 CPU 执行写操作时，回写法不会更新主存单元，只有当 cache 行中的主存块被替换时，才将该块内容一次性写回主存。这种方式的好处在于减少了写主存的次数，因而大大降低了主存带宽需求。为了减少主存块回写的开销，每个 cache 行设置了一个**修改位**（dirty bit，也称为"**脏位**"）。若修改位为 1，则说明对应 cache 行中的主存块被修改过，替换时需要写回主存；若修改位为 0，则说明对应主存块未被修改过，替换时无须写回主存。

由于回写法没有同步更新 cache 和主存内容，所以存在 cache 和主存内容不一致而带来的潜在隐患。通常需要其他的同步机制来保证存储信息的一致性。

9.3.6 cache 设计应考虑的问题

决定系统访存性能的重要因素包括 cache 命中率和缺失损失，它们与 cache 设计的许多方面有关。显然，cache 容量越大，命中率就越高。此外，cache 命中率还与主存块大小有一定关系。采用大的交换单位能很好地利用空间局部性，但是，较大的主存块需要花费较多的时间来存取，因此，缺失损失会变大。由此可见，主存块大小必须适中，不能太大，也不能太小。当然，缺失损失还与写策略有关。

除了上述提到的这些问题外，设计 cache 时，还要考虑采用单级还是多级 cache、数据 cache 和指令 cache 是分开还是合并、主存 – 总线 –cache –CPU 之间采用什么架构等问题，甚至主存 DRAM 芯片的内部结构、存储器总线的总线事务类型等，也都与 cache 设计有关，都会影响系统总体性能。下面对这些问题进行简单的分析说明。

1. 单级 / 多级 cache、联合 / 分离 cache 的选择问题

早期采用单级片外 cache，近年来，多级片内 cache 已成为主流。目前 cache 基本上都在 CPU 芯片内，且使用 L1 和 L2 cache，甚至有 L3 cache。通常 L1 cache 采用**分离 cache**，即**数据 cache**（data cache）和**指令 cache**（instruction cache）分开设置，指令 cache 也称**代码 cache**（code cache）。L2 cache 和 L3 cache 通常为**联合 cache**，即数据和指令放在一个 cache 中。

在一个采用两级 cache 的系统中，CPU 总是先访问 L1 cache，若访问缺失，再从 L2 cache 中找。若 L2 cache 包含所请求信息，则缺失损失为访问 L2 cache 的时间，这比访问主存要快得多；若 L2 cache 访问缺失，则需从主存取信息并同时送 L1 cache 和 L2 cache，此时的缺失损失较大。

由于多级 cache 中各级 cache 所处位置不同，使得对它们的设计目标有所不同。例如，假定是两级 cache，那么，对于 L1 cache，通常更关注速度而不要求有很高的命中率，因为即使不命中，还可以到 L2 cache 中访问，L2 cache 的速度比主存速度快得多；而对于 L2 cache，则要求尽量提高其命中率，因为若不命中，则必须到慢速的主存中访问，其缺失损失会很大，因而会影响总体性能。

2. 主存 – 总线 –cache 间的连接结构问题

在主存和 cache 之间传输的单位是主存块，要使缺失损失最小，必须在主存、总线和 cache 之间构建快速的传输通道。什么样的连接结构才能使主存块在主存和 cache 之间的传输速度最快呢？

为了计算主存块传送到 cache 所用的时间，必须先了解 CPU 从主存取一块信息到 cache 的过程。从主存读一个数据到 cache，一般包含以下三个阶段：

① 发送地址和读命令到主存，假定用 1 个时钟周期。

② 主存准备好一个数据，假定用 10 个时钟周期。

③ 从总线传送一个数据，假定用 1 个时钟周期。

主存、总线和 cache 之间可以有三种连接方式：①窄形结构，即在主存、总线和 cache 之间每次按一个字的宽度进行传送；②宽形结构，即在它们之间每次传送多个字；③交叉存

储器结构，主存采用多模块交叉存取方式，总线和 cache 之间每次按一个字的宽度进行传送。假定一个主存块有 4 个字，那么对于这三种结构，其缺失损失各是多少呢？

图 9.17 给出了三种方式下的主存块传送过程。图 9.17a 对应于窄型结构，连续进行"送地址 - 读出 - 传送"4 次，每次一个字，其缺失损失为 $4 \times (1+10+1) = 48$ 个时钟周期。图 9.17b 对应于宽度为两个字的宽型结构，连续进行"送地址 - 读出 - 传送"两次，每次两个字，其缺失损失为 $2 \times (1+10+1) = 24$ 个时钟周期；假定宽型结构的宽度为 4 个字，则只要进行"送地址 - 读出 - 传送"一次，其缺失损失为 $1 \times (1+10+1) = 12$ 个时钟周期。图 9.17c 对应采用 4 个模块的**多模块交叉存储结构**，在首地址送出后，每隔一个时钟启动一个存储模块，第 1 个模块用 10 个时钟周期准备好第 1 个字，然后在总线上传送第 1 个字，同时，第 2 个模块已准备好第 2 个字，总线上传输第 2 个字的同时，第 3 个模块已准备好第 3 个字，总线上传输第 3 个字的同时，第 4 个模块已准备好第 4 个字，最后总线传送第 4 个字。因此，其缺失损失为 $1+1 \times 10+4 \times 1 = 15$ 个时钟周期。通过以上分析可看出，交叉存储器结构的性价比最好。

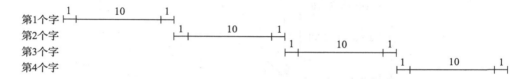

a）窄形结构对应的块传送过程

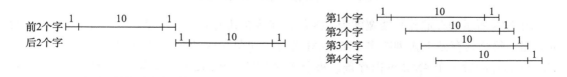

b）宽形结构对应的块传送过程　　　　　　c）交叉存储结构对应的传送过程

图 9.17　主存块在主存 - 总线 - cache 之间的传送过程

3. DRAM 结构、总线事务类型与 cache 的配合问题

指令执行过程中，若发生 cache 缺失，则到主存取数据或指令，而主存是由 DRAM 芯片实现的，并且每次缺失时，要从 DRAM 中读取一块信息到 cache。因此，如何合理设计 DRAM 结构，如何使存储器总线在一次总线事务中高效地传输一个主存块等，都是需要和 cache 设计统一考虑的问题。

图 9.18 所示是一台计算机中的内存条在存储器总线上的排列示意图，图 9.19 所示是一个内存条上 DRAM 芯片的排列示意图。

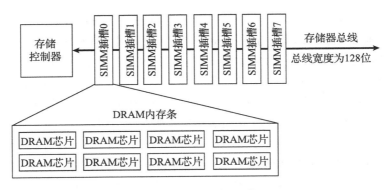

图 9.18   内存条排列示意图

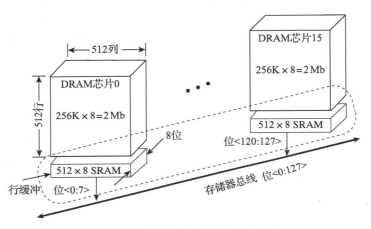

图 9.19   内存条中芯片排列示意图

图 9.18 所示的存储器总线宽度为 128 位，连接在其上的每个内存条一次最多能读出 128 位数据，每个内存条上排列有多个 DRAM 芯片。如图 9.19 所示，可用 16 个容量为 2Mb 的 DRAM 芯片配置一个 4MB 的内存条，每个芯片内有一个 512×8 的 **SRAM 行缓冲**，16 个芯片共 8KB 缓冲。每个芯片内的存储矩阵有 512 行 ×512 列，并有 8 个位平面，每次读写各芯片内同行同列的 8 位，共 16×8=128 位。当 CPU 访问一块连续的主存区域（即行地址相同的区域）时，可直接从行缓冲读取，行缓冲用 SRAM 实现，速度极快。

当 cache 缺失要求从主存读一个主存块到 cache 时，只要给定一个首地址，采用**突发传输方式**就可以在一次总线事务中完成一个主存块的传输。这是因为一个主存块中的所有单元具有相同的行地址，在访问主存块的第一个单元时，所有主存块的信息都被送到行缓冲 SRAM 中，这样保证在突发传输过程中，可以快速从行缓冲中取出一个主存块。特别是当采用 DDR SDRAM、DDR2 SDRAM 或 DDR3 SDRAM 等芯片时，因为在芯片内部采用了多模块交叉存储结构，所以可进行多数据预取，并在存储器总线上采用时钟上升沿和下降沿各传送一次的方式，使得从主存到 cache 的主存块传送效率更高。

9.3.7　cache 结构举例

现代计算机系统中几乎都使用 cache 机制，以下以 Intel 公司微处理器中的 cache 为例来说明具体的 cache 结构。

Pentium 微处理器在芯片内集成了一个代码 cache 和一个数据 cache。片内 cache 采用 2 路组相联结构，共 128 组，每组两行。片内 cache 采用 LRU 替换策略，每组有一个 LRU 位，用来表示该组哪一路中的 cache 行被替换。Pentium 处理器有两条单独的指令来清除或回写 cache。Pentium 处理器采用片外二级 cache，可配置为 256KB 或 512KB，也采用 2 路组相联方式，主存块大小有 32B、64B 或 128B。

Pentium 4 微处理器芯片内集成了一个 L2 cache 和两个 L1 cache。L2 cache 是联合 cache，数据和指令存放在一起，所有从主存获取的指令和数据都先送到 L2 cache 中。它有三个端口，一个对外，两个对内。对外的端口通过预取控制逻辑和总线接口部件与处理器总线相连。用来和主存交换信息。对内的端口中，一个以 256 位位宽与 L1 数据 cache 相连，另一个以 64 位位宽与指令预取部件相连，由指令预取部件取出指令，送指令译码器，指令译码器再将指令转换为微操作序列，送到指令 cache 中。Intel 称该指令 cache 为踪迹高速缓存（Trace Cache，TC），其中存放的并不是指令，而是指令对应的微操作序列。

Intel Core i7 采用的 cache 结构如图 9.20 所示，每个核（core）内有各自私有的 L1 cache 和 L2 cache。其中，L1 指令 cache 和 L1 数据 cache 都是 32KB 数据区，皆为 8 路组相联，存取时间都是 4 个时钟周期；L2 cache 是联合 cache，共有 256KB 数据区，8 路组相联，存取时间是 11 个时钟周期。该多核处理器中还有一个供所有核共享的 L3 cache，其数据区大小为 8MB，16 路组相联，存取时间是 30～40 个时钟周期。Intel Core i7 中所有 cache 的主存块大小都是 64B。

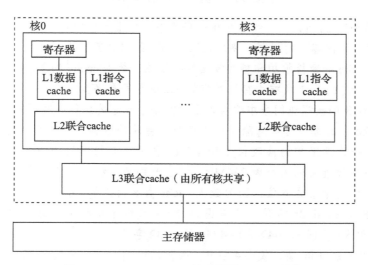

图 9.20　Intel Core i7 处理器的 cache 结构

9.3.8 cache 和程序性能

程序的性能与程序执行时访问指令和数据所用的时间有很大关系，而这又与 cache 命中率、命中时间和缺失损失有关。对于给定的计算机系统而言，命中时间和缺失损失是确定的，因此，指令和数据的访存性能主要由 cache 命中率决定，而 cache 命中率则主要由程序的空间局部性和时间局部性决定。因此，为了提高程序的性能，程序员须编写出具有良好访问局部性的程序。

程序的访问局部性通常是在数据的访问局部性上下功夫，而数据的访问局部性主要是指数组和结构等类型数据访问时的局部性。这些数据结构中各元素的访问通常是通过循环语句进行的，所以，如何合理地处理循环，特别是内循环，对于数据访问局部性来说非常重要。

例 9.9 某计算机的主存地址空间大小为 256MB，按字节编址。指令 cache 和数据 cache 分离，均有 8 个 cache 行，主存块大小为 64B，数据 cache 采用直接映射方式。现有两段功能相同的程序 A 和 B，其伪代码如图 9.21 所示。

```
程序段A
    int a[256][256];
    ......
    int sum_array1()
    {
        int i,j,sum=0;
        for (i=0;i<256;i++)
            for(j=0;j<256;j++)
                sum+=a[i][j];
        return sum;
    }
```

```
程序段B
    int a[256][256];
    ......
    int sum_array2()
    {
        int i,j,sum=0;
        for(j=0;j<256;j++)
            for(i=0;i<256;i++)
                sum+=a[i][j];
        return sum;
    }
```

图 9.21　例 9.9 的伪代码程序

假定程序编译时 i，j，sum 均分配在寄存器中，数组 a 按行优先方式存放，其首地址为 320（十进制数）。请回答下列问题，要求说明理由或给出计算过程。

① 不考虑 cache 一致性维护和替换算法的控制位，数据 cache 的总容量为多少？

② 数组元素 a[1][1] 所在主存块对应的 cache 行号是多少？

③ 程序 A 和 B 的数据访问命中率各是多少？哪个程序的执行时间更短？

解 ① cache 中的每一行信息除了用于存放主存块的数据区外，还有有效位、标记信息以及用于 cache 一致性维护的修改位（dirty bit）和用于替换算法的使用位（如 LRU 位）等控制位。因为主存地址空间大小为 256MB，按字节编址，故主存地址为 28 位；因为主存块大小为 64B，故块内地址占 6 位；因为数据 cache 共 8 行，故 cache 行号（行索引）为 3 位。因此，标记信息有 28-6-3=19 位。不考虑 cache 一致性维护和替换算法的控制位时，数据 cache 的总容量为 $8 \times (19+1+64 \times 8)=4256$ 位 =532 字节。

② 因为数组元素为 int 型，故占 4 字节。因此，a[1][1] 的地址为 $320+4 \times (1 \times 256+1)=1348$，因此 a[1][1] 对应的主存块号为 $\lfloor 1348/64 \rfloor =21$（向下取整）。因为 21 mod 8=5，所

以对应的 cache 行号为 5。若将地址 1348 转换为 28 位二进制数，然后取出其中的行索引（即行号）字段的值，也能得到对应行号。1348 的二进制表示为 0000 0000 0000 0000 010 101 000100，3 位行索引为 101，因此，对应的 cache 行号为 5。

③ 编译时 i, j, sum 均分配在寄存器中，故数据访问命中率仅需要考虑数组 a 的访问情况。

由于程序 A 中的数组访问顺序与存放顺序相同，故依次访问的数组元素位于相邻单元；程序共访问 256×256 次 =64K 次，占 64K×4B/64B=4K 个主存块；首地址正好位于一个主存块的起始处，每次将一个主存块装入 cache 时，总是第一个数组元素缺失，其他都命中，共缺失 4K 次，因此，数据访问的命中率为（64K-4K）/ 64K=93.75%。

因为每个主存块的命中情况都一样，因此，也可按每个主存块的命中率来计算。主存块大小为 64B，包含 16 个数组元素，因此，共访存 16 次，其中第一次不命中，以后 15 次全命中，因而命中率为 15/16=93.75%。

由于程序 B 中的数组访问顺序与存放顺序不同，依次访问的数组元素分布在相隔 256×4=1024 的单元处，例如，a[i][0] 和 a[i+1][0] 之间相差 1024B，即 16 块，因为 16 mod 8=0，所以它们相继被映射到同一个 cache 行中。访问后面的数组元素时，总是把上一次装入 cache 中的主存块覆盖掉。由此可知，所有访问都不能命中，命中率为 0。

因为程序 A 的命中率高，因此，程序 A 的执行时间比程序 B 的执行时间短。　■

9.4　虚拟存储器

由于技术和成本等原因，主存容量受到限制，而在进行程序设计时人们不希望受物理内存大小的制约，因此，如何解决这两者之间的矛盾是需要解决的一个重要问题；此外，现代操作系统都支持多道程序运行，如何让多个程序有效而安全地共享主存是需要解决的另一个问题。

为了解决上述两个问题，在计算机中采用了虚拟存储技术：程序员在一个不受物理内存空间限制并且比物理内存空间大得多的虚拟逻辑地址空间中编写程序，就好像每个程序都独立拥有一个巨大的存储空间一样。程序执行过程中，把当前执行到的一部分程序和相应的数据调入主存，其他暂不用的部分暂时存放在外存。这种借用外存为程序提供的很大的虚拟存储空间称为**虚拟存储器**。

9.4.1　虚拟存储器的基本概念

在不采用虚拟存储机制的计算机系统中，CPU 执行指令时，取指令和存取操作数所用的地址都是主存物理地址，无须进行地址转换，因而计算机硬件结构比较简单，指令执行速度较快。实时性要求较高的嵌入式微控制器大多不采用虚拟存储机制。

目前，在服务器、台式机和笔记本等各类通用计算机系统中都采用虚拟存储器技术。在采用虚拟存储技术的计算机中，指令执行时，CPU 通过**存储器管理部件**（Memory

Management Unit，MMU）将指令中的**逻辑地址**（也称**虚拟地址**或**虚地址**，简写为 VA）转化为主存的**物理地址**（也称**主存地址**或**实地址**，简写为 PA）。在**地址转换**过程中，由硬件检查是否发生了访问信息不在主存或地址越界或访问越权等情况。若发现信息不在主存，则由操作系统将数据从外存读到主存。若发生**地址越界**或**访问越权**，则由操作系统进行相应的异常处理。由此可以看出，虚拟存储技术既解决了编程空间受限的问题，又解决了多道程序共享主存带来的安全等问题。

图 9.22 是具有虚拟存储器机制的 CPU 与主存的连接示意图，从图中可知，CPU 执行指令时所给出的是指令或操作数的虚拟地址，需要通过 MMU 将虚拟地址转换为主存物理地址才能访问主存，MMU 包含在 CPU 芯片中。图中显示 MMU 将一个虚拟地址 5600 转换为物理地址 4，从而将第 4、5、6、7 这 4 个主存单元的内容组成 4 字节数据送到 CPU。图 9.22 仅是一个简单示意图，其中并没有考虑 cache 等情况。

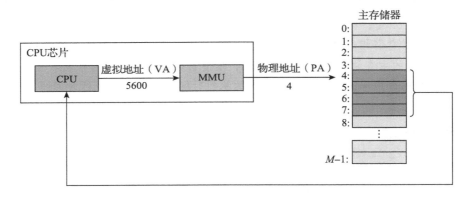

图 9.22 具有虚拟存储器机制的 CPU 和主存的连接

虚拟存储器机制（简称虚存机制）由硬件与操作系统共同协作实现，涉及计算机系统的许多层面，包括操作系统中的许多概念，如进程、存储器管理、虚拟地址空间、缺页处理等。

9.4.2 进程的虚拟地址空间

在将高级语言源程序转换为可执行目标文件的最后一步，需要对所有可重定位文件进行链接。链接过程中会按照 ABI 规范确定的虚拟地址空间划分（也称**存储器映像**）进行重定位，重定位后的可执行目标代码会被映射到一个统一的**虚拟地址空间**。所谓"统一"是指不同的可执行文件所映射到的虚拟地址空间大小一样，地址空间中的区域划分结构也相同。

进程是操作系统对处理器中运行的程序的一种抽象，简单来说，进程就是一个程序的一次执行过程，因此，一个进程一定与以可执行目标文件方式存放在外存中的一个用户程序（即应用程序）相对应。可执行目标文件所映射到的虚拟地址空间，就是进程的虚拟地址空间。

　　虚拟存储管理机制为每个进程提供了一个极大的虚拟地址空间（也称为**逻辑地址空间**）。虚存机制带来了一个假象，使得每个进程好像都独占使用主存，并且主存空间极大。每个进程具有一致的虚拟地址空间可以简化存储管理，把主存看成外存的一个缓存，在主存中仅保存当前活动的程序段和数据区，根据需要在外存和主存之间进行信息交换，使得有限的主存空间得到有效利用。每个进程的虚拟地址空间是私有的、独立的，因此，可以保护各进程的存储空间不被其他进程破坏。

　　图 9.23 给出了在 Intel 架构下 Linux 操作系统中的一个进程对应的虚拟地址空间。整个虚拟地址空间分为两大部分：**内核空间**和**用户空间**。在采用虚拟存储器机制的系统中，每个程序的可执行目标文件都被映射到统一的虚拟地址空间上，即每个进程的虚拟地址空间划分结构是一致的，只是在相应的只读区域和可读写数据区域中映射的信息不同而已。

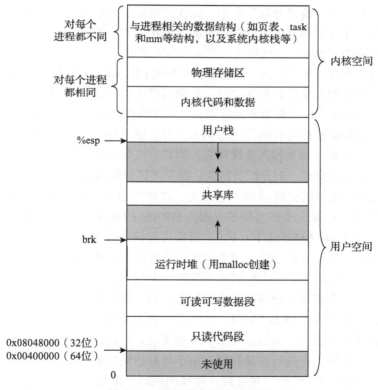

图 9.23　进程的虚拟地址空间

　　内核空间用来映射到操作系统内核代码和数据、物理存储区，以及与每个进程相关的**系统级上下文**数据结构（如进程标识信息、进程现场信息、页表等进程控制信息以及内核栈等），其中内核代码和数据区在每个进程的地址空间中都相同。用户程序没有权限访问内核空间。

　　用户空间用来映射到用户进程的代码、数据、运行时堆和用户栈等**用户级上下文**信息。每个区域都有相应的起始位置，**堆区**和**栈区**相向生长，其中，栈从高地址往低地址生长。

9.4.3 虚拟存储器的实现

对照前面介绍的 cache 机制（cache 是主存的缓存），可以把 DRAM 构成的主存看成外存的缓存。因此，与 cache 机制的实现一样，要实现虚拟存储器机制，也必须考虑交换块大小问题、映射问题、替换问题、写一致性问题等。根据对这些问题解决方法的不同，虚拟存储器分成三种不同类型：分页式、分段式和段页式。

1. 分页式虚拟存储器

在分页式虚拟存储系统中，虚拟地址空间被划分成大小相等的页，外存和主存之间以**页面**（page）为单位交换信息。虚拟地址空间中的页称为**虚拟页**、**逻辑页**或**虚页**，简称 VP（Virtual Page）；主存空间也被划分成同样大小的**页框**（页帧），有时也把页框称为**物理页**或**实页**，简称 PF（Page Frame）或 PP（Physical Page）。

虚拟存储管理采用"**请求分页**"思想，每次访问指令或数据时，仅将指令和数据所在页从外存调入主存，而进程中其他不活跃的页面保留在外存。当所访问信息的所在页不在主存时，则发生**缺页异常**，此时，从外存将缺失页面装入主存。

虚拟地址空间中有一些"空洞"的没有内容的页面。如图 9.23 所示，堆区和栈区都是动态生长的，因而在栈和共享库映射区之间、堆和共享库映射区之间都可能没有内容存在，这些没有和任何内容相关联的页称为**未分配页**；对于代码和数据等有内容的区域所关联的页面，称为**已分配页**。已分配页中又有两类：已调入主存而被缓存在 DRAM 中的页面称为**缓存页**，未调入主存而存在外存上的页称为**未缓存页**。因此，任何时刻一个进程中的所有页面都被划分成三个不相交的页面集合：未分配页集合、缓存页集合和未缓存页集合。

在主存和 cache 之间的交换单位为主存块，在外存和主存之间的交换单位为一个页面。与主存块大小相比，页面大小要大得多。因为 DRAM 的速度大约为 SRAM 的 1/100～1/10，而磁盘的速度大约为 DRAM 的 1/100 000，所以进行缺页处理所花的代价要比 cache 缺失损失大得多。例如，根据磁盘的特性，磁盘扇区定位所用时间要比磁盘读写一个数据的时间长大约 100 000 倍，即对扇区第一个数据的读写速度大约为随后数据的读写速度的 1/100 000。考虑到缺页代价的巨大和磁盘访问第一个数据的开销，通常将主存和磁盘之间交换的页的大小设定得比较大，典型的有 4KB、8KB、1MB 等，而且有越来越大的趋势。

因为缺页处理代价较大，所以提高命中率是关键，因此，在主存页框和虚拟页之间采用全相联映射方式。此外，在进行写操作时，由于外存访问速度很慢，所以，不能每次写操作都同时写 DRAM 和外存，因而，在处理一致性问题时，采用回写（write back）方式，而不用全写（write through）方式。

在虚拟存储机制中采用全相联映射，每个虚拟页可以存放到主存的任何一个空闲页框中。因此，与 cache 一样，必须要有一种方法来建立各个虚拟页与所存放的主存页框之间的关系，通常用**页表**（page table）来描述这种对应关系。

（1）页表

进程中的每个虚拟页在页表中都有一个对应的表项，称为页表项。页表项内容包括该虚拟页的存放位置、装入（valid）位、修改（dirty）位、使用位、访问权限位和禁止缓存位等，如图 9.24 所示。

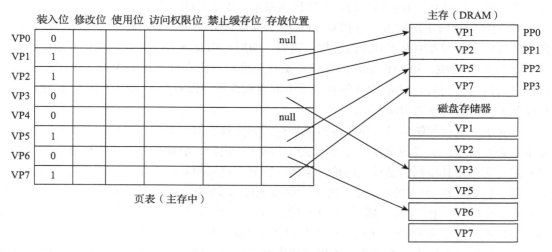

图 9.24 主存中的页表示例

其中，页表项中的存放位置字段用来建立虚拟页和物理页框之间的映射，用于进行虚拟地址到物理地址的转换。**装入位**也称为**有效位**或**存在位**，用来表示对应页面是否在主存，若为 1，表示该虚拟页已从外存调入主存，是一个缓存页，此时，存放位置字段指向主存**物理页号**（即**页框号**或**实页号**）；若为 0，则表示没有被调入主存，此时，若存放位置字段为 null，则说明是一个未分配页，否则是一个未缓存页，其存放位置字段给出该虚拟页在磁盘上的起始地址。**修改位**（也称**脏位**）用来说明页面是否被修改过，虚存机制中采用回写策略，利用修改位可判断替换时是否需写回磁盘。**使用位**用来说明页面的使用情况，配合替换策略来设置，因此也称**替换控制位**，例如，是否最先调入（FIFO 位），是否最近最少用（LRU 位）等。**访问权限位**用来说明页面是可读可写、只读还是只可执行等，用于存储保护。**禁止缓存位**用来说明页面是否可以装入 cache，通过正确设置该位，可以保证外存、主存和 cache 的数据一致性。

图 9.24 给出的页表示例中，有 4 个缓存页 VP1、VP2、VP5 和 VP7，两个未分配页 VP0 和 VP4，两个未缓存页 VP3 和 VP6。

对于图 9.24 所示的页表，假如 CPU 执行一条指令时要求访问某个数据，若该数据正好在虚拟页 VP1 中，则根据页表得知，VP1 对应的装入位为 1，该页的信息存放在物理页 PP0 中，因此，可通过地址转换部件将虚拟地址转换为物理地址，然后到 PP0 中访问该数据；若该数据在 VP6 中，则根据页表得知，VP6 对应的装入位为 0，表示页面缺失，发生缺页异常，需要调出操作系统的缺页异常处理程序进行处理。缺页异常处理程序根据页表中 VP6 对应表项的存放位置字段，从磁盘中将所缺失的页面读出，然后找一个空闲的物理页框存放该页信息。若主存中没有空闲的页框，则还要选择一个页面淘汰并替换到磁盘上。因为采用回写策略，所以页面淘汰时，需根据修改位确定是否要写回磁盘。缺页处理过程中需要对页表进行相应的更新，缺页异常处理结束后，程序回到原来发生缺页的指令继续执行。

对于图 9.24 所示的页表，虚拟页 VP0 和 VP4 是未分配页，但随着进程的动态执行，可能会使这些未分配页中有了具体的数据。例如，调用 malloc 函数会使堆区增长，若新增的堆区正好与 VP4 对应，则操作系统内核就在磁盘上分配一个存储空间给 VP4，用于存放新增堆区中的内容，同时，对应 VP4 的页表项中的存放位置字段被填上该磁盘空间的起始地址，VP4 从未分配页转变为未缓存页。

页表属于进程控制信息，位于虚拟地址空间的内核空间，页表在主存的首地址记录在页表基址寄存器中。页表的项数由虚拟地址空间的大小决定，前面提到，虚拟地址空间是一个用户编程时不受其限制的足够大的地址空间。因此，页表项数会很多，因而会带来页表过大的问题。例如，在 Intel 的 IA-32 系统中，虚拟地址为 32 位，页面大小为 4KB，因此，一个进程有 $2^{32}/2^{12}=2^{20}$ 个页面，也即每个进程的页表可达 2^{20} 个页表项。若每个页表项占 32 位，则一个页表的大小为 4MB。显然，这么大的页表全部放在主存中是不适合的。

解决页表过大的方法有很多，可以采用限制大小的一级页表，或者**两级页表**或**多级页表**方式，也可以采用哈希方式的**倒置页表**等方案。如何实现这些方案是指令集体系结构和操作系统两方面考虑的问题，在此不赘述。

（2）地址转换

对于采用虚存机制的系统，指令中给出的地址是虚拟地址，所以，CPU 执行指令时，首先要将虚拟地址转换为主存物理地址，才能到主存取指令和数据。地址转换（address translation）工作由 CPU 中的存储器管理部件（MMU）来完成。

由于页大小是 2 的幂次，所以，每一页的起点都落在低位字段为零的地址上。虚拟地址分为两个字段：高位字段为虚拟页号（即虚页号或逻辑页号），低位字段为**页内偏移地址**（简称**页内地址**）。主存物理地址也分为两个字段：高位字段为物理页号，低位字段为页内偏移地址。由于虚拟页和物理页（即内存页框）的大小一样，所以两者的页内偏移地址相等。

页式虚拟存储管理方式下，地址变换过程如图 9.25 所示。首先根据**页表基址寄存器**的内容，找到主存中对应的**页表起始位置**（即**页表基地址**），然后将虚拟地址高位字段的虚页号作为索引，找到对应的**页表项**。若装入位为 1，则取出物理页号，和虚拟地址中的页内地址拼接，形成访问主存时实际的物理地址；若装入位为 0，则说明缺页，需要操作系统进行缺页处理。

（3）快表

从上述地址转换过程可看出，访存时首先要到主存查页表，然后才能根据转换得到的物理地址再访问主存。如果缺页，则还要进行页面替换、页表修改等，访问主存的次数就更多。因此，采用虚拟存储器机制后，使得访存次数增加了。

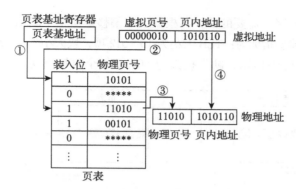

图 9.25 页式虚存的地址转换

为了减少访问次数，往往把页表中最活跃的几个页表项复制到高速缓存中，这种在高速缓存中的页表项组成的页表称为**后备转换缓冲**（Translation Lookaside Buffer，TLB），通常称为**快表**，相应地称主存中的页表为**慢表**。

这样，在地址转换时，首先到快表中查页表项，如果命中，则无须访问主存中的页表。因此，快表是减少访问时间开销的有效方法。

快表比页表小得多，为提高命中率，快表通常具有较高的**关联度**，大多采用全相联或组相联方式。每个表项的内容由页表项内容加上一个 TLB 标记字段组成，TLB 标记字段用来表示该表项取自主存页表中哪个虚拟页对应的页表项。因此，**TLB 标记字段**的内容在全相联方式下就是该页表项对应的虚拟页号；组相联方式下则是对应虚拟页号的高位部分，而虚拟页号的低位部分作为 **TLB 组索引**用于选择 TLB 组。

图 9.26 是一个具有 TLB 和 cache 的多级层次化存储系统示意图，图中 TLB 和 cache 都采用组相联映射方式。

在图 9.26 中，CPU 给出的是一个 32 位的虚拟地址，首先，由 CPU 中的 MMU 进行虚拟地址到物理地址的转换；然后，由处理 cache 的硬件根据物理地址进行存储访问。

MMU 对 TLB 查表时，20 位的虚拟页号被分成标记（Tag）和组索引两部分，首先由组索引确定在 TLB 的哪一组进行查找。查找时将虚拟页号的标记部分与 TLB 中该组的每个标记字段同时进行比较，若有某个相等且对应有效位 V 为 1，则 **TLB 命中**，此时，可直接通过 TLB 进行地址转换；否则 **TLB 缺失**，此时，需要访问主存去查慢表。图中所示的是两级页表方式，虚拟页号被分成页目录索引和页表索引两部分，根据这两部分可得到对应的页表项，从而进行地址转换，并将对应页表项的内容送入 TLB，形成一个新的 TLB 表项，同时，将虚拟页号的高位部分作为 TLB 标记填入新的 **TLB 表项**中。若 TLB 已满，还要进行 TLB 替换，为降低替换算法开销，TLB 常采用随机替换策略。

在 MMU 完成地址转换后，cache 硬件根据映射方式将转换得到的主存物理地址划分成多个字段。然后，根据 cache 索引找到对应的 cache 行或 cache 组，将对应各 cache 行中的标记与物理地址中的高位地址进行比较，若相等且对应有效位为 1，则 cache 命中，此时，根据块内地址取出对应的字，需要的话，再根据字节偏移量从字中取出相应字节送 CPU。

目前 TLB 的一些典型指标为：TLB 大小为 16~512 项，块大小为 1~2 项（每个表项 4~8B），命中时间为 0.5~1 个时钟周期，缺失损失为 10~100 个时钟周期，命中率为 90%~99%。

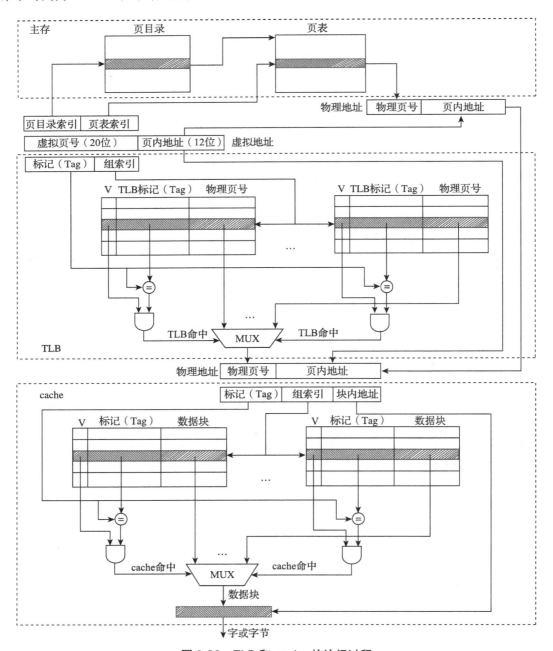

图 9.26　TLB 和 cache 的访问过程

（4）CPU 访存过程

在一个具有 cache 和虚拟存储器的系统中，CPU 的一次访存操作可能涉及 TLB、页表、cache、主存和磁盘的访问，其访问过程如图 9.27 所示。

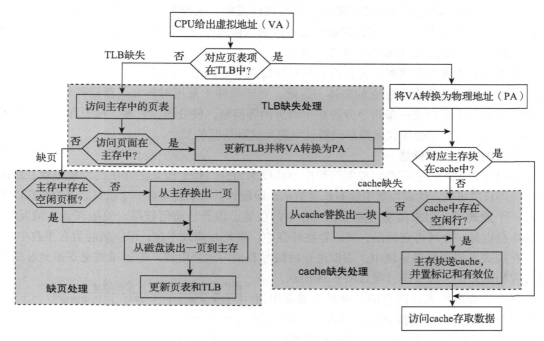

图 9.27 CPU 访存过程

从图 9.27 可以看出，CPU 访存过程中存在以下三种缺失情况。

- TLB 缺失（TLB miss）：要访问的虚拟页对应的页表项不在 TLB 中。
- cache 缺失（cache miss）：要访问的主存块不在 cache 中。
- 缺页（page miss）：要访问的虚拟页不在主存中。

表 9.1 给出了三种缺失的几种组合情况。

表 9.1 TLB、page、cache 三种缺失的组合

序号	TLB	page	cache	说　明
1	hit	hit	hit	可能，TLB 命中则页一定命中，信息在主存，就可能在 cache 中
2	hit	hit	miss	可能，TLB 命中则页一定命中，信息在主存，但可能不在 cache 中
3	miss	hit	hit	可能，TLB 缺失但页可能命中，信息在主存，就可能在 cache 中
4	miss	hit	miss	可能，TLB 缺失但页可能命中，信息在主存，但可能不在 cache 中
5	miss	miss	miss	可能，TLB 缺失，则页也可能缺失，信息不在主存，一定也不在 cache 中
6	hit	miss	miss	不可能，页缺失，说明信息不在主存，TLB 中一定没有该页表项
7	hit	miss	hit	不可能，页缺失，说明信息不在主存，TLB 中一定没有该页表项
8	miss	miss	hit	不可能，页缺失，说明信息不在主存，cache 中一定也没有该信息

很显然，最好的情况是第 1 种组合，此时，无须访问主存；第 2 和 3 两种组合都需要访问一次主存；第 4 种组合要访问两次主存；第 5 种组合会发生"缺页"异常，需访问磁盘，并至少访问主存 2 次。

cache 缺失处理由硬件完成；缺页处理由软件完成，操作系统通过缺页异常处理程序来实现；而对于 TLB 缺失，则可以用硬件也可以用软件来处理。用软件方式处理时，操作系统通过专门的 TLB 缺失异常处理程序来实现。

对于分页式虚拟存储器，其页面的起点和终点地址固定。因此，实现简单，开销少。但是，由于页面不是逻辑上独立的实体，因此，对于那些不采用对齐方式存储的计算机来说，可能会出现一个数据或一条指令分跨在不同页面等问题，使处理、管理、保护和共享等都不方便。采用下面介绍的段式虚拟存储器就可避免这种情况的发生。

2. 分段式虚拟存储器

分段方式下，将主存空间按实际程序中的段来划分，每个段在主存中的位置记录在**段表**中，段的长度可变，所以段表中需有长度指示，即**段长**。每个进程有一个段表，每个段在段表中有一个**段表项**，用来指明对应段在主存中的位置、段长、访问权限、使用和装入情况等。段表本身也是一个可再定位段，可以存在外存中，需要时调入主存，但一般驻留在主存中。

在段式虚拟存储器系统中，虚拟地址由段号和段内地址组成。通过段表把虚拟地址变换成主存物理地址，其变换过程如图 9.28 所示。

每个进程的段表在内存的首地址存放在段表基址寄存器中，根据虚拟地址中的段号，可找到对应段表项，以检查是否存在以下三种异常情况。

- 缺段（段不存在）：装入位 = 0。
- 地址越界：偏移量超出最大段长。
- 访问越权：操作方式与指定访问权限不符。

若发生以上三种情况，则调用相应的异常处理程序，否则，将段表项中的段首址与虚拟地址中的段内地址相加，生成访问主存时的物理地址。

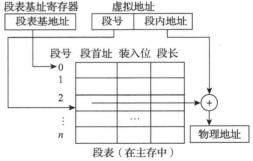

图 9.28 分段式虚存的地址转换

分段式管理系统的优点是：段的分界与程序的自然分界相对应；段的逻辑独立性使其易于编译、管理、修改和保护，也便于多道程序共享；某些类型的段（如堆、栈、队列等）具有动态可变长度，允许自由调度以便有效利用主存空间。但是，由于段的长度各不相同，段的起点和终点不定，给主存空间分配带来麻烦，而且容易在主存中留下许多空白的零碎空间，造成浪费。

段式和页式存储管理各有优缺点，因此可采用两者相结合的段页式存储管理方式。

3. 段页式虚拟存储器

在段页式虚拟存储器中，程序按模块分段，段内再分页，用段表和页表（每段一个页表）进行两级定位管理。段表中每个表项对应一个段，每个段表项中包含一个指向该段页表起始位置的指针，以及该段其他的控制和存储保护信息，由页表指明该段各页在主存中的位置以及是否装入、修改等状态信息。

程序的调入、调出按页进行，但它又可以按段实现共享和保护。因此，它兼有页式和段式的优点。它的缺点是在地址转换过程中需要多次查表。

9.4.4　存储保护

为避免主存中多道程序的相互干扰，防止因某进程出错而影响其他进程的正确性，或某进程非法访问其他进程的代码或数据区，应该对每个进程进行存储保护。

为了对操作系统的存储保护提供支持，硬件必须具有以下三种基本功能。

① 使部分 CPU 状态只能由操作系统内核程序写，用户进程只能读不能写或者根本不能访问。例如，对于页表首地址、TLB 内容等，只有操作系统内核程序才能用特殊指令（一般称为**管态指令**或**特权指令**）来写。常用的特权指令有刷新 cache、刷新 TLB、退出异常 / 中断处理、停止处理器执行等。

② 支持至少两种**特权模式**。操作系统内核程序需要比用户程序具有更多的特权，例如，内核程序可以执行用户程序不能执行的特权指令，内核程序可以访问用户程序不能访问的存储空间等，为此，需要为内核程序和用户程序设置不同的特权级别或运行模式。

执行内核程序时处理器所处的模式称为**管理模式**（或**监管模式**，supervisor mode）、**内核模式**（kernel mode）、**超级用户模式**或**管理程序状态**，简称**管态**、**管理态**、**内核态**或者**核心态**；执行用户程序时处理器所处的模式称为**用户模式**（user mode）、**用户状态**或**目标程序状态**，简称**目态**或**用户态**。有些指令只能在管理模式下执行，在用户模式下不能执行，这类指令称为特权指令或管态指令。

例如，RISC-V 架构定义了三种特权模式，除了上述提到的监管模式（S 模式）和用户模式（U 模式）以外，还定义了权限更高的机器模式（M 模式）。

③ 提供让处理器核在不同特权模式之间相互转换的机制。通常，用户模式下可以通过**系统调用**（执行**自陷指令**）转入更高特权级别执行。同样，异常 / 中断的响应过程也可使处理器从用户模式转到更高特权模式执行。异常 / 中断处理程序中最后的返回指令（return from exception）可使处理器从更高特权模式转到用户模式。例如，RISC-V 中可通过执行 mret 指令从机器模式返回原模式，或通过执行 sret 指令从监管模式返回原模式。"退出异常 / 中断"指令 mret 和 sret 是特权指令，mret 只能在 M 模式中执行，sret 只能在 M 模式或 S 模式中执行，它们均不能在 U 模式中执行。

硬件通过提供相应的控制状态寄存器（如 RISC-V 中的 CSR）、专门的"自陷"指令以及各种特权指令等，和操作系统一起实现上述三个功能。通过这些功能，并把页表保存在操作系统内核的地址空间中，禁止用户进程访问页表，以确保用户进程只能访问由操作系统分配的存储空间。

9.5　本章小结

目前使用的存储元件主要有半导体器件、磁性材料和光介质。每一类单独的存储器都不可能又快、又大、又便宜，为了构建理想的存储器系统，计算机内部采用了一种层次化的存储器体系结构。在层次结构存储器系统中，存取速度越快的存储部件越靠近 CPU，它们依次是寄存器、cache、主存、硬盘（固态硬盘和磁盘）、磁带机和光盘机等海量后备存储器。

利用程序访问的局部性特点，通常把主存中的一块数据复制到靠近 CPU 的 cache 中。cache 和主存间的映射有直接映射、全相联映射和组相联映射，替换算法主要 FIFO 和 LRU，写策略有回写法和通写法。

虚拟存储器机制的引入，使得每个进程具有一个一致的、极大的、私有的虚拟地址空间。在指令执行过程中，通过第一次访问时发生缺页异常而将信息从外存文件读入主存，并由 CPU 中的特殊硬件（MMU）和操作系统一起实现存储访问。虚拟存储器有分页式、分段式、段页式三类。虚拟地址需转换成主存物理地址。为减少访问内存中页表的次数，通常将活跃页的页表项放到一个特殊的高速缓存 TLB（快表）中。虚拟存储器机制能实现存储保护，通常有地址越界、访问越权或越级等内存保护错。

习题

1. 给出以下概念的解释说明。

静态 RAM（SRAM）	动态 RAM（DRAM）	易失性存储器	时间局部性	空间局部性
命中率	命中时间	缺失率	缺失损失	虚拟地址
虚拟页号	物理地址	页框（页帧）	物理页号	地址转换
页表	页表基址寄存器	有效位（装入位）	修改位	缺页（page fault）
请求分页	FIFO 替换算法	LRU 替换算法	快表（TLB）	管理模式
用户模式	管态指令（特权指令）	存储保护	地址越界	访问越权

2. 简单回答下列问题。

（1）计算机内部为何要采用层次化存储体系结构？层次化存储体系结构如何构成？

（2）SRAM 芯片和 DRAM 芯片各有哪些特点？各自用在哪些场合？

（3）为什么在 CPU 和主存之间引入 cache 能提高 CPU 访存效率？

（4）为什么说 cache 对程序员来说是透明的？

（5）为什么直接映射方式不需要考虑替换策略？

（6）为什么要考虑 cache 的一致性问题？读操作时是否要考虑 cache 的一致性问题？为什么？

（7）什么是物理地址？什么是逻辑地址？地址转换由硬件还是软件实现？为什么？

（8）在存储器层次化结构中，"cache－主存"和"主存－磁盘"这两个层次有哪些不同？

3. 某计算机主存最大寻址空间为 4GB，按字节编址，假定用 64M×8 位的具有 8 个位平面的 DRAM 芯片组成容量为 512MB、传输宽度为 64 位的内存条（主存模块）。回答下列问题。

（1）每个内存条需要多少个 DRAM 芯片？

（2）构建容量为 2GB 的主存时，需要几个内存条？

（3）主存地址共有多少位？其中哪几位用作 DRAM 芯片内地址？哪几位为 DRAM 芯片内的行地址？哪几位为 DRAM 芯片内的列地址？哪几位用于选择芯片？

4. 某计算机中已配有 0000H～7FFFH 的 ROM 区域，现在再用 8K×4 位的 RAM 芯片形成 32K×8 位的存储区域，CPU 地址线为 A0～A15，数据线为 D0～D7，控制信号为 R/$\overline{\text{W}}$（读 / 写）、$\overline{\text{MREQ}}$（访存）。要求说明地址译码方案，并画出 ROM 芯片、RAM 芯片与 CPU 之间的连接图。假定上述其他条件不变，只是 CPU 地址线改为 24 根，地址范围 000000H～007FFFH 为 ROM 区，剩下的所有地址空间都用 8K×4 位的 RAM 芯片配置，则需要多少个这样的 RAM 芯片？

5. 假定一段程序重复完成将磁盘上一个 4KB 的数据块读出，进行相应处理后，写回到磁盘的另外一个数据区。各数据块内信息在磁盘上连续存放，并随机地位于磁盘的一个磁道上。磁盘转速为 7200RPM，平均寻道时间为 10ms，磁盘最大数据传输率为 40MB/s，磁盘控制器的开销为 2ms，没有其他程序使用磁盘和处理器，并且磁盘读写操作和磁盘数据的处理时间不重叠。若程序对磁盘数据的处理需要 20 000 个时钟周期，处理器时钟频率为 500MHz，则该程序完成一次数据块"读出 - 处理 - 写回"操作所需的时间为多少？每秒钟可以完成多少次这样的数据块操作？

6. 现代计算机中，SRAM 一般用于实现快速小容量的 cache，而 DRAM 用于实现慢速大容量的主存。以前超级计算机通常不提供 cache，而是用 SRAM 来实现主存（如 Cray 巨型机）。请问：如果不考虑成本，你还这样设计高性能计算机吗？为什么？

7. 对于数据的访问，分别给出满足下列要求的程序或程序段的示例：
（1）几乎没有时间局部性和空间局部性。
（2）有很好的时间局部性，但几乎没有空间局部性。
（3）有很好的空间局部性，但几乎没有时间局部性。
（4）空间局部性和时间局部性都好。

8. 假定某计算机主存地址空间大小为 1GB，按字节编址，cache 的数据区（即不包括标记、有效位等存储区）有 64KB，块大小为 128 字节，采用直接映射和通写方式。请问：
（1）主存地址如何划分？要求说明每个字段的含义、位数和在主存地址中的位置。
（2）cache 的总容量为多少位？

9. 假定某计算机的 cache 共 16 行，开始为空，块大小为 1 个字，采用直接映射方式，按字编址。CPU 执行某程序时，依次访问以下地址序列：2，3，11，16，21，13，64，48，19，11，3，22，4，27，6，11。要求：
（1）说明每次访问是命中还是缺失，试计算访问上述地址序列的命中率。
（2）若 cache 数据区容量不变，而块大小改为 4 个字，则上述地址序列的命中情况又如何？

10. 假定数组元素在主存中按从左到右的下标顺序存放。试改变下列函数中循环的顺序，使得其数组元素的访问与排列顺序一致，并说明为什么修改后的程序比原来的程序执行时间短。

```
int sum_array (int a[N][N][N])
{
    int i, j, k, sum=0;
    for (i=0; i < N; i++)
        for (j=0; j < N; j++)
            for (k=0; k < N; k++)  sum+=a[k][i][j];
    return sum;
}
```

11. 分析比较以下三个函数中数组访问的空间局部性，并指出哪个最好，哪个最差。

程序段A	程序段B	程序段C

`# define N 1000`
`typedef struct {`
`        int vel[3];`
`        int acc[3];`
`    } point;`
`point p[N];`
`void clear1(point *p, int n)`
`{`
`    int i, j;`
`    for (i = 0; i < n; i++) {`
`        for (j = 0; j<3; j++)`
`            p[i].vel[j] = 0;`
`        for (j = 0; j<3; j++)`
`            p[i].acc[j] = 0;`
`    }`
`}`
	`# define N 1000`
	`typedef  struct {`
	`        int vel[3];`
	`        int acc[3];`
	`    } point;`
	`point p[N];`
	`void clear2(point *p, int n)`
	`{`
	`    int i, j;`
	`    for (i=0; i<n; i++) {`
	`        for (j=0; j<3; j++) {`
	`            p[i].vel[j] = 0;`
	`            p[i].acc[j] = 0;`
	`        }`
	`    }`
	`}`
		`# define N 1000`
		`typedef  struct {`
		`        int vel[3];`
		`        int acc[3];`
		`    } point;`
		`point p[N];`
		`void clear3(point *p, int n)`
		`{`
		`    int i, j;`
		`    for (j=0; j<3; j++) {`
		`        for (i=0; i<n; i++)`
		`            p[i].vel[j] = 0;`
		`        for (i=0; i<n; i++)`
		`            p[i].acc[j] = 0;`
		`    }`
		`}`

12. 以下是计算两个向量点积的程序段：

```
float dotproduct (float x[8], float y[8])
{
    float sum = 0.0;
    int i;
    for (i = 0; i < 8; i++)  sum += x[i] * y[i];
    return sum;
}
```

要求：

（1）试分析该段代码中访问数组 x 和 y 的时间局部性和空间局部性，并推断命中率的高低。

（2）假定该段程序运行的计算机中数据cache采用直接映射方式，其数据区容量为32字节，每个主存块大小为16字节。假定编译程序将变量 sum 和 i 分配给寄存器，数组 x 存放在 00000040H 开始的 32 字节的连续存储区中，数组 y 则紧跟在 x 后进行存放。试计算该程序中数据访问的命中率，要求说明每次访问时 cache 的命中情况。

（3）将上述（2）中的数据 cache 改用 2 路组相联映射方式，块大小改为 8 字节，其他条件不变，则该程序数据访问的命中率是多少？

（4）在上述（2）中条件不变的情况下，如果将数组 x 定义为 float[12]，则数据访问的命中率又是多少？

13. 以下是对矩阵进行转置的程序段：

```
typedef int array[4][4];
void transpose(array dst,  array src)
{
    int i, j;
    for (i = 0; i < 4; i++)
        for (j = 0; j < 4; j++)  dst[j][i] = src[i][j];
}
```

假设该段程序运行的计算机中 sizeof(int)=4，且只有一级 cache，其中 L1 数据 cache 的数据区大小为 32B，采用直接映射、回写方式，块大小为 16B，初始为空。数组 dst 从地址 0000C000H 开始存放，数组 src 从地址 0000C040H 开始存放。填写下表，说明对数组元素 src[row][col] 和 dst[row][col] 的访问是命中（hit）还是缺失（miss）。若将 L1 数据 cache 的数据区容量改为 128B，重新填写表中内容。

	src 数组				dst 数组			
	col=0	col=1	col=2	col=3	col=0	col=1	col=2	col=3
row=0	miss				miss			
row=1								
row=2								
row=3								

14. 通过对方格中每个点设置相应的 CMYK 值就可以将方格涂上相应的颜色。以下 3 段程序段都可实现为一个 8×8 的方格涂上黄色的功能。

```
程序段A                          程序段B                          程序段C
struct pt_color {               struct pt_color {               struct pt_color {
        int c;                          int c;                          int c;
        int m;                          int m;                          int m;
        int y;                          int y;                          int y;
        int k;                          int k;                          int k;
}                               }                               }
struct pt_color square[8][8];   struct pt_color square[8][8];   struct pt_color square[8][8];
int i, j;                       int i, j;                       int i, j;
for (i = 0; i < 8; i++) {       for (i = 0; i < 8; i++) {       for (i = 0; i < 8; i++)
    for (j = 0; j < 8; j++) {       for (j = 0; j < 8; j++) {       for (j = 0; j < 8; j++)
        square[i][j].c = 0;             square[j][i].c = 0;             square[i][j].y = 1;
        square[i][j].m = 0;             square[j][i].m = 0;     for (i = 0; i < 8; i++)
        square[i][j].y = 1;             square[j][i].y = 1;         for (j = 0; j < 8; j++) {
        square[i][j].k = 0;             square[j][i].k = 0;             square[i][j].c = 0;
    }                               }                                   square[i][j].m = 0;
}                               }                                       square[i][j].k = 0;
                                                                    }
```

假设 cache 的数据区大小为 512B，采用直接映射，块大小为 32B，存储器按字节编址，sizeof(int)=4。编译时变量 i 和 j 分配在寄存器中，数组 square 按行优先方式存放在 0000 08C0H 开始的连续区域中，主存地址为 32 位。要求：

（1）对 3 个程序段 A、B、C 中数组访问的时间局部性和空间局部性进行分析比较。

（2）画出主存中的数组元素和 cache 中行的对应关系图。

（3）分别计算 3 个程序段 A、B、C 中的写操作次数、写不命中次数和写缺失率。

15. 假设某计算机的主存地址空间大小为 64MB，采用字节编址方式。其 cache 数据区容量为 4KB，采用 4 路组相联映射方式、LRU 替换算法和回写策略，块大小为 64B。请问：

（1）主存地址字段如何划分？要求说明每个字段的含义、位数和在主存地址中的位置。

（2）该 cache 的总容量有多少位？

（3）假设 cache 初始为空，CPU 依次从 0 号地址单元顺序访问到 4344 号单元，重复按此序列共访问 16 次。若 cache 命中时间为 1 个时钟周期，缺失损失为 10 个时钟周期，则 CPU 访存的平均时间为多少个时钟周期？

16. 假定某处理器可通过软件对高速缓存设置不同的写策略，那么，在下列两种情况下，应分别设置成什么写策略？为什么？

（1）处理器主要运行包含大量存储器写操作的数据访问密集型应用。

（2）处理器运行程序的性质与（1）相同，但安全性要求很高，不允许有任何数据不一致的情况发生。

17. 已知 cache 1 采用直接映射方式，共 16 行，块大小为 1 个字，缺失损失为 8 个时钟周期；cache 2 也采用直接映射方式，共 4 行，块大小为 4 个字，缺失损失为 11 个时钟周期。假定开始时 cache 为空，采用字编址方式。要求找出一个访问地址序列，使得 cache 2 具有更低的缺失率，但总的缺失损失反而比 cache 1 大。

18. 提高关联度通常会降低缺失率，但并不总是这样。请给出一个地址访问序列，使得采用 LRU 替换算法的 2 路组相联映射 cache 比具有同样大小的直接映射 cache 的缺失率更高。

19. 假定有 3 个处理器，分别带有以下不同的 cache：

- cache 1：采用直接映射方式，块大小为 1 个字，指令和数据的缺失率分别为 4% 和 6%；
- cache 2：采用直接映射方式，块大小为 4 个字，指令和数据的缺失率分别为 2% 和 4%；
- cache 3：采用 2 路组相联映射方式，块大小为 4 个字，指令和数据的缺失率分别为 2% 和 3%。

在这些处理器上运行同一个程序，其中有一半是访存指令，在 3 个处理器上测得该程序的 CPI 都为 2.0。已知处理器 1 和 2 的时钟周期都为 420ps，处理器 3 的时钟周期为 450ps。若缺失损失为（块大小 +6）个时钟周期，请问：哪个处理器因 cache 缺失而引起的额外开销最大？哪个处理器执行速度最快？

20. 假定某处理器带有一个数据区容量为 256B 的 cache，其块大小为 32B。以下 C 语言程序段运行在该处理器上，设 sizeof(int)=4，编译器将变量 i、j、c、s 都分配在通用寄存器中，因此，只要考虑数组元素的访问情况。若 cache 采用直接映射方式，则当 s=64 和 s=63 时，缺失率分别为多少？若 cache 采用 2 路组相联映射方式，则当 s=64 和 s=63 时，缺失率又分别为多少？

```
int  i, j, c, s, a[128];
......
for (i=0; i<10000; i++)
    for(j=0; j<128; j=j+s)
        c=a[j];
```

21. 假定一个虚拟存储系统的虚拟地址为 40 位，物理地址为 36 位，页大小为 16KB。若页表中有有效位、存储保护位、修改位、使用位，共占 4 位，磁盘地址不记录在页表中，则该存储系统中每个进程的页表大小为多少？如果按计算出来的实际大小构建页表，则会出现什么问题？

22. 假定一个计算机系统中有一个 TLB 和一个 L1 数据 cache。该系统按字节编址，虚拟地址为 16 位，物理地址为 12 位，页大小为 128B；TLB 采用 4 路组相联方式，共有 16 个页表项；L1 数据 cache 采用直接映射方式，块大小为 4B，共 16 行。在系统运行到某一时刻时，TLB、页表和 L1 数据 cache 中的部分内容如下：

组号	标记	页框号	有效位	标记	页框号	有效位	标记	页框号	有效位	标记	页框号	有效位
0	03	—	0	09	0D	1	00	—	0	07	02	1
1	13	2D	1	02	—	0	04	—	0	0A	—	0
2	02	—	0	08	—	0	06	—	0	03	—	0
3	07	—	0	63	0D	1	0A	34	1	72	—	0

a）TLB（4 路组相联）：四组、16 个页表项

虚页号	页框号	有效位
00	08	1
01	03	1
02	14	1
03	02	1
04	—	0
05	16	1
06	—	0
07	07	1
08	13	1
09	17	1
0A	09	1
0B	—	0
0C	19	1
0D	—	0
0E	11	1
0F	0D	1

b）部分页表（开始 16 项）

行索引	标记	有效位	字节3	字节2	字节1	字节0
0	19	1	12	56	C9	AC
1	—	0	—	—	—	—
2	1B	1	03	45	12	CD
3	—	0	—	—	—	—
4	32	1	23	34	C2	2A
5	0D	1	46	67	23	3D
6	—	0	—	—	—	—
7	16	1	12	54	65	DC
8	24	1	23	62	12	3A
9	—	0	—	—	—	—
A	2D	1	43	62	23	C3
B	—	0	—	—	—	—
C	12	1	76	83	21	35
D	16	1	A3	F4	23	11
E	33	1	2D	4A	45	55
F	—	0	—	—	—	—

c）L1 数据 cache：直接映射，共 16 行，块大小为 4B

请问（假定图中数据都为十六进制形式）：

（1）虚拟地址中哪几位表示虚拟页号？哪几位表示页内偏移量？虚拟页号中哪几位表示 TLB 标记？哪几位表示 TLB 索引？

（2）物理地址中哪几位表示物理页号？哪几位表示页内偏移量？

（3）主存物理地址如何划分成标记字段、行索引字段和块内地址字段？

（4）CPU 从地址 067AH 中取出的值为多少？说明 CPU 读取地址 067AH 中内容的过程。

系统互连与输入 / 输出

通常把外部设备、外设控制器以及 I/O 软件统称为输入 / 输出（Input/Output，I/O）子系统，它主要解决以下一系列问题：如何在 CPU、主存和外设之间建立一个高效的系统互连通路；怎样将用户的 I/O 请求转换成对设备的控制命令；如何对外设进行编址；怎样使 CPU 方便地找到要访问的外设；I/O 硬件和 I/O 软件如何协调完成主机和外设之间的数据传送等。

本章将围绕以上这些问题，重点介绍系统互连以及用于系统互连的系统总线、I/O 接口的功能和结构、I/O 地址空间的编址，以及各种 I/O 控制方式等内容。

10.1 外设与 CPU 和主存的互连

计算机由 CPU、主存储器和各种 I/O 外部设备组成。计算机的所有功能通过 CPU 执行指令实现，在指令执行过程中，CPU、主存和外设之间需要不断交换信息，因此，可以说计算机所有功能的实现，归根结底是各种信息在计算机各部件之间进行交换的过程。要进行信息交换，必须在部件之间构建通信线路。

10.1.1 外设的分类和特点

外部设备（又称**外围设备**或**输入 / 输出设备**，简称**外设**）是计算机系统与人或其他计算机之间进行信息交换的装置。外设的输入功能是指把数据、命令、字符、图形、图像、声音或电流、电压等信息，以计算机可以接收和识别的二进制代码形式输入计算机中，供计算机进行处理。外设的输出功能是指把计算机处理的结果变成人可识别的数字、文字、图形、图像或声音等信息，然后播放、打印或显示输出。

按信息的传输方向来分，外设可分成输入设备、输出设备与输入 / 输出设备三类。

- 输入设备。包括键盘、鼠标、触摸屏、跟踪球、控制杆、数字化仪、扫描仪、手写笔、纸带输入机、卡片输入机、光学字符阅读机等。这类设备又可分成两类：媒体输入设备和交互式输入设备。媒体输入设备有光学字符阅读机、扫描仪、麦克风等，这些设备把记录在各种媒体上的信息或语音等送入计算机，一般采用成批输入方式，一次成批输入一块数据，因此这类设备属于成块传送设备；交互式设备有键盘、鼠标、触摸屏、手写笔、跟踪球等，这些设备由操作者通过操作直接输入信息。

- 输出设备。包括显示器、打印机、绘图仪等。将计算机输出的数字信息转换成模拟信息送往自动控制系统进行过程控制的数模转换设备也可被视为一类输出设备。
- 输入／输出设备。包括 CRT 终端、网卡之类的通信设备等。这类设备既可以输入信息，又可以输出信息。也可将磁盘、固态硬盘和 U 盘、光盘等外部存储器看作特殊的输入／输出设备。

按功能来分，外设可分成人机交互设备、存储设备和机 – 机通信设备三种。

- 人机交互设备。用于用户和计算机之间交互通信的设备，如键盘、鼠标、显示器、打印机等。大多数这类设备与主机交换信息时以字符为单位，因而又称字符型设备，或面向字符的设备。
- 存储设备。这类设备用于存储大容量数据，作为计算机的外存储器使用，如磁盘、光盘、固态硬盘和 U 盘等外部存储器。这类设备与主机交换信息时采用成批方式，以几十、几百甚至更多字节组成的信息块为单位，因此属于成块传送设备。
- 机 – 机通信设备。主要用于计算机和计算机之间的通信，如网卡、调制解调器、D/A 和 A/D 转换设备等。

当然，外设的分类还有其他方式。例如，按所处理信息的形态来分，可分成处理数字与文字的设备、处理图形与图像的设备以及处理声音与视频的设备等，这里不再赘述。

外设种类繁多，性能各异，但归纳起来有以下几个特点。

- 异步性。外设与 CPU 之间是完全异步的工作方式，两者之间无统一的时钟，且各类外设之间工作速度相差很大，它们的操作在很大程度上独立于 CPU，但又要在某个时刻接受 CPU 的控制，这就势必造成输入／输出操作相对 CPU 时间的任意性与异步性。必须保证在连续两次 CPU 和外设交互之间，CPU 仍能高速地运行自己的程序，以达到 CPU 与外设之间、外设与外设之间的并行工作。
- 实时性。一个计算机系统中可能连接了各种类型的外设，且这些外设中有慢速设备，也有快速设备，CPU 必须及时按不同的传输速率和不同的传输方式接收来自多个外设的信息，或向多个外设发送信息，否则高速设备可能丢失信息。
- 多样性。由于外设的多样性，它们的物理特性差异很大，信息类型与结构格式多种多样，这就造成了主机与外设之间连接的复杂性。为简化控制，计算机系统中往往提供一些标准接口，以便各类外设通过自己的设备控制器与标准接口相连，而主机无须了解各特定外设的具体要求，可以通过统一的命令控制程序来实现对外设的控制。

最常用的输入设备是键盘与鼠标，相对而言它们比较简单。最常用的输出设备是打印机与显示器。下面对它们做简略介绍。

1. 键盘

键盘是计算机不可缺少的最常用的输入设备，用户通过键盘可向计算机输入字母、数字和符号。键盘由外壳、按键和电路板三部分组成。键盘中的单片机除了完成按键扫描和生成扫描码的功能之外，还将**扫描码（位置码）**转换成串行数据发送给主机，并具有消除抖动、扫描码缓冲和自动重复等功能。键盘所发出的串行数据通过串-并转换，形成并行数据送入缓冲寄存器，然后向 CPU 发出**键盘中断请求**，CPU 响应该中断后，由键盘中断服务程序把扫描码转换成 ASCII 码，然后送入主存中的**键盘数据缓冲区**。

键盘上也可输入汉字等非西文字符，这由各种汉字输入法自行定义。键盘位置码送入计算机后，经过汉字输入软件的处理，转换成该汉字对应的内码，再进行编辑处理和存储等其他操作。

键盘和主机的接口有 AT 接口（大五芯接口）、PS/2 接口（小五芯接口）和 USB 接口三种。USB 接口支持即插即用，使用方便，比较受欢迎。现在大多用 USB 接口。

2. 鼠标

鼠标（mouse）是一种相对定位设备。它能方便地控制屏幕上的光标移动到指定的位置，并通过按键完成各种操作。鼠标在桌上移动，其底部的传感器检测出运动方向和相对距离，送入计算机。鼠标的技术指标之一是分辨率，分辨率越高，越有利于用户的细微操作。**分辨率**用 DPI（Dots Per Inch）表示，指鼠标在桌上每移动一英寸，光标在屏幕上所移动的像素数。对光电鼠标来说，反映其性能的另一个指标是**帧速率**，即**刷新频率**，指数字信号处理（DSP）部件每秒钟可以处理的图像帧数。鼠标与主机相连的接口主要有 USB 和 PS/2 接口。

3. 打印机

打印机是计算机系统中最基本的输出设备。目前使用的打印机主要有针式打印机、激光打印机和喷墨打印机三种。针式打印机是一种击打式打印机，而激光打印机和喷墨打印机则是非击打式打印机。

击打式打印机是最早研制成功的计算机打印设备。其中，点阵式击打设备是利用打印头中的多根印针经色带在纸上打印出点阵字符的印字设备，又称**针式打印机**，其机械结构简单，目前在银行、证券等行业的票据打印中广泛使用。

外设不能直接和 CPU、主存互连，必须通过对应的设备控制器与主机相连。图 10.1 为早期针式打印机与主机的连接示意图，其中的打印控制器就是打印机对应的设备控制器。如图所示，打印控制器与 CPU 之间的连接有数据线（发送或接收数据、状态、命令字节）、地址线（选择打印控制器中寄存器的地址）和中断请求信号 INT 等。**打印控制器**与打印机之间若用 25 芯并口连接的话，则有 8 位数据线 D0～D7，打印控制器送给打印机的初始化、选通、自动走纸等命令线，以及打印机回送打印控制器的反映打印机目前状态的忙、缺纸、联机、出错、认可等信号线。

激光打印机印刷速度快，印字质量好，噪声低，分辨率高，印刷输出成本低，是目前应用最广泛的一种非击打式印字机。**喷墨打印机**也是一种非击打式打印机，它利用喷墨头喷射出可控的墨滴，从而在打印纸上形成文字或图片，也是目前应用较多的一种打印输出设备。

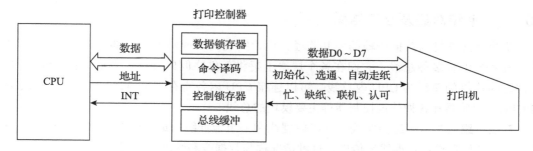

图 10.1　针式打印机与主机的连接

过去，打印机与主机的接口主要是 25 芯的并行口，不支持即插即用，带电插拔时一不小心就可能烧坏机器，很不方便。现在大多数激光打印机和喷墨打印机都已经采用 USB 接口和主机连接，高速打印机也可以用 SCSI 接口和主机相连。

4. 显示器

显示器是用来显示数字、字符、图形和图像的设备，由显示器（也称监视器）和显示控制器组成，是计算机系统中最常用的输出设备之一。计算机使用的显示器主要分为两种：阴极射线管（CRT）显示器，以及目前流行的液晶显示器（LCD）。

早期常用的显示器是 CRT 显示器。CRT 显示器由阴极射线管、亮度控制电路（控制栅）以及扫描偏转电路（水平/垂直扫描偏转线圈）等部件构成。

液晶显示器的基本原理是基于液晶的物理特性：液晶通电时会改变排列次序，从而影响光线的通过。因为每个液晶单元都是独立开和关，不存在聚焦问题，因此，LCD 屏幕上的图像非常清晰；同时，LCD 不需要采用 CRT 显示器那样的光栅扫描，因此也没有屏幕闪烁问题。由于具有体积小、耗电低、不闪烁等优点和良好的综合性能，LCD 目前已广泛应用于便携式计算机、数码相机和电视机等设备。

通常，显示器工作时有两种模式。一种是字符模式，**显示存储器**（简称**显存**、VRAM，也称**刷新存储器**）中存放的是字符的编码（ASCII 码或汉字代码）及其属性（如加亮、闪烁等），其字形信息存放在字符发生器中。另一种模式是图形模式，此时每一字符的点阵信息直接存储在显示存储器中，字符在屏幕上的显示位置可以定位到任意点。

显示器通过显示控制器连接到主机。**显示控制器**的功能越来越强，除了完成二维画图命令以外，还具有三维图形显示功能。显示控制器可以集成在主板上，也可以以**显示适配卡**（简称**显卡**）的方式插在主板扩充槽中。显卡的核心是**图形处理器**（Graphics Processing Unit，GPU）。早期的绘图功能都由 CPU 在内存中完成，然后将生成的图像位图从内存传送到显存中。这种方式显然加重了 CPU 的工作量，并且绘图速度慢。目前显卡中的 GPU 专门用来进行绘图，它有一组可高速执行的适用于图像和图形处理的指令，如数据块传送、基本图形绘制、区域填空、图案填空、图形缩放、颜色转换等。由于采用专用处理器实现，所以图形操作速度快，并且大大减轻了 CPU 的负担。

10.1.2　系统总线及互连结构

总线是计算机内数据传输的公共路径，用于实现两个或两个以上部件之间的信息交换。计算机系统中有多种总线，它们在各个层次上提供部件之间的互连。例如，在 CPU 内部各部件之间连接的总线为 CPU 内总线，可以连接 CPU 内各寄存器和 ALU 等。系统总线指连接 CPU、存储器和各种外设控制器等主要模块的总线。

系统总线通常由一组控制线、一组数据线和一组地址线构成。也有些总线没有单独的地址线，地址信息通过数据线来传送，这种情况称为数据线和地址线复用。

总线的性能指标通常包含总线宽度、工作频率、带宽、寻址能力和传送方式等方面。

总线中数据线的条数称为**总线宽度**，它决定了每次能同时传输的信息的位数。并行传输总线的总线宽度为 16 位、32 位、64 位或 128 位等。

早期的总线通常一个时钟周期传送一次数据，因此，**总线工作频率**等于总线时钟频率。现在有些总线一个时钟周期可以传送 2 次或 4 次数据，因此，总线工作频率是总线时钟频率的 2 倍或 4 倍。

总线带宽指总线的最大数据传输率，即总线在进行数据传输时单位时间内最多可传输的数据量，不考虑总线裁决、地址传送等其他过程所花的时间。总线带宽的计算公式为：

$$B = W \times F/N$$

其中，W 为总线宽度，即总线能同时并行传送的数据位数，通常以字节为单位；F 为总线的时钟频率；N 为完成一次数据传送所用的时钟周期数；F/N 为总线工作频率。

例 10.1　假定某同步总线在一个时钟周期内传送一个 4 字节的数据，总线时钟频率为 33MHz，则总线带宽是多少？如果总线宽度改为 64 位，一个时钟周期能传送两次数据，总线时钟频率为 66MHz，则总线带宽为多少？提高了多少倍？

解　由上述同步总线带宽计算公式，可得总线带宽为 4B×33MHz/1=132MB/s。

总线性能改进后的总线带宽为 8B×66MHz/0.5=1056MB/s，是原来的 8 倍。　■

总线寻址能力主要指由地址线位数所确定的可寻址地址空间的大小。例如，若地址线有 16 位，不采用分时多次传送地址的话，则可访问的存储单元最多只能有 2^{16} 个。

按照总线上信息传送的定时方式来分，有同步通信、异步通信和半同步通信三种方式。**同步通信**总线采用公共的时钟信号进行定时，挂接在总线上的所有设备都从时钟线上获得定时信号；**异步通信**总线指前一个信号的结束就是下一个信号的开始，信息的改变是顺序的；**半同步通信**总线则是同步和异步两种总线定时方式的结合。

传统的总线大多是同步通信总线，其传输协议非常简单，只要在规定的第几个时钟周期内完成特定的操作即可。同步总线有两个缺点：①总线定时以最慢设备所用时间为准，因此同步总线适合速度相差不大的多个功能部件之间的通信；②由于时钟偏移问题，导致同步总线不能过长，否则将会降低总线传输效率。同步总线通常采用**并行传输方式**，即总线的数据线条数为 8 位、16 位、32 位或 64 位等，同时并行传输的这些数据位信号必须同步，这限制了同步总线的传输速度。

由于同步总线的上述问题，现在越来越多的总线采用异步串行方式进行传输。**串行传输方式**每次在一根信号线上传送数据位，因此传输速率可以比并行总线高很多，而且，每个位各自传输，因而传输时延的细微变化不会影响其他数据位的传送。通过多个数据通道的组合，串行传输可以实现比传统并行总线高得多的数据传输带宽。

总线上的数据传送分非突发方式和突发方式两种。**非突发传送方式**在每个传送周期内都是先传送地址，再传送数据，在一个总线事务周期内只能传送一个数据。在**突发传送方式**下，总线能够进行连续的成块数据传送，传送开始时，先给出数据块在存储器中的首地址，然后连续地传送数据块中的后续数据，后续数据的地址默认为前面数据的地址加上一个数据所占的内存单元数。突发传送无须在地址线上传送后续数据的地址信息，因而在总线宽度和总线时钟频率相同的情况下，比非突发传送方式的数据传输率高。

图 10.2 给出了一个传统的基于总线互连的计算机系统结构示意图。在其互连结构中，除了 CPU、主存储器以及各种接插在主板扩展槽上的 I/O 控制卡（如声卡、视频卡）外，还有北桥芯片和南桥芯片。这两块超大规模集成电路芯片组成一个"芯片组"，是计算机中各个组成部分相互连接和通信的枢纽。主板上所有的存储器控制功能和 I/O 控制功能几乎都集成在芯片组内，既实现了总线的功能，又提供了各种 I/O 接口及相关的控制功能。其中，北桥是一个主存控制器集线器（Memory Controller Hub, MCH）芯片，本质上是一个 DMA（Direct Memory Access）控制器，因此，可通过 MCH 芯片，直接访问主存和显卡中的显存。南桥是一个 I/O 控制器集线器（I/O Controller Hub, ICH）芯片，其中可以集成 USB 控制器、磁盘控制器、网络控制器等各种外设控制器，也可以通过南桥芯片引出若干主板扩展槽，用以接插一些 I/O 控制卡。

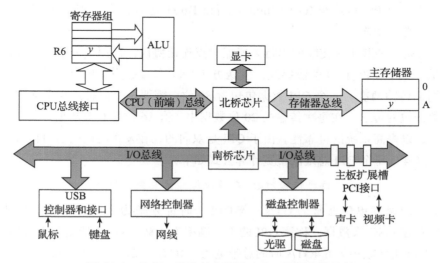

图 10.2　外设、设备控制器和 CPU 及主存的连接

如图 10.2 所示，CPU 与主存之间由**处理器总线**（图中的 CPU（前端）总线）和**存储器**

总线相连，各类 I/O 设备通过相应的设备控制器，如显示适配卡（显卡）、USB 控制器、以太网卡、磁盘控制器等，连接到 I/O **总线**上，而 I/O 总线通过芯片组与主存和 CPU 连接。

传统上，系统总线分为**处理器 – 存储器总线**和 **I/O 总线**。处理器 – 存储器总线比较短，通常是高速总线。通常系统中的处理器总线和存储器总线是分开的，中间可通过北桥芯片（桥接器）连接，CPU 芯片通过 CPU 插座插在处理器总线上，内存条通过内存条插槽插在存储器总线上。

下面对处理器总线、存储器总线和 I/O 总线进行简单说明。

1. 处理器总线

早期 Intel 微处理器的处理器总线称为**前端总线**（Front Side Bus，FSB），它是主板上最快的总线，主要用作处理器与北桥芯片进行信息交换。

FSB 的传输速率单位实际上是 MT/s，表示每秒传送多少百万次。通常所说的总线传输速率单位 MHz 是习惯上的称呼，MHz 实质是时钟频率单位。早期的 FSB 每个时钟传送一次数据，因此时钟频率与传输速率一致。但是，从 Pentium Pro 开始，FSB 采用四倍并发（quad pumped）技术，在每个总线时钟周期内传 4 次数据，也就是说总线的传输速率等于总线时钟频率的 4 倍，若时钟频率为 333MHz，则传输速率为 1333MT/s，即 1.333GT/s，但习惯上称 1333MHz。若前端总线的工作频率为 1333MHz（实际时钟频率为 333MHz），总线宽度为 64 位，则总线带宽为 10.66GB/s。

Intel 推出 Core i7 时，北桥芯片的功能被集成到了 CPU 芯片内，CPU 通过存储器总线（即内存条插槽）和内存条相连，而在 CPU 芯片内部的核与核之间、CPU 芯片与其他 CPU 芯片之间，以及 CPU 芯片与 IOH（Input/Output Hub）芯片之间，则通过 QPI（QuickPath Interconnect）总线相连。

QPI 总线是一种基于包传输的串行高速点对点连接协议，采用差分信号与专门的时钟信号进行传输。QPI 总线有 20 条数据线，发送方（TX）和接收方（RX）有各自的时钟信号，每个时钟周期传输两次。一个 QPI 数据包包含 80 位，需要两个时钟周期共 4 次传输，才能完成整个数据包的传送。在每次传输的 20 位数据中，有 16 位是有效数据，其余 4 位用于循环冗余校验，以提高系统的可靠性。由于 QPI 是双向的，在发送的同时也可以接收另一端传来的数据，这样，每个 QPI 总线的带宽计算公式如下：

$$每秒传输次数 \times 每次传输的有效数据 \times 2$$

QPI 总线的速度单位通常为 GT/s，若 QPI 的时钟频率为 2.4GHz，则速度为 4.8GT/s，表示每秒钟传输 4.8G 次数据，称该 QPI 的工作频率为 4.8GT/s，总带宽为 4.8GT/s×2B×2=19.2GB/s。QPI 工作频率为 6.4GT/s 时的总带宽为 6.4GT/s×2B×2=25.6GB/s。

图 10.3 给出了 Intel Core i7 中核与核之间、核与主存控制器之间以及各级 cache 之间的互连结构。

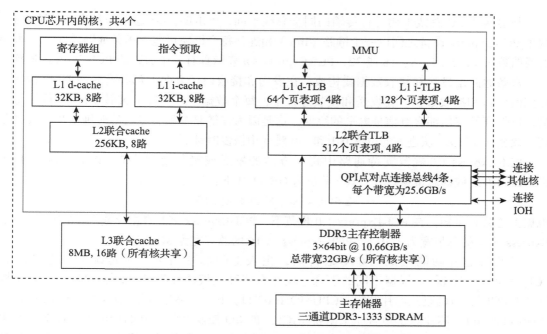

图 10.3 Intel Core i7 中各类存储器以及核之间的互连

从图 10.3 可以看出，一个 Core i7 处理器中有 4 个 CPU 核（core），每两个核之间都用 QPI 总线互连，并且每个核还有一条 QPI 总线可以与 IOH 芯片互连。处理器支持三通道 DDR3 SDRAM 内存条插槽，因此，处理器中包含三个主存控制器，并有三个并行传输的存储器总线，也意味着一组存储器总线包含三个内存条插槽，组内的内存条以并行方式存取信息。可用多组存储器总线以扩展内存容量。

2. 存储器总线

如图 10.2 所示，早期的存储器总线由北桥芯片控制，处理器通过北桥芯片和主存储器、图形卡（显卡）以及南桥芯片进行互连。

如图 10.3 所示，Core i7 以后的处理器芯片中集成了主存控制器，因而，存储器总线直接连接到处理器。根据设计时确定的芯片组能够处理的主存类型的不同，存储器总线有不同的传输带宽。在图 10.3 所示的计算机中，存储器总线宽度为 64 位，每秒钟传输 1333M 次，总线带宽为 1333M×64/8=10.66GB/s，因而 3 个通道的总带宽为 32GB/s，与此配套的内存条型号为 DDR3-1333。

3. I/O 总线

I/O 总线用于为系统中的各种 I/O 设备提供输入 / 输出通路，在物理上通常是主板上的一些 I/O 扩展槽。早期的第一代 I/O 总线有 XT 总线、ISA 总线、EISA 总线、VESA 总线，这些 I/O 总线早已被淘汰；第二代 I/O 总线包括 PCI、AGP、PCI-X；第三代 I/O 总线是 PCI-Express。

与前两代 I/O 总线采用并行传输的同步总线不同，PCI-Express 总线采用串行传输方式。两个 PCI-Express 设备之间以一个链路（link）相连，每个链路可包含多条通路（lane），可能的通路数为 1、2、4、8、16 或 32，PCI-Express×n 表示具有 n 个通路的 PCI-Express 链路。

每条通路由发送和接收数据线构成，在发送和接收两个方向上都各有两条差分信号线，可同时发送和接收数据。在发送和接收过程中，每个数据字节实际上被转换成 10 位信息传输，以保证所有位都含有信号电平的跳变。这是因为在链路上没有专门的时钟信号，接收器使用锁相环（PLL）从进入的位流 0-1 和 1-0 跳变中恢复时钟。

PCI-Express 1.0 规范支持通路中每个方向的发送或接收速率为 2.5Gb/s。因此，PCI-Express 1.0 总线的总带宽计算公式（单位为 GB/s）如下：

$$2.5\text{Gb/s} \times 2 \times \text{通路数} / 10$$

根据上述公式可知，在 PCI-Express 1.0 规范下，PCI-Express ×1 的总带宽为 0.5GB/s，PCI-Express ×2 的总带宽为 1GB/s，PCI-Express ×16 的总带宽为 8GB/s。

将北桥芯片功能集成到 CPU 芯片后，主板上的芯片组不再是传统的三芯片结构（CPU+北桥+南桥）。根据不同的组合，现在有多种主板芯片组结构，有的是双芯片结构（CPU+PCH），有的是三芯片结构（CPU+IOH+ICH）。其中，双芯片结构中的 PCH（Platform Controller Hub）芯片除了包含原来南桥（ICH）的 I/O 控制器集线器的功能外，以前北桥中的图形显示控制单元、管理引擎（Management Engine，ME）单元也集成到了 PCH 中，另外还包括非易失性 RAM（Non-Volatile Random Access Memory，NVRAM）控制单元等。也就是说，PCH 比以前南桥的功能要复杂得多。

图 10.4 给出了一个基于 Intel Core i7 系列三芯片结构的单处理器计算机系统互连示意图。图中 Core i7 处理器芯片直接与三通道 DDR3 SDRAM 主存储器连接，并提供一个带宽为 25.6GB/s 的 QPI 总线，与基于 X58 芯片组的 IOH 芯片相连。图中每个通道的存储器总线带宽为 64b/8×533MHz×2=8.5GB/s，因此所配内存条速度为 533MHz×2=1066MT/s。

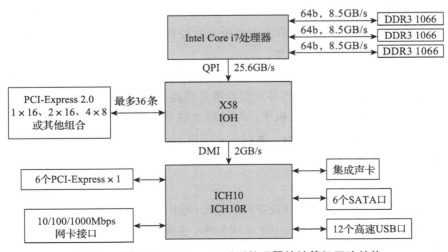

图 10.4　基于 Intel Core i7 系列处理器的计算机互连结构

图 10.4 中，IOH 的重要功能是提供对 PCI-Express 2.0 的支持，最多可支持 36 条 PCI-Express 2.0 通路，可以配置为一个或两个 PCI-Express 2.0×16 的链路，或者 4 个 PCI-Express 2.0×8 的链路，或者其他的组合，如 8 个 PCI-Express 2.0×4 的链路等。这些 PCI-Express 链路可以支持多个图形显示卡。

IOH 与 ICH 芯片（ICH10 或 ICH10R）通过 DMI（Direct Media Interface）总线连接。DMI 采用点对点的连接方式，时钟频率为 100MHz，因为上行与下行各有 1GB/s 的数据传输率，因此总带宽达到 2GB/s。ICH 芯片中集成了相对慢速的外设 I/O 接口，包括：6 个 PCI-Express×1 接口、10/100/1000Mbps 网卡接口、集成声卡（HD Audio）、6 个 SATA 硬盘控制接口和 12 个支持 USB 2.0 标准的 USB 接口。若采用 ICH10R 芯片，则还支持 RAID 功能，即 ICH10R 芯片中还包含 RAID 控制器。

10.2 I/O 接口和 I/O 端口

外设种类繁多，且具有不同的工作特性，因而它们在工作方式、数据格式和工作速度等方面存在很大差异。此外，由于 CPU、内存等计算机主机部件采用高速元器件，使得它们和外设之间在技术特性上有很大差异，它们各有自己的时钟和独立的时序控制，两者之间采用完全的异步工作方式。为此，在各个外设和主机之间必须要有相应的逻辑部件来解决它们之间的同步与协调、工作速度的匹配和数据格式的转换等问题，该逻辑部件就是外设的 I/O 接口。

10.2.1 I/O 接口的功能和通用结构

外设的 I/O 接口又称设备控制器或 I/O 控制器，也称 I/O 模块，是介于外设和 I/O 总线之间的部分，不同的外设往往对应不同的设备控制器。设备控制器通常独立于外部设备，它可以集成在主板上（如图 10.4 中的 ICH 芯片内），或以插卡的形式插接在 I/O 总线扩展槽上。例如，图 10.2 和图 10.4 中的显卡、磁盘控制器、以太网卡（网络控制器）、USB 控制器、声卡、视频卡等都是一种 I/O 接口。

I/O 接口的职能可概括为以下几个方面。

- 数据缓冲。由于主存和 CPU 寄存器的存取速度非常快，而外设的速度则较慢，所以在 I/O 接口中引入数据缓冲寄存器，以达到主机和外设工作速度的匹配。

- 错误或状态检测。在 I/O 接口中提供状态寄存器，以保存各种状态信息，供 CPU 查用。如设备是否完成打印或显示，是否已准备好输入数据以供主机来读取，是否发生缺纸等某种出错情况。

- 控制和定时。提供控制和定时逻辑，以接收从 I/O 总线来的控制命令（命令字）和定时信号。

- 数据格式转换。提供数据格式转换部件（如进行串-并转换的移位寄存器），使通过外部接口得到的数据转换为内部接口需要的格式，或在相反的方向进行数据格式转换。

I/O 接口是连接外设和主机的"桥梁",因此在外设侧和主机侧各有一个接口。通常把在主机侧的接口称为内部接口,在外设侧的接口称为外部接口。内部接口通过 I/O 总线和内存、CPU 相连,而外部接口则通过各种 I/O 接口电缆(如 USB 线、IEEE1394 线、串行电缆、并行电缆、网线或 SCSI 电缆等)将其连到外设上。因此,通过 I/O 接口,可以在 CPU、主存和外设之间建立一条高效的信息传输"通路"。这条通路就是"CPU 和内存 – I/O 总线 – I/O 接口(带连接器插座的设备控制器)– 电缆 – 外设"。

不同的 I/O 接口在复杂性和控制外设的数量上相差很大,不可能一一列举。图 10.5 给出了一个 I/O 接口的通用结构。

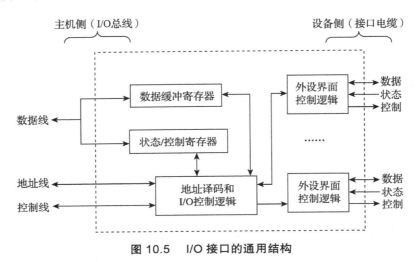

图 10.5　I/O 接口的通用结构

如图 10.5 所示,I/O 接口在主机侧通过 I/O 总线与内存、CPU 相连。通过其中的数据线,在**数据缓冲寄存器**与内存或 CPU 的寄存器之间进行数据传送。同时,接口和设备的状态信息被记录在**状态寄存器**中,通过数据线将状态信息送到 CPU,以供查用。CPU 对外设的控制命令也通过数据线传送,一般将其送到 I/O 接口的**控制寄存器**。从功能上来说,状态寄存器和控制寄存器在传送方向上是相反的,而且 CPU 对它们的访问在时间上一般是错开的,因此有的 I/O 接口将它们合二为一。

I/O 总线的地址线用于给出要访问的 I/O 接口中寄存器的地址,它和读写控制信号一起被送到 I/O 接口中的控制逻辑部件中,其中地址信息用以选择和主机交换数据的寄存器,通过控制线传送来的读/写控制信号也有可能参与地址译码,例如,可以用读/写信号确定是接收寄存器(写信号)还是发送寄存器(读信号)。此外,控制线中还有一些仲裁信号和握手信号等也可被 I/O 接口使用。I/O 接口中的 I/O 控制逻辑还要能对控制寄存器中的命令字进行译码,并将译码得到的控制信号通过外设界面控制逻辑(带连接器插座)送外设,同时将数据缓冲寄存器的数据发送到外设或从外设接收数据到数据缓冲寄存器。另外,还要具有收集外设状态到状态寄存器的功能。

有了设备控制器这一类的 I/O 接口，底层 I/O 软件（如设备驱动程序、中断服务程序）就可以通过 I/O 接口来控制外设，因而编写底层 I/O 软件的程序员只需要了解 I/O 接口的工作原理，包括其中有哪些用户可访问的寄存器、控制 / 状态寄存器中每一位的含义、I/O 接口与外设之间的通信协议等，而关于外设的机械特性，程序员则无须了解。

在底层 I/O 软件中，可以将控制命令送到控制寄存器来启动外设工作；可以读取状态寄存器来了解外设和设备控制器的状态；可以通过直接访问数据缓冲寄存器来进行数据的输入和输出。当然，这些对数据缓冲寄存器、控制 / 状态寄存器的访问操作是通过相应的指令来完成的，通常把这类指令称为 **I/O 指令**。因为这些 I/O 指令只能在操作系统内核态的底层 I/O 软件中使用，因而它们是一种特权指令。

例如，在 IA-32 中，提供了 4 条专门的 I/O 指令：IN、INS、OUT 和 OUTS。其中的 IN 和 INS 指令用于将设备控制器中某个寄存器的内容取到 CPU 内的通用寄存器中，OUT 和 OUTS 用于将 CPU 中通用寄存器的内容输出到设备控制器的某个寄存器中。

I/O 接口在设备侧会提供相应的连接插座，在插座上连上相应的连接外设的电缆，就可以将外设通过相应的 I/O 接口连接到主机。图 10.6 给出了常用的几种连接外设的连接器插座。例如，键盘和鼠标可以连接在 PS/2 插座（图中的键盘接口和鼠标接口处的插座）上，也可以连在 USB 接口上。

图 10.6 常用 I/O 设备连接插座

10.2.2 I/O 端口及其编址方式

系统如何在 I/O 指令中标识要访问的 I/O 接口中的某个寄存器呢？这就是 I/O 端口的编址问题。**I/O 端口**实际上就是 I/O 接口中的可访问寄存器，例如，图 10.5 中的数据缓冲寄存器就是**数据端口**，控制 / 状态寄存器就是**控制 / 状态端口**。为了便于 CPU 对 I/O 设备的快速选择和对 I/O 端口的寻址，必须给所有 I/O 接口中各个可访问的寄存器进行编址，有独立编址和统一编址两种方式。

1. 独立编址方式

独立编址方式对所有的 I/O 端口单独进行编号，使它们成为一个独立的 I/O **地址空间**。由于独立编址方式中的 I/O 地址空间和主存地址空间是两个独立的地址空间，无法从地址码的形式上区分是存储单元号还是 I/O 端口号，因而需用专门的 I/O 指令来表明访问的是 I/O 端口。CPU 执行 I/O 指令时，会产生 I/O 读或 I/O 写总线事务，通过 I/O 读或 I/O 写总线事务访问 I/O 端口。

通常，I/O 端口数比存储单元少得多，选择 I/O 端口时，只需少量地址线，因此，I/O 端口译码简单，寻址速度快。使用专用 I/O 指令，使得程序清晰，便于理解和检查。但 I/O 指令往往只提供简单的传输操作，故程序设计灵活性差些。

例如，Intel 处理器架构就采用独立编址方式，提供了专门的 I/O 指令，I/O 地址空间由 $2^{16}=64K$ 个地址编号组成，每个编号可以寻址一个 8 位的 I/O 端口，两个连续的 8 位端口可看成一个 16 位端口。

2. 统一编址方式

统一编址方式下，I/O 地址空间与主存地址空间统一编号，也即，将主存地址空间分出一部分地址给 I/O 端口进行编号。由于 I/O 端口和主存单元在同一个地址空间的不同分段中，根据地址范围就可区分访问的是 I/O 端口还是主存单元，因而无须设置专门的 I/O 指令，只要用一般的访存指令就可以存取 I/O 端口。因为这种方法是将 I/O 端口映射到主存空间的某个地址段上，所以也称为**存储器映射方式**。

因为统一编址方式下 I/O 访问和主存访问共用同一组指令，所以它的保护机制可由分段或分页存储管理来实现，而无须专门的保护机制。这种存储器映射方式给编程提供了非常大的灵活性。任何对内存进行存取的指令都可用来访问位于主存空间中的 I/O 端口，并且所有有关主存的寻址方式都可用于 I/O 端口的寻址。例如，可用访存指令实现 CPU 中通用寄存器和 I/O 端口之间的数据传送，可用 AND、OR 或 TEST 等指令直接操作 I/O 接口中的控制寄存器或状态寄存器。

大多数 RISC 架构都采用统一编址方式。例如，RISC-V 和 MIPS 这两种架构的 I/O 端口采用存储器统一编址方式，对 I/O 端口中信息的读 / 写，是通过 Load/Store 指令实现的，通过指令中给出的地址的范围可区分是主存读写指令还是 I/O 读写指令。

10.3　输入 / 输出控制方式

外设与主机之间的数据传送称为输入 / 输出，简称 I/O。主要有以下三种不同的 I/O 控制方式：程序直接控制 I/O 方式、中断控制 I/O 方式和 DMA 控制 I/O 方式。

10.3.1　程序直接控制 I/O 方式

程序直接控制 I/O 方式直接通过查询程序来控制外设和主机之间的数据交换，通常有以下两种类型。

1. 无条件传送方式

无条件传送方式也称同步传送方式，主要用于对一些简单外设（如开关、继电器、7 段显示器或机械式传感器等），在规定的时间通过 I/O 指令对接口中的寄存器进行信息的直接读写。其实质是通过程序来定时，以实现数据的同步传送，适合各类巡回采样检测或过程控制应用场景。图 10.7 是一个采用无条件传送方式的接口示意图。图中上加一横的信号表示低电平有效，例如，$\overline{M/IO}$ 信号为低电平时访问主存（用 M 表示），高电平时访问 I/O 端口（用 IO 表示）。

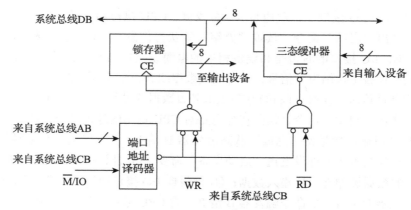

图 10.7 无条件传送接口

图 10.7 的接口中有一个**数据锁存器**和一个**三态缓冲器**，它们共用同一个地址，可看成同一个数据寄存器，即数据端口。执行访问该端口的 I/O 指令时，CPU 通过系统总线中的地址线 AB 送出该端口的地址，并在控制线 $\overline{M/IO}$ 上送出高电平，这两个信号经端口的地址译码器送出一个有效信号，表示选中该接口中的数据端口。在读信号 $\overline{RD}$ 和写信号 $\overline{WR}$ 的控制下进行数据的输入和输出。由此可见，无条件传送的接口比较简单，无须任何定时信号和状态查询，只需要进行相应的读 / 写控制和地址译码即可。

2. 条件传送方式

条件传送方式也称为**异步传送方式**。对于一些较复杂的 I/O 接口，往往有多个控制、状态和数据寄存器，对设备的控制必须在一定的状态条件下才能进行。此时，可通过在查询程序中安排相应的 I/O 指令，由这些指令直接从 I/O 接口中取得外设和接口的状态，如 "就绪"（Ready）、"忙"（Busy）、"完成"（Done）等，根据这些状态来控制外设和主机的信息交换。这是一种通过查询接口中的状态来控制数据传送的方式，所以也被称为**程序查询方式**，其接口结构如图 10.8 所示。

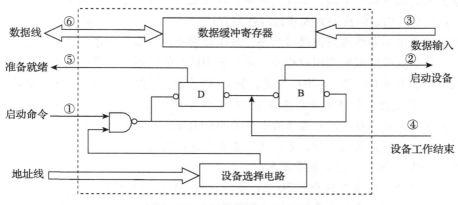

图 10.8 条件传送方式接口

图 10.8 所示的 I/O 接口中，左边是 I/O 总线侧，CPU 执行相应的 I/O 指令，通过 I/O 总线向 I/O 接口送出"启动"命令，读取"就绪"等状态信息，并向（从）数据缓冲寄存器写入（读取）数据。I/O 接口的右边是和设备相连的电缆或接口插座侧，可以送出"启动设备"命令，或接收"设备工作结束"信号，并可通过数据线和设备交换数据信息。

CPU 采用条件传送方式通过该 I/O 接口读取外设数据的过程如下：① CPU 执行相应的 I/O 指令向该接口送出"启动"命令，设备选择电路对 CPU 送出的地址进行译码，选中本 I/O 接口，这样，与非门输出信号使"完成"状态触发器 D 清 0，使"启动"命令触发器 B 置 1；② I/O 接口通过连接电缆向外设发送"启动设备"命令；③ 外设准备好一个数据，通过电缆向 I/O 接口中的数据缓冲寄存器输入数据；④ 外设向 I/O 接口回送"设备工作结束"状态信号，使状态触发器 D 置 1，使命令触发器 B 清 0；⑤ CPU 通过执行指令不断读取 I/O 接口状态，因触发器 D 已经被置 1，所以，查询到某一时刻发现外设"准备就绪"；⑥ CPU 通过执行 I/O 指令从数据缓冲寄存器读取数据。通过以上 6 个步骤，CPU 和外设之间完成一次数据交换过程。

设备是否适合采用条件传送方式，主要取决于 I/O 设备本身的特点以及设备是否能够独立启动 I/O 等。键盘和鼠标等是随机启动的低速 I/O 设备，当用户按下键盘、移动鼠标或单击鼠标按钮时，便启动了 I/O 设备的输入操作。对于这类自身能独立启动 I/O 的设备，虽然可以采用定时程序查询方式，但是，由于设备的启动是由用户随机进行的，所以，有可能因用户长时间没有输入而引起查询程序长时间等待，从而降低处理器的使用效率。因此，这类设备大多采用后面介绍的中断方式进行 I/O；对于由操作系统启动的设备，则只有被操作系统激活后才需要查询。对于磁盘、磁带和光盘存储器等成块传送设备，一旦启动，便可连续不断地传送一批数据，处理器无须对每个数据的传送进行启动；而且，每个数据之间的传输时间很短，如果用程序查询方式，则会因为频繁查询而使处理器为 I/O 操作所用的时间比例变得很大，因此，不适合采用程序查询方式。对于针式打印机等字符类设备，每个字符之间的传输时间较长，并且每传送一个字符需要启动一次，因而可以采用程序查询方式。

根据查询启动方式的不同，条件式程序查询方式有两种：定时查询和独占查询。可根据外设的特点选择采用定时查询方式或独占查询方式。

定时查询是指周期性地查询接口状态，每次查询总是一直等到条件满足，才进行一个数据的传送，传送完成后返回到用户程序。定时查询的时间间隔与设备的数据传输率有关。下面举例说明对于不同 I/O 传输速率的设备，其 CPU 为 I/O 操作所花费的时间开销是不同的。

例 10.2 假定查询程序中所有操作（包括读取并分析状态、传送数据等所有步骤）所用的时钟周期数至少是 400 个，处理器的主频为 500MHz，即处理器每秒钟产生 500×10^6 个时钟周期。假定设备一直持续工作，采用定时查询方式，则以下三种情况下，CPU 用于 I/O 的时间占整个 CPU 时间的百分比各是多少？

① 鼠标必须每秒钟至少被查询 30 次，才能保证不错过用户的任何一次移动。

② 软盘以 16 位为单位进行数据传送，数据传输率为 50kB/s，要求没有任何数据传送被错过。

③ 硬盘以 16 字节为单位进行数据传送，数据传输率为 4MB/s，要求没有任何数据传送被错过。

解 对于查询方式，CPU 花在输入 / 输出上的时间由查询次数乘以查询操作时间得到。

① 对于鼠标，每秒钟内用于查询的时钟周期数至少为 $30 \times 400 = 12\,000$，因此，CPU 用于鼠标 I/O 的时间占整个 CPU 时间的百分比至少为 $12\,000 / (500 \times 10^6) \approx 0.002\%$。显然，鼠标的查询操作对 CPU 性能的影响不是很大。

② 对于软盘，因为每次数据传送的单位为 16 位，占两个字节，所以只有当查询的速率达到每秒 $50\text{kB}/2\text{B} = 25\text{k}$ 次时才能保证没有任何数据传送被丢失。因此，每秒钟内 CPU 用于查询的时钟周期数为 $25\text{k} \times 400$，占整个 CPU 时间的百分比为 $25\text{k} \times 400 / (500 \times 10^6) = 2\%$。这个开销非常大，但在只有少量像软盘这样的 I/O 设备的低端系统中，这个开销是可以忍受的。

③ 对于硬盘，要求每次以 16 字节为单位进行查询，所以查询的速率应达到每秒 $4\text{MB}/16\text{B} = 250\text{k}$ 次的速度，故每秒钟内 CPU 用于查询的时钟周期数为 $250\text{k} \times 400$，占整个 CPU 时间的百分比为 $250\text{k} \times 400 / (500 \times 10^6) = 20\%$。也就是说，CPU 有五分之一的时间用于查询硬盘，显然，对硬盘用查询方式是不可取的。

如果软盘和硬盘仅有 25% 的时间是活动的，那么，操作系统只需在设备被激活时进行查询，所以查询的平均开销将分别降到 0.5% 和 5%。尽管这样降低了开销，但是一旦操作系统发出一个对设备的启动命令，它就必须接连不断地查询，因为操作系统不知道什么时候设备会响应并准备好一次传送。这种一旦设备被启动，CPU 就一直持续对设备进行查询的方式，称为独占查询方式。

独占查询方式下，CPU 被独占用于某设备的 I/O，完全控制 I/O 整个过程，也即 CPU 花费 100% 的时间在 I/O 操作上，此时，外设和 CPU 完全串行工作。其查询程序的流程如图 10.9 所示。

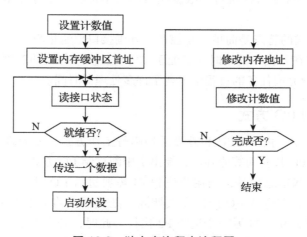

图 10.9 独占查询程序流程图

从图 10.9 中可看出，在传送任何一个数据之前，必须先读接口的状态，判断接口是否"就绪"，只有在接口"就绪"的情况下，才继续进行传送。否则，CPU 将一直处于等待状态直到外设完成任务而使接口满足条件为止。这里"**就绪**"的含义是，对于输入设备而言，意味着设备已将数据送入接口中的数据缓冲器，CPU 可以从接口取数据；对于输出设备而言，意味着数据缓冲器已空，CPU 可以将数据送到接口中。

针式打印机的输出控制方式可采用这种查询方式。假定一个用户进程 P1 中使用了某个 I/O 函数，请求在打印机上打印一个具有 n 个字符的字符串。显然，用户进程 P1 可通过"系统调用"指令来陷入操作系统内核，调出相应的系统调用服务例程进行字符串打印。图 10.10 中的程序段大致描述了操作系统内核采用查询方式进行打印控制的过程。

```
copy_string_to_kernel(strbuf,kernelbuf,n);    // 将字符串复制到内核缓冲区
for(i=0;i<n;i++){                               // 对于每个打印字符循环执行
    while(printer_status!=READY);               // 等待直到打印机状态为"就绪"
    *printer_data_port=kernelbuf[i];            // 向数据端口输出一个字符
    *printer_control_port=START;                // 发送"启动打印"命令
}
return();                                        // 返回
```

图 10.10　程序直接控制 I/O 的一个例子

如图 10.10 所示，操作系统内核通常将用户进程缓冲区（strbuf）中的字符串首先复制到内核空间中的缓冲区（kernelbuf），然后一直等待打印机就绪（READY）。一旦打印机就绪，则将内核空间缓冲区中的一个字符 kernelbuf[i] 输出到打印控制器的数据端口（printer_data_port）中，并发出启动打印命令（START）到控制端口（printer_control_port），以控制打印机打印数据端口中的字符。上述过程循环执行，直到字符串中所有字符打印结束。

程序查询 I/O 方式的特点是简单、易控制、外围接口控制逻辑少。但是，CPU 需要从外设接口读取状态，并在外设未就绪时一直处于忙等待。由于外设的速度比处理器慢得多，所以，在 CPU 等待外设完成任务的过程中浪费了许多处理器时间。

10.3.2　中断控制 I/O 方式

在程序查询方式中，由于 CPU 和外设采用串行工作方式，使处理器时间花在等待慢速的外设上，为避免 CPU 长时间等待外设，提出了中断控制 I/O 方式。

中断 I/O 方式的基本思想是，当用户进程 P1 需要进行 I/O 时，它会先启动外设进行第一个数据的 I/O 操作，在等待 I/O 操作完成期间，处理器会将需要 I/O 的进程 P1 送到等待队列，然后从就绪队列中选择另一个进程 P2 执行。此时，外设在进行 P1 要求的 I/O 操作，CPU 在执行用户进程 P2 中的代码，两者并行工作。当外设完成 I/O 操作后，便向 CPU 发中

断请求。CPU 响应请求后，就中止正在执行的用户进程 P2，转入一个"**中断服务程序**"，在中断服务程序中再启动随后数据的 I/O 任务。中断服务程序执行完，返回原被中止的用户进程 P2 的断点处继续执行。此时，外设和 CPU 又开始并行工作。

例如，对于 10.3.1 节中请求打印字符串的用户进程 P1 的例子，如果采用中断方式，则操作系统处理 I/O 的过程如图 10.11 所示。

```
copy_string_to_kernel(strbuf,kernelbuf,n);   // 将字符串复制到内核缓冲区
enable_interrupts ();                         // 开中断，允许外设发出中断请求
while(printer_status!= READY);                // 等待直到打印机状态为"就绪"
*printer_data_port=kernbuf[i];                // 向数据端口输出第一个字符
*printer_control_port=START;                  // 发送"启动打印"命令
scheduler ();                                 // 阻塞用户进程P1，调度进程P2执行
```

a）"字符打印"系统调用服务例程

```
if(n==0){                                     // 若字符串打印完，则
    unblock_user ();                          // 进程P1解除阻塞并进入就绪队列
}else{
    *printer_data_port=kernelbuf[i];          // 向数据端口输出一个字符
    *printer_control_port=START;              // 发送"启动打印"命令
     n=n-1;                                    // 未打印字符数减1
     i=i+1;                                    // 下一个打印字符指针加1
}
acknowledge_interrupt();                       // 中断回答（清除中断请求）
return_from_interrupt();                       // 中断返回
```

b）"字符打印"中断服务程序

图 10.11　中断控制 I/O 的一个例子

从图 10.11a 可以看出，在相应的"字符打印"系统调用服务例程中，首先，等待打印机就绪（READY）并向数据端口送出第一个字符，然后将启动命令 START 送到打印机控制端口（printer_control_port），以启动打印机。一旦打印机被启动，就调用处理器调度程序 scheduler 来调出进程 P2 执行，而将用户进程 P1 阻塞（送等待队列）。在 CPU 执行进程 P2 的同时，打印机在进行打印操作，CPU 和打印机并行工作。若打印机打印一个字符需要 5ms，则在打印一个字符期间，其他进程可以在 CPU 上执行 5ms 的时间。对于程序直接控制方式，CPU 在这 5ms 的时间内只是不断地查询打印机状态，因而整个系统的效率很低。

中断 I/O 方式下，一旦外设完成任务，就会向 CPU 发中断请求。对于图 10.11 中的例子，当打印机完成一个字符的打印后，就会给 CPU 发中断请求，然后 CPU 暂停正在执行的进程 P2，调出"字符打印"中断服务程序来执行。如图 10.11b 所示，中断服务程序首先判

断是否已完成字符串中所有字符的打印,若是,则将用户进程 P1 解除阻塞,使其进入就绪队列;否则,就向数据端口送出下一个欲打印字符,并启动打印,将未打印字符数减 1 并将下一个打印字符指针加 1 后,执行中断返回,回到被打断的进程 P2 继续执行。

图 10.12 和图 10.13 描述了中断控制 I/O 的整个过程。

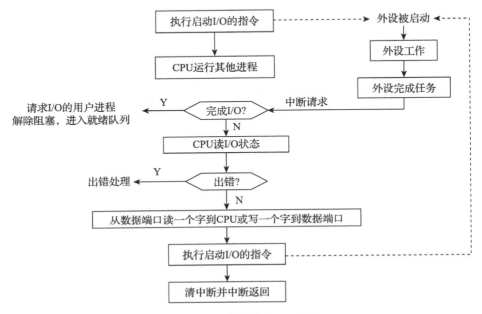

图 10.12　中断控制 I/O 过程

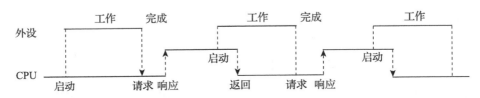

图 10.13　CPU 与外设并行工作

现代计算机系统中都配有完善的异常和中断处理系统,CPU 的数据通路中有相应的异常和中断的检测和响应逻辑,外设接口中有相应的中断请求和控制逻辑,操作系统中有相应的异常 / 中断处理程序。这些异常 / 中断硬件线路和异常 / 中断处理程序有机结合,共同完成异常和中断的处理过程。中断控制 I/O 方式通过让处理器执行相应的中断服务程序来完成输入 / 输出的任务。

外部中断请求主要由外设完成任务或出现特殊情况引起。例如,外设任务完成、打印机缺纸、磁盘检验错、采样计时到、键盘输入等。

1. 中断系统的基本职能和结构

现代计算机的中断处理功能相当丰富,没有配置中断系统的计算机是令人无法想象的。

每个计算机系统的中断功能可能不完全相同，但其基本功能不外乎以下几个方面。

- 及时记录各种中断请求信号。通常用一个**中断请求寄存器**来保存。
- 自动响应中断请求。CPU 在每条指令执行完、下条指令取出前，会自动检测中断请求引脚，发现有中断请求时，则根据情况决定是否响应和响应哪个中断请求。
- 自动判优。在有多个中断请求同时产生时，能够判断出哪个中断的优先级高，选择优先级高的中断先响应。
- 保护被中断程序的断点和现场。因为中断响应后要转去执行中断服务程序，而执行完中断服务程序后，还要回到原来的程序继续运行，所以原程序被中止处的指令地址（断点）和原程序的程序状态以及寄存器等现场信息必须被保存，以便能正确回到原被中止处继续执行。
- 中断屏蔽。通过**中断屏蔽**实现**多重中断**的嵌套执行，中断屏蔽功能通过一个**中断屏蔽字寄存器**来实现。在中断处理程序中，通过 I/O 指令将一个**中断屏蔽字**写入图 10.14 所示的中断屏蔽字寄存器。屏蔽字中的每一位对应一个中断源，某位为 1 表示允许响应对应的中断请求（即开放中断源），为 0 表示不允许响应对应的中断请求（即屏蔽中断源）。

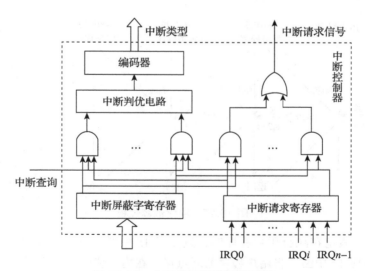

图 10.14   中断控制器的基本结构

中断系统的大部分功能由**中断控制器**实现，中断控制器的基本结构如图 10.14 所示。每个能够发出中断请求的外部设备控制器都有一条 IRQ 线，所有外设的 IRQ 线连到对应的 IRQ 引脚 IRQ0，IRQ1，…，IRQi，…，IRQ$n-1$，然后被记录在中断请求寄存器中。每个中断源有各自对应的中断屏蔽字，在进行相应的中断处理之前被送到中断屏蔽字寄存器中。在 CPU 运行程序过程中，如果至少有一个 IRQ 线有请求且未被屏蔽，则每次 CPU 完成当前指令的执行、取出下一条指令之前，就会通过采样中断请求信号引脚（如 Intel 处理器中的

INTR）来自动查看有无中断请求信号。若有，则会发出一个相应的中断回答信号，以启动图 10.14 中的"中断查询"线，在该信号线的作用下，所有未被屏蔽的中断请求信号一起送到一个**中断判优电路**。判优电路根据中断响应优先级选择一个优先级最高的中断源，然后用编码器对该中断源进行编码，得到对应的中断源设备类型号（即中断源 IRQi 对应的编码 i，称为中断类型）。这里的中断判优电路和编码器可以采用**优先权编码器**来实现，其电路结构如 3.2.1 节中的图 3.18 所示。CPU 取得中断类型编码 i 后，经过一系列相应的转换，就可得到对应的中断服务程序的首地址，在下一个指令周期开始，CPU 执行相应的中断服务程序。

中断请求信号线通过系统总线连接到 CPU 引脚。通常 CPU 有两个中断请求引脚，一个是**可屏蔽中断请求**信号引脚，一个是**不可屏蔽中断请求**信号引脚。例如，Intel 处理器的可屏蔽中断请求信号线为 INTR，不可屏蔽中断请求信号线为 NMI。不可屏蔽中断通常指非常紧急的硬件故障，如电源掉电。这类中断请求信号一旦产生，任何情况下都不会被屏蔽，CPU 会立即响应并处理。

在中断处理（即执行中断服务程序）过程中，若又有新的未被屏蔽的（即处理优先级更高的）中断请求发生，那么 CPU 应立即中止正在执行的中断服务程序，转去处理新的中断，这种情况称为多重中断或中断嵌套，如图 10.15 所示。

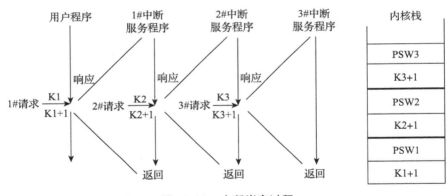

图 10.15　中断嵌套过程

图 10.15 中，假定在执行用户程序时，发生了 1# 中断请求，因为用户程序不屏蔽任何中断，所以就响应 1# 中断，将用户程序的断点保存在内核栈中，然后调出 1# 中断服务程序执行。而在执行 1# 中断的过程中，又发生了 2# 中断，而 2# 中断的处理优先级比 1# 高，也即，1# 中断的屏蔽字对 2# 中断是开放的（即不屏蔽），此时，就中止 1# 中断的处理，响应 2# 中断，把 1# 中断的断点信息保存在内核栈中，调出 2# 中断的中断服务程序执行。同样，3# 中断也可以打断 2# 中断的执行。当 3# 中断处理完返回时，系统从内核栈顶取出返回的断点信息，这样，从 3# 中断返回后，首先回到 2# 中断服务程序的断点（K3+1）处，而不是回到 1# 中断服务程序或用户程序执行。由此可见，利用栈和中断屏蔽字能正确地实现中断嵌套。

从上面描述的过程来看，中断系统中存在两种中断优先级。一种是中断响应优先级，另一种是中断处理优先级。**中断响应优先级**是由查询程序或中断判优电路决定的优先级，它反映的是多个中断源同时请求时选择哪个先被响应。**中断处理优先级**是由各自的中断屏蔽字来动态设定的，反映了本中断源与其他所有中断源之间的处理优先级关系。

在多重中断系统中，通常用中断屏蔽字对中断处理优先级进行动态分配。显然，图 10.15 所示的中断系统中，中断处理优先级为：3#>2#>1#。若中断屏蔽字中前 3 位分别对应 1#、2#、3# 中断的屏蔽位，屏蔽位为 1 表示开放，为 0 表示屏蔽，则 1# 中断的屏蔽字为 111…，2# 中断的屏蔽字为 011…，3# 中断的屏蔽字为 001…。

2. 中断响应过程

中断过程包括两个阶段：**中断响应**和**中断处理**。中断响应阶段由硬件实现，而中断处理阶段则由 CPU 执行中断服务程序来完成，所以中断处理是由软件实现的。

中断响应是指处理器检测到中断请求信号，中止现行程序的执行，并调出中断服务程序这一过程。在此过程中，处理器应完成以下三个任务：

- 关中断并保存断点和被中断处的程序状态。
- 查询中断源并根据中断响应优先级进行判优，选择未被屏蔽且优先级最高的中断源进行响应处理。
- 根据所选择的中断源，调出对应的中断服务程序执行。

这样，在中断响应结束后的下一个时钟周期，处理器就转入相应的中断服务程序执行。

处理器响应中断的时间越短越好。中断响应时间是设计中断系统时需考虑的一个重要指标，它反映了计算机系统的灵敏度。显然，中断响应时间与断点保存的时间、中断源识别和判优的速度，以及获得中断服务程序首地址和初始状态的时间都有关系。不同的中断响应处理机制，得到的中断响应时间不同。例如，RISC-V 处理器采用一种简单的响应机制，只要将中断原因、断点以及状态信息（包括禁止中断等信息）保存在一组 CSR 中，然后将对应中断的处理程序首地址送到 PC 即可完成中断响应过程。因此，RISC-V 处理器的中断响应时间很短。

中断响应的条件有以下三个。

- 处理器核处于"开中断"状态。
- 至少要有一个未被屏蔽的中断请求。
- 当前指令刚执行完。

当处理器同时满足上述三个条件时，就进入中断响应周期，它是一种特殊的机器执行周期。在中断响应周期中，通过执行一条隐指令完成中断响应过程。

中断源的识别判优可分为**软件查询**和**硬件查询**两大类。

采用软件查询方式时，中断服务程序开始的一段代码用于中断源的查询，按中断响应优先顺序依次查询，并转到第一个查询到有请求且未被屏蔽的中断源对应的中断服务程序去执行。

硬件查询方式是一种**向量中断方式**。采用向量中断的中断系统中有一个中断控制器。如图 10.14 所示，在 CPU 检测到中断控制器发来的中断请求信号后，会向中断控制器发送"中断查询"信号，中断控制器根据判优电路和编码器得到当前所有未被屏蔽的中断请求中具有最高响应优先权的中断源标识（即中断类型），然后通过数据线将中断标识信息送到 CPU。

在向量中断方式下，通常把中断服务程序的首地址 PC 和初始程序状态字（PSW）称为**中断向量 IV**（Interrupt Vector）。所有中断向量存放在一个**中断向量表**（也称**中断入口地址表**）中，中断向量所在的地址称为**向量地址 VA**（Vector Address），如图 10.16 所示。每个中断向量在中断向量表中的位置可以用对应表项的编号来得到，这个编号就是**中断类型号**。

图 10.17 给出的是 Intel 8086/8088 架构的中断向量表，位于主存中地址为 0000H～03FFH 的区域，共 256 个表项，每个表项占 4 个字节，记录对应中断服务程序的首地址 CS:IP。向量地址由中断类型号乘 4 得到。例如，除法错的中断类型号为 0，故其向量地址为 0；不可屏蔽中断 NMI 的中断类型号为 2，故其向量地址为 8；外部 I/O 中断 IRQi 的中断类型号为 32+i。特别说明的是，Intel 8086/8088 中所有异常都称为中断，因此，中断向量表中包含了所有异常和中断的中断向量。

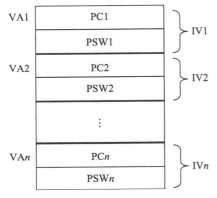

图 10.16　中断向量表

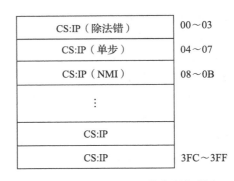

图 10.17　8086/8088 的中断向量表

前面给出了两种 I/O 方式：程序直接控制方式和中断控制 I/O 方式。在程序直接控制方式中，CPU 通过查询外设接口及外设状态来控制数据传送，在外设准备数据时，由于 CPU 一直在等待外设完成，所以 CPU 是有开销的。对于中断方式，在外设准备数据时，CPU 被安排执行其他程序，外设和 CPU 并行工作，因而 CPU 在外设准备数据时没有开销，只有响应和执行中断服务程序时 CPU 才需要花费时间为 I/O 服务。这就是中断方式相对于程序直接控制方式的优点。

例 10.3 假定一个字长为 32 位的 CPU 的主频为 500MHz，即 CPU 每秒钟产生 500×10⁶ 个时钟周期。硬盘使用中断方式进行数据传送，其传输速率为 4MB/s，每次中断传输一个 16 字节的数据，要求没有任何数据传输被错过。每次中断的开销（包括用于中断响应和中断处理的时间）是 500 个时钟周期。如果硬盘仅有 5% 的时间进行数据传送，那么，CPU 用于硬盘数据传送的时间占整个 CPU 时间的百分比为多少？

解　若硬盘数据传送采用中断 I/O 方式，则每次中断传输一个 16 字节的数据。为保证没有任何数据传输被错过，CPU 每秒钟应该至少执行 4MB/16B=250k 次中断，因此，每秒钟内用于硬盘数据传输中断处理的时钟周期数为 250k×500=125×10^6，故 CPU 用于硬盘数据传送的时间占 125×10^6 / (500×10^6) =25%。

从另外一个角度来考虑也可以得出同样的结论。由题意知，CPU 通过中断方式进行硬盘数据的传送，硬盘每准备好一个 16 字节的数据，则发出中断请求。硬盘准备一个数据（16B）的时间为 16B/4MB=4μs，CPU 用于一个数据 I/O 的时间（包括中断响应并处理的时间）是 500 个时钟周期，相当于 500/500M=1μs。由此可见，假定硬盘一直在工作的话，则硬盘每隔 4μs 申请一次中断，每次中断 CPU 花 1μs 进行硬盘数据传送，因此，CPU 花在硬盘数据传送的时间占整个 CPU 时间的 1/4，即 25%。

假定硬盘并不是一直在操作，而是仅有 5% 的时间在工作，则 CPU 用于硬盘数据传送的时间占整个 CPU 时间的百分比为 25%×5%=1.25%。

对于硬盘这种高速外设，因为速度快，中断请求频率高，导致 CPU 被频繁打断，而且，由于需要保存断点、程序状态和现场等信息，还要开中断 / 关中断、设置中断屏蔽字等，使得中断响应和中断处理的额外开销很大。因此，高速设备采用中断 I/O 方式传送数据是不合适的，通常采用 DMA 方式。

10.3.3　DMA 控制 I/O 方式

DMA（Direct Memory Access）称为**直接存储器存取**，DMA 控制 I/O 方式简称 **DMA 方式**。DMA 方式下，采用专门的 DMA 接口硬件来控制外设与主存之间的直接数据交换，数据不经过 CPU。通常把专门用来控制总线进行 DMA 传送的接口硬件称为 **DMA 控制器**。在进行 DMA 传送时，CPU 让出总线控制权，由 DMA 控制器控制总线，通过"窃取"一个主存周期完成和主存之间的一次数据交换，或独占若干个主存周期完成一批数据的交换。

DMA 方式主要用于磁盘等高速设备的数据传送。这类高速设备多采用数据块组织方式，数据块之间有间隙，因而数据传输时数据块之间的时间间隔较长，而数据块内部数据间的传输时间间隔较短，因此，这类设备大多采用**成批数据交换方式**。

DMA 控制 I/O 方式与中断控制 I/O 方式一样，也是采用"请求 – 响应"方式，只是中断 I/O 方式请求的是处理器的时间，而 DMA 方式请求的是总线控制权。当外设准备好数据后就会向 DMA 控制器发出选通信号，要求 DMA 控制器开始进行 DMA 传送，随后，DMA 控制器首先向 CPU 发出 DMA 请求信号，请求 CPU 释放总线，由 DMA 控制器使用总线进行数据传送。

1. 三种 DMA 方式

由于 DMA 控制器和 CPU 共享主存，所以可能出现两者争用主存的现象，为使两者协调使用主存，可以采用以下三种方式之一进行数据传送，不过，大部分系统采用**周期挪用法**。

- CPU 停止法。DMA 传输时，由 DMA 控制器发一个停止信号给 CPU，使 CPU 脱离总线，停止访问主存，直到 DMA 传送一块数据结束。
- 周期挪用法。DMA 传输时，CPU 让出一个总线事务周期，由 DMA 控制器挪用一个主存周期来访问主存，传送完一个数据后立即释放总线。这是一种单字传送方式。
- 交替分时访问法。每个存储周期分成两个时间片，一个给 CPU，一个给 DMA，这样在每个存储周期内，CPU 和 DMA 都可访问存储器。

2. DMA 操作步骤

DMA 控制器与设备控制器一样，其中也有若干个寄存器（即 I/O 端口），用于存放 I/O 传送所需的各种参数。这些寄存器包括主存地址寄存器、字计数器、控制寄存器、设备地址寄存器等，此外，还有其他的控制逻辑，能控制设备通过总线与主存直接交换数据。

DMA 控制 I/O 方式下，I/O 操作过程由以下几个步骤来完成。

第一步：DMA 控制器的预置（初始化）。

在进行数据传送之前，CPU 先执行一段初始化程序，完成对 DMA 控制器中各参数寄存器的初始值设置。主要操作包括以下三个方面。

- 准备内存区。若是从外设输入数据，则进行内存缓冲区的申请，并对缓冲区进行初始化；若是输出数据到外设，则先在内存准备好数据。
- 设置传送参数。执行 I/O 指令来测试外设状态，并对 DMA 控制器设置各种参数。如：将内存数据区首址送地址寄存器，将字计数值送字计数器，将传送方向送控制寄存器，将设备地址送设备地址寄存器等。
- 发送"启动 DMA 传送"命令，然后调度 CPU 执行其他进程。

第二步：DMA 数据传送（DMA 传送）。

CPU 对 DMA 传送参数进行预置并发送"启动 DMA 传送"命令后，就把数据传送的工作交给了 DMA 控制器。在整个数据的输入/输出过程中，不再需要 CPU 的参与，完全由 DMA 控制器实现数据的传送。DMA 控制器在总线的地址线上给出内存地址，并在总线的读/写线上发出读或写命令，随后在数据线上给出数据。DMA 控制器每完成一个数据的传送，就将字计数器减 1，并修改主存地址。当字计数器为 0 时，完成所有 I/O 操作。

第三步：DMA 结束处理（后处理）。

当字计数器为 0 时，则发出"DMA 结束"中断请求信号给 CPU，转入中断服务程序进行结束处理。

从上述过程来看，DMA 控制方式与程序直接控制方式和中断控制方式不同，不是通过 CPU 执行 I/O 指令来实现数据传送，而是由 DMA 控制器直接控制总线进行数据传送，CPU 只是进行一些辅助工作，包括传送参数的设置、发送启动命令等。DMA 方式的处理过程如图 10.18 所示。

```
copy_string_to_kernel(strbuf,kernelbuf,n);    // 将字符串复制到内核缓冲区
initialize_DMA();                             // 初始化DMA控制器（准备传送参数）
*DMA_control_port=START;                      // 发送"启动DMA传送"命令
scheduler();                                  // 阻塞用户进程P，调度其他进程执行
```

a）"字符打印"系统调用处理例程

```
acknowledge_interrupt();                      // 中断回答（清除中断请求）
unblock_user();                               // 用户进程P解除阻塞，进入就绪队列
return_from_interrupt();                      // 中断返回
```

b）"DMA结束"中断服务程序

图 10.18　DMA 控制 I/O 过程

DMA 控制 I/O 方式下，CPU 只要在最初的 DMA 控制器初始化和最后处理"DMA 结束"中断时介入，而在整个一块数据传送过程中都不需要 CPU 参与，因而 CPU 用于 I/O 的开销非常小。下面举例说明使用 DMA 方式进行硬盘和主存之间的数据传送时处理器所花的开销。

例 10.4　假定 CPU 的主频为 500MHz，即 CPU 每秒钟产生 500×10^6 个时钟周期。硬盘采用 DMA 方式进行数据传送，其数据传输率为 4MB/s，每次 DMA 传输的数据量为 4KB，要求没有任何数据传输被错过。如果 CPU 在 DMA 初始化设置和启动硬盘操作等方面需要 1000 个时钟周期，并且 DMA 传送完成后的中断处理需要 500 个时钟周期，则在硬盘 100% 处于工作状态的情况下，CPU 用于硬盘 I/O 操作的时间百分比大约是多少？

解　硬盘读写 4KB 的数据所用时间为 $4KB/4MB/s=1.024 \times 10^{-3}s \approx 10^{-3}s$。如果硬盘一直处于工作状态，为了没有任何数据传输被错过，CPU 必须每秒钟有 $1/10^{-3}=10^3$ 次 DMA 传送，因此，一秒钟内 CPU 用于硬盘 I/O 操作的时钟周期数为 $10^3 \times (1000+500) = 1500 \times 10^3$。因此，CPU 用于硬盘 I/O 的时间占整个 CPU 时间的百分比大约为 $1500 \times 10^3/(500 \times 10^6) = 3 \times 10^{-3}= 0.3\%$。

DMA 方式被用于硬盘 I/O 时，在数据传送期间将不消耗任何处理器时间，上例中，即使硬盘一直在进行 I/O 操作，CPU 为它服务的时间也仅占 0.3%。事实上，硬盘在大多数时间内并不进行数据传送，因此，CPU 为 I/O 所花费的时间会更少。不过，如果 DMA 控制器和 CPU 同时竞争主存的话，CPU 会被延迟与主存交换数据。但通过使用 cache，CPU 可避免大多数访存冲突。因此，通常主存储器带宽的大部分都可让给外设的 DMA 传送使用。

3. DMA 与存储系统

将 DMA 方式引入 I/O 系统后，存储系统和 CPU 之间的关系会变得更复杂。没有 DMA 控制器时，所有对存储器的访问都来自 CPU，通过 MMU 中的地址转换和 cache 访问来进行存储器存取。有了 DMA 后，系统中就有了另一个访问存储器的路径，它不通过地址转换机制和 cache 层次。这样，在虚拟存储器和 cache 实现时就会产生一些问题。这些问题的解决通常要结合硬件和软件两方面的技术支持。

在虚拟存储器系统中，同时有物理地址和虚拟地址，那么，DMA 是以虚拟地址还是以物理地址工作呢？

若 DMA 采用虚拟地址，则 DMA 控制器中应有一个小的类似页表的地址映射表，用于将虚拟地址转换为物理地址；若 DMA 采用物理地址，则每次 DMA 传送不能跨页。如果一个 I/O 请求跨页，那么，一次 I/O 请求的一个数据块在送到主存时，就可能不在主存的一个连续的存储区中，因为每个虚页可被映射到主存的任意一个页框，所以多个连续的虚页不可能正好对应连续的页框。因此，如果 DMA 采用物理地址的话，就必须限制 DMA 传送的每个数据块在一个页面内。这种情况下，需要操作系统把一次传送分解成多次小数据量传送，以保证每次只限定在一个物理页面内进行。

采用 cache 的系统中，一个数据项可能会产生两个副本，一个在 cache 中，一个在主存储器中，因此，具有 DMA 的 cache 实现也会产生问题。

DMA 控制器直接向主存储器发出访存请求而不通过 cache，这时，DMA 看到的一个主存单元的值与 CPU 看到的 cache 中的副本可能不同。考虑从磁盘中读一个数据，DMA 直接将其送到主存，如果有些被 DMA 写过的单元在 cache 中，那么，以后 CPU 读取这些单元时，就会得到一个旧的值。类似地，如果 cache 采用写回（write back）策略，当一个新的值写入 cache 时，这个值并未被马上写回主存，而此时若 DMA 直接从主存读数据，那么读的值可能是旧的值。这个问题称为**过时数据问题**或 **I/O 一致性问题**。

10.4 I/O 子系统中的 I/O 软件

现代计算机中 I/O 系统的复杂性一般都隐藏在操作系统的 I/O 软件中，最终用户或用户程序只需通过一些简单的命令或系统调用就能使用各种外设，而无须了解设备的具体工作细节，这是如何做到的呢？

10.4.1 I/O 子系统层次结构

对于最终用户，操作系统通过命令行方式、批命令方式或图形界面方式为最终用户提供了直接使用计算机资源的手段，用户通过输入相应的命令或点击键盘和鼠标将 I/O 请求传递给操作系统。

对于用户程序，所有高级语言的运行时系统都提供了执行 I/O 功能的高级机制，例如，C 语言中提供了像 printf() 和 scanf() 这样的标准 I/O 库函数，C++ 语言中提供了如 <<（输入）和 >>（输出）这样的重载 I/O 操作符。从用户在高级语言程序中通过 I/O 函数或 I/O 操作符提出 I/O 请求，到 I/O 设备响应并完成 I/O 请求，整个过程涉及多个层次的 I/O 软件和 I/O 硬件的协调工作。用户程序需要从某个设备输入信息或将结果送到外设时，只要通过系统调用（以机器级语言方式提供）或库函数调用（以高级语言方式提供），将 I/O 请求提交给操作系统即可。

与计算机系统一样，I/O 子系统也采用层次结构。图 10.19 是 I/O 子系统层次结构示意图。

I/O 子系统包含 I/O 软件和 I/O 硬件两大部分。I/O 软件包括最上层提出 I/O 请求的用户空间 I/O 软件（称为用户 I/O 软件）和在底层操作系统中对 I/O 进行具体管理和控制的内核空间 I/O 软件（称为系统 I/O 软件）。系统 I/O 软件又分三个层次，分别是与设备无关的 I/O 软件层、设备驱动程序层和中断服务程序层。I/O 硬件在操作系统内核空间 I/O 软件的控制下完成具体的 I/O 操作。

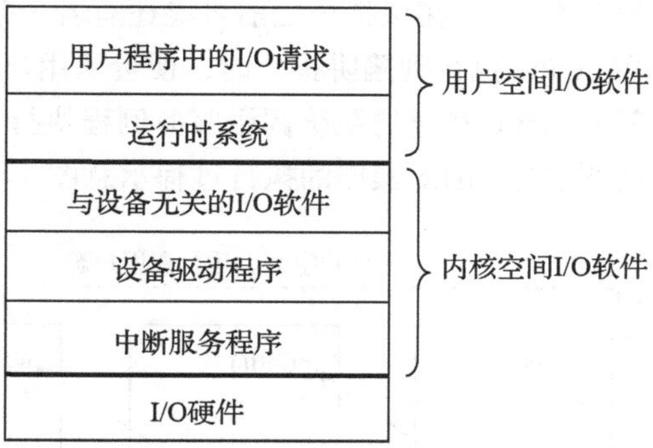

操作系统在 I/O 子系统中承担极其重要的作用，这主要是由 I/O 子系统的以下三个特性决定的。

- 共享性。I/O 子系统被多个进程共享，因此必须由操作系统对共享的 I/O 资源进行统一调度管理，以保证用户进程只能访问自己有权访问的那部分 I/O 设备或文件，并使系统的吞吐率达到最佳。
- 复杂性。I/O 设备控制的细节比较复杂，如果由最上层的用户进程直接控制，则会给广大的应用程序开发者带来麻烦，因而需操作系统提供专门的驱动程序进行控制，这样可以对应用程序员屏蔽设备控制的细节，简化应用程序开发。
- 异步性。I/O 子系统的速度较慢，而且不同设备之间的速度也相差较大，因而，I/O 设备与主机之间的信息交换通常使用异步的中断 I/O 方式。中断导致从用户态（即用户模式）转到内核态（即监管模式）执行，因此，I/O 处理须在内核态完成，通常由操作系统提供中断服务程序来处理 I/O。

用户程序总是通过某种 I/O 函数或 I/O 操作符请求 I/O 操作。例如，用户程序需要读一个磁盘文件中的记录时，可以通过调用 C 语言标准 I/O 库函数 fread()，也可以直接调用 read 系统调用的封装函数 read() 来提出 I/O 请求。不管用户程序中调用的是 C 库函数还是系统调用封装函数，最终都是通过操作系统内核提供的系统调用服务例程来实现 I/O。图 10.20 给出了用户程序调用 printf() 来调出内核提供的 write 系统调用的过程。

图 10.19 中：
用户程序中的I/O请求
运行时系统 ──用户空间I/O软件
与设备无关的I/O软件
设备驱动程序
中断服务程序 ──内核空间I/O软件
I/O硬件

图 10.19　I/O 子系统层次结构

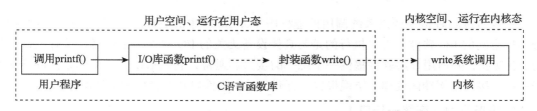

图 10.20　用户程序、C 语言库和内核之间的关系

如图 10.20 所示，对于一个 C 语言用户程序，若在某过程（函数）中调用了 printf()，则在执行到调用 printf() 的语句时，便会转到 C 语言函数库中对应的 I/O 标准库函数 printf() 去执行，而 printf() 最终又会转到调用函数 write()，它是 write 系统调用的封装函数。所有封装函数会被转换为一组与具体机器架构相关的指令序列，其中至少有一条系统调用指令（属于陷阱指令），在该指令之前可能还有若干条传送指令，用于将 I/O 操作的参数送入相应的寄存器。CPU 执行到陷阱指令时，便会从用户态转到内核态执行。进入内核态执行一系列指令后，转到 write 对应的系统调用服务例程执行，从而实现输出功能。图 10.21 是 RISC-V+Linux 系统平台中 write 操作的执行过程示意图。

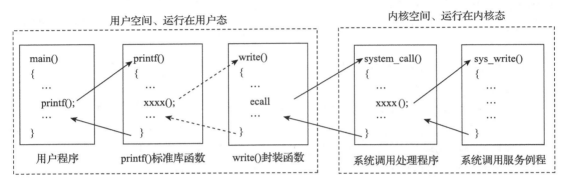

图 10.21　RISC-V+Linux 系统平台中 write 操作的执行过程

如图 10.21 所示，用户程序中有一个语句调用了库函数 printf()，在 printf() 函数中又通过一系列函数调用，最终转到调用 write() 函数。在 write() 函数对应的指令序列中，一定有一条用于系统调用的陷阱指令，在 RISC-V+Linux 系统中就是 ecall 指令。该陷阱指令执行后，引起一次异常处理，该用户进程从用户态陷入内核态执行。Linux 中有一个系统调用的统一入口，即系统调用处理程序 system_call()。CPU 执行陷阱指令后，便转到 system_call() 的第一条指令执行。在 system_call() 中，将根据特定寄存器中的系统调用号跳转到当前系统调用对应的系统调用服务例程 sys_write() 去执行。system_call() 执行结束时，从内核态返回到用户态下陷阱指令后面的一条指令继续执行。

10.4.2　与设备无关的 I/O 软件

一旦通过陷阱指令调出系统调用处理程序（如 Linux 中的 system_call）执行，就开始执行内核空间的 I/O 软件。首先执行的是与具体设备无关的 I/O 软件，主要完成所有设备公共的 I/O 功能，并向用户层软件提供一个统一的接口。通常，它包括以下几个部分：设备驱动程序统一接口、缓冲区处理、错误报告、打开与关闭文件以及逻辑块大小处理等。

1. 设备驱动程序统一接口

对于某个外设具体的 I/O 操作，通常需要通过执行设备驱动程序来完成。而外设的种类繁多、控制接口不一致，导致不同外设的设备驱动程序千差万别。如果计算机系统中每次出现一种新的外设，都要为添加一种新设备驱动程序而修改操作系统，那么就会给操作系统开发者和系统用户带来很大的麻烦。

为此，操作系统为所有外设的设备驱动程序规定了一个统一的接口，新设备驱动程序只要按照统一的接口规范来编制，就可以在不修改操作系统的情况下，在系统中添加新设备驱动程序并使用新的外设进行 I/O。

2. 缓冲区处理

用户进程在提出 I/O 请求时，指定的用来存放 I/O 数据的缓冲区在用户空间中。例如，文件读函数 fread（buf, size, num, fp）中的缓冲区 buf 在用户空间中。通过陷阱指令陷入内核态后，内核通常会在内核空间中再开辟一个或两个缓冲区，这样，在底层 I/O 软件控制设备进行 I/O 操作时，就直接使用内核空间中的缓冲区来存放 I/O 数据。

此外，为了充分利用数据访问的局部性特点，操作系统通常在内核空间开辟高速缓存，将大多数最近从块设备读出或写入的数据保存在作为高速缓存的 RAM 区中。与设备无关的 I/O 软件会确定所请求的数据是否已经存在于高速缓存 RAM 中，如果存在的话，就可能不需要访问磁盘等外部存储器。

3. 错误报告

在用户进程中，通常要对所调用的 I/O 库函数返回的信息进行处理，有时返回的是错误码。例如，fopen() 函数的返回值为 NULL 时，表示无法打开指定文件。

虽然很多错误与特定设备相关，必须由对应的设备驱动程序来处理，但是，所有 I/O 操作在内核态执行时所产生的错误信息，都是通过与设备无关的 I/O 软件返回给用户进程的，也就是说，错误处理的框架是与设备无关的。

4. 打开与关闭文件

对设备或文件进行打开或关闭等 I/O 函数所对应的系统调用，并不涉及具体的 I/O 操作，只要直接对主存中的一些数据结构进行修改即可，这部分工作也是由设备无关软件来处理的。

5. 逻辑块大小处理

为了为所有的块设备和所有的字符设备分别提供一个统一的抽象视图，以隐藏不同块设备或不同字符设备之间的差异，与设备无关的 I/O 软件为所有块设备设置了统一的逻辑块大小。例如，对于块设备，不管磁盘扇区和光盘扇区有多大，所有逻辑数据块的大小相同，这样一来，高层 I/O 软件就只需要处理简化的抽象设备，从而在高层软件中简化了数据定位等处理。

10.4.3 设备驱动程序

设备驱动程序是与设备相关的 I/O 软件部分。每个设备驱动程序只处理一种外设或一类紧密相关的外设。每个外设或每类外设都有一个设备控制器，其中包含各种 I/O 端口。通过执行设备驱动程序，CPU 可以向控制端口发送控制命令来启动外设，可以从状态端口读取状态来了解外设或设备控制器的状态，也可以从数据端口中读取数据或向数据端口发送数据等。显然，设备驱动程序中包含了许多 I/O 指令，通过执行 I/O 指令，CPU 可以访问设备控制器中的 I/O 端口，从而控制外设的 I/O 操作。

根据设备所采用的 I/O 控制方式的不同，设备驱动程序的实现方式也不同。

若采用程序直接控制 I/O 方式，那么设备驱动程序将采用图 10.10 所示的处理过程来控制外设的 I/O 操作，驱动程序的执行与外设的 I/O 操作完全串行，驱动程序一直等到全部完成用户程序的 I/O 请求后结束。驱动程序执行完成后，返回到与设备无关的 I/O 软件，最后，再返回到用户进程。这种情况下，请求 I/O 的用户进程在 I/O 过程中不会被阻塞，内核空间的 I/O 软件一直代表用户进程在内核态进行 I/O 处理。

若采用中断控制 I/O 方式，则设备驱动程序将采用图 10.11a 所示的处理过程来控制外设的 I/O 操作。驱动程序启动第一次 I/O 操作后，将调度其他进程执行，而请求 I/O 的用户进程被阻塞。在 CPU 执行其他进程的同时，外设进行 I/O 操作，此时，CPU 和外设并行工作。当外设完成 I/O 任务时，再向 CPU 提出中断请求，CPU 检测到中断请求后，会暂停正在执行的其他进程的执行，转到图 10.11b 所示的一个中断服务程序去执行，以启动下一次 I/O 操作。

若采用 DMA 方式，那么，驱动程序将采用图 10.18 所示的处理过程来控制外设的 I/O 操作。驱动程序对 DMA 控制器进行初始化后，便发送"启动 DMA 传送"命令，使设备控制器控制外设开始 I/O 操作，发送完启动命令后，处理器将转去其他进程执行，而使请求 I/O 的用户进程阻塞。DMA 控制器完成所有 I/O 任务后，向 CPU 发送一个"DMA 完成"中断请求信号。CPU 在中断服务程序中，解除用户进程的阻塞状态，然后中断返回。

中断控制和 DMA 两种 I/O 方式下，在执行设备驱动程序过程中，都会进行处理器调度，以使请求 I/O 的当前用户进程被阻塞；也都会产生中断请求信号，前者由设备在每完成一个数据的 I/O 后产生中断请求，后者由 DMA 控制器在完成整个数据块的 I/O 后产生中断请求。可见，中断请求是由于执行了设备驱动程序而产生的，外设完成驱动程序要求的 I/O 操作后，设备控制器或 DMA 控制器会通过中断控制器向 CPU 发出中断请求，从而调出中断服务程序执行。

10.4.4 中断服务程序

图 10.22 给出了整个中断过程，包括两个阶段：中断响应和中断处理。中断响应是通过 CPU 执行中断隐指令来完成的，完全由硬件完成；而中断处理就是 CPU 执行一个中断服务程序的过程，完全由软件完成。虽然不同的中断源对应的中断服务程序不同，但是，所有中断服务程序的结构是相同的。中断服务程序包含三个阶段：准备阶段、处理阶段和恢复阶段。

图 10.22 给出的是多重中断系统下的中断服务程序结构。从图中可以看出，在保存断点和程序状态、保护现场及旧屏蔽字、设置新屏蔽字的过程中，CPU 一直处于"中断禁止"（"关中断"）状态。CPU 响应中断过程中，一定会关中断，即由 CPU 直接将**中断允许触发器**

清 0，在进行具体的中断服务之前，再通过执行"开中断"指令来使中断允许触发器置 1。因此，在进行具体中断服务的过程中，若有新的未被屏蔽的中断请求出现，则 CPU 可以响应新的中断请求。同样，在恢复阶段也要让 CPU 关中断，并在中断返回前开中断。在中断服务程序中的开中断和关中断功能都是通过 CPU 执行相应的"开中断"和"关中断"指令实现的。

　　这里要注意的是，断点和程序状态是在处理器响应中断时保存的，而现场和中断屏蔽字等信息是由中断服务程序通过执行指令保存和恢复的。因而在保存断点和程序状态过程中，肯定不会响应新的中断请求；但在现场和中断屏蔽字等信息的保存或恢复过程中，若 CPU 处于"开中断"状态，则可能会在某指令执行结束时响应新的中断，导致重要信息被破坏，从而不能回到原来的断点继续执行，或因为现场或屏蔽字被破坏而不能正确执行原来的程序。为此，在进行具体中断的服务之前，CPU 应该一直处于"关中断"状态。

　　图 10.22 中"保护现场及旧屏蔽字"和"恢复现场及旧屏蔽字"的功能分别通过"压栈"和"出栈"指令来实现，"设置新屏蔽字"和"清除中断请求"的功能通过执行 I/O 指令来实现。这些 I/O 指令将对中断控制器中的中断请求寄存器和中断屏蔽字寄存器进行访问，以使这些寄存器中相应的位清 0 或置 1。

　　在设备驱动程序和中断服务程序中用到的 I/O 指令、"开中断"和"关中断"等指令都是特权指令，只能在操作系统内核程序中使用。

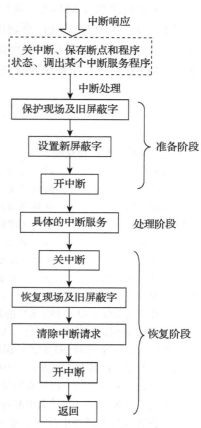

图 10.22　中断服务程序的典型结构

10.5　本章小结

　　I/O 接口指各类外设控制器（包括适配器或适配卡）或 DMA 控制器、中断控制器等，也称为 I/O 控制器或 I/O 模块。I/O 端口的编址方式有两种：独立编址和统一编址（存储器映射）。独立编址方式下，对 I/O 端口单独编号，使它们成为一个独立的 I/O 地址空间；统一编址方式下，I/O 端口与主存单元统一编号。可以通过 I/O 指令访问 I/O 端口。

　　常用 I/O 控制方式有三种：程序直接控制方式、中断控制方式和 DMA 方式。程序直接控制方式分无条件传送和条件传送两种。中断控制方式下，当外设准备好数据或准备好接收新数据或发生了特殊事件时，外设通过向 CPU 发中断请求来使 CPU 转到相应的中断服务程序去执行, 在中断服务程序中完成数据交换或处理特殊事件。DMA 方式适合像磁盘一类的高速设备以成批方式和主存直接交换数据。

I/O 子系统包含 I/O 软件和 I/O 硬件两大部分。I/O 软件包括最上层提出 I/O 请求的用户空间 I/O 软件和在底层操作系统中对 I/O 进行具体管理和控制的内核空间 I/O 软件。内核空间 I/O 软件又分三个层次, 分别是与设备无关的 I/O 软件层、设备驱动程序层和中断服务程序层。I/O 硬件在操作系统内核空间 I/O 软件的控制下完成具体的 I/O 操作。

习题

1. 给出以下概念的解释说明。

系统总线	同步通信	异步通信	半同步通信	并行总线
串行总线	总线宽度	总线带宽	总线时钟频率	总线工作频率
处理器总线	存储器总线	I/O 总线	I/O 接口	I/O 控制器
I/O 端口	命令(控制)端口	数据端口	状态端口	I/O 地址空间
独立编址	统一编址	存储器映射	I/O 指令	程序查询 I/O 方式
就绪状态	中断 I/O 方式	可屏蔽中断	不可屏蔽中断	中断屏蔽字
中断响应优先级	中断处理优先级	DMA 方式	周期挪用	DMA 控制器

2. 简单回答下列问题。

(1)什么是 I/O 接口? I/O 接口的基本功能有哪些?

(2)CPU 如何进行设备的寻址? I/O 端口的编址方式有哪两种? 各有何特点?

(3)什么是程序查询 I/O 方式? 说明其工作原理。

(4)什么是中断控制 I/O 方式? 说明其工作原理。

(5)什么叫向量中断? 说明在向量中断方式下形成中断向量的基本方法。

(6)对于向量中断, 为什么中断控制器把中断源标识信息放在总线的数据线而不是地址线上?

(7)在多周期处理器中并不是每个时钟周期后都允许响应中断。为什么? 如果在一条指令执行过程中, CPU 为了响应中断而停止继续执行当前指令, 会产生什么问题?

(8)什么是可屏蔽中断? 什么是不可屏蔽中断?

(9)为什么在保护现场和恢复现场的过程中, CPU 必须关中断?

(10)DMA 方式能够提高成批数据输入 / 输出效率的主要原因何在?

(11)CPU 响应 DMA 请求和响应中断请求的过程有什么区别?

3. 假定主存和磁盘存储器之间连接的同步总线具有以下特性: 支持 4 字块和 16 字块两种长度(字长 32 位)的突发传送, 总线时钟频率为 200MHz, 总线宽度为 64 位, 每个 64 位数据的传送需要 1 个时钟周期, 向主存发送一个地址需要 1 个时钟周期, 每个总线事务之间有 2 个空闲时钟周期。若访问主存时最初 4 个字的存取时间为 200ns, 随后每存取一个四字的时间是 20ns, 磁盘的数据传输率为 5MB/s, 则在 4 字块和 16 字块两种传输方式下, 该总线上分别最多可有多少个磁盘同时进行传输?

4. 假定采用独立编址方式对 I/O 端口进行编号, 那么, 必须为处理器设计哪些指令来专门用于进行 I/O 端口的访问? 连接处理器的总线必须提供哪些控制信号来表明访问的是 I/O 空间?

5. 假设有一个磁盘, 每面有 200 个磁道, 盘面总存储容量为 1.6M 字节, 磁盘旋转一周时间为 25ms, 每道有 4 个区, 每两个区之间有一个间隙, 磁头通过每个间隙需 1.25ms。那么从该磁盘上读取数据时的最大数据传输率是多少（单位为字节 / 秒）？假如有人为该磁盘设计了一个与计算机之间的接口，如下图所示，磁盘每读出一位，串行送入一个移位寄存器，每当移满 16 位后向处理器发出一个请求交换数据的信号。在处理器响应该请求信号并读取移位寄存器内容的同时，磁盘继续读出数据并串行送入移位寄存器，如此继续工作。已知处理器在接到请求交换的信号以后，最长响应时间是 3μs，这样设计的接口能否正确工作？若不能则应如何改进？

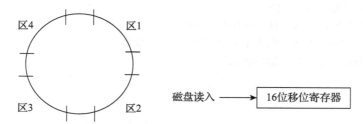

6. 假设某计算机带有 20 个终端同时工作，在运行用户程序的同时，能接收来自任意一个终端输入的字符信息，并将字符回送显示（或打印）。每一个终端的键盘输入部分有一个数码缓冲寄存器 $RDBR_i$（$i=1,\cdots,20$），当在键盘上按下某一个键时，相应的字符代码即进入 $RDBR_i$，并使它的"完成"状态标志 $Done_i$ 置 1，要等处理器把该字符代码取走后，$Done_i$ 标志才 0。每个终端显示（或打印）的输出部分也有一个数码缓冲寄存器 $TDBR_i$，并有一个 $Ready_i$ 状态标志，该状态标志为 1 时，表示相应的 $TDBR_i$ 是空着的，准备接收新的输出字符代码。当 $TDBR_i$ 接收了一个字符代码后，$Ready_i$ 标志才置 0，并将字符代码送到终端显示（或打印）。为了接收终端的输入信息，处理器为每个终端设计了一个指针 PTR_i，指向为该终端保留的主存输入缓冲区。处理器采用下列两种方案输入键盘代码，同时回送显示（或打印）。

   （1）每隔固定时间 T 转入一个状态检查程序 DEVCHC，顺序地检查全部终端是否有任何键盘信息要输入，如果有，则顺序完成之。

   （2）允许任何有键盘信息输入的终端向处理器发出中断请求。全部终端采用共同的向量地址，利用它使处理器在响应中断后，转入一个中断服务程序 DEVINT，由后者询问各终端状态标志，并为最先遇到的请求中断的终端服务，然后转向用户程序。

   要求画出 DEVCHC 和 DEVINT 两个程序的流程图。

7. 假定某计算机的 CPU 主频为 500MHz，所连接的某个外设的最大数据传输率为 20KB/s，该外设接口中有一个 16 位的数据缓冲器，相应的中断服务程序的执行时间为 500 个时钟周期，则是否可以用中断方式进行该外设的输入 / 输出？假定该外设的最大数据传输率改为 2MB/s，则是否可以用中断方式进行该外设的输入 / 输出？

8. 假定某计算机字长 16 位，没有 cache，运算器一次定点加法的时间等于 100ns，配置的磁盘旋转速度为每分钟 3000 转，每个磁道上记录两个数据块，每一块有 8000 个字节，两个数据块之间间隙的越过时间为 2ms，主存周期为 500ns，存储器总线宽度为 16 位，总线带宽为 4MB/s。

   （1）磁盘读写数据时的最大数据传输率是多少？

   （2）当磁盘按最大数据传输率与主机交换数据时，主存周期空闲百分比是多少？

   （3）直接寻址的"存储器 - 存储器"（SS）型加法指令在无磁盘 I/O 操作打扰时的执行时间为多少？当磁盘 I/O 操作与一连串这种 SS 型加法指令的执行同时进行时，则 SS 型加法指令的最快和最慢执行时间各是多少？（假定采用多周期处理器方式，CPU 时钟周期等于主存周期。）

9. 假定某计算机的所有指令都可用两个总线周期完成，一个总线周期用来取指令，另一个总线周期用来存取数据。总线周期为 250ns，因而，每条指令的执行时间为 500ns。若该计算机中配置的磁盘上每个磁道有 16 个 512 字节的扇区，磁盘旋转一圈的时间是 8.192ms，则采用周期挪用法进行 DMA 传送时，总线宽度为 8 位和 16 位的情况下该计算机指令的执行速度分别降低了百分之几？

10. 假定采用中断控制 I/O 方式，则以下各项工作是在 4 个 I/O 软件层的哪一层完成的？

（1）根据逻辑块号计算磁盘物理地址（柱面号、磁头号、扇区号）。

（2）检查用户是否有权读写文件。

（3）将二进制整数转换为 ASCII 码以便打印输出。

（4）CPU 向设备控制器写入控制命令（如"启动工作"命令）。

（5）CPU 从设备控制器的数据端口读取数据。

参 考 文 献

[1] David A Patterson，John L Hennessy. Computer Organization and Design：The Hardware/Software Interface，RISC-V Edition[M]. Cambridge：Elsevier，2018.

[2] Randal E Bryant，David R O'Hallaron. 深入理解计算机系统（原书第 3 版)[M]. 龚奕利，贺莲，译 . 北京：机械工业出版社，2016.

[3] 袁春风 . 计算机组成与系统结构 [M]. 2 版 . 北京：清华大学出版社，2015.

[4] 袁春风，余子濠 . 计算机系统基础 [M]. 2 版 . 北京：机械工业出版社，2018.

[5] David A Patterson，Andrew Waterman. RISC-V 手册 [EB/OL]. 包云岗，勾凌睿，黄成，等译 .（2020-04-02）[2020-06-30]. https://github.com/Lingrui98/RISC-V-book.

[6] Andrew Waterman，Krste Asanović. The RISC-V Instruction Set Manual Volume Ⅰ：Unprivileged ISA[EB/OL].（2019-12-13）[2020-06-30]. https://riscv.org/specifications/isa-spec-pdf/.

[7] Andrew Waterman, Krste Asanović. The RISC-V Instruction Set Manual Volume Ⅱ：Privileged Architecture[EB/OL].（2019-06-08）[2020-06-30]. https://riscv.org/specifications/privileged-isa/.

[8] 胡振波 . 手把手教你设计 CPU——RISC-V 处理器篇 [M]. 北京：人民邮电出版社，2018.

[9] 余子濠，刘志刚，李一苇，等 . 芯片敏捷开发实践：标签化 RISC-V[J]. 计算机研究与发展，2019，56（1）：35-48.